伊賀の「旗振り山」で野外調査

"元祖"通信拠点に感動

下阿波のケント山で柴田さん（右）の説明を聞く参加者たち

伊賀市の大山田地区で17日、「旗振り山」を調査するフィールドワーク（伊賀の國地名研究会など主催）が開かれた。会員や一般参加者約25人が、2つの山を登って調査。全国の旗振り山を研究している学校教員、柴田昭彦さん(49)＝大阪府寝屋川市＝から、米相場を伝えた旗振りの様子などの説明を受け、江戸時代から続いたユニークな情報伝達に思いを寄せていた。

旗振り山は、米相場などをリレー方式で伝達する山頂の拠点。江戸時代中期から大正中期にかけ、伊賀地区でも大阪・堂島の相場を津方面に伝えるため、多くの旗振り山があったとされる。

今回調査したのは、大山田地区の下阿波と上阿波にある「ケント山」。一行はまず、下阿波のケント山にふもとから約40分かけて登り、山頂で柴田さんの説明に耳を傾けた。

柴田さんは「旗を右手に持って10の位、左手に持ち替えて1の位を伝えた。情報が漏れないよう、事前に暗号表を郵送して、暗号化した数値を旗振りで表現した」などと説明。

参加者は約5㌔先にある上阿波のケント山の山頂を遠望しながら、感激した様子。同市千歳から参加した菅祥吾さん(52)は、「こんな（役割の）山があったことすら知らなかった。昔の人の巧みさにビックリした」と話していた。

一行は上阿波のケント山にも登ったあと、同市のゆめぽりすセンターに移動。柴田さんの講演に耳を傾けた。

旧大山田 旗振り山踏査

参加者、先人の苦労に感心

江戸時代から明治時代にかけて、米相場の通信手段として使われた「旗振り山（ケント山）」がある伊賀市の旧大山田村で17日、現地調査が行われた。企画した伊賀の國《くに》地名研究会や伊賀暮らしの文化探検隊のメンバー、市民ら25人が参加し、昔の風習に感心しながら専門家の解説に聞き入っていた。

最初に下阿波地区のケント山（510㍍）山頂を目指した。先祖が旗を振っていたという同地区の坂本仁文さん(43)、全国の旗振り山を研究している大阪府立東大阪支援学校の首席・柴田昭彦さん(49)の案内で、傾斜がきつい山道を懸命に登り、約40分かけて到着した。

山頂では、参加者は次の中継地点となる5㌔先の上阿波地区のケント山（585㍍）を眺め、「見える、見える」と感激。柴田さんが実際に使われた大きさの赤い旗（横2㍍、縦1・1㍍）を振り、「旗の色は県によって違い、三重では赤と白を使っていた。大阪から津方面へ、津方面から大阪へと伝え、相場は暗号化されて盗み見を防いでいた」と話すと、参加者は「なるほど」とうなずいていた。

先祖が米屋を営んでいたという伊賀市上野田端町の伊室正三さん(76)は「面白い通信手段で、昔の苦労に感心した」と話していた。

下阿波地区のケント山で旗振りを再現する柴田さん

（2009年5月18日　読売新聞　24面より）

旗振り山と航空灯台

柴田 昭彦

十国峠

十国峠の小堀春樹君偉功記念碑

ナカニシヤ出版

金刀比羅神社
(p.88)

記
この金刀比羅神社は、揖斐川水運の盛んであった江戸後期、
天保四年(一八三三)揖斐領主の岡田善功の命を受け、川筋各
位の信仰に基づき、四国の金比羅大権現より御分身を奉斉し、
おまつりしたのが始まりです。
境内地は、かつて赤坂方面より手旗信号で送られてくる米相
場を受信した場所と伝えられ、当時名古屋方面の相場師から寄
進された燈籠が現在も残っています。
此の度、長年の風雨による老朽化と社殿傾斜の懸念から、改
修を計画し、多くの崇敬者の浄財を仰ぎ大修理を行いました。
ご祭神　大物主大神(おおものぬしのおおかみ)
ご神徳　交通安全、えんむすび、金運招福、技芸向上
例祭日　十月十日
平成二十七年四月吉日
金刀比羅神社

金刀比羅神社の説明板

392.26m
4等
中山峠
(旗振り山)

旗振山(三ヶ日)の山頂にあった山名板(2010.4.18撮影)
(p.111)

のべぶり岩
(p.82)

のべぶり岩の説明板

ケント山(下阿波)山頂
(p.121)

大阪名所　　堂島米市場之光景　天満天神社之図　楓斎春孝(広瀬春孝:画)
明治卅年三月廿日印刷　編輯兼彫刻者　大室音吉
同年同月二十九日発行　印刷兼発行人　大坂東区備後町三丁目廿七番邸
古島竹治郎

大阪名所　　堂島市場　大阪府庁　大阪株式取引所
明治三十八年十月二十八日印刷　仝年十一月五日発行
著作兼印刷発行人　大阪市東区博労町一丁目四番池　久栄館
伊勢本嘉三郎

焼津（航空灯台跡）

田子浦（航空灯台跡）

笠置（航空灯台跡）

知多本宮山（航空灯台跡）

玉津（航空灯台跡）

室津（航空灯台跡）

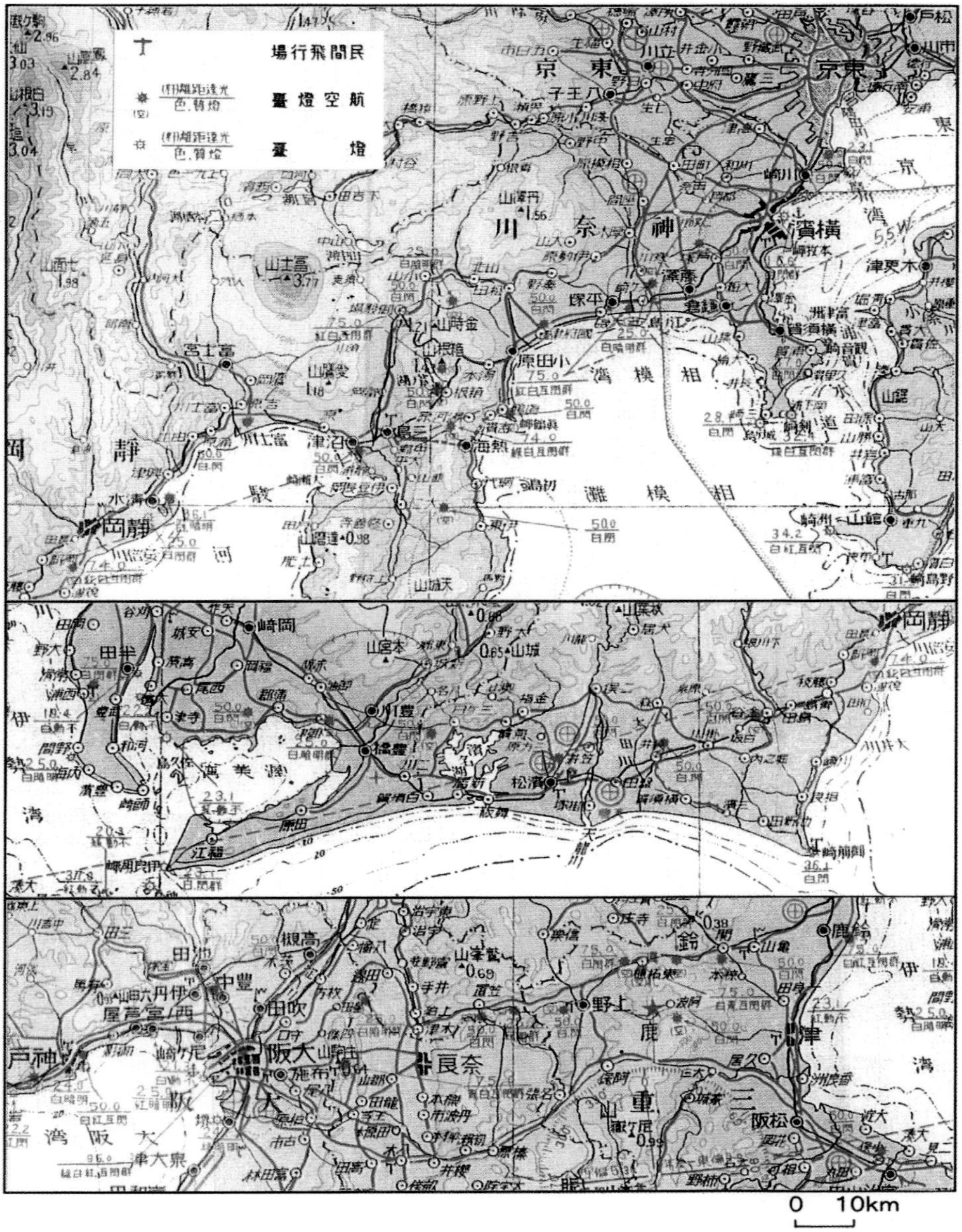

百万分一航空図三号「本州中部」(昭和十九年製版、参謀本部)より作成

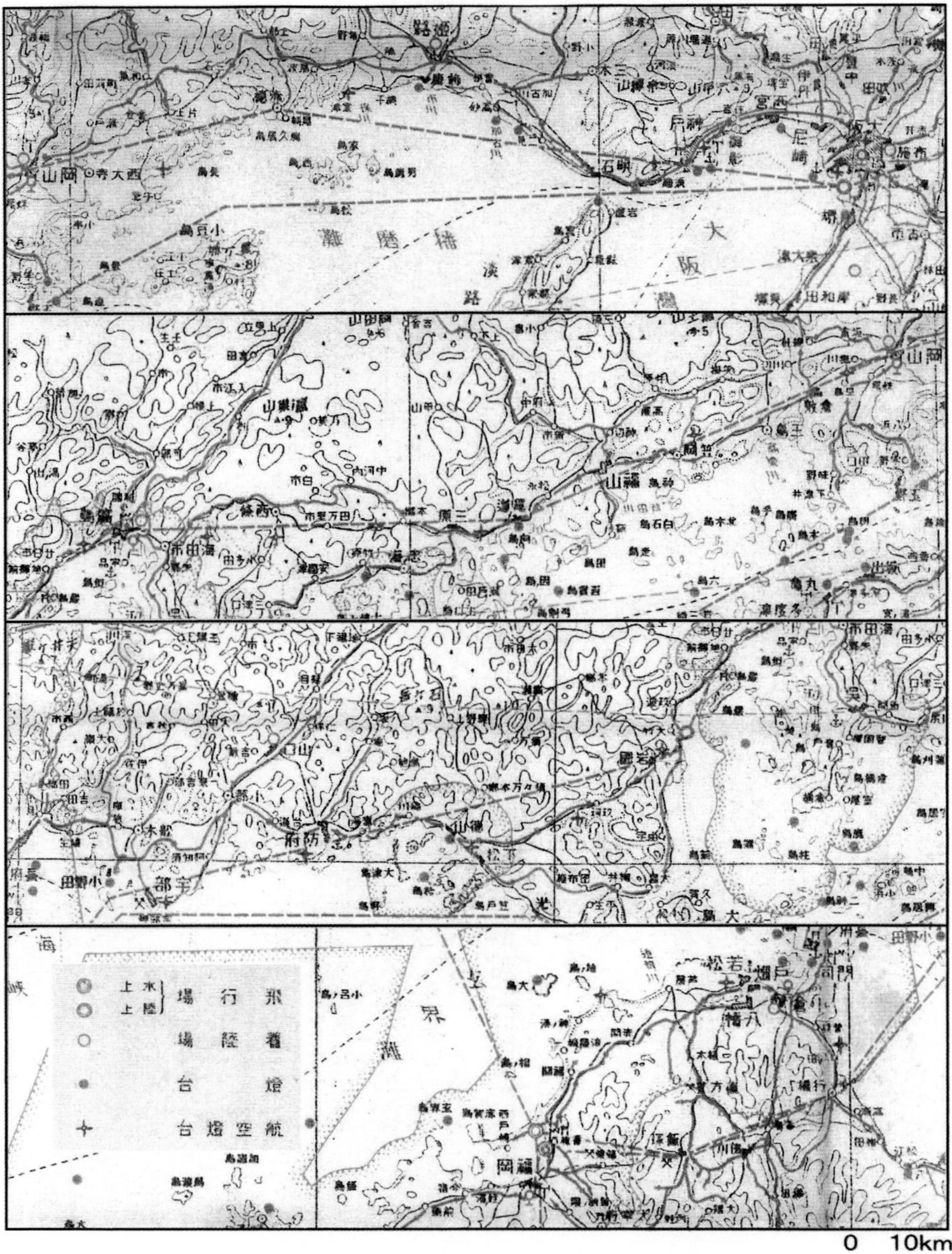

百万分一航空図四号「近畿—南朝鮮」(昭和十八年修正改版、参謀本部)より作成

円山公園（ラジオ塔）

中崎遊園地（ラジオ塔）

八瀬（ラジオ塔）

諏訪山公園（ラジオ塔）

はじめに

山高きが故に貴《たっと》からず、樹《き》あるを以て貴しと為す（実語教）
故《ふる》きを温《たず》ねて新しきを知る（論語）
為せば成る　為さねば成らぬ 何事も、 成らぬは　人の為さぬなりけり（上杉鷹山《ようざん》）
人は人　吾は吾なり　とにかくに、吾行く道を　吾は行くなり（西田幾多郎）
世界の終末が明日であっても、自分は今日リンゴの木を植える（ヘッセン教会の回状、一九四四年）
この秋は雨か嵐か知らねども　今日のつとめに田草取るなり（横山丸三の道歌を少し改変したもの）

筆者は、平成一八年（二〇〇六）に、ナカニシヤ出版より、『旗振り山』の本を出版し、全国の旗振り地点についての成果を報告することができた。

出版後も、未知の旗振り場の探索は継続し、新たに得られた情報は、筆者のホームページ「ものがたり通信」（平成一六年開設）で発信するとともに、「旗振り通信の新研究」（『新ハイキング別冊　関西の山』所収）および『歴史と神戸』に公表してきた。

今回、前著『旗振り山』で明らかにできていなかった、平成一八年以降、新たに発見できた約五〇ヶ所の旗振り場を紹介して、旗振り通信ルートの最新版をお届けすることにしたい。

さらに、『歴史と神戸』で紹介した航空灯台・ラジオ塔の資料を公開しておきたい。とりわけ、戦前の航空灯台の資料は、類書もなく、跡地の調査において、パイオニアの一人であると自負している。

本書の内容が、読者の興味・関心を引くことができれば、筆者にとって望外の幸せである。

目次

第一章　旗振り山

旗振り通信

旗振り通信の概要

旗振り通信については、拙著『旗振り山』の中で詳しく述べた。ここでは、概要をまとめておこう。

旗振り通信とは？

江戸中期～大正中期に行われた手旗信号による米相場の通信で、大阪（大坂）堂島や桑名の米取引所の米相場を周辺各地で、いち早く知り、米取引で儲けるために役立てようとして、見通しの良い櫓《やぐら》の上や山頂に設けた中継所で次々とリレーして、望遠鏡と手旗信号によって迅速に遠方に伝えた通信方法である。夜間には松明振りによる火振り信号（「火の旗」という）を使用した。

旗振り通信の起源

旗振り通信は元禄時代（一六八八～一七〇四）には行われていなかったようである。宝永三年（一七〇六）に、生駒山の暗峠《くらがりとうげ》で配下の男に挙手信号をさせて、それを郡山の角屋与三次《すみやよそじ》が望遠鏡で眺めて、米相場で儲けたのが相場通信の起源と伝えられている。

寛保三年（一七四三）、望遠鏡と旗振りで相場を知らせたという場面を含む戯曲が大坂歌舞伎において演じられた(大門口鎧襲《おおもんぐちよろいがさね》)のが旗振り通信の最も初期の記録のようだ。

延享二年(一七四五)頃、大和国平群《へぐり》の源助が、大坂での合図信号を、十三峠において、望遠鏡で眺めたのが、通常は旗振り通信の起源とされている。

旗振り通信は特定の個人の発明ではなく、享保一五年(一七三〇)に幕府が堂島米市場を公許し、帳合米(先物)取引が行われるようになると、当時には普及していた望遠鏡を用いて金儲けをしようと、同時多発的に考案された通信方法であったと言える。

公認された時期

旗振り通信は、米飛脚による通信方法が正当であるとして、江戸幕府から禁止されていた。ただ、その禁止令は、摂津・河内・播磨に限定されていた。慶応元年(一八六五)、英仏蘭公使等の神戸への来港をいち早く知らせた功績により、公認されたという。

明治時代には、旗振り通信は公然と行われるようになり、取引所の屋根に櫓が組まれて、大きな旗が振られた。旗振りさん、めがね屋と呼ばれた通信員は、通信社に雇用されて活躍できるようになった。

用いられた道具

通信においては、晴天時は、半畳から一畳の小旗、曇天(小雨)時は、一畳～一畳半の大旗を用いた。竿は二～三mの長さであった。

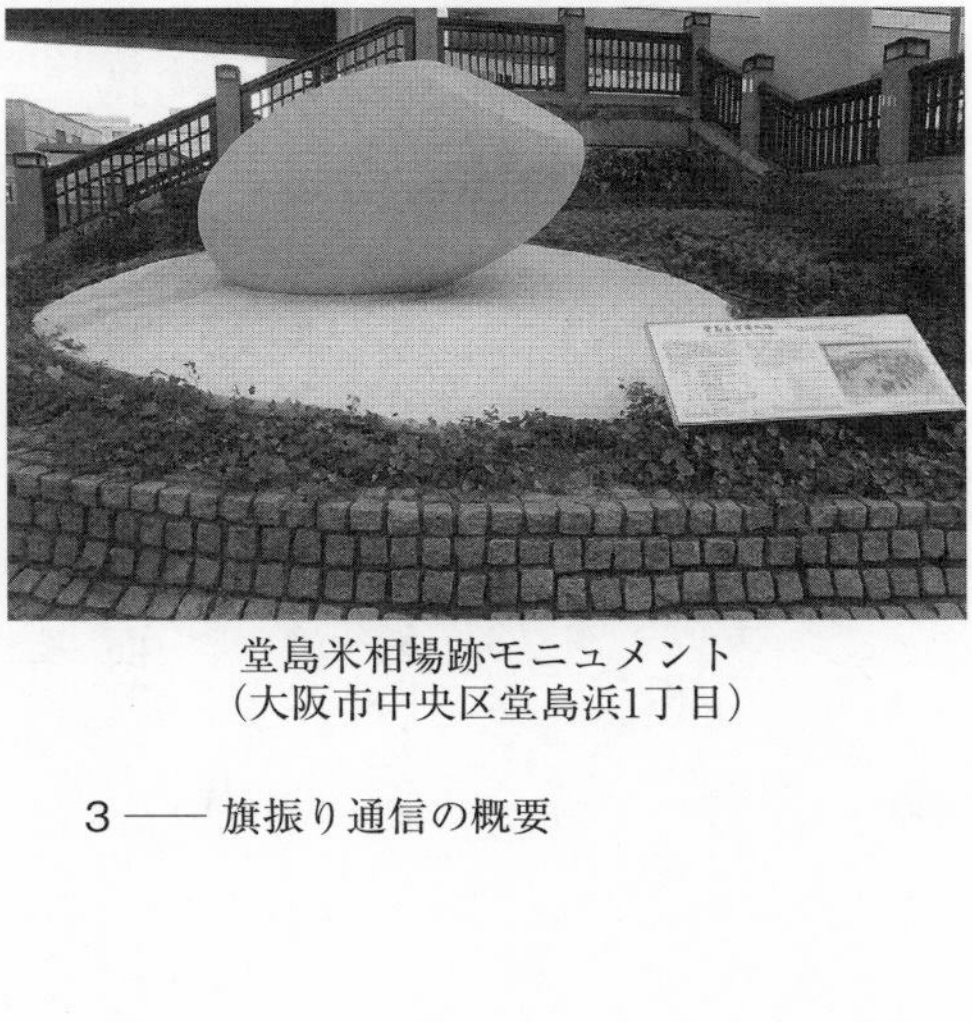

堂島米相場跡モニュメント
(大阪市中央区堂島浜1丁目)

背後が暗い時や櫓台・低地などでは白旗を使い、背後が明るい時や山上などでは黒旗（または赤旗）を使った。白旗はどこでも用いられたが、黒旗は京都・滋賀方面、赤旗は奈良・三重、兵庫・岡山方面で用いられ、地域差があったようだ。

望遠鏡は高価な仏・独・和製などが使用され、大正時代には双眼鏡を用いた場所もあった。望遠鏡の倍率は一五～二五倍で、手ぶれ防止のため、三脚等で固定して使った。長さは五〇～一二〇cm、稀に二mの望遠鏡も使われた。三～四段式で伸縮自在になっていて、精巧で高価なものであった（ハードウェア）。重さは九〇〇～一二五〇gほどで、大半は真鍮製であった。

通信時間を合わせるために、携帯できる小型時計が用いられた。読み取った米相場を記録しておく相場付帳、筆記用具も必需品であった。

旗振りを行なう人と望遠鏡を見る人の二人一組が理想的だが、両方の役目を一人で行なうこともあった。

通信の方法

一日に三種類（当日相場、一週間先、半月先）の通報を行なった。取引所の開かれている九時から一六時の間に、午前五回、午後五回、計一〇回程度振られたが、地域差があり、回数が少ない場合もあった。夜間の通信が行われる場所もあった。

旗信号が届いた距離は、江戸時代には四六km先まで伝えたともいうが、極限に近く、大半は三～二六kmに収まる距離であった。明治時代には遠距離でも三二km、大半は二～一二kmに収まる距離に中継地を設けていた。

通信の範囲は東海道と山陽道に沿う地域が中心で、その幹線ルートの途中に、分岐ルートが設けられた。江戸時代、西は下関、東は江戸まで通信され、小田原・三島間の箱根八里では通信できずに飛脚が走った。明治時代には、西は九州北部、東は静岡まで通信され、東京へは電報が用いられた。

旗振り通信の具体的な手順としては、まず、旗をお互いに立てて準備完了の合図を行なう。旗を中央直線に振り下ろすことで信号開始を示す。続いて米相場の送信を行なう。

明治時代には、米一石の値段で米相場を表した。たとえば、一三円二四銭としてみよう。送信者が右側で回転させる回数を十位の数字、左側で回転させる回数で一位の数字を示す仕組みになっているので、「右で一回まわす」「左で三回まわす」「右で二回まわす」「左で四回まわす」ことになる。旗はからみつかせないために、上下させるのではなく、丸く回すように振って、回転数で送るのである。

間違い防止のため、通信値段は高くなるが、合い印(二一～四五の間の数字)を用いた(照合通信)。合い印の一覧表を見ると、実数一三の合い印は四三、実数二四の合い印は一一なので、一三円二四銭の通信で合い印を用いた場合には、「一三、四三、二四、一一」という順で振って送信した。受信した側は、実数と合い印が矛盾しないことで、実数を確認できたのだ。間違いがわかった場合、旗を強く上下に振って、次に左右水平に振って、その誤りを指示した(エラー訂正)。

米相場の盗み見の防止のためには、実際の相場数値とは増減させる暗号表が用いられた。この暗号表はあらかじめ一ヶ月分を郵送しておいて、関係者にしか正しい相場がわからないようなシステムになっていた。

これを「台付」といった。その増減も、毎回、変更されていたという(暗号通信)。

旗振り通信で「暗号通信・照合通信・エラー訂正」が行われていることから、「江戸・明治期のインターネット」と呼ばれる所以である(ソフトウェア)。

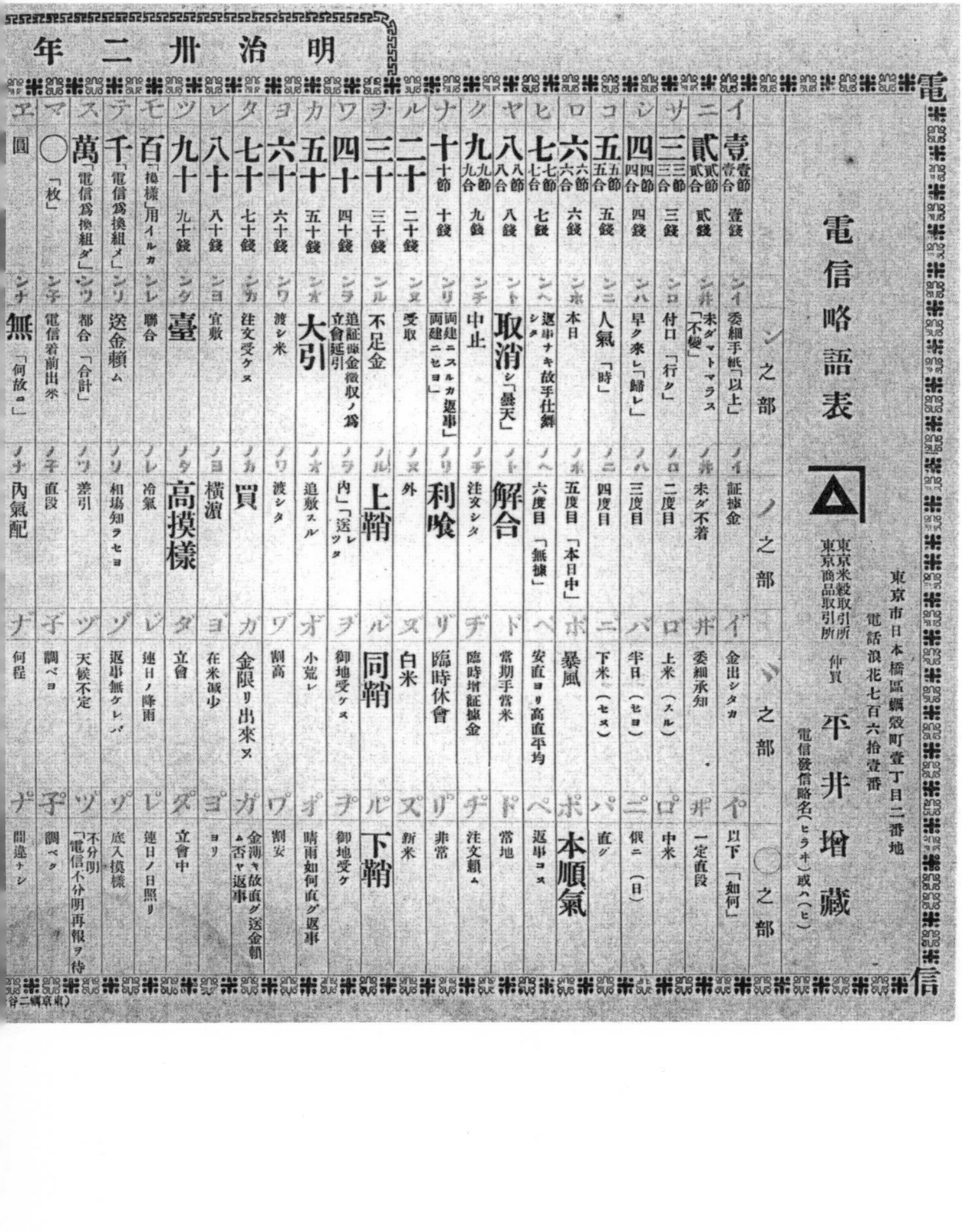

明治卅二年

電信略語表

東京市日本橋區蠣殻町壹丁目二番地
電話浪花七百六拾壹番
東京米穀取引所
東京商品取引所
仲買 平井増藏
電信發信略名（ヒラヰ）或ハ（ヒ）

		ン之部		ノ之部		゛之部		○之部	
イ	壹 壹節 壹合 壹錢	ンイ	委細手紙「以上」	ノイ	証據金	イ゛	金出シタカ	イ゜	以下「如何」
ニ	貳 貳節 貳合 貳錢	ンヰ	未ダマトマラス「不變」	ノヰ	未ダ不着	ヰ゛	委細承知	ヰ゜	一定直段
サ	三 三節 三合 三錢	ンロ	付口「行ク」	ノロ	二度目	ロ゛	上米（スル）	ロ゜	中米
シ	四 四節 四合 四錢	ンハ	早ク來レ「歸レ」	ノハ	三度目	バ	半日（セヨ）	ニ゜	俱ニ（日）
コ	五 五節 五合 五錢	ンニ	人氣「時」	ノニ	四度目	ニ゛	下米（セヌ）	パ	直グ
ロ	六 六節 六合 六錢	ンホ	本日	ノホ	五度目「本日中」	ボ	暴風	ポ	本順氣
ヒ	七 七節 七合 七錢	ンヘ	返事ナキ故手仕舞シタ	ノヘ	六度目「無據」	ベ	安直ヨリ高直平均	ペ	返事コヌ
ヤ	八 八節 八合 八錢	ント	取消シ「曇天」	ノト	解合	ド	常期手當米	ド゜	常地
ク	九 九節 九合 九錢	ンチ	中止	ノチ	注文シタ	ヂ	臨時増証據金	ヂ゜	注文頼ム
ナ	十 十節 十錢	ンリ	両建ニスルカ返事」 両建ニセヨ」	ノリ	利喰	リ゛	臨時休會	リ゜	非常
ル	二十 二十錢	ンヌ	受取	ノヌ	外	ヌ゛	白米	ヌ゜	新米
ヲ	三十 三十錢	ンル	不足金	ノル	上鞘	ル゛	同鞘	ル゜	下鞘
ワ	四十 四十錢	ンラ	追証據金徴収ノ爲 立會延引	ノラ	内」「送レツタ	ヲ゛	御地受ケヌ	ヲ゜	御地受ケ
カ	五十 五十錢	ンオ	大引	ノオ	追敷スル	オ゛	小荒レ	オ゜	晴雨如何直グ返事
ヨ	六十 六十錢	ンワ	渡シ米	ノワ	渡シタ	ワ゛	割高	ワ゜	割安
タ	七十 七十錢	ンカ	注文受ケヌ	ノカ	買	ガ	金限リ出來ヌ	カ゜	金渇キ故直グ送金頼ム否ヤ返事
レ	八十 八十錢	ンヨ	宜敷	ノヨ	横濱	ヨ゛	在米減少	ヨ゜	ヨリ
ツ	九十 九十錢	ンタ	臺	ノタ	高摸様	ダ	立會	ダ゜	立會中
モ	百「換様」用イルカ	ンレ	聯合	ノレ	冷氣	レ゛	連日ノ降雨	レ゜	連日ノ日照リ
テ	千「電信爲換組メ」	ンソ	送金頼ム	ノソ	相場知ラセヨ	ゾ	返事無ケレバ	ソ゜	底入摸様
ス	萬「電信爲換組ダ」	ンツ	都合「合計」	ノツ	差引	ヅ	天候不定	ツ゜	不分明「電信不分明再報ヲ待」
マ	○「枚」	ンネ	電信着前出來	ノネ	直段	ネ゛	調ベヨ	ネ゜	調ベタ
エ	圓	ンナ	無「何故ニ」	ノナ	內氣配	ナ゛	何程	ナ゜	間違ナシ

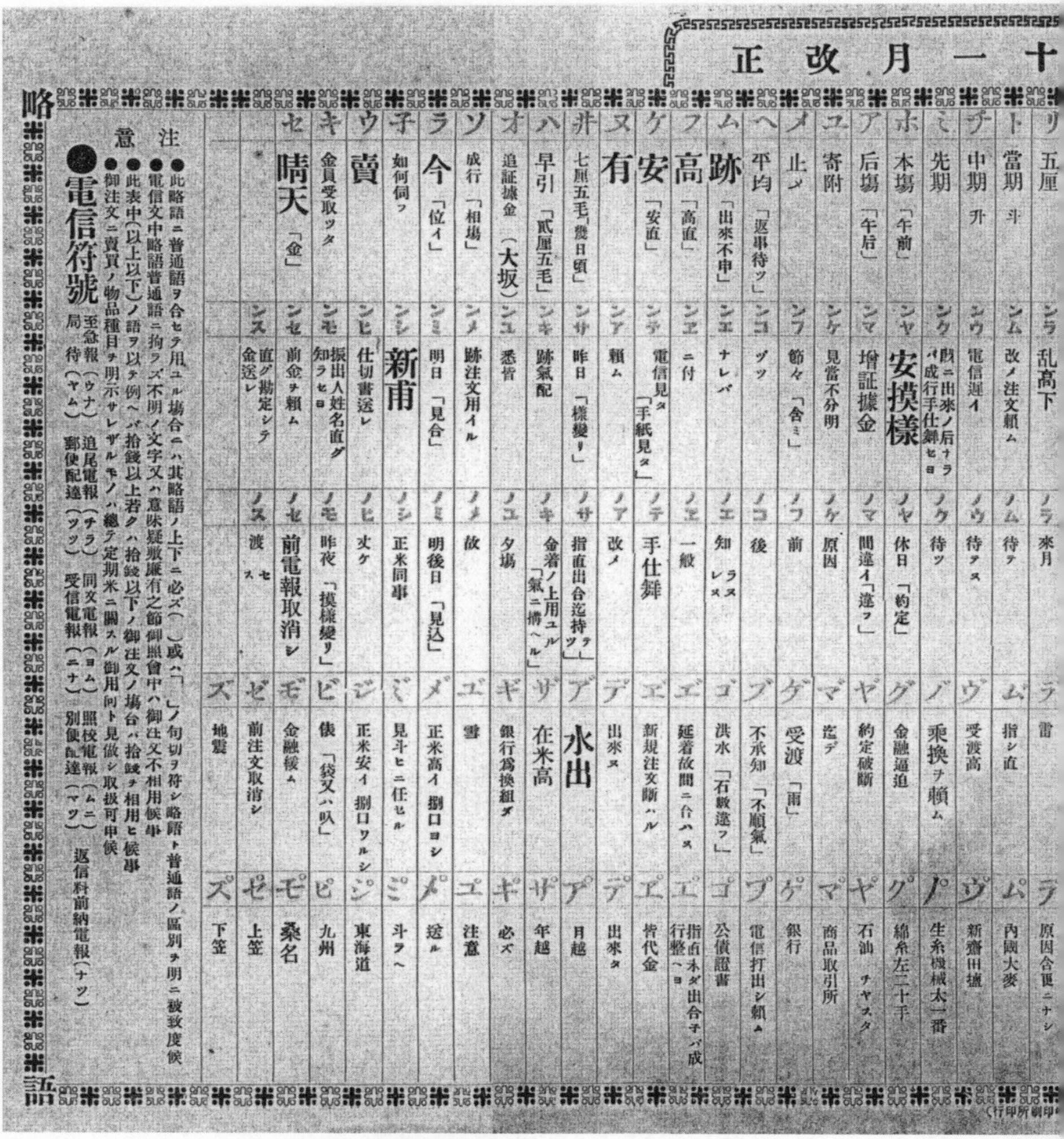

十一月改正

略語

符號	略語
リ	五厘
ト	當期 斗
チ	中期 升
ミ	先期
ホ	本場「午前」
ア	后場「午后」
ユ	寄附
メ	止メ
ヘ	平均「返事待ツ」
ム	跡「出來不申」
フ	高「高直」
ケ	安「安直」
ヌ	有
井	七厘五毛「幾日頃」
ハ	早引「貳厘五毛」
オ	追証據金（大坂）
ソ	成行「相場」
ラ	今「位イ」
子	如何伺フ
ウ	賣
キ	金員受取ツタ
セ	晴天「金」

符號	略語
ンラ	乱高下
ンム	改メ注文頼ム
ンウ	電信遅イ
ンク	既ニ出來ノ后ナラバ成行手仕舞セヨ
ンヤ	安摸様
ンマ	増証據金
ンケ	見當不分明
ンフ	節々「含ミ」
ンコ	ヅツ
ンエ	ナレバ
ンヱ	ニ付
ンテ	電信見タ「手紙見タ」
ンア	頼ム
ンサ	昨日「様變リ」
ンキ	跡氣配
ンユ	悉皆
ンメ	跡注文用イル
ンミ	明日「見合」
ンシ	新甫
ンヒ	仕切書送レ
ンモ	振出人姓名直グ知ラセヨ
ンセ	前金ヲ頼ム
ンス	直グ勘定シテ金送レ

符號	略語
ノラ	來月
ノム	待テ
ノウ	待テヌ
ノク	待ツ
ノヤ	休日「約定」
ノマ	間違イ「違フ」
ノケ	原因
ノフ	前
ノコ	後
ノエ	知ラヌ レヌ
ノヱ	一般
ノテ	手仕舞
ノア	改メ
ノサ	指直出合迄持テ ツ
ノキ	金着ノ上用ユル「氣ニ構ヘル」
ノユ	夕場
ノメ	故
ノミ	明後日「見込」
ノシ	正米同事
ノヒ	丈ケ
ノモ	昨夜「摸様變リ」
ノセ	前電報取消シ
ノス	渡セ ス

符號	略語
ラ゙	雷
ム゙	指シ直
ヴ	受渡高
ノ゙	乗換ヲ頼ム
グ	金融逼迫
ヤ゙	約定破斷
マ゙	迄デ
ゲ	受渡「雨」
ブ	不承知「不順氣」
ゴ	洪水「石數違フ」
エ゙	延着故間ニ合ハヌ
ヹ	新規注文斷ハル
デ	出來ヌ
ア゙	水出
ザ	在米高
ギ	銀行爲換組メ
ユ゙	雪
メ゙	正米高イ 捌口ヨシ
ミ゙	見斗ヒニ任セル
ジ	正米安イ 捌口ワルシ
ビ	俵「袋又ハ叺」
モ゙	金融緩ム
ゼ	前注文取消シ
ズ	地震

符號	略語
ラ゚	原因合匪ニナシ
ム゚	内國大麥
ヴ゚	新齋田擴
ノ゚	生糸機械太一番
グ゚	綿糸左二十手
ヤ゚	石油 チヤスタ
マ゚	商品取引所
ゲ゚	銀行
プ	電信打出シ頼ム
ゴ゚	公債證書
エ゚	指直未ダ出合ナバ成行整ヘヨ
ヱ゚	皆代金
デ゚	出來タ
ア゚	月越
ザ゚	年越
ギ゚	必ズ
ユ゚	注意
メ゚	送ル
ミ゚	斗ラヘ
ジ゚	東海道
ピ	九州
モ゚	桑名
ゼ゚	上笠
ズ゚	下笠

注意

●此略語ニ普通語ヲ合セテ用ユル場合ニハ其略語ノ上下ニ必ズ（　）或ハ「　」ノ句切ヲ符シ略語ト普通語ノ區別ヲ明ニ被致度候

●電信文中略語普通語ニ拘ラズ不明ノ文字又ハ意味疑敷廉有之節御照會中ハ御注文不相用候事

●此表中(以上以下)ノ語ヲ以テ例ヘバ拾錢以上若クハ拾錢以下ノ御注文ノ場合ハ拾錢ヲ相用ヒ候事

●御注文ニ賣買ノ物品種目ヲ明示サレザルモノハ總テ定期米ニ關スル御用向ト見做シ取扱可申候

●電信符號

至急報（ウナ）　追尾電報（チラ）　同文電報（ヨム）　照校電報（ムニ）　返信料前納電報（ナツ）

局待（ヤム）　郵便配達（ツツ）　受信電報（ニナ）　別便配達（マツ）

印刷所印行

電信略語表(明治32年)

合い印は、チェックサム(データ送受信時の誤り検出確認用の和)やチェックディジット(一桁の確認で誤りを検出)の概念に近く、暗号化は、インターネット上で情報を暗号化して送受信する通信のためのプロトコル(通信手順)であるSSL(セキュア・ソケット・レイヤー)であるとの指摘もなされている(「タイムスクープハンター」の旗振り通信の放映への反響より。「旗振り通信の新研究⑰」参照)。

通信の速度

通信一回分に要する時間は、米相場の数値のみに限れば、熟練した旗振り師による旗振りで、一～二分であった。ただし、一回の送信に「短くて五分、長い時は十分もかかった」という話も残されていて、いろいろな内容の通信を行なったために時間を要したものと考えられる。

大阪からの通信に要した時間は、和歌山三～六分、神戸三～七分、京都四分、大津五分、桑名一〇分、三木一〇分、岡山一五～二〇分、広島三〇～四〇分、江戸へは八時間(三島・小田原間の箱根越えは飛脚が走ったので時間を要した)であった。

旗振り通信の伝達スピードは、時速二五〇～七五〇kmであり、新幹線(時速二〇〇km)より速く、飛行機(時速四〇〇～五〇〇km)に匹敵していた。ちなみに、徒歩は時速四km、飛脚は時速七～八km、のろしは時速三〇～一三〇km、腕木通信は二八語だと時速一四〇km(二五kmを一一分)、一語だけなら時速四〇〇〇kmであった(五五一kmを八分)。

旗振り通信の終焉

旗振り通信は、明治前期に通信業者によって営まれて盛んになり、明治二〇～三〇年頃には、いよいよ隆盛を迎えた。小雨でも旗振りは行われたが、大雨・濃霧・靄《もや》では見通しがきかず中止となり、その場合には、高価であっても、電報を用いるようになった。

高地では濃霧が発生しても、低地では発生しにくいので、低地に旗振り場を設けておく工夫も行われた（柴田昭彦「大阪—神戸間を三分で伝達、旗振り通信のルートの特色とは？」、『神戸謎解き散歩』）。

明治二六年三月、大阪に電話が開通したが、回線数が少なくて、大阪・和歌山間は接続に一時間以上を要したので不便であり、その後も、安くて速い旗振り通信が盛んに利用される期間が続いた。

明治三六年になると、大阪市内の通信は電話に変わったが、市外では旗振りであった。

明治四二年の北区大火以後、高層建築が増え、通信のさまたげになるようになった。

大正三年一二月に、予約取引所電話規則実施によって予約電話が可能になると、旗振り通信は急速に姿を消してしまう。

大正六、七年頃まで、一部の地域では、旗振り通信員の職業維持のために旗振りが継続されていたが、大正七年の間には完全に消滅した。

幕府の禁令について

幕府が出した、旗振り通信の禁止令の目的については、『旗振り山』で「米飛脚の生活権を守るため」と述べた。これは、中島伸男氏の記述「米飛脚（状屋）の生活権を守るため」（「滋賀県内の旗振り通信ルート」『蒲生野二〇』六七頁）をそのまま引用したものであったが、高槻泰郎氏から「幕府が米飛脚を守る理由がわからない」として批判された（『近世米市場の形成と展開』平成二四年）。

高槻氏は『大坂堂島米市場　江戸幕府vs市場経済』（平成三〇年）において、文政二年（一八一九）の京都町奉行所による処分事例を分析することによって、「早飛脚からの情報を公的な伝達経路とし、これを出し抜いて取引を行なうことは、不正とみなされていた」のであって、その不正を認めないというのが幕府の禁令の理由であったとしている。

高槻氏の禁令の理由へのこだわりと分析結果は承服できるが、公式の米相場伝達方法を米飛脚によるものとし、それ以外の抜け駆けの方法を認めないということは、幕府の禁止目的が秩序を守ることであれ、「結果として」中島氏が述べたように「米飛脚の生活権を守る」ことになったのは事実であろう。幕府の禁止の理由から離れて、「幕府の禁令は米飛脚の生活権を守ることにつながった」と言えるのではないだろうか。もちろん、高槻氏の分析を否定するつもりはない。観点の違いである。

旗振り師の給料

江戸時代には非公認であったので、旗振りは抜け商いであった。明治期には立派な職業として認められ、特殊な技能を有するものとして、優遇されたという。電信電話よりはるかに安い料金であったので、長い間、職業として継続されたが、さすがに大正六年（一九一七）で、ほぼ消滅することになった。生活に困って、旗振りによって生計を立て直したという話もあるので、当時としては、けっこう、良い給料であったことがわかる。通信機関に雇用されて旗振り師として活躍したのである。

西宮市の吉井正彦氏によると、加古川市志方町広尾の久保田家への聞き取り調査では、旗振り師の給料は小学校の校長と同じぐらいであったという。明治時代の小学校長の月給は、国木田独歩の『酒中日記』(明治三五年、一九〇二年)に「月給十五円」とある。明治時代の一円の価値は換算が難しいが、現代の貨幣価値で八〇〇〇～一二〇〇〇円とされており、仮に平均値一万円として換算すると、当時の一五円は現代の一五万円となる。

旗振り師の給料の金額は、従来、不明であったが、令和元年になって、愛知県の蒲郡《がまごおり》で、明治二七～三八年に遠望峰山《とぼね》での旗振りに従事していた旗振り師の月給は七円五〇銭であったことが判明した(『蒲郡の古いはなし』昭和四三年)。従って、旗振り師の月給は、蒲郡において、小学校長の半分であり、現在の七万五〇〇〇円ぐらいであったということになる。

給料についての資料は、ほとんど残されていないので、比較は困難であるが、おそらく、年代、地域、頻度、雇用形態などによって、差が見られたのではないだろうか。

柳田国男と旗振り通信

民俗学上の巨人の一人、南方熊楠が、昭和四年(一九二九)に「旗振り通信の初まり」で、挙手信号による相場通信について紹介しているのに対して、柳田国男が旗振り通信を取り上げた文章を見ないため、不思議に思っていた。

ところが、柳田が書写させた家蔵本、梶野良材《よしき》『山城大和見聞随筆』(文政・天保期)の中の記事には次のような一文が見えるのである(『諸國叢書(第六輯)』八九～九〇頁)。柳田は、この部分の文頭に、原本にはない見出し語「旗商売事」を付しており、興味を寄せていたことが窺われるのである。

「大坂堂島の米相場、遠國まてへ引には幡にて移し継といふ事ハ兼々聞へつるなり、堂島の知らせを伊駒山にて継き、夫を奈良町へうつす、京都へハ山崎の辺にて継、洛中へ移し、それより音羽山大津へ移し、江州東西へうつし、彦根美濃路へ行、伊勢路へゆき、尾張名護屋へも行よし也、其の時々の高下、即刻に諸國へ届くことハ、人氣のなす処、堂嶋其の日の仕廻相場、たとへは六十一匁五分なれハ、翌日寄付相場の元に立て夫より壱分弐分上り下りを、白はたにて振わけしらする、振方に兼て規定あるへし、西國は海岸なれはなを継安く、何《いず》かたまてもと丶くへし、日本周回海なれハ、海上の急をしらせんには是にこしたる弁利ハなかるへし、五十里百里なりとも速に通す、はたハ白地にかきるへし」

この一文から、文政・天保期(一八一八～四四年)の旗振り通信ルートに次のものがあったことを読み取れる。不明瞭な表現があり、ルートには複数の解釈が考えられる。

・堂島―生駒山―奈良町
・堂島―山崎辺り―洛中―音羽山(小関山)―大津―江州東―彦根―美濃路―伊勢路
・大津―江州西
・美濃路―尾張名古屋

「江州東西」とあることから、湖西地方にも旗振り通信ルートがあったと解釈できるが、今まで、湖西に旗振り場は見つかっていない。江戸期にのみ行われたため、通信が行われた場所が忘れ去られたものと思われる。また、彦根から美濃路につないだらしいが、明治期には関ケ原を越えるルートは知られていない。江戸と明治では異なった通信ルートが用いられたことがわかり、大変、興味深い資料である。

柳田が『山城大和見聞随筆』に出会うことで、旗振り通信との接点があったのである。柳田が旗振り通信にどのような思いを抱いたのかを知る文章が残されていないのは残念なことである。

旗振り通信の様子

旗振り通信を実際に行なっている様子を描いた引き札や絵図、模型の写真などが残されており、明治時代の引き札二枚については口絵で紹介している。また、定期米相場の電報通信の引き札「東岡間鉄道之図」(明治二四年)は筆者が平成二〇年にインターネット検索で入手したもので、本書の表紙カバー表折り返しに掲載している。

国会図書館のデジタルコレクションで閲覧できる、相馬基『世界交通文化発達史』(昭和一五年)の四〇七頁には「徳川時代の旗振り通信」の写真が掲載され、四七八頁には明治五年頃に堺商人が米相場に伝書鳩を利用した挿話が載せてある。「徳川時代の旗振り通信」は逓信博物館に展示されていた「旗振りの模型」の写真である(『郵政』平成一三年七月号参照)。

旗振りによる相場伝達の場面は、いくつかの郷土資料に見られ、とりわけ、江吉良《えぎら》堤での通信の報告(『江吉良郷土史』昭和三三年)が詳しい(本章「江吉良堤」参照)。

『旗振り山』で紹介した通り、「大門口鎧襲」序幕(『日本戯曲全集』四九冊)に、遠眼鏡《とおめがね》と旗振で相場を知らすことがあり、この戯曲は、解題に寛保三年(一七四三)板とその名題が見えるという。

『日本戯曲全集　第四十九巻　中古大阪狂言篇』(昭和七年)には、「大門口鎧襲(五幕)」が収録され、その「序幕」に相場振りの話が出てくる。大門口とは、遊郭(特に、江戸新吉原)の入口の門の所を言う。相場見が二人出てきて、望遠鏡と旗の係になっている。傾城《けいせい》(遊女)が言う。「それはそれは相場を知らすのは、面白いものでな、飛んだり跳《は》ねたり走つたり、こちらでは帳をつける、あちらでは幟の様なもの

徳川時代の旗振り通信（相馬基『世界交通文化発達史』（昭和15年）より）

を振廻す、ほんによい見物でござんした」（二三〇頁）

一七四三年当時、盛んに相場振りが行われていたことがわかる（詳しくは「旗振り通信の新研究⑩」の引用文を参照。『歌舞伎台帳集成　第五巻』では「傾城千引鐘《けいせいちびきのかね》」のタイトルである）。

旗振り通信、ノロシ、腕木通信の共通点は、視覚通信であるということであり、さらに、電波塔のマイクロウェーブが直進する性質を持つ点から、途中で遮る物があれば、通信できないという意味においては共通性を持つと言える。山上の電波塔の立地条件が、旗振り場と共通する所以である。だからと言って、電波塔の立つ場所が必ずしも旗振り場であるとは限らないのは当然である。

旗振り通信の講演

平成一八年五月の『旗振り山』の発刊によって、以下のように、講師の依頼を受けるようになった。

平成一八年一一月二五日、大津の町屋を考える会の会長、青山菖《まさ》子《こ》氏から依頼があり、「町屋・まちなか・萬塾」の第四回講座として「旗振り通信ものがたり」の話を大津市の町屋で行なった。概要と伝達速度などを話題に取り上げた。調査の動機、遺跡地、給料、時計、誤伝達、運営などの質問が出された。

平成二〇年一一月七日、情報通信文明史研究会の押田榮一氏の依頼で、吉井正彦氏の話とコラボ企画で、「電気通信以前の長距離通信　町人の知恵—旗振り通信—」と題して、関西学院大学大阪梅田キャンパスにて、講演を行なった。『烽〔とぶひ〕の道』、黒岩比佐子『伝書鳩』、中野明『腕木通信』、拙著『旗振り山』という通信の本が、ぴったり三年毎に出版された偶然にも触れておいた。年代はともかく、情報通信に注目が集まってきた現状の反映だろう。その報告は『情報通信学会誌　第八八号』に掲載された。

平成二一年五月一七日、伊賀忍者研究家の池田裕《ひろし》さんからの依頼で、午前に現地フィールドワーク、午後に「伊賀の旗振り山」の講演を行なった（表紙見返しの新聞記事と二つの「ケント山」記事を参照）。

平成二一年一〇月三日、伊丹市立中央公民館の藤井裕行氏から、公民館の歴史経済学講座「『天下の台所』を築いた豪商《あきんど》たちの時代を読み解く」の一つとして、「大坂堂島の旗振り通信」と題した講演の依頼があり、翌年一月一〇日に講演を行なった。質疑応答で、送信の回数、海上での送信の有無の質問があり、訂正信号で再送信、海を挟んで陸地同士の通信はあったが、海霧の影響もあり避けたこと、船上では望遠鏡での読み取りが難しいことを伝えた。

平成二二年四月一四日、大塩事件研究会の会長、酒井一氏から連絡があり、大塩事件とは無関係でよいので旗振り通信をテーマに話して欲しいという依頼があった。中島伸男氏が筆者を推薦されたという。会長から『商業資料』の「堂嶋の旗振り」の記事、『山城大和見聞随筆』の「旗商売事」の記事の情報提供があり、大いに助けられた。七月一七日、成正寺で「大坂堂島の旗振り通信」と題して講演を行なった。質疑応答で、通信社の競合の実態、米相場以外の送信（金銀相場・油相場・株式相場）、幕府から公認されるに至った経緯の質問があった。参加された熱心な会員の一人は、信号の際の暗号化、照合、エラー訂正の工夫がインターネットと共通していて興味深かったという感想を出されていた。

平成二四年一月二一日、六甲山を活用する会の代表幹事の堂馬英二氏からの依頼により、「六甲山の旗振り山」(第106回六甲山魅力再発見市民セミナー)を六甲山地域福祉センターで行なった。講演の内容は『六甲山物語3』(六甲山を活用する会、平成二四年九月)に収録されている(三〇〜二一頁)。

平成三〇年九月一〜二日、近畿大学・東大阪キャンパスにて、第五七回古代山城研究会例会が行われ、「古代山城とノロシ　〜高速軍事通信の実態〜」というテーマで、研究者一一人がレジュメ冊子とパワーポイント等で報告を行なった。筆者も向井一雄氏(古代山城研究会・代表)の依頼で、ノロシと関連させながら、「旗振り通信」についての報告を行なった。ノロシは、通信手段としては、米相場の初期通信でも利用されたことがあり、古代のノロシ場がそののち、旗振り通信に利用された場合(生駒山南方の天照山、高安山など)もあり、興味深い報告となった。

平成三一年一月一九日、淀屋研究会事務局の大江昭夫氏からの依頼で、学習会において、旗振り通信についての話を行なった(大阪梅田の鳥取県関西本部交流室)。熱心な会員からは、年代の違いによる通信ルートの変化や、米取引における旗振りの活用の具体的な実態を知りたいといった、史料・資料の絶対的な乏しさから、返答困難な質問が出された。今後、この分野で活躍される専門研究者の出現を期待したい。

旗振り通信の再現実験

旗振りの再現実験は昭和五六年、昭和五九年、平成三年に行われている。昭和五六年の実験は『旗振り山』で紹介し、昭和五九年の実験は『新ハイキング関西』一一八号(平成二三年五月)で詳しく述べたが、平成三年の実験は、当誌の終刊で報告の機会が失われたので、ここで詳しく紹介することにしたい。

平成三年六月一四日の夜一一時二五分から放映されたNTV「TVムック謎学の旅」(日本テレビ・読売テレビ系)は、テーマが「望遠鏡」であった。

井原西鶴『好色一代男』(天和《てんな》二年、一六八二年)の主人公、世之介は女の行水姿をのぞくために望遠鏡を使うが、奉公先の両替商、京都春日屋にあった遠眼鏡が何のために使われたのかをリポーターの大高洋夫《ひろお》が追求する番組で、題して「相場が走る！江戸望遠鏡情報合戦」という。飛脚では伝達が遅いので、考案されたのが旗振り通信であった。

大高さんは、大阪市史編さん室所長の藤本篤氏の協力で、旗振り通信ルートを再現し、「大阪堂島—千里山—阿武《あぶ》山—天王山—大岩山—小関《こぜき》山」という中継点を選び出した。

実験用望遠鏡は、愛和商会の小川好一さんの協力で輸出用のアンティック遠眼鏡(倍率二〇〜三〇倍、多段式で伸縮自在)を調達できた。

地元大津の古老、松井為次さん(平成三年当時、七三才)が相場山と呼ぶ小関山に案内してくれた。山頂は、『風俗画報』第一七二号(明治三一年)に描かれている場所である。松井さんは、ここに旗振りの詰所小屋があったのだろうと話す。

選定したルートのままでの再現は難しいため、中間地点に新大阪・茨木・高槻・伏見の四ヶ所を増やすことが決まった。また、関西大学応援団の部屋を訪れ、山田智仁団長に実験への協力を依頼すると快諾してくれた。

平成三年五月二五日(土)に再現実験が行われた。小関峠の大高さんが、堂島の団長に連絡し、堂島で旗手長が数字の二三を、右で二回、左で三回振って、送信が始まった。

堂島を出発した信号は、次のような八つの中継地点を経て、小関峠に伝わった。

①堂島(NTTテレパーク堂島・屋上)(大阪市北区堂島三丁目)②新大阪(大阪ガーデンパレス・屋上)(大阪市淀川区西宮原一丁目)③千里山(ファミールハイツ緑地公園・屋上)(吹田市千里山西四丁目)④茨木(春日丘東配水池〔桜ヶ丘公園の南五〇m付近、日比宅と宇野宅の北側、平成八年撤去〕・頂上)(茨木市北春日丘一丁目一二)⑤阿武山(京都大学防災研究所・屋上)(高槻市奈佐原九四四、阿武山地震観測所)⑥高槻(日本レック〔現在はサンユレック〕・屋上)(高槻市道鵜町三丁目)⑦天王山(展望台)(京都府大山崎町大山崎、旗立松展望台)⑧伏見(京都府立洛水高校・屋上)(京都市伏見区横大路向ヒ)⑨大岩山(伏見桃山ゴルフクラブ)(京都市山科区勧修寺南大日)⑩小関峠(小関山)(滋賀県大津市藤尾奥町・神出開町)

堂島と小関峠との直線距離は四七km余り(中継ルートの総延長では五三km余り)で、数字二三は、六分四五秒後に小関峠に到着した。通信速度は時速四〇〇kmであり、この調子で江戸まで通信できた場合には、一時間二〇分ほどで伝えることができる。中継地点は一〇ヶ所(九回の送信)なので、送信一回分は五・二kmを四五秒で伝えることになり、分速七kmである。この実験では「数字二つ分」の送信だが、米相場通信では「数字四つ分」の送信で二倍であることに留意しておきたい。

大高さんは両替商が望遠鏡を情報収集に用いたとするが、当時、旗振りが行われたという裏付けはなく、面白い遊び道具として購入し、自慢したり、お客さんに貸して楽しんでもらったりしたのだろう。

なお、『旗振り山』(三三頁)では情報不足のため「五回分」の送信として紹介したので、「九回分」に訂正しておきたい。ただ、「分速七km」という結論に変更はない。

『旗振り山』の発刊以降、旗振り通信の再現実験を行ないたいという相談が持ち込まれることが何度もあった。中にはAKB48のメンバーにさせたいという相談もあったが、すぐに立ち消えになった。平成二六年一一月に、昭和五六年の再現実験の再現をNHKに打診した番組制作会社の企画もあったが成立しなかった。もはや、二番煎じであり、よほど大きな意義、成果が期待できるようなユニークな企画でもなければ実現は難しいだろう。実現のためには、空気の澄んだ日を選び出すという条件、望遠鏡・旗などの準備、相互間連絡、金銭的負担、時間的な拘束などを含めて、相当にハードルが高いのである。その意味で、次の取り組みの成功は視点のユニークさから注目に値する。

平成二六年三月一〇日(月)午前、神戸大学附属中等教育学校五年生(高二)全員一四二人で「グローバル フレフレ ~江戸時代の『旗振り』を現代に応用する試み~」という再現実験に取り組んだ。神戸市内の金鳥山(保久良神社)~神戸大学附属中等教育学校~渦が森~摩耶山掬星台《きくせい》(七ヶ所)、神戸大学本部~灘消防署~灘区民ホール~復興住宅~神戸市役所(六ヶ所)、ビーナスブリッジ~ポートタワー~ポートピアホテル~理化学研究所計算科学研究機構「京」~神戸空港(六ヶ所)の三コース、全長二〇kmで旗振り通信によるメッセージの送信に成功した。同時に生徒たちによる駅伝も金鳥山~神戸市役所間で行われて旗振りと競い合い、わずかに旗振りに軍配が上がった。各所要時間は、五九分、三八分、四〇分であった。

この企画は神戸大学経済経営研究所の高槻泰郎准教授の平成二五年一二月~二六年一月の講義から生

徒が興味を持ったことによるもので、国語科教員の平松はるみ氏からの依頼で、筆者は、再現実験に不可欠な映像資料の提供を行い、フル活用してもらった上での再現となった。現代の再現の意義として、東日本大震災から三年の今、復興への願いを伝えること、地域とのつながりを意識して防災への意識を高めること、東北、附属住吉小学校、そして高三となる生徒自身へのエール、という意味が原動力となり、成功につながった。双眼鏡を用い、メッセージを旗の右何回、左何回で五十音に当てはめて送る方法もユニークであった。

平成三一年五月一日、大阪府の交野山《こうの》の観音岩で旗振り大会が行われた。新元号「令和」を記念しての有志によるイベントで、淀屋研究会の毛利信二氏も世話役として参加された。パソコンで実況中継もされた。当日は雨模様となり、参加した人たちは、それぞれのメッセージを思い思いに存分にアピールできたが、ゆるキャラも含めて、大変な苦労のイベントとなった。

今後の旗振り実験は、単なる再現でなく、いろいろな視点からの付加価値が求められよう。

次に、『旗振り山』発行当時には知られていなかった旗振り場を順次、紹介しよう。併せて、『旗振り山』で紹介した旗振り場についての補助的な話も加えておこう。

神戸・明石ルート

ごろごろ岳・中尾東山

ごろごろ岳（標高五六五・三m）と中尾東山（標高三六八m）が旗振り場であるという記事が、田中眞吾編著『六甲山の地理』（昭和六三年）にある。その出典が、大西雄一『六甲山ハイキング』（第三版、昭和五〇年）（第四版、昭和五九年）の元摩耶道のガイド記事であることを平成二一年に確認した。「東山のこと」の項目に次のように見える。

「坊主山とも兵隊山ともまた旗振山ともいわれている」

「電信のない昔は旗振山とも呼ばれて、この山頂で旗を振って米相場や気象などの情報を伝達していたそうだ。東からは東六甲の劔山（雷岳）―中尾の東山―諏訪山の金星台―須磨の旗振山がそれで、今では須磨にのみその名が残っている」

この記事は『六甲山ハイキング』の第一版（昭和三八年）と第二版（昭和四五年）には見当たらない。日本山岳会会員として活躍された著者が新たな取材で得た情報だろう。そうすると、「ごろごろ岳―中尾東山―諏訪山―旗振山」の中継ルートが、見通しも含めて、正しいルートとして認定できる。

さらに加えて、ごろごろ岳から、畑山（西宮市山口町）へ中継する方法に思い当たる。それは、伊丹を中継点にすれば可能となる。

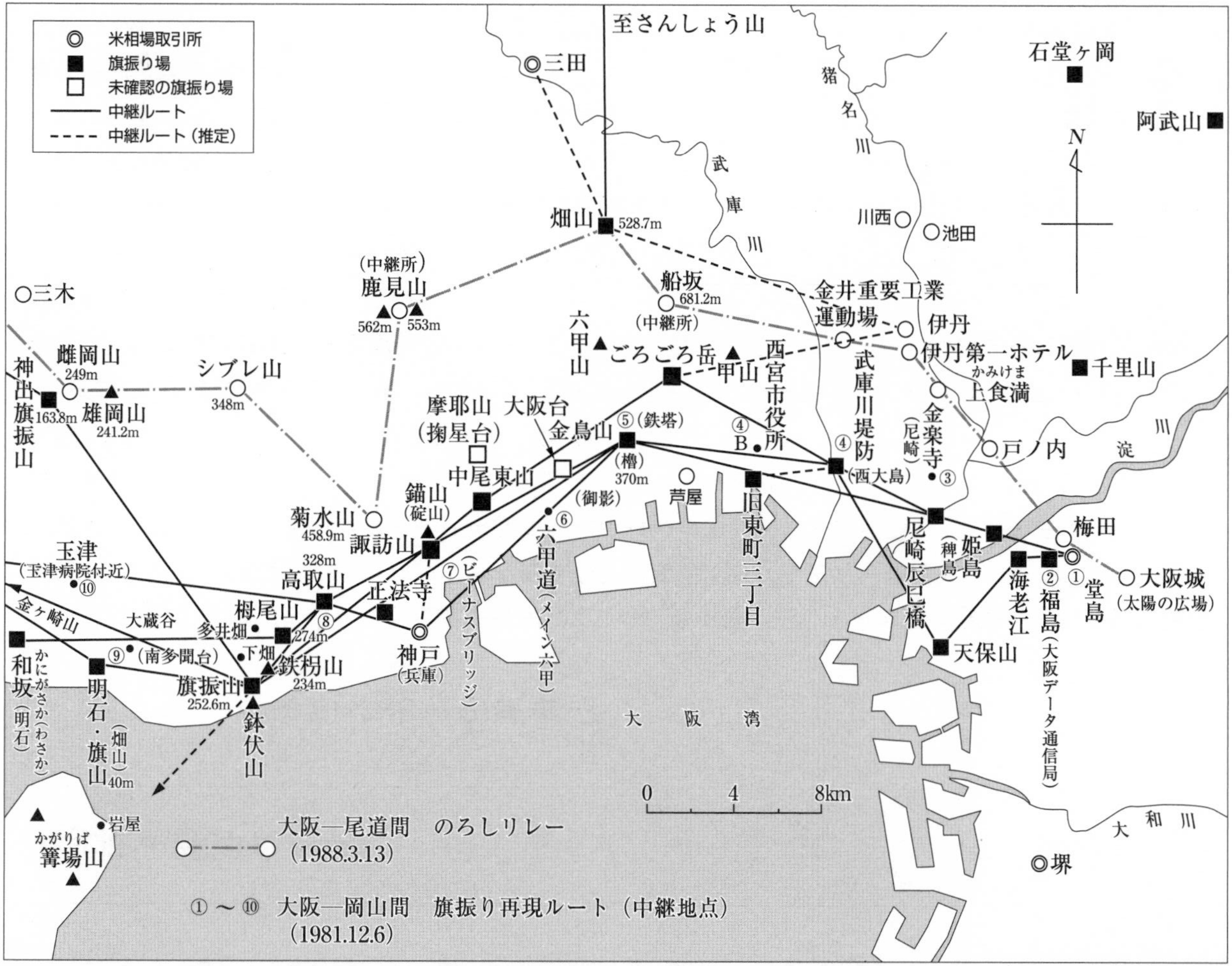
◎ 米相場取引所
■ 旗振り場
□ 未確認の旗振り場
── 中継ルート
- - - 中継ルート（推定）
至さんしょう山
三田
石堂ヶ岡
阿武山
N
猪名川
武庫川
川西
池田
畑山 528.7m
（中継所）
鹿見山
562m
553m
三木
船坂 681.2m
（中継所）
金井重要工業運動場
伊丹
伊丹第一ホテル
千里山
上食満《かみけま》
六甲山
ごろごろ岳
甲山
西宮市役所
武庫川堤防
④（西大島）
金楽寺（尼崎）③
戸ノ内
淀川
神出旗振山
雌岡山 249m
雄岡山 241.2m
163.8m
シブレ山 348m
摩耶山（掬星台）
大阪台
金鳥山 ⑤（鉄塔）
（櫓）370m
④ B.
芦屋
旧東町三丁目
尼崎辰巳橋
姫島（稗島）
梅田
① 堂島
大阪城（太陽の広場）
② 福島（大阪データ通信局）
海老江
天保山
中尾東山
錨山（碇山）
菊水山 458.9m
諏訪山
328m
（御影）
⑥ 六甲道（メイン六甲）
⑦（ビーナスブリッジ）
正法寺
神戸（兵庫）
玉津（玉津病院付近）⑩
金ヶ崎山
大蔵谷
高取山
栂尾山 ⑧ 274m
多井畑
下畑
鉄枴山 234m
旗振山 252.6m
鉢伏山
⑨（南多聞台）
和坂《かにがさか》（わさか）（明石）
明石・旗山（畑山）40m
岩屋
篝場山《かがりば》
大阪湾
0　4　8km
大和川
堺
大阪—尾道間　のろしリレー（1988.3.13）
①～⑩　大阪—岡山間　旗振り再現ルート（中継地点）（1981.12.6）

元来、伊丹に、どこから伝達されたのかは不明で、堂島や武庫川堤防からは標高差が小さく、直接の中継は難しい。それが、「武庫川堤防―ごろごろ岳―伊丹―畑山」という中継ルートなら、無理がないのである。もちろん、小丘等の利用も想定できる。新たな文献発掘でもなければ裏付けは無理だろう。

金鳥山

『旗振り山』の本で、旗振り場の情報を発信すると、その内容に対して、批判的なコメントも出るようになった。金鳥山の場合も、『本山村誌』の述べる「火の見櫓のある処」(標高四〇四・六m)が旗振り場であって、その南方一八〇mに位置する元教員のいう「コブの南端の朽ちた元旗振場の小屋跡地」(標高三七〇m)という証言は誤りではないか、というものである。

タイムトラベルをして、明治時代の当時の姿を見ることはできないので、判定は難しいのだが、『本山村誌』には旗振り場に「笹で屋根を葺いた粗末な小屋」があったと述べているので、やはり、旗振り小屋の立っていた地点が旗振り場であろう。どこに小屋が建っていたのであろうか?

インターネットの大橋正規「六甲金鳥山の旗振り場跡探索」(平成二七年一二月)では、現地調査をしており、『本山村誌』編集時には、旗振りの行われた当時の記憶も残っていたはずだし、現在でも櫓が旗振り場で間違いないと強く主張する人もいるし、元教員の言う小屋跡も

金鳥山の火の見櫓跡

また旗振り場であってもおかしくない。両方とも旗振り場ではなかっただろうかと考察している。

　旗振り場をピンポイントで紹介することは、かなり細かい説明を要する。顕著な目印のないコブの南端の場所を指し示すことはかなり難しい。一方、伝えやすい「火の見櫓」を旗振り場として紹介することは容易である。また、旗振りの行われた当時、当然、櫓はなかったわけである。もちろん、古老が場所を間違えるはずがないと言われればそれまでであるが、それは元教員の証言にも言えるはずであろう。

　お互いに一八〇m離れた二つの旗振り候補地点では、樹木の遮りさえなければ、どちらでも、近くの旗振り場との中継は可能な立地にあり、誤差の範囲と考えてもよいと思う。大橋氏の言われるように、両方とも旗振り場であってもおかしくないと思う。旗振り地点は、旗振り師の事情によって、たびたび場所を変えたケースも知られているのだから、ありえるだろう。

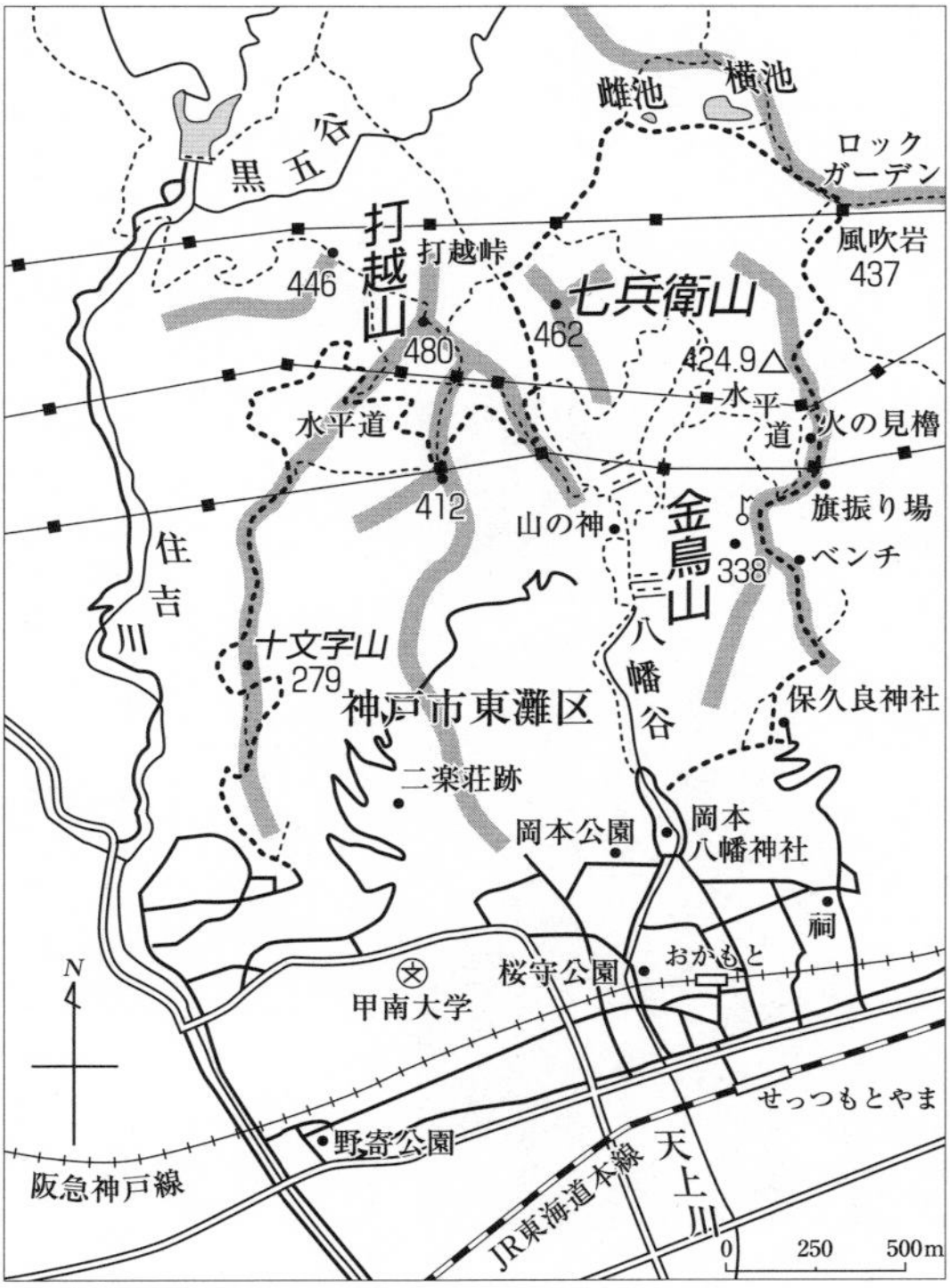

大阪台

平成二三年一〇月、棚田真輔・表孟宏・神吉賢一共著『プレイランド　六甲山史』(昭和五九年)の序文(執筆者は棚田氏)に、次のような記述があることに気づいた。

「その頃神戸の人々にとって六甲山は、御影の漁師が有馬温泉に鮮魚を運んだ魚屋道と、大阪堂島の米相場を丹波へ連絡するための大阪台・山頂の旗振り台の外は、草木・鳥獣を得たり、氷の採取ぐらいのものでさしたる用がなく、むしろ有馬・丹波などへの文化交流の大きな障害となっていた程度の存在であった」

平成二四年一二月、『国立公園　六甲連山』(昭和三一年)の「六甲断章」(桐山宗吉)に、前記序文の出典である、次の文を発見した。

「住吉口から魚屋道の称でも明らかな通り、それから米相場の数字を速報するため、大阪堂島から六甲南中腹の大阪台(古い地図に記載されていた)を経て山頂部、更に有馬郡から丹波へと黒と白の旗信号を遠目鏡で見ていた、その人々が登り下りした位のものであったろう」

桐山宗吉氏(元兵庫県観光連盟専務理事。神事に関する著作がある)が、大阪台で行われた旗振り伝承を地元で聞き取っていたものと思われる。

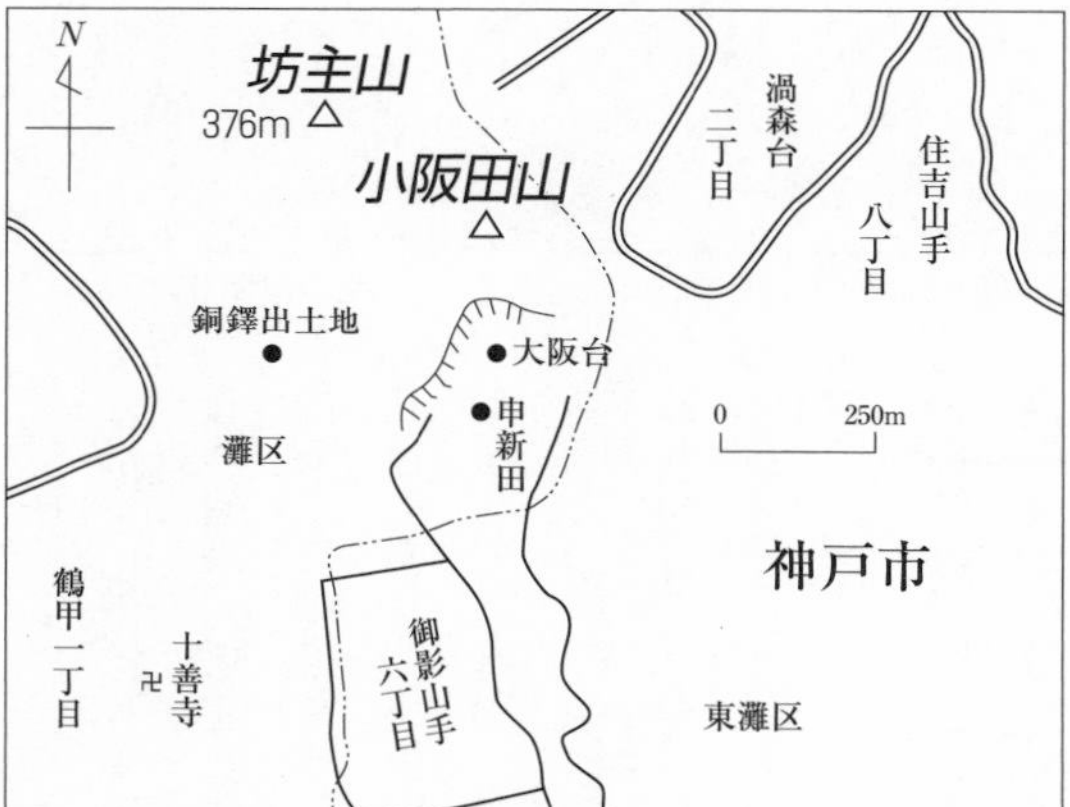

二万分の一地形図「御影」（明治四三年測図）を見ると、十善寺の北東八〇〇m（標高一八〇m）付近に大阪臺とあり、現在の新神戸変電所の北端にあたる。また、一万分の一地形図「御影」（大正一二年測図）には、ほぼ同じ場所（標高一七〇m）に申新田《さる》とあった。『武庫郡誌』（大正一〇年）の六甲村の地勢の記述中に「大阪臺（俗に小坂田）といふ」とあり、前田慶三編『阪神沿道地籍図西部』（大正九年）の「武庫郡六甲村・西郷村索引図」には、山側に小阪田山、その南東の麓に申新田の字名が見える。また、『西摂大観　郡部』（明治四四年）の一五一頁に「高羽村の出戸小阪田山新田又は猿新田」とある。

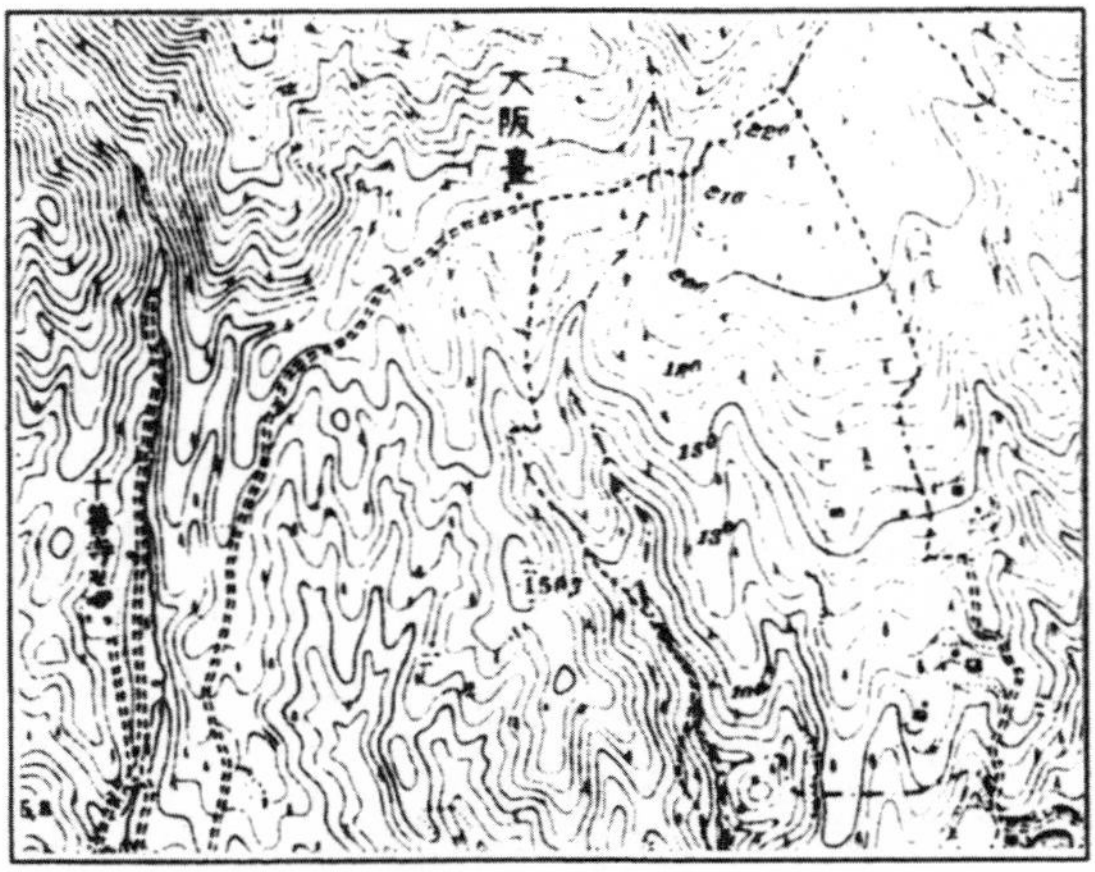

明治43年地形図「御影」にみる大阪臺

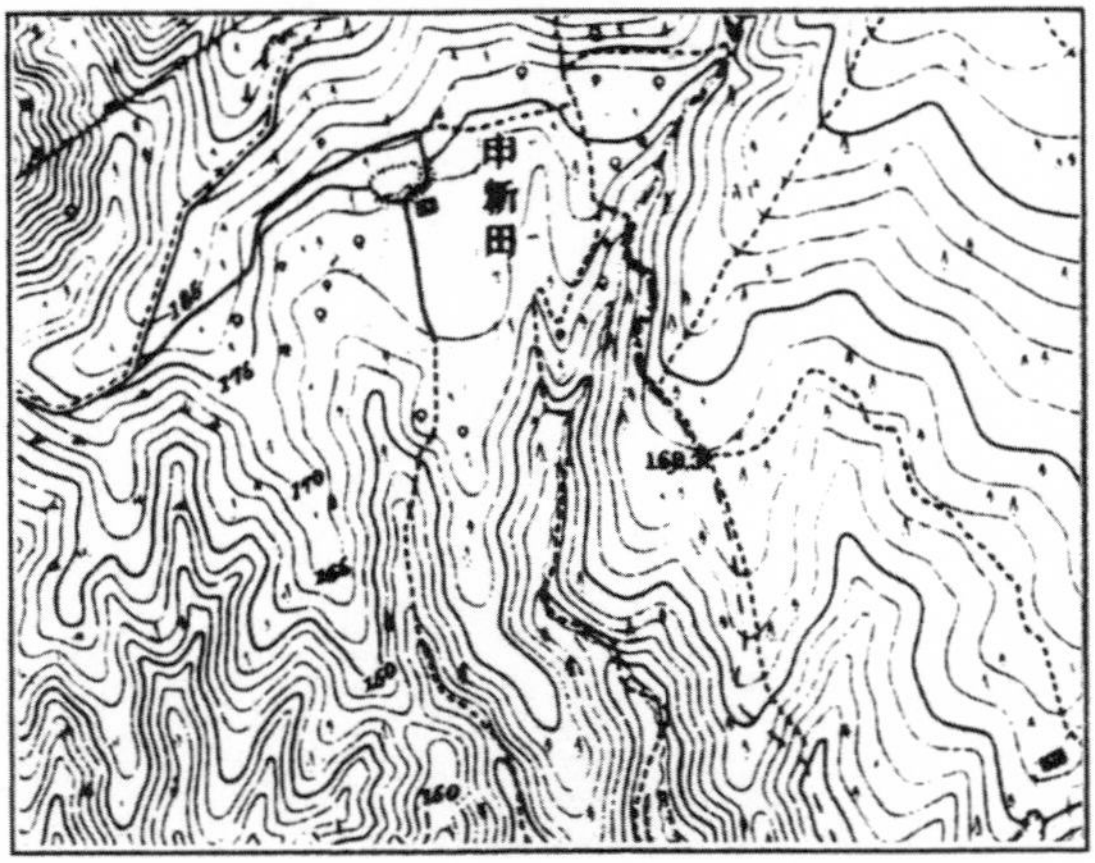

大正12年地形図「御影」にみる申新田

平成二三年一一月に実施した大阪台（小阪田山）の現地調査の結果、東北と南西方向に中継できる立地にあり、巡視路が通じているが、標高二九〇mの現地では展望はほとんどないことがわかった。また、有馬への中継には、尾根の標高二九〇m地点であれ、麓の大阪台（標高一七〇～一八〇m）地点であれ、六甲山系を中継して伝達することは困難な立地にあり、大きく迂回するルートが必要であるため、通信方向にも疑問が残る（『歴史と神戸』三〇二号）。

ただ、旗振り場として「御影」という地点名が「大阪の旗振り通信」（『明治大正大阪市史』第五巻、昭和八年）のレポートに見えることは興味深い。明治一〇年頃の中継ルートとして、「堂島、海老江、天保山、尼崎、御影、神戸」が紹介されている。

筆者は、従来、御影に相当する旗振り地点を金鳥山（旧本山村）と解釈してきたが、大阪台（旧六甲村）が御影駅（付近は旧御影町）の北方にあり、該当するとも考えられる。

『西摂大観　郡部』の一五一頁には、小阪田山新田は天和年間（一六八一～四年）に開拓され、明治一〇年前後まで住民（一〇戸ばかり）がいたが、強盗来襲がひどいために高羽と平野両村へ移住したとある。筆者の全くの想像であるが、移住するまで（また、移住後も）住民の一部が旗振りに従事していたという可能性はないのだろうか。

大阪台（小阪田山）の巡視路と鉄塔

掬星台

平成二六年一一月、六甲山資料の収集家、森地一夫氏（西宮市）より、先山と掬星台が旗振り場であると述べている文献の情報をメールで戴いたので、大いに驚かされることとなった。

○赤松圓心父子の塔　本堂の裏手、蒼樹の間、風致最も佳なる所に在り。赤松則村則祐父子の墓とす。
○八　州　嶺　奥の院の裏手、摩耶山の絶頂、樹木開けたる臺地なり。一度此所に立てば、四顧茫々、淡路、紀伊、和泉、河内、大和、攝津、丹波、播磨、八州の山河、一望の下に集るを以て、此名あり。
○揤　星　臺　八州嶺の東、谷を隔てゝ突兀たる、山頂の一角にして、眺望頗佳、聳空星を揤するの慨あるにより此名あり。服部前兵庫縣知事の命名する所とす。側に揤星臺碑あり。

摩耶山案内
（摩耶鋼索鉄道株式会社）
（昭和４年）

その文献というのは、浅加良信「三角点とノロシダイ」（『関西山小屋』第五八号、昭和一六年四月一日発行、一二一～一六頁）である（この号は岐阜大学の今西錦司氏旧蔵雑誌に含まれている）。該当箇所は次の通りである。

「もし、これらの三角点に発火信号か手旗信号所を設けて、次々に中継するならば或る一個所から発せられた信号を日本国中に送ることも可能なことである」

「徳川時代から明治初年の堂島の米相場は、この方法で大阪から姫路へ、徳島へ、京都へ、奈良へ送られたものである。大阪の町では屋根の上に物見臺があつて、そこから長い竿の先に白い旗を吊して打ち振れば、それが生駒山で中継されて奈良へ通じ、摩耶山と先山で中継されて姫路、徳島へ通じたのであった」

「また須磨の鉢伏山は旗振山とも言はれ、白旗山とも言はれる。摩耶山の揤水臺を古くは旗振臺と言はれてゐたのは旗を振つて合図した時代の名残りである。高旗山などと言はれるのも同じ意味である。いま、これらの山々には三角点が置かれたり、展望臺とされたり、航空燈臺が設けられたりしてゐる。どんなに人知が発達しても、昔の人達が着目し利用したことは、いつの世までも役立つことを想へば古いもの丶再吟味も大切なことである」

文中に「揤水臺」とあるが、良く似た「菊水山」は、昭和一〇年に新たに命名された山名で、全く別の場所である。もちろん、「揤水台」という場所は存在しない。従って、明らかに誤植であり、正しくは「掬星臺」であろう。

『近畿』第一八巻第三号（昭和五一年三月）の記事には、中継地点の一つとして「摩耶山（神戸）」が掲げられているのは興味深い。摩耶山（掬星台）が旗振台であった可能性の見極めは難しいが、旗振り場であるという文献が残ることから、可能性は高いと思われる。なお、山頂の掬星台が、今のような広い台地になったのは、昭和一六年に高射砲陣地として整地されてからである。

なお、「掬星台」の命名者については、『歴史と神戸』三一五号で考察しておいた。結果をまとめると、摩耶ケーブルが開通した年に発行された「摩耶山案内」（摩耶鋼索鉄道株式会社、大正一四年五月一日発行）に「眺望頗佳、聳空星を掬するの概あるにより此名あり。服部前兵庫縣知事の命名する所とす」とあったことによって大正一四年以降に普及した呼称で、明治三三年～大正五年に兵庫県知事であった服部一三（一八五一～一九二九）の命名であることがわかる。

なお、「摩耶山案内」（昭和四年）にも同じ記載があるが、「概」は「慨」に変わっている（図版参照）。

淡路・徳島ルート

雨乞山・塩田

平成二三年七月、『淡路町誌』（平成一七年）の「伝承　語り草」の中に「旗振山」の項目（濱岡きみ子執筆）があることがわかった。筆者の『歴史と神戸』二四〇号の記事が紹介され、次のような記述が見える。

「なおこの金額を知らせることは、生穂（現・津名町）雨乞山の下に住んでいた尾崎雅楽さんに生前見晴らしのよい雨乞山に案内され教えていただいたことが何回かあった。だが単純であり、広いつながりがなく、そのままになっていた」

淡路市生穂《いくほ》には、雨乞《あまごい》という集落があり、その背後のピーク（昭和五五年測量の五千分の一国土基本図によると、標高一三五・九m）が雨乞山で、一五九m三角点の南方一五〇m付近である。山頂は雨乞山公園となっている。

筆者が、平成二四年（二〇一二）五月に電話で濱岡きみ子氏（一九二三～二〇一四）から聞いた話によると、戦後、一宮町の小学校教諭として在職中に行なった聞き取り調査の際、尾崎雅楽《がらく》さん（男性。当時、六〇歳ぐら

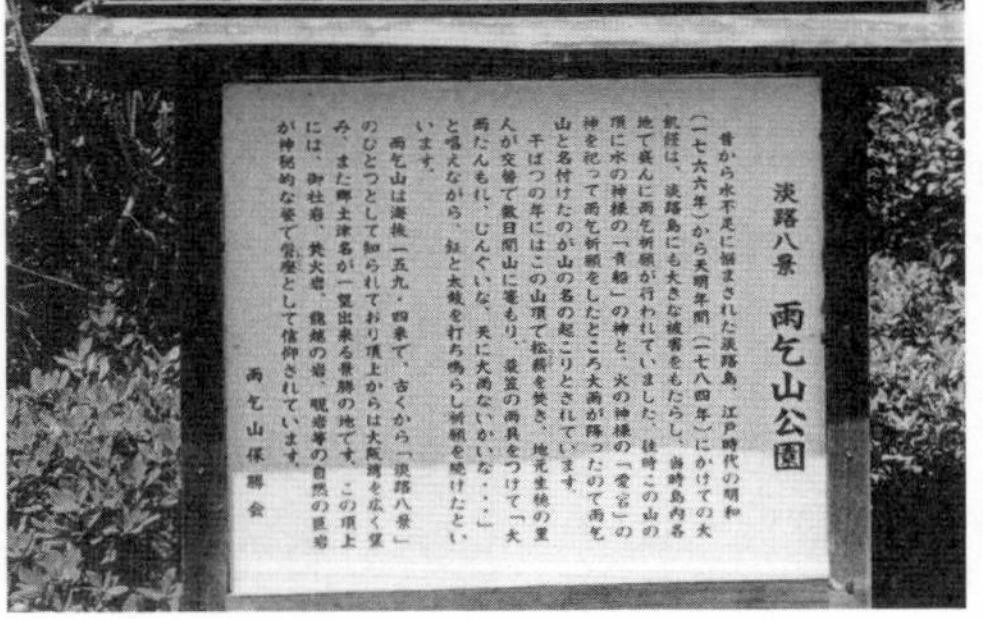

雨乞山山頂にある案内板

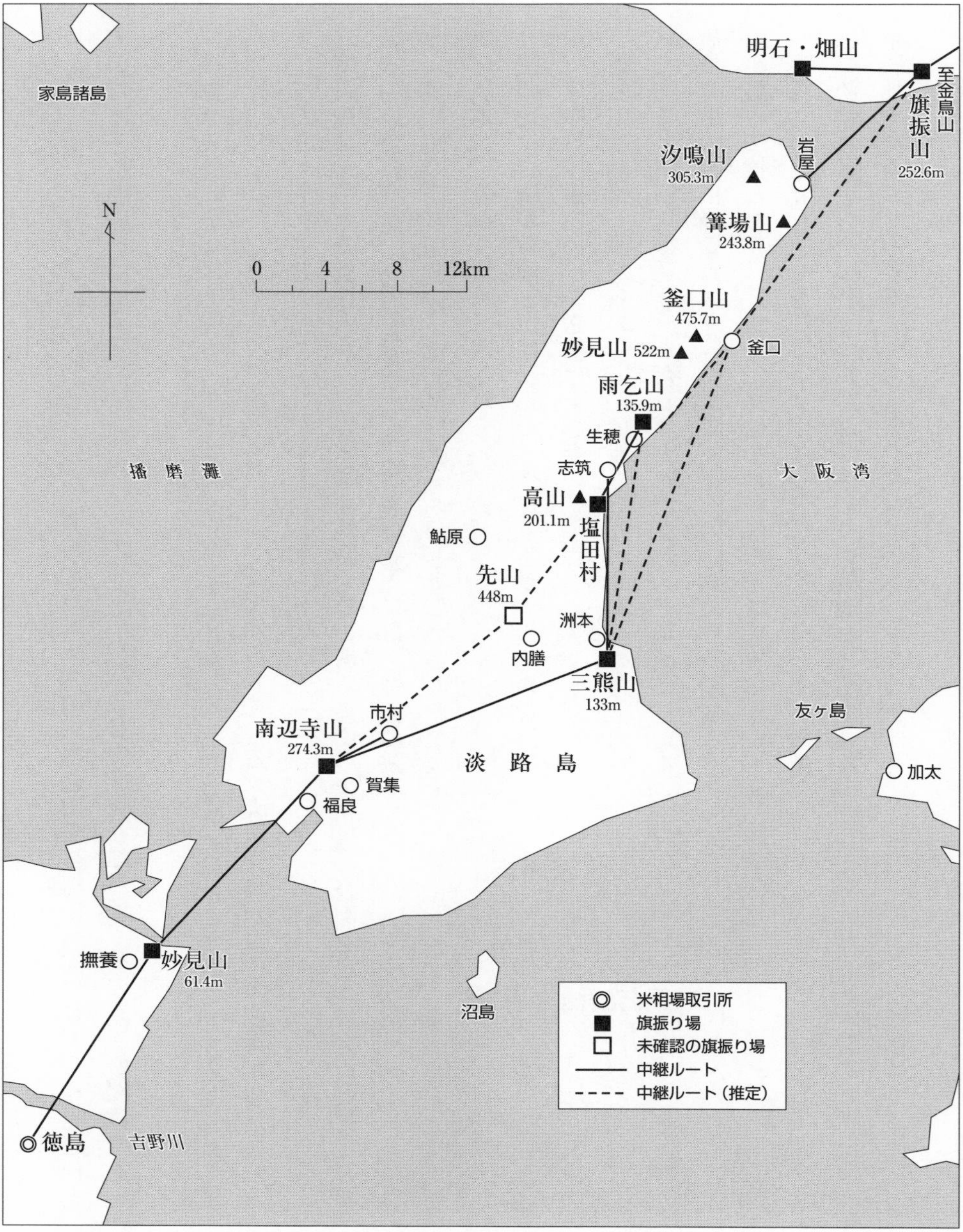
明石・畑山
至金鳥山
旗振山
252.6m
家島諸島
岩屋
汐鳴山
305.3m
篝場山
243.8m
N
0 4 8 12km
釜口山
475.7m
妙見山 522m
釜口
雨乞山
135.9m
生穂
志筑
播 磨 灘
大 阪 湾
高山
201.1m
塩田村
鮎原
先山
448m
洲本
内膳
三熊山
133m
友ヶ島
市村
南辺寺山
274.3m
淡 路 島
加太
賀集
福良
撫養
妙見山
61.4m
沼島
米相場取引所
旗振り場
未確認の旗振り場
中継ルート
中継ルート（推定）
徳島
吉野川

31 —— 雨乞山・塩田

い)から、雨乞山は米相場の旗振り山で、明治から大正の頃、雨乞山から塩田《しおた》へ向けて、米相場を伝えていたことを聞いているとのことだった。尾崎さんがご存じの旗振り地点は、その二ヶ所だけであった。

濱岡きみ子『先山千光寺への道』(平成二一年)の「生穂雨乞行者堂」には次のような記述が見られる。「雨乞山は古くから本州から続く旗振り山としても知られている。大阪堂島からの米相場が発信されると、またたく間に淡路岩屋で受けて雨乞山に知らせてきた」

濱岡氏は、須磨の旗振山から、岩屋聖隷《せいれい》淡路病院のある裏山へ米相場の合図を送っていたと推定している(『淡路町誌』)が、『淡路町風土記』(昭和四六年)には「烽火の跡は八幡神社の後の高地(現、国立明石病院岩屋分院附近)」とあるだけで、現地に、旗振り伝承は残されていない。

濱岡氏は岩屋から雨乞山に伝えたと推定するが、病院の背後は山で遮られ、雨乞山への送信はできない。

雨乞山は紀州方面からの受信が可能であり、洲本への送信は容易であると濱岡氏は言う。ただし、大阪湾を越えて正面に見える旗振り山の雲山峰《うんざんぽう》(標高四九〇m)まで三三・六kmあり、一般的な通信距離の二倍となり、日常的に通信が行われたとは考えにくい。

平成二四年五月、筆者は雨乞山の現地調査を行なった。山頂は「淡路八景」の一つとして知られ、津名や大阪湾が一望できる景勝地である。北を除く三方の展望が開けている。紀州と洲本の

旗振山(須磨)から見える大観音像(釜口)と先山

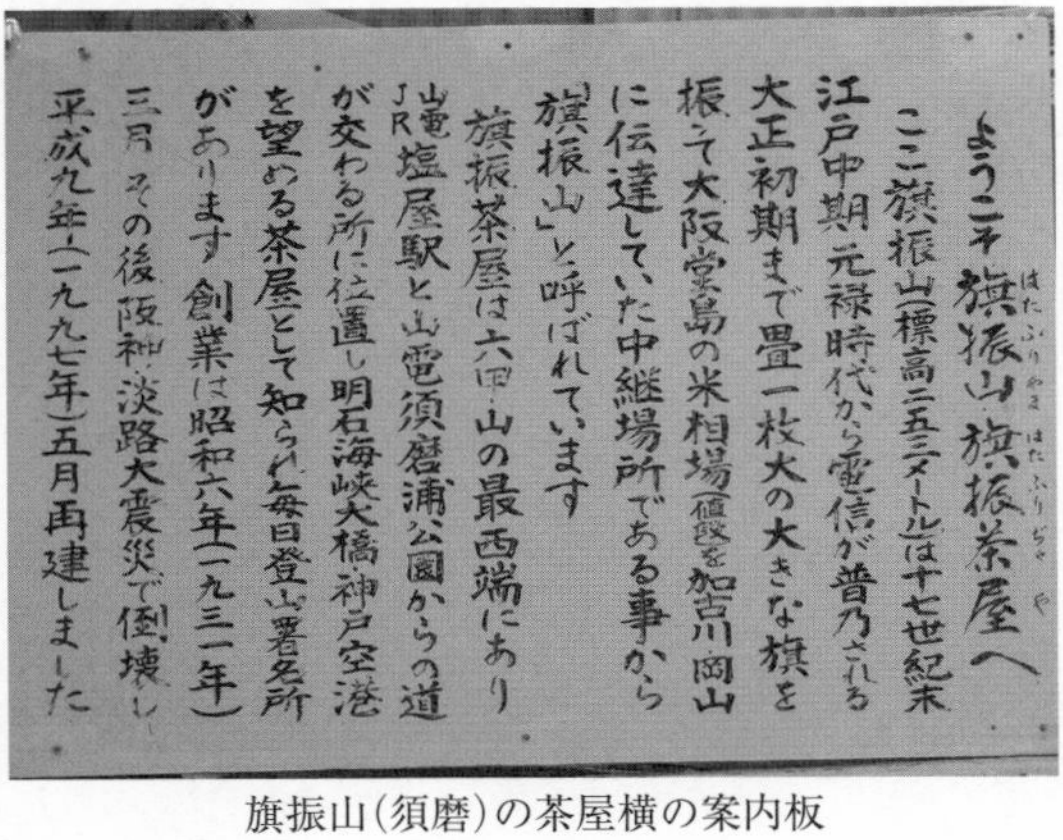
ようこそ旗振山《はたふりやま》旗振茶屋《はたふりぢゃや》へ
ここ旗振山(標高二五三メートル)は十七世紀末
江戸中期元禄時代から電信が普及される
大正初期まで畳一枚大の大きな旗を
振って大阪堂島の米相場(値段)を加古川岡山
に伝達していた中継場所である事から
「旗振山」と呼ばれています
旗振茶屋は六甲山の最西端にあり
山電 JR 塩屋駅と山電須磨浦公園からの道
が交わる所に位置し明石海峡大橋神戸空港
を望める茶屋として知られ毎日登山署名所
があります 創業は昭和六年(一九三一年)
三月 その後阪神・淡路大震災で倒壊し
平成九年(一九九七年)五月再建しました

旗振山(須磨)の茶屋横の案内板

山々がよく見える。山頂直下には巨岩があり、磐座として信仰され、祠が祀られている。

塩田村は、現在の塩尾《しお》・下司《くだし》・赤堂《あかんどう》・里《さと》である。雨乞山から旗振り情報を受け取った地点は、塩尾の西方、標高二〇一mの高山だとすると、余分に時間を要するので、おそらく、塩尾の民家付近であろう。

以上の情報から、次のような旗振り中継が考えられる(括弧内は地点間距離)。

・須磨旗振山(九・四km)岩屋
・須磨旗振山(七・二km)明石の畑山
・雨乞山(五・五km)塩田
・雨乞山(一三・九km)洲本
・志筑《しづき》(一〇・八km)洲本

これらの中継だけでは、須磨と洲本をつなぐことはできないことがわかる。それでは、一体、どこで中継したのであろうか？

筆者は、平成二四年七月の現地調査の結果、須磨と洲本が見える中継点の候補地として、淡路第三の高山、釜口山《かまぐちやま》（標高五二二m。別名は朝霧山）、その北東一・一kmの一等三角点の山、釜口山（四七六m）、山麓の仮屋・下田・釜口の集落をあげたい。次のような中継距離になる。

・須磨旗振山（二一・四km）釜口小井の妙見山（一八・四km）洲本
・須磨旗振山（二〇・二km）釜口山（一九・三km）洲本
・須磨旗振山（一七km）仮屋（二二km）洲本
・須磨旗振山（一八km）下田（二〇km）洲本
・須磨旗振山（一九km）釜口（一九km）洲本

中継距離が二〇km前後というのは、やや長いと思われるかもしれないが、明治一〇年頃の和歌山ルートで、神於《こうの》山・雲山峰間が、二一・四kmであり、実際に利用された距離としては無理がないことがわかる。現在の釜口山の山頂に見晴らしはないが、一等三角点の山であり、かつての好展望を思わせる。釜口の世界平和大観音像（令和四年頃に解体の予定）付近からは、須磨と洲本の両方が見え、距離も中間地点であり、興味深い立地だが、旗振り伝承は残されていない。筆者は、釜口にある丘があやしいと思っている。

淡路北部の中継地には、汐鳴《しおなり》山（赤城山）、篝場《かがりば》山、常隆寺山（伊勢ノ森）、高山も想定できるが、妙見山・釜口山と同様に、旗振り伝承は見つかっていない。

南辺寺山

平成二四年三月、賀集《かしゅう》憲一編『ふるさとの山　南辺寺』（昭和四四年）の中に、旗振り通信に関する記事を見つけた。

「法《のり》の燈（旗高信号）　江戸時代より明治の初年電信電話の出来る頃まで、奥院旧趾荒神松の所に櫓を造り、望遠鏡を備え、昼は旗、夜は松明を掲げで《(ママ)》東は三熊山西は阿波の妙見山を結び、大阪の米相場の中継が行われて来た。即ち大阪より東は京都、大津までと、西は馬関に至る迄の間とあって信号の旗と松明とは月によって振方が変っていたという。旗をもって報ずる故に米高のことを旗高とも呼ばれた。また松明の火は近海をゆく船の標識ともなって船頭達を有難がらせ南辺寺山の法の燈と呼んだ」

この記事によって、江戸から明治初期の、「三熊山（洲本）―南辺寺山（旧南淡町）―妙見山（鳴門市撫養町）」という旗振り通信ルートが明らかとなった。市村（旧三原町）は三熊山から見えないが、南辺寺山からは中継が可能である。

各地点間の距離は、次の通りである。

・三熊山（一七・一㎞）南辺寺山（一四・八㎞）撫養妙見山

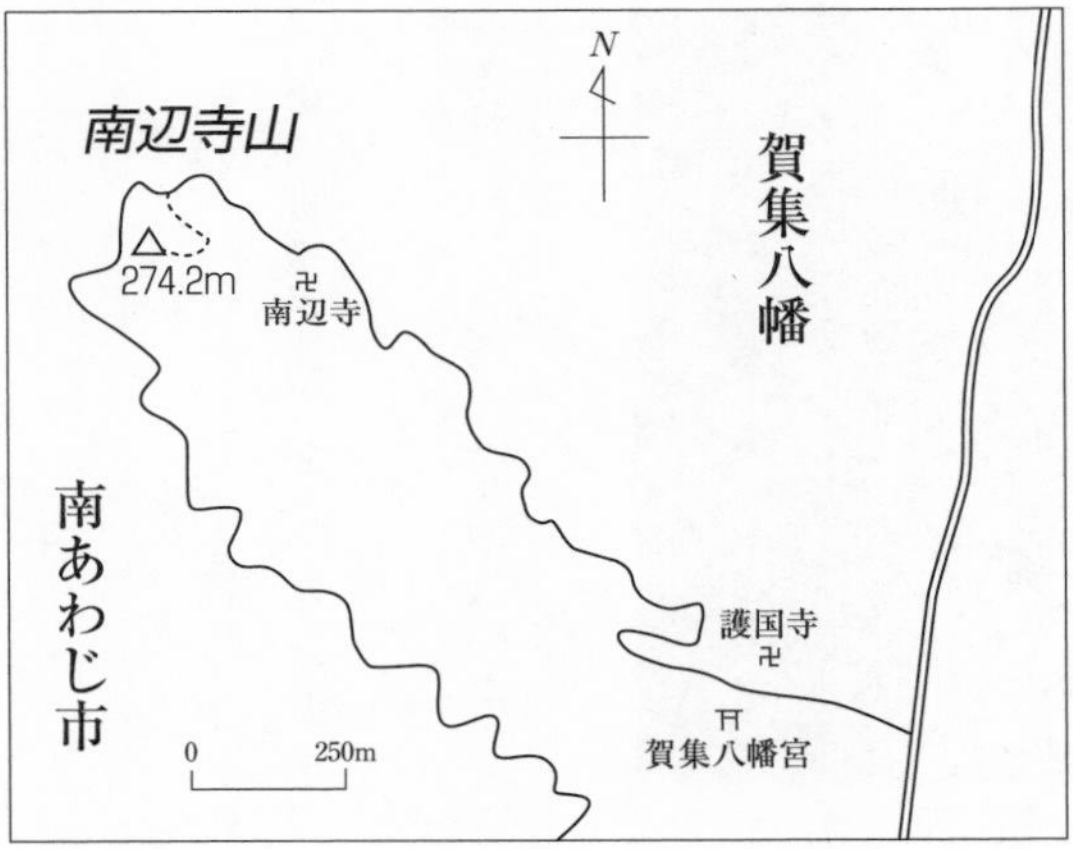

（一三・一km）徳島米市場

・南辺寺山（四・二km）市村

南辺寺山は、南あわじ市、福良港の北方二・五kmの標高二七四・二mのピークで、地形図には山名の記載がないが、『淡路之誇　上巻』（昭和四年）の中では、南邊寺山の山頂は眺望絶佳であり、全淡老幼の間に普《あまね》く知られている山として紹介されている。

『淡路国名所図絵』（巻之三、明治二七年）には「南邉寺《なんへんじ》」として紹介されているが、地元の人によると、南辺寺は「なんべいじ」、南辺寺山は「なんべっさん」と俗称されているとのことであった。

しかし、『日本国語大辞典』には「なんぺん（南辺）」とあり、賀集八幡《かしゅうやはた》の護国寺の住職（南辺寺の住職も臨時に兼任）の三富義圓さんによれば、正式には「なんぺんじ」と「なんぺんじさん」であるという。

平成二四年四月、旗振り地点の確認のため、南辺寺山で現地調査を行なった。護国寺から北西へ一kmほど車道を上がると南辺寺である。

『ふるさとの山　南辺寺』には「現在荒神松の下に一個の石龕があって石の地蔵尊が祀られているが近世の造立である」とある。山頂一帯が奥の院旧趾（寛文初年に堂塔炎上後、現在の境内地に移転という。寛文年間は一六六一～七三年）であり、石龕《せきがん》の近くが

南辺寺山頂の石龕と常夜灯

旗振り地点であろう。

山頂の三角点から東南東へ三〇mほど下ると左手にベンチがあり、その背後、樹木の中に石龕と常夜灯が見つかる。山頂の北側の広場からは、洲本の三熊山方面が展望でき、山頂の南西側から鳴門海峡が見下ろせて、鳴門市付近が霞んで見えていた。

三熊山

洲本市小路谷の三熊山は、洲本城跡を中心とする山塊の呼称で、高熊山(西の丸、標高一三七・三m)、その南の乙熊山(標高一五二・三m)、さらに南の虎熊山(一〇六・七m)の三山の総称(西側から見た三つの尖峰)である(『洲本市史』)(『淡路洲本城』城郭談話会、平成七年)(標高は、昭和五六年修正の五千分一国土基本図を参考にした)。

洲本城跡の天守台の土台の標高は一三二・六m(一段低い展望平地は一三一・四m)なので、西から見ると、洲本城は高熊山(西の丸)に隠れてしまう。つまり、洲本城から南辺寺山方面は、西の丸で遮られる。

従って、三熊山の旗振り地点は、西の丸付近であろう。洲本城の本丸(一二九・〇m)や東の丸(一二三・九m)は目立つので、秘

洲本城西の丸の西方付近の旗振り地点の候補地

密を要する旗振り通信は避けたことだろう。

平成二四年五月の現地調査の結果、西の丸西端の石垣から西へ七〇mの小ピーク(標高一三三m)が旗振り通信に適した候補地であることがわかった。小ピークの横幅二mの岩の地点では先山(四四八m)が見えるだけだが、南に三〇mほど下ると三原平野が見える展望地がある。小ピークから北へ山道を下ると白滝稲荷大明神に出られる。

平成二四年五月、淡路文化史料館へ、三熊山での旗振りの資料が残されていないかの確認を依頼し、見当たらないとのことであった。

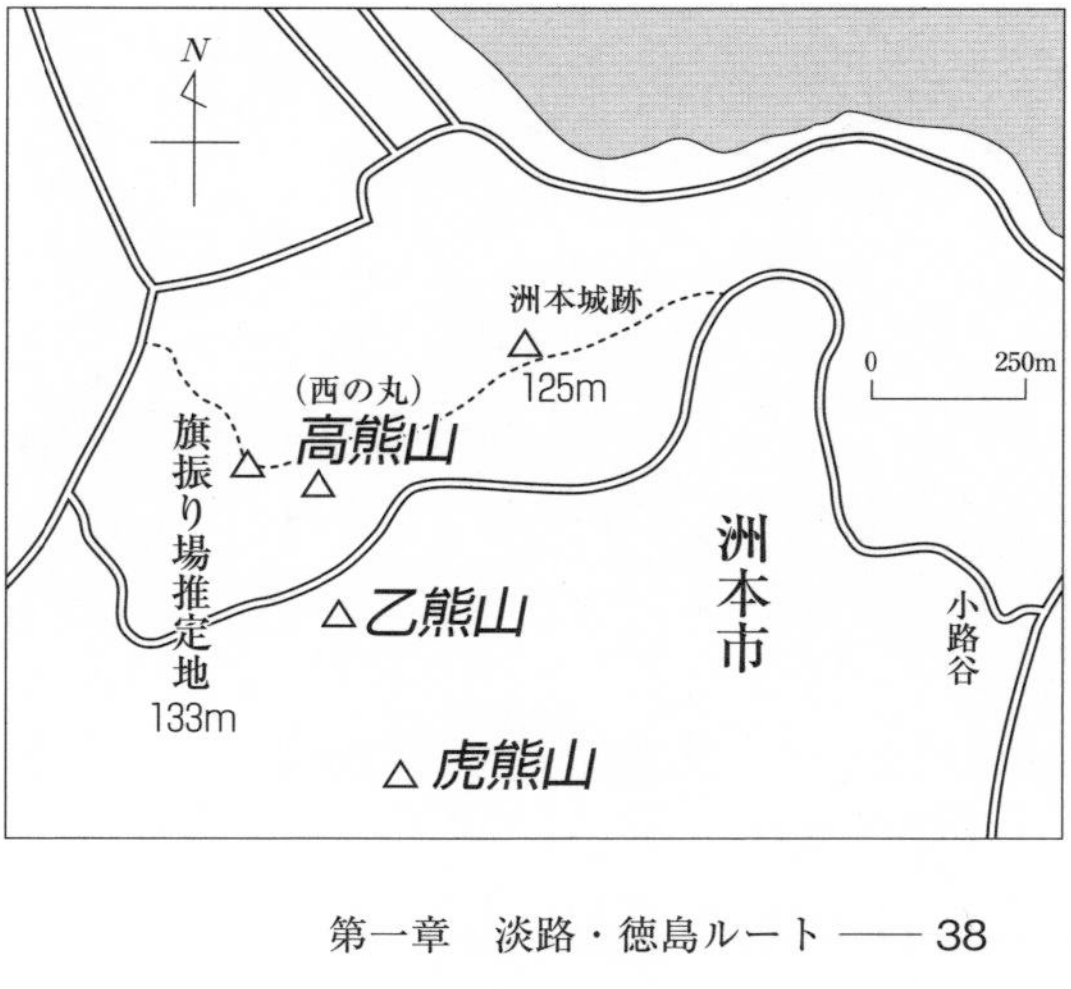

先山

筆者は、『旗振り山』の巻末に掲げた旗振り通信ルート図において、志筑と福良を結ぶ中継地点として、最も可能性のある山として、島の中央に▲を記入した際に、先山《せんざん》(標高四四八m)を想定していた。

しかしながら、淡路島でいろいろな聞き取り調査をされた郷土史家の濱岡きみ子氏の研究では、先山での旗振りは確認されておらず、『先山千光寺への道』(平成二一年)の中では、雨乞山での旗振りについて述べているだけであった。

揃星台の項目で紹介したように、平成二六年に森地一夫氏から、先山と揃星台が旗振り場であると述べている資料、浅加良信「三角点とノロシダイ」を知らされた。「生駒山で中継されて奈良へ通じ、摩耶山と先山で中継されて姫路、徳島へ通じたのであった」先山が旗振り場であるかどうかの真偽の見極めは非常に難しい。もちろん、眺望の良さから考えて、可能性はありえる。先山では、釜口・洲本・三熊山・南辺寺山との中継ができる立地である。濱岡氏が五色町鮎原で先山での旗振り伝承を聞いたことがないとしても、先山の南東麓の内膳での伝承の可能性も考えられるのである。

妙見山

鳴門市撫養町林崎《はやさき》の妙見山（標高六一・六m）には昔、城が築かれたが、廃城後は古城山と呼ばれ、豪商による妙見神社の造営後には妙見山と呼ばれるようになり、撫養港を拠点に活躍した商人たちの崇敬を集めた。

平成二四年五月、鳴門市立図書館を通じて、鳴門郷土史研究会の会長、名誉会長に、妙見山での旗振りの資料の有無の確認をしていただいたが、関係資料はないとのことであった。

平成二四年六月、妙見山の現地踏査を行なった。山頂の撫養城の模造天守閣は、元鳥居記念博物館で、平成二二年に閉鎖され、展望には利用できなかった（平成二八年に地域の交流施設であ

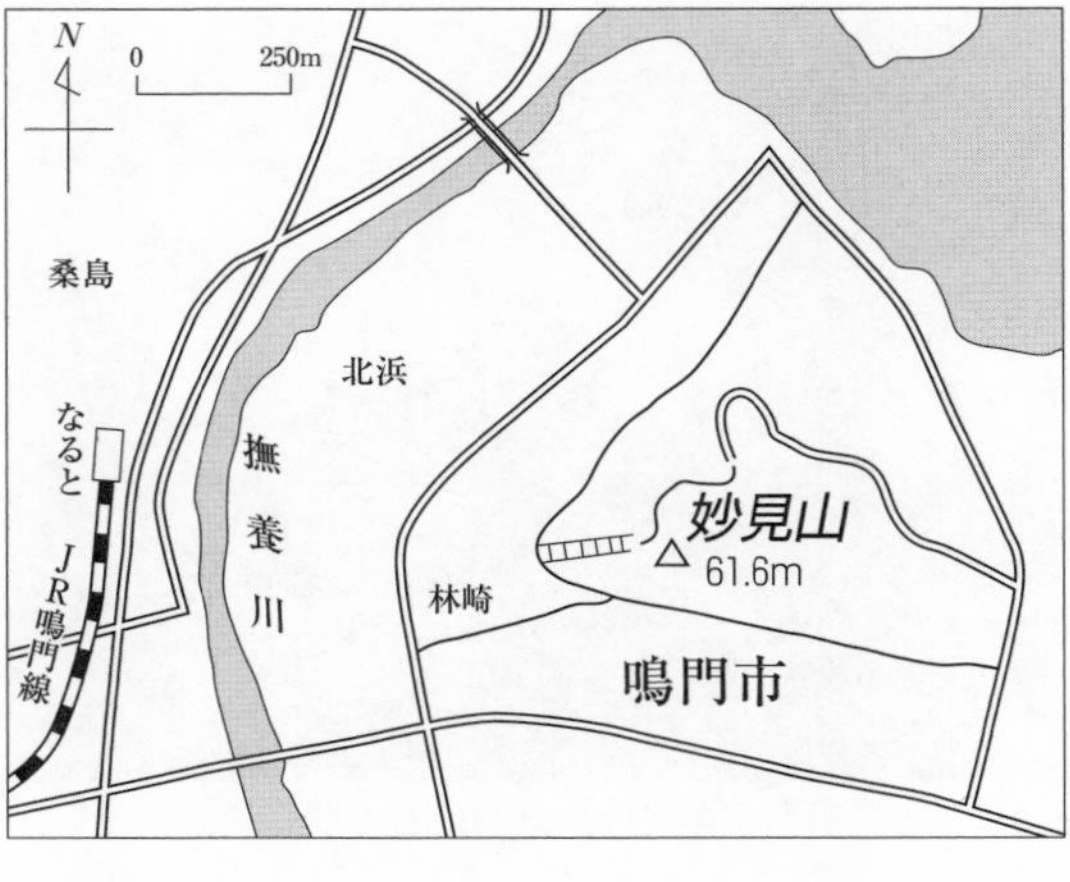

る「トリーデなると」として、リニューアルオープンしている)。妙見神社の社務所南側に淡路島方面の展望があり、絵馬堂から徳島市街が見えた。旗振り中継地点としての条件は満たされていることを確認することができた。

洲本の三熊山、撫養の妙見山での旗振りを伝える資料は、『ふるさとの山　南辺寺』が唯一のようである。

徳島米市場

大阪堂島の米相場は、淡路島を経由して、旗振り通信で、徳島の米市場に伝えられたが、その米市場(米穀取引所)はどこにあったのであろうか?

横山春陽『阿波伝説集』(昭和六年)の附録「徳島の今昔」にある「徳島の米穀取引所」の記事によると、取引所の場所は「今の寺島の瀧眺橋から東で元お蔵所のあつた所」だという。

『自治五十年小史』(昭和一三年)によれば、眺瀧橋が架設されたのは、明治三七年である。滝見橋(眺瀧《たきみ》橋・瀧眺《たきみ》橋)は、出来島・寺島間の橋で、昭和二四年に撤去されたが、現在のあわぎんホールの北側の交差点の中央部付近にあった。

『明治十四年徳島県統計表』(二一五丁)に、徳島米商会所の住所が「寺島町三百廿番地」とあり、同

鳴門市撫養の妙見山にある撫養城

二一三丁に、第八十九国立銀行は「寺島町三百廿一番地」とあり、隣接地とわかる。『自治五十年小史』には、明治一一年、「國立八十九銀行が藍場の濱に設立された」とある。今日、明治二二年徳島市市制施行時の小字資料が残されているが、明治一四年当時の寺島町の番地の位置を示す資料は失われており、その確定は不可能である。

明治九年に設立された徳島米商会所は、明治二六年に徳島米穀取引所となり、明治三六年に廃止となった。その場所は、先述の資料から、戦前、藍の問屋や流通に関する業務が行われ、藍を保管する藍倉の並んでいた藍場の浜と推定される。大空襲で藍倉は焼失し、現在は藍場浜公園となっている。

平成二四年六月、徳島市を訪れた。徳島城跡のある城山は、標高が妙見山と全く同じ六一・六mで、中継にも利用できる立地だが、かつて、藍場の浜にあったであろう徳島米市場からは、妙見山が直接見える立地にあるので、時間を余分に要して、城山で中継する必要はなかったことだろう。

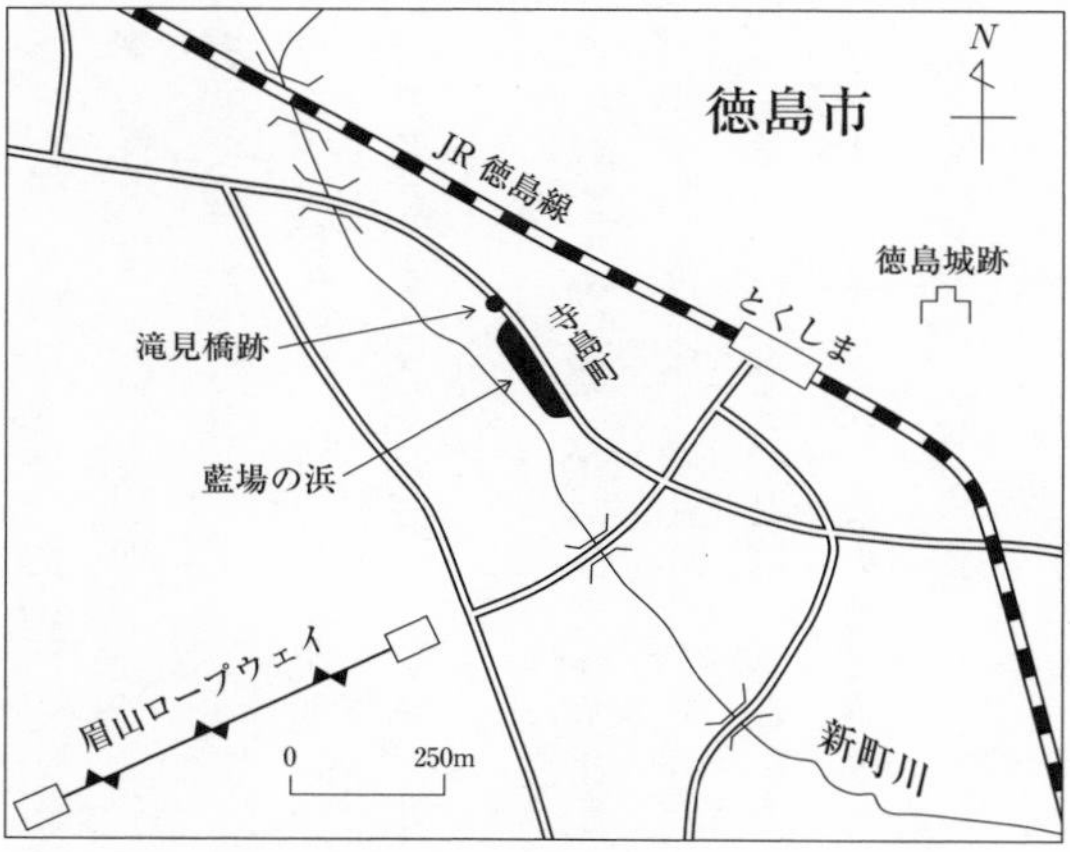

姫路ルート

大平山(地徳山)

ブログ記事「旗振り山　大平山」(平成二一年一二月二八日)によると、地元の姫路市別所町北宿で、先祖が旗振りをしていた人に聞いた旗振り地点は、大平山の山頂(標高一九四m)ではなく、その南西、山頂と標高八九m地点の中間の小ピーク(標高約一四〇m)だという。ブログの作者は一一月の現地調査で、その小ピークから明石の金ヶ崎の配水場が見通せることを確認して写真も掲載している。

旗振り地点に関しては、木谷幸夫「姫路付近の旗振り山について」(『歴史と神戸』一六三号)で現地調査に基づいて「山頂から稜線を少し南下した岩場に囲まれた平坦地」であることが明確にされている。木谷氏は現地踏査で明治以降の陶器の細片を多量に採集している。

麓の「大平山旗振り信号所跡の碑」には「頂上に」信号所が置かれていたとある。小ピークを大平山の頂上とは言わないはずである。筆者はカシミールを利用して、小ピークから、金ヶ崎山の三角点が見通せるかどうか検証してみたが、残念ながら、東側の尾根に遮られてしまい、見通すことはできない立地であることが判明した。配水場は見えたとしても、旗振り地点に相当する場所は見えないのである。申し訳ないが、聞き取りでは、世代交代しており、誤伝が生じているのではないだろうか。

京見山

インターネットで検索してみると、姫路市企画財政局政策企画課による「姫路市地域夢プラン」(平成一七年作成)において、朝日中学校区の「京見山」(標高二一六m)と、東中学校区の「旗振り信号跡」(大平山、標高一九四m)の記事が見つかる。京見山の解説には、「旗振り通信も行われていたのではないかといわれています」との記述がある。

大平山旗振り信号所跡の碑

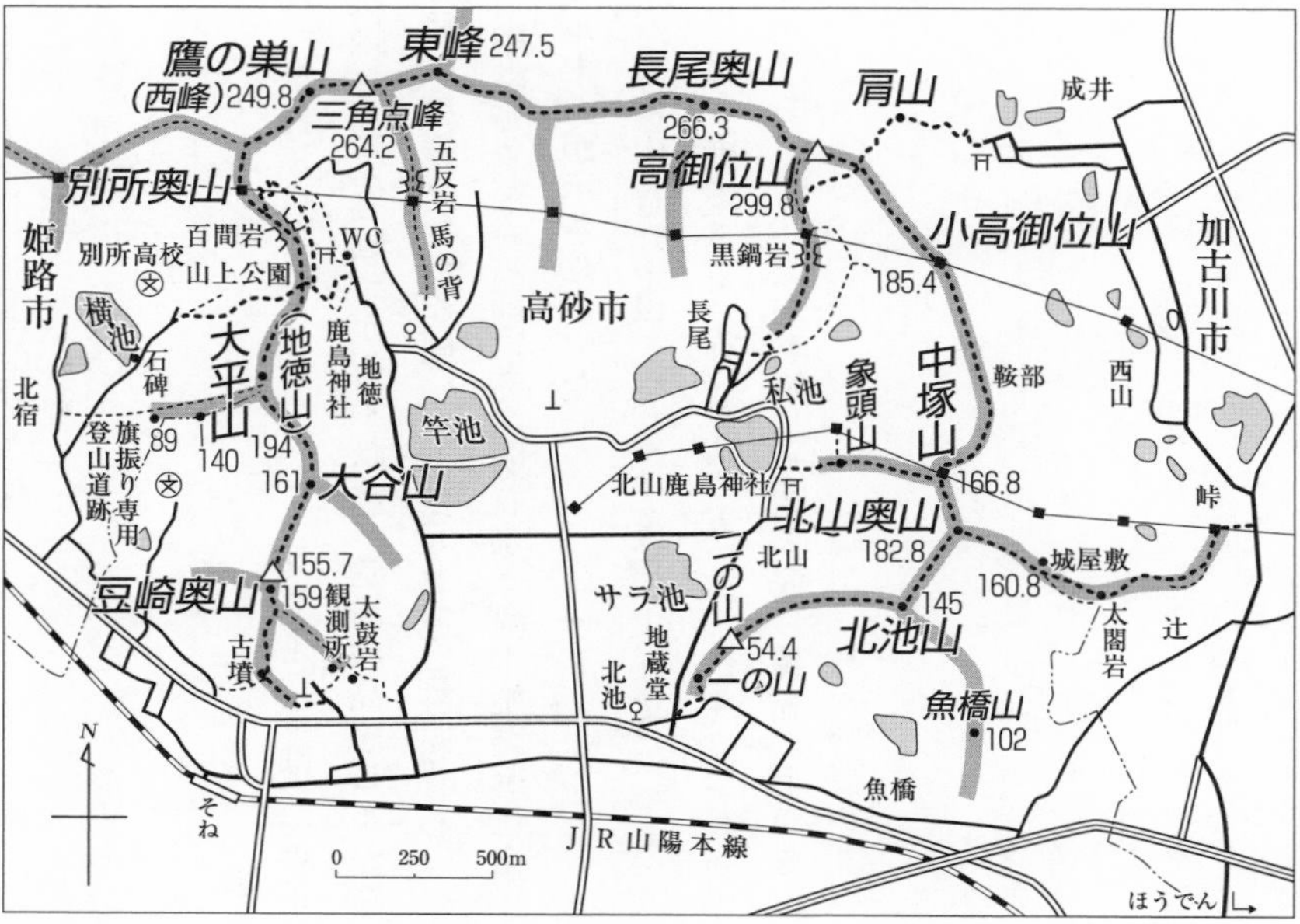

立地条件から、「北山奥山―麻生山《あさおさん》―京見山―網干《あぼし》」というルートが想定できる。

飾　西

昭和五九年三月五日、一九時三〇分から放送されたNHK総合テレビ「ウルトラアイ」では、「ウルトラ通信科学館」の企画において、「大阪―神戸旗振り通信実験」が行われた。堂島の高層ビルから七ヶ所の中継地点を経て、神戸の新川河口に二四分後に旗振り信号が届いた（旗振り通信の新研究⑲）。放送の中で、吉井正彦氏の提供した「旗振り通信中継ルート」の図で、「明石金ヶ崎―姫路麻生山―飾西―竜野中山―赤穂黒鉄山―日生天狗山」というルートが示されていた。

姫路市飾西《しきさい》は、書写山の南西にあり、たつの市の金輪山（竜野中山、正しくは竜野片山、標高二二七・八m）、姫路市の麻生山（播磨小富士山、標高一七一・八m）と中継できる平地（標高二五m）にある。これらの三ヶ所は、いずれも昭和五六年の旗振り再現実験に向けて、吉井氏が実施した聞き取り調査によって判明していた中継地点であった。

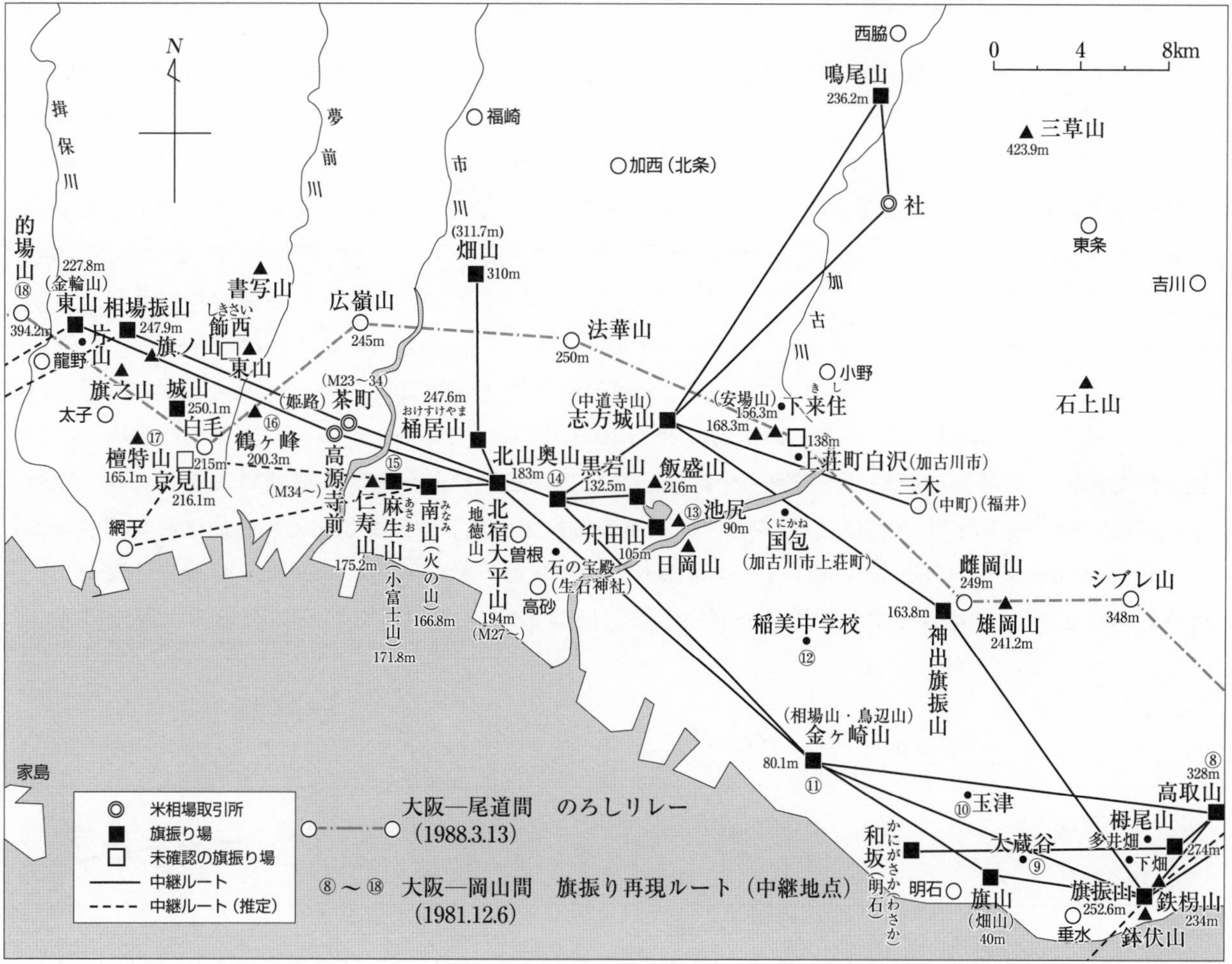

大阪―尾道間　のろしリレー
(1988.3.13)
⑧～⑱　大阪―岡山間　旗振り再現ルート（中継地点）
(1981.12.6)
米相場取引所
旗振り場
未確認の旗振り場
中継ルート
中継ルート（推定）
0 4 8km
鳴尾山 236.2m
社
三草山 423.9m
東条
吉川
加西（北条）
福崎
畑山 310m (311.7m)
広嶺山 245m
法華山 250m
志方城山（中道寺山）
上荘町白沢（加古川市）
三木（中町）（福井）
下来住
小野
石上山
雌岡山 249m
雄岡山 241.2m
シブレ山 348m
神出旗振山 163.8m
稲美中学校 ⑫
国包《くにかね》（加古川市上荘町）
金ヶ崎山（相場山・鳥辺山） 80.1m ⑪
高取山 328m ⑧
梅尾山 274m
鉄枴山 234m
鉢伏山
旗振山 252.6m
旗山（畑山） 40m
大蔵谷 ⑨
玉津 ⑩
和坂《かにがさか》（明石《わかさか》）
明石
垂水
多井畑
下畑
家島
的場山 ⑱ 394.2m
東山（金輪山） 227.8m
相場振山 247.9m
書写山
飾西《しきさい》
東山
旗ノ山
片山
龍野
旗之山
城山 250.1m
太子
白毛 215m
鶴ヶ峰 200.3m ⑯
檀特山 165.1m ⑰
京見山 216.1m
網干
茶町（姫路）（M23～34）
高源寺前（M34～）
仁寿山 175.2m
麻生山《あさお》（小富士山） 171.8m ⑮
南山《みなみ》（火の山） 166.8m
桶居山《おけすけやま》 247.6m
北山奥山 183m ⑭
北宿（地徳山）
大平山 194m（M27～）
曽根
高砂
石の宝殿（生石神社）
黒岩山 132.5m
飯盛山 216m
升田山 105m
池尻 90m ⑬
日岡山
安場山 156.3m
168.3m
138m
揖保川
夢前川
市川
加古川

岡山ルート①

黒鉄山

赤穂市西有年《うね》の黒鉄山《くろがね》については、『旗振り山』の「相場ヶ裏山」のコースガイドで紹介したように、車窓から黒鉄山を指さしてタクシーの運転手が「旗振り山では」と言ったエピソード（平成一三年）や吉井正彦氏が昭和五六年の旗振り再現実験で中継地点として利用するなど、可能性が高かったにもかかわらず、赤穂市教育委員会市史編さん担当の矢野圭吾氏が「赤穂市の旗振り地点は、炭屋台と大師山で、その他の旗振り場はわからない」という返答であった（平成一四年）ため、裏付けが取れず、やむなく、『旗振り山』から省かざるを得なかった候補地であった。

平成一八年一一月二一日、須磨岡輯《あつむ》『新・はりまハイキング』（平成一八年）の黒鉄山のガイドを見ていて、次のような記述（一二一頁）に気づいた。

「昔は旗振り山として活躍したので、山頂からの眺めは最高である」

平成一九年一月に届いた須磨岡氏からの返信によって、出典は、赤穂市役所発行・総務部秘書広報課編集の『広報あこう』（平成一七年三月号）の連載記事「山とひと　三　黒鉄山《くろがねやま》」とわかった。内容は次の通りである。

「明治になつて電信技術が普及するまでは、大阪（堂島）の米相場価格を手旗で各地に伝える中継地と

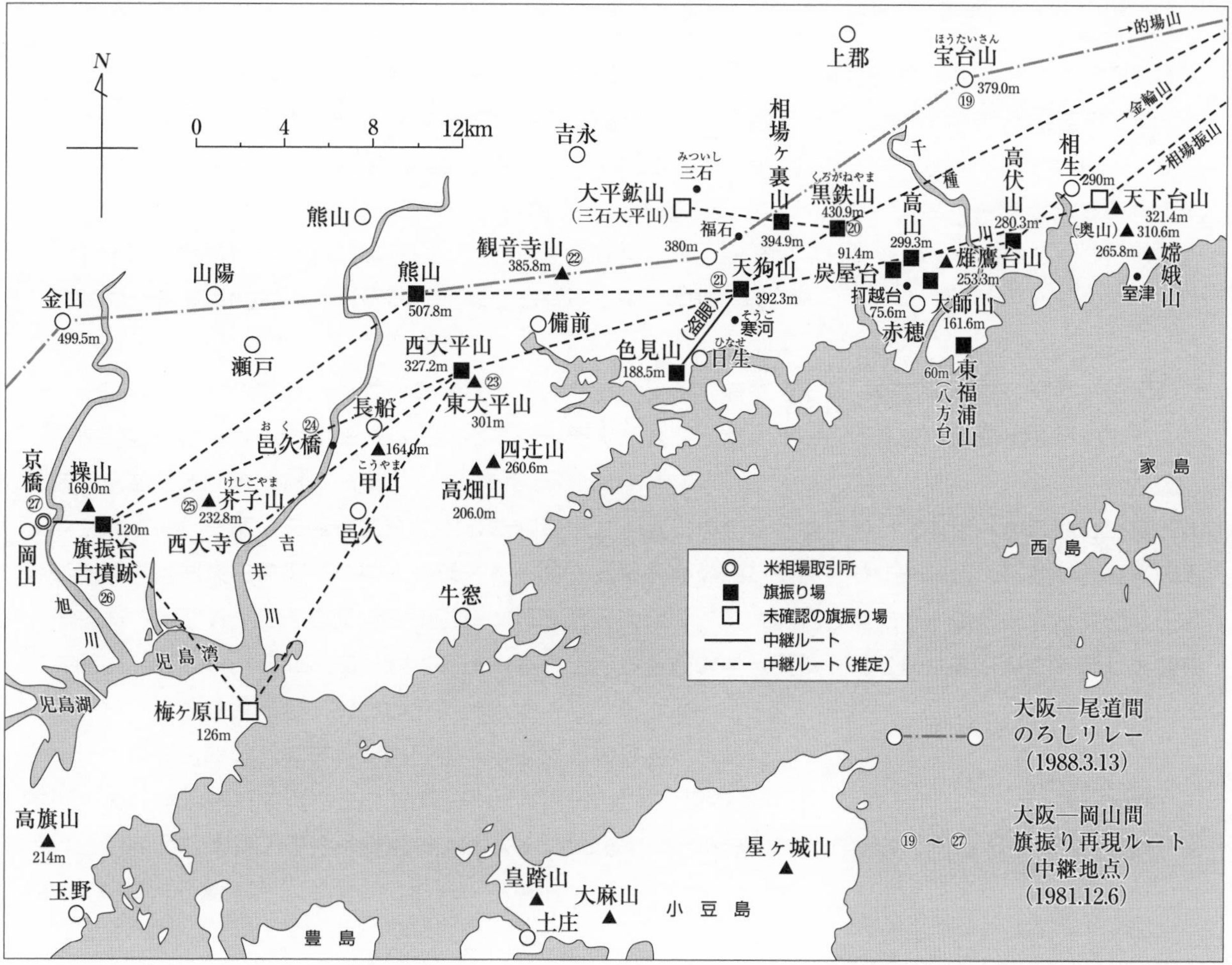
N
0 4 8 12km
→的場山
→金輪山
→相場振山
上郡
宝台山《ほうたいさん》
⑲ 379.0m
吉永
相場ヶ裏山
394.9m
黒鉄山《くろがねやま》
430.9m ⑳
三石《みついし》
大平鉱山
(三石大平山)
福石
380m
高伏山
280.3m
相生
290m
天下台山
321.4m
(奥山) 310.6m
265.8m 嫦娥山
室津
千
種
川
高山
299.3m
91.4m
雄鷹台山
253.3m
炭屋台
打越台
75.6m
大師山
161.6m
赤穂
東福浦山
60m
(八方台)
熊山
観音寺山
385.8m ㉒
山陽
熊山
507.8m
天狗山
㉑ 392.3m
(盗眼)
寒河《そうご》
金山
499.5m
備前
瀬戸
西大平山
327.2m
㉓
東大平山
301m
色見山
188.5m
日生《ひなせ》
長船
㉔
邑久橋《おく》
164.0m
甲山《こうやま》
四辻山
260.6m
高畑山
206.0m
京橋
㉗
操山
169.0m
120m
芥子山《けしごやま》
㉕ 232.8m
西大寺
邑久
岡山
旗振台古墳跡
㉖
吉
井
川
旭
川
児島湾
児島湖
梅ヶ原山
126m
牛窓
家島
西島
米相場取引所
旗振り場
未確認の旗振り場
中継ルート
中継ルート（推定）
大阪―尾道間
のろしリレー
(1988.3.13)
大阪―岡山間
旗振り再現ルート
(中継地点)
(1981.12.6)
⑲ 〜 ㉗
高旗山
214m
玉野
皇踏山
大麻山
星ヶ城山
小豆島
土庄
豊島

なり、出荷量の調整が行われていたようです」

この記述の出典は、山本善嗣氏（赤穂市大津自治会の会長）と橋本登氏（上郡高校の先生）の両名（故人）が、昭和五九年二月一日に作成した「黒鉄山《くろがねやま》」と題した記録に収められた「黒鉄山《くろがねやま》について」（橋本登氏稿）という計六頁の記事で、旗振り通信に関する内容は次の通りである。

㋑『米』の相場価格の手旗信号所であった

明治になって、電信技術が普及するまでの間、米の消費地大阪市堂島の米相場が播州平野の米価格を決定していた。旧赤穂町加里屋二丁目に当時米取引所があり堂島の価格も手旗で十ケ所以上の中継点を経て、黒鉄山に伝えられ、鳥取米や千種川流域米等を船で出荷する量を調節していた。尚鉄道がひかれるまで山陰と山陽を結ぶ経路の最短距離が千種川を利用することであった。そのため千種川流域は交通の要所として盛えた。

赤穂は当時千種川を利用して山陰の米を大阪へ、大阪の雑貨品を山陰へ送る中継基地であった。手旗は赤旗と白旗で、これを望遠鏡で見ていた。赤旗は価格の下落、白旗は価格の上昇を示していたようです。

㋒鎌倉、戦国時代には『とりで』があったように思われる。

頂上に『石のとりで』に近いようなものが残っている。明治時代の旗ふりもこの石の上で行われていた。ただし頂上には水のないところを見ると、本格的な山城ではなく、遠くまでながめが良いため、敵の動きを発未《ママ》する見張台ではなかったかと思われる」（「未」は、「見」の誤植と思われる。）

この「黒鉄山」の資料の概要は、平成一九年三月六日に、赤穂市地域整備部農林水産課林務担当の室井氏から、筆者へ送られてきた記事、藤谷潔「黒鉄山《くろがねやま》その二」（『ふるさと思考』第三一号、有年《うね》公民館発行、平成一三年三月)の中に紹介されており、手旗信号所であったことも掲載されている。この記事によれば、「黒鉄山」の資料は、平成一一年当時、市史編さん室(室長は矢野圭吾氏)にはなく、藤谷潔「八、黒鉄山《くろがねやま》」(『ふるさと思考』第三〇号、平成一二年三月)の記事を見た、赤穂市教育委員会文化財係から送付されてきたものだという。

平成一四年一月、筆者が矢野氏へ黒鉄山・赤穂高山に旗振り伝承があるかどうか問い合わせたところ、不明との返信であったが、情報の把握に関する事情が判明したように思う。

黒鉄山が旗振り山であることは、地元では昭和五九年に明らかにされていたが、平成一三年まで再び忘れられていて、平成一七年の『広報あこう』で、ようやく周知され、平成一八年の須磨岡氏のガイドブックで広く知られるようになったというわけである。

岡長平『岡山太平記』(昭和五年)によれば、「龍野—赤穂《あかほ》—寒河《そうご》」と中継されたという。筆者は、これを「金輪山《こんりんやま》—赤穂高山—天狗山」と考えてきたが、黒鉄山が旗振り山と判明したことにより、一直線に並ぶルート「金輪山—黒鉄山—天狗山」に修正すべきと考えるようになった。このルートは昭和五九年のウルトラアイの図で吉井氏によって提示されていたものと完全に一致している。

赤穂高山が旗振り山かどうかは、依然として確定できないままであるが、「相場振山(太市)—天下台山—赤穂高山—天狗山」の可能性は考えられるだろう。年代や業者の違いによって、異なった複数のルートが設けられたのではないだろうか。

高伏山

平成二三年九月一一日、兵庫県立図書館で郷土資料を探していて、赤穂市教育委員会・高雄公民館編・発行『赤穂の山とひと』(登山教室資料、平成二〇年)の中に、次のような記述を見つけた(七頁)。

「⑮高伏山《たかぶせやま》　標高　二八〇・〇m　頂上に三角点の石柱があり、その横に狼煙台と思われる石組の遺構が残っています。黒鉄山と同じように、米相場を各地に伝える中継地になっていたようです。南斜面には、横穴式石室の古墳が三基築かれています」

高伏山は、今までノーマークの旗振り山であった。地形図での標高は、二八〇・二mである。

『赤穂の山とひと』は、赤穂市役所発行・総務部秘書課編集の『広報あこう』に掲載されたものを中心にまとめたものであった。

『広報あこう』(平成一九年一〇月号)の連載記事「山とひと　一九　高伏山《たかぶせやま》と高取峠」には、次のような記事が見られる。

「高伏山は(中略)平成一四年の火災により荒廃しましたが、その後の植林で、以前の姿へもどりつつあります」

「言い伝えによれば、黒鉄山(大津)と同じく堂島(大阪)の米相場を各地に伝える中継地となっていたようです。三角点の横に狼煙台と思われる石組の遺構が残っています。頂上付近は歩き易く、南斜面を五〇mほど下ると高伏山古墳群があり、古代文化にふれることができます」

広報を編集している赤穂市役所総務部秘書広報課に問い合わせたところ、『赤穂の山とひと』の編者である、高雄公民館の原田一博氏から連絡があった。

平成二二年九月二二日、原田氏に電話した結果、高伏山の旗振りの話は、平成一九年の夏、山麓の赤穂市高野《こうの》、田端《たなばた》地区の元自治会長、山本薫氏（昭和一〇年生れ）から聞き取ったものだということがわかった。ただし、「山とひと」に載せている以外の情報はなく、詳しいことは不明だという。

さっそく、山本氏に電話をして、話を聞かせてもらった。それによると、高伏山が旗振りの場所であるというのは地元の古老の昔からの言い伝えだが、いつのことなのかは伝わっていない。頂上の石組はその遺跡であるという。

平成一八年、自治会長となった山本氏は、田端旧街道整備実行委員会を結成し、会長として地元の歴史の掘り起こしに携わってきているという（地区の各地に案内板を設置）。

平成一九年にかけて、聞き取りを続ける中で、田端地区で「高台《たかだい》」と呼ばれている山が旗振り山であるという証言を坂越《さこし》の峠付近（妙道寺の南）に住む唐崎安也氏（平成二〇年没、享年八九歳）から得たという。山本氏が子供の頃、高台が旗振り場だという話は聞いていたが、唐崎氏から明確な証言を得られたのである。

高伏山という山名は、登山関係者の間で用いられて、インターネットで流布している俗称である。山本氏によると、地元の田端地区では、高野の小字名から「高台」と呼んでおり、高伏山と呼ぶ人はいないという。なお、三角点の点名「高代」は相生市相生の小字名「高代山《たかしろやま》」から取られたもので、相生側では高代山と呼ばれていることがわかる（兵庫県地名研究会編『兵庫県小字名集Ⅲ西播磨編』平成六年）。

高伏山は、周辺に散在する主要な旗振り場と中継することが可能な立地にある。次の通りで、（ ）内は高伏山からの距離（㎞）を表している。

・相場振山［太市］（一六・九）、金輪山（一五・一）

・天下台山(五・三)、黒鉄山(八・三)、天狗山(一三・六)

『日生町誌《ひなせちょうし》』(昭和四七年)によれば、天狗山(岡山県備前市日生町寒河)では、兵庫県室津からの旗信号を望遠鏡で受けたという。一方、石橋澄《わたる》氏の証言では、天狗山では龍野から送られてきたという。また、岡長平『岡山太平記』(昭和五年)に、通信ルートは「龍野―赤穂―寒河」とある。

筆者は「金輪山―黒鉄山―天狗山」というルートを想定しているが、高伏山の中継地としての役割の位置づけが問題となる。天狗山から見通すと、室津方向の手前に高伏山がある。

筆者は、地点間距離から、「金輪山―高伏山―天狗山」というルートもあり得ると考えている。距離も一五・一km、一三・六kmとなり、合理的に思えるからである。

高伏山で旗振りが行われた年代は言い伝えになく、明らかではないが、明治時代の可能性が高い。山本薫氏は田端地域の歴史と文化を次世代に伝承していくために、『むらおこし体験と記録』(田端自治会発行、平成二三年四月)を編集され、その第一項目に「旗振り山(高伏山)のはなし」を取り上げている。その内容は、山本氏がまとめたものを筆者が補筆したものであった。

平成二二年一〇月、西相生駅から旧街道を歩き、高取峠を経て鉄塔巡視路に入り、高伏山に至り、縦走コースに出て、大避《おおさけ》神社から坂越駅に出るコースを歩いた。JR西相生駅で降りて改札を出ると右手に山本氏が中心になって整備した旧街道を紹介する「赤穂義士ゆかりの旧街道ウォーキングマップ」がある。

令和元年一一月、再訪に当たって、ネット情報を確認したところ、西相生駅から登る鉄塔巡視路のコースは地形図に記入されているが、以前よりもいっそう藪漕ぎを強いられることがわかったので、坂越駅からの往復コースを歩くことにした。

コースガイド

JR坂越駅で降りる。大避神社へ至るには坂越橋から坂越の街並みを越えるコースが早いが、ここでは、これから登る高伏山の山容が近くに見えるコースを歩こう。

坂越駅から通りを少し歩くと、右にたばこ屋、左に浜市第一公園がある所で左折する。まっすぐ歩いていて、右にKUMONを見て、手前で右に入る。坂越中学校の南側から国道に出る。九年前はすぐ向こう側の旧坂越橋を渡ったが、今は広い車道で危険なため横断できないので、北側の平成二八年に開通した坂越大橋へ向かう。大橋付近から高伏山の山容が美しく見えている。

坂越大橋の東から歩道を南下し、旧坂越橋東から左の道に入ってブロックタイルの旧道を歩き、坂越の街並みに入る。休憩所とトイレがある木戸門跡広場から緩やかな峠越えをして、坂越港の交差点へ抜ける。左へ歩くと右側にトイレがある。少し歩くと大避神社の参道入口である。

大避神社は大避大明神（秦河勝《はたのかわかつ》）を祭神とし、毎年一〇月の第二日曜日に行われる「坂越の船祭り」（瀬戸内三大船祭の一つ）で知られる。海岸で行われる裸男の勇壮な橋板《ばた》掛けや祭礼専用の和船が駆ける海上渡御《とぎょ》、夕闇の中の提灯行列と篝火《かがりび》の創る幽玄の世界が素晴らしい。船祭りは、国の無形民俗文化財に選定されている。

神社への階段下で左折して上がると左に展望台（番所跡）があり、トイレも利用できる。車道をジグザグに歩いて山頂をめざす。東側の展望が開ける。茶臼山城跡の北東の分岐点に至ると観音像があり、五輪塔もある。城跡には帰りに立ち寄ることにしよう。

ハイキングコースを歩いて、標高一八二mの宝珠山をめざす。宝珠山にはベンチがあり、石仏が祀られている。南側の展望もある。そこから下った所には「辻の東屋」がある。

辻の東屋からは左手に縦走路があり、いったん下って登り返す。途中、正面に高伏山、右に大谷山が見える。樹林のトンネルを抜けて、急な上りと平坦な道を快適に歩ける。右側に展望が開ける所がある。

やがて、保安林と鳥獣保護区の看板がある地点に着く。この分岐点は標高二四五・五mで、大谷山と呼ば

茶臼山から生島と釜崎を展望

高伏山山頂の石組遺構

れているピークである。そのまま進むと小島登山口方向だが、ハイキングコースから離れて、左(北)のほうへ、ジグザグに急坂を下る。鞍部に出て登り返すと岩場に出る。付近では展望が開けていて気持ちが良い。

途中で右に鉄塔4への分岐があるが、まっすぐに登り、ピンクと黄色のテープの目印に従って進む。右に鉄塔5への道を分けるが、鉄塔6の方向へ上がる。

やがて、山道の最高地点に着く。左側に青いビニールひもがあり、そこから西方向へ歩きやすい所をくぐり抜けて一〇歩ほど分け入ると、白布があり、さらに一〇歩先に狼煙台と呼ばれる石組遺構が見つかる。石組からさらに西へ七歩先に三角点標石があり、そこが高伏山の山頂である。

石組は、縦二・四m、横一・六m、高さ三〇～四〇cmぐらいの大きさで、コの字に近い形である。一〇～四〇cmぐらいの石を積んで人工的に作ったもので、地元で旗振り場跡の遺構と伝わる。利用方法は不明だが、松明を燃やしたとも考えられる。松明振りは火の旗であった。

石組遺構は平成二二年当時、すでに崩れが見られたが、九年後の再訪の際は、さらに崩壊が進行しているように思われた。遺構の周囲には一〇～三〇cmの石が、三〇～四〇個ほど散乱し、その一部はもともと遺構の石ではないかとも思われた。

高伏山は、周辺に存在する主要な旗振り場と中継が可能な立地にある。従来、「金輪山―黒鉄山―天狗山」というルートを想定してきたが、「金輪山―高伏山―

天狗山」というルートも合理的と考えられる(相互距離は一五・一㎞と一三・六㎞)。

山頂は樹林に包まれて、見晴らしはないが、旗振りが行われた頃は開けていたことだろう。三角点標石の南方五〇ｍに古墳時代後期の古墳があるというので、探してみた(平成二二年)。標石から明るい南西方向に向かい、開けた場所に出る手前で左折して南東方向に向かうと少し平らになった明るい場所に出た。六ｍほどの墳丘に、横穴式石室が築かれているというから、二つの石が並んだものがそれであろう。あと二基あるというが近くには見当たらなかった。

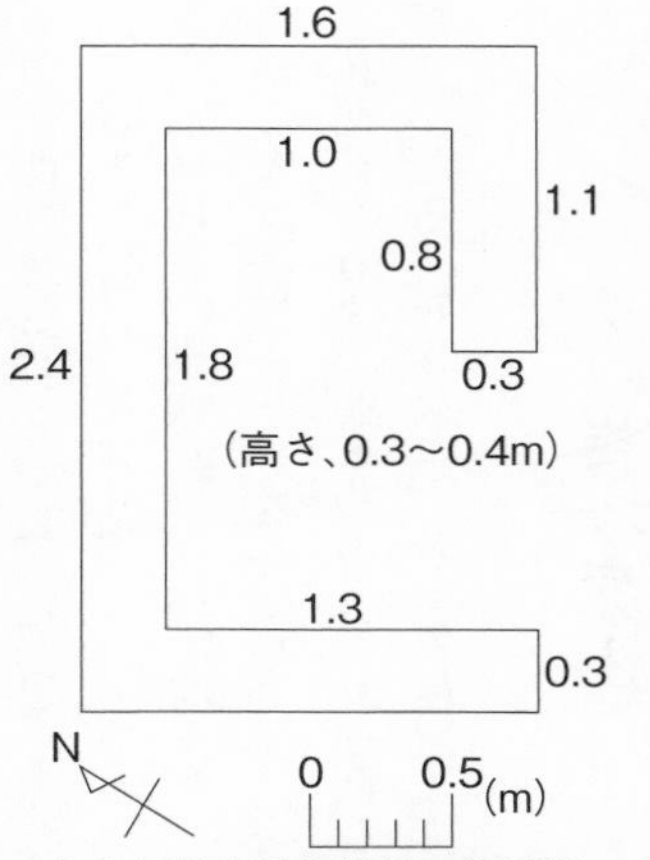

上から見た石組遺構の概略形
(実際には崩れがあり、手前に拡がる)

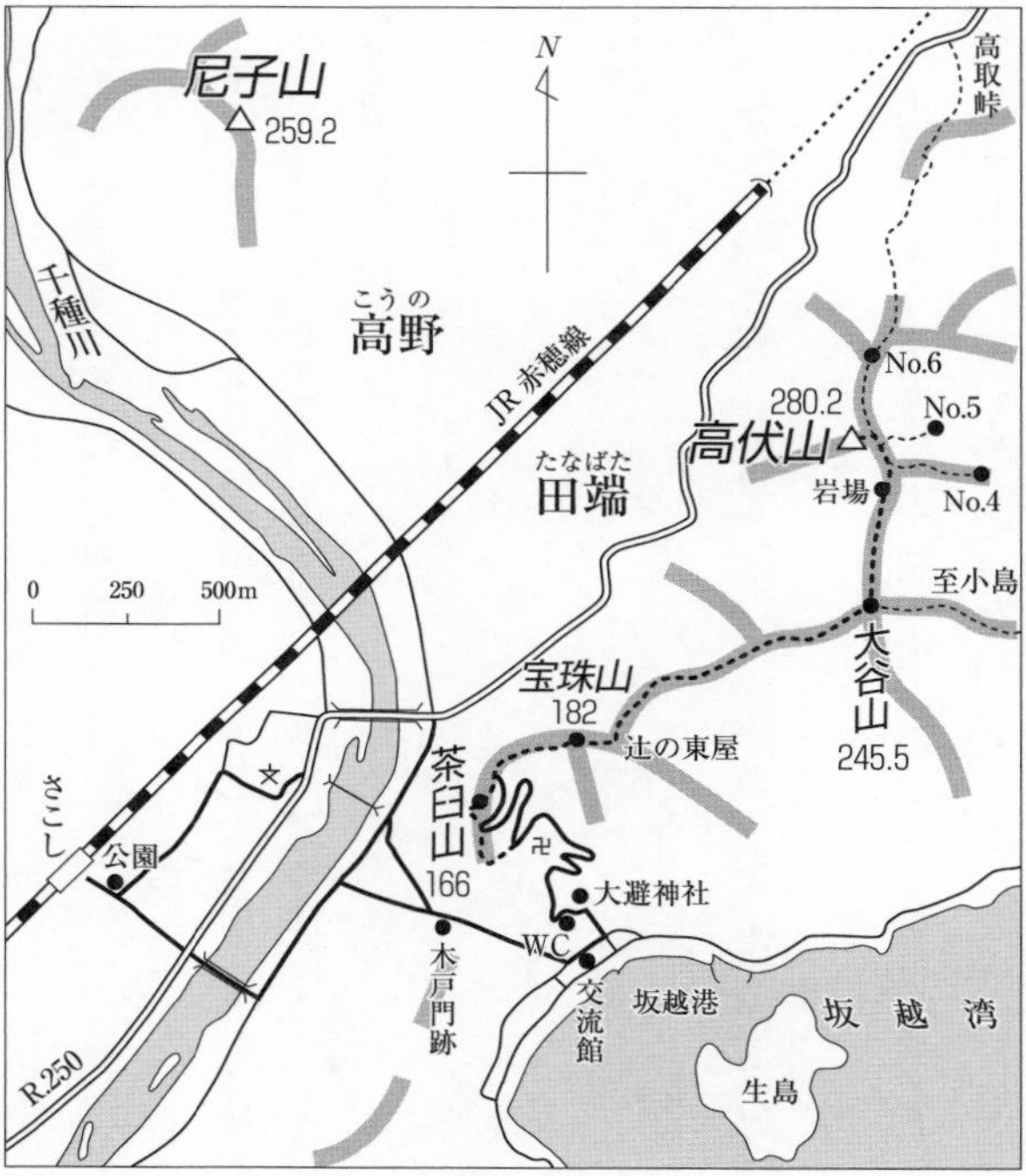

元の道に戻り、南へ向かう。すぐに鉄塔5へ向かう左への道から離れて、右手の縦走路をたどる。ほどなく分岐点に出る。左は鉄塔4への巡視路なので、右手の道を下る。展望が開けてくる。岩場から急坂を下り、鞍部から登り返し、大谷山、辻の東屋、宝珠山を経て、観音像の地点に戻る。

茶臼山城跡へ立ち寄る。標高一六六mで、広大な展望が開けて気持ちが良い場所である。坂越湾の生島《しま》（大避神社の神地。樹林は国指定の天然記念物）がよく見える。先の右手の細い道から石仏巡礼コースを下る。ここから先は車道をたどるもよし、細い道に分け入り、石仏巡礼も方々で楽しめる。妙見寺観音堂などに立ち寄りながら、好きなコースで坂越駅まで歩く。

（平成二二年一〇月二日・令和元年一一月五日歩く）

《コースタイム》（計四時間三〇分）

ＪＲ坂越駅（四〇分）大避神社（四五分）辻の東屋（二五分）大谷山（二五分）高伏山山頂（二五分）大谷山（二五分）辻の東屋（一五分）茶臼山城跡（三〇分）大避神社（四〇分）ＪＲ坂越駅

〈地形図〉二万五千＝相生

梅ヶ原山

平成一九年一月六日、楠原佑介・本間信治『地名伝説の謎』（昭和五一年）に次のような記述があることに気づいた（二〇〇～一頁）。

「米崎の西にある標高一二〇メートルの梅ヶ原山は、まるでコニーデ型の火山のような美しい形をした山である。地籍名にも梅ヶ原があるから地形図がまちがっているのではないだろうが、この山は地元ではもっぱらトウケンショーと呼ぶ。漢字を当てれば遠見所であろう。

地元の小磯昇翁の説では、幕末に小串の丸山城址に備前藩の台場がつくられた時、それに付随してこの梅ヶ原山の山頂に望遠鏡を備えつけて黒船の航行を監視した。それ以来、遠見所という名称が出たのだという。

たぶんそうであろうが、私が子供のころ聞いた話は少しちがっていた。つまり、大阪の米相場の騰落を備前藩が即日知るために、狼煙《のろし》をあげて伝えた。大阪から淡路島、小豆島、この梅ヶ原と経由して岡山の操山を最終中継点として城内に通達した。その番人がつめて、いつも遠見していた、という話であった。

渡辺久雄氏の『忘れられた日本史』には、同じ江戸時代の大阪岡山間の通信を、手旗信号を使って送るルートが紹介されている。そのルートは島ではなく、内陸の山を利用するもので兵庫県各地の旗振山なる地名があげられており、また現在のマイクロウエーブコースと割合よく一致する事実が指摘されている。

当時の大阪岡山間の通信ルートは、別に一つに限られたものではなかったかもしれない。それに、私の考えでは狼煙がもし遠距離まで届くのなら、海上の島づたいのほうが早く送信できると思う」

執筆者の楠原氏は『地名用語語源辞典』(昭和五八年)の編者の一人で、地名研究に造詣が深い。楠原氏の出身地は、児島湾に面した岡山県児島郡小串村(現・岡山市)阿津であり、その南東方向三㎞付近に、児島半島東端の米崎《こめざき》と梅ヶ原山がある。

楠原氏(昭和一六年生れ)は昭和二〇年代に地元で古老から、梅ヶ原山と操山における江戸時代の狼煙伝承を聞いたのであろうが、大阪から淡路島、小豆島を経由してきたという内容については疑問が多い。小豆島の最高峰、星ヶ城山に烽火台があったというが、旗振り伝承は不明である。

岡山市小串の梅ヶ原山(標高一二六m)の山頂は、旗振り伝承のある西大平山(瀬戸内市・備前市)や旗振台古墳(岡山市、操山の南東)と通信できる立地にある。

梅ヶ原山の南方に浮かぶ豊島《てしま》(香川県小豆郡土庄町《とのしょうちょう》)を中継すれば、高松市に送信できるが、筆者の知る範囲では、土庄町や高松市で旗振り伝承は見つかっていない。

梅ヶ原山と小豆島を中継することは可能であるが、小豆島と淡路島を中継することは相当困難であろう。小豆島・淡路島間の距離は、最も近い場合で三四km、考えられそうな山頂同士を結ぶと四六kmとなる。江戸時代に実際に用いられた十三峠・ボンデン山の距離は四六kmであったが、望遠鏡で通信できる極限であった（通常の通信距離は二四km以下であった）。

海上では霧が発生しやすく、陸上での通信と比べても、便利であったとは言い難い。楠原氏の言うように、通信ルートが複数あったことは間違いないが、海上の島同士をつなぐルートはあまり用いられなかったのではないだろうか。

岡山ルート②

羽黒山・常山

平成二四年一一月一二日、虫明徳二『ぽっこう玉島（ぽっけえ　たましま）』（昭和五五年）の六頁に次の記事があることを発見した。

「玉島三品取引所（中略）品のその日の立会値が、羽黒山から鴨方町の遥照山の通称『メガネ』で手旗信号により、児島の常山を経て岡山経由で大阪市場に伝達されたそうである。当時、望遠鏡で手旗信号をキャッチして読み取っていたということである」

虫明氏に電話で尋ねたところ、遥照山《ようしょう》にマイクロウェーブが出来た頃、玉島の郷土史研究家（故人）が昔、古老から聞き取った内容を教えてもらって、昭和五〇年代に、その内容を書き留めたものということであった。玉島の古老の間に常山《つねやま》での手旗信号が知られていたというわけである。

玉島三品取引所は、虫明氏の勤めていた会社から五〇m離れた㈱エビスイ（倉敷市玉島中央町一―一二―一）にあった。清滝寺《せいりゅうじ》、羽黒神社の近くである。羽黒山というのは、羽黒神社のことで、阿弥陀山ともいう。すなわち、次のような米相場通信ルートがあったことになる。

「玉島三品取引所（羽黒山）―遥照山―常山―岡山」

各地点間距離は「羽黒山（六㎞）遥照山（二六㎞）常山（一五㎞）岡山」となる。

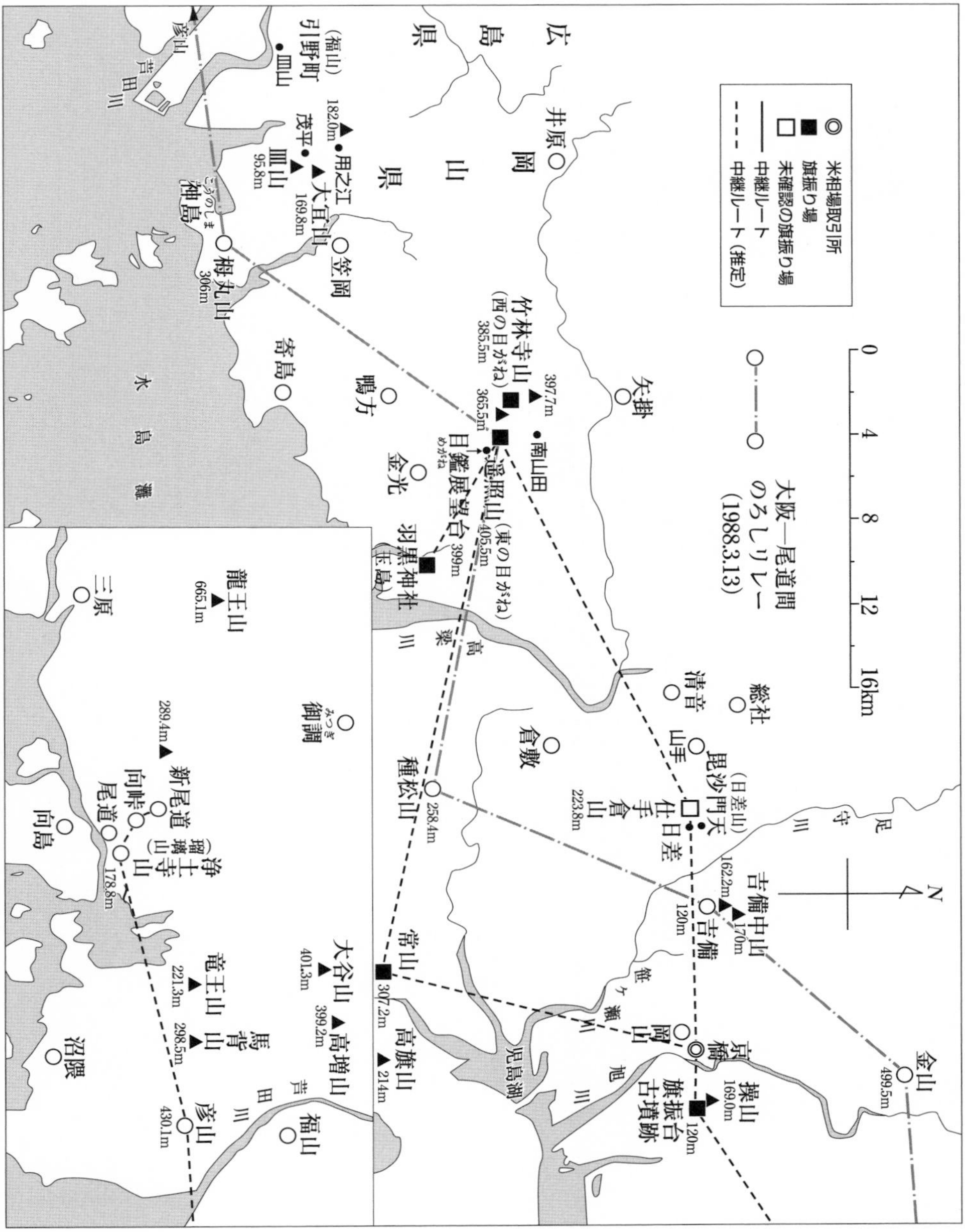

大阪—尾道間
のろしリレー
(1988.3.13)
0 4 8 12 16km
N
米相場取引所
旗振り場
未確認の旗振り場
中継ルート
中継ルート（推定）
金山
499.5m
操山
169.0m
旗振台
古墳跡
120m
京橋
岡山
旭川
児島湖
笹ヶ瀬川
吉備中山
170m
162.2m
吉備
120m
足守川
(日差山)
毘沙門天
日差
仕手倉山
223.8m
山手
総社
清音
倉敷
種松山
258.4m
常山
307.2m
高旗山
214m
高梁川
遙照山
405.5m
(東の目がね)
目鑑《めがね》展望台
399m
羽黒神社
(玉島)
南山田
竹林寺山
397.7m
365.5m
(西の目がね)
385.5m
矢掛
金光
鴨方
寄島
水島灘
梅丸山
306m
笠岡
大宜山
169.8m
用之江
神島《こうのしま》
皿山
95.8m
茂平
182.0m
井原
岡山県
広島県
(福山)
引野町
皿山
芦田川
彦山
大谷山
401.3m
高増山
399.2m
馬背山
298.5m
竜王山
221.3m
福山
芦田川
彦山
430.1m
沼隈
浄土寺山
(瑠璃山)
178.8m
新尾道
向峠
尾道
289.4m
向島
御調《みつぎ》
龍王山
665.1m
三原

この中で、「二六km」は、やや遠いが、他に例がないわけではない。遥照山は両面薬師のある山頂(四〇五・五m)ではなく、その東南のメガネ展望台のことだという。羽黒山(阿弥陀山)は、標高一〇m余で、羽黒宮を勧請して祀ったという。

児島の常山は標高三〇七・二mで、玉野市と児島郡灘崎町境にあり、児島富士とも呼ばれる。岡山県立図書館に、玉野市の郷土資料の調査を依頼したが、常山での旗振りを裏付ける資料は見つからなかった(平成二四年一一月二八日)。

山陰ルート

境港・安来

平成二二年三〜九月放送のＮＨＫの連続テレビ小説の原作本、武良布枝《むらぬのえ》『ゲゲゲの女房』（平成二〇年）に、次のような記述があることに気づいた（平成二二年五月一八日、八頁）。

「陸路だと、安来から境港までは、米子を経由、迂回していかなくてはなりませんが、水路ならば、中海をはさんで目と鼻の先。明治時代の安来の米問屋さんは、境港の市場で決まる米の相場を手旗信号で伝えてもらったという逸話が残っているほど、安来と境港は、古くから、人もものも行き来をくり返してきました」

境港（鳥取県）は漫画家・水木しげるの故郷、安来（島根県）は妻である原作者の故郷である。境港と安来の間に中海を挟んだ旗振り通信ルートがあったとは驚きである。

平成二二年六月二〇日、武良さんあてに手紙で問い合わせたところ、二八日に、水木プロダクションから返事が届いた。武良さんによると「誰に聞いたか定かではないし、詳しくは存じ上げないのですみません」とのことであった。

八月一七日、境港市役所に調査を依頼する手紙を送っておいたところ、二八日に境港市史編さん室の小灘浩氏から電話があり、『ゲゲゲの女房』の記述の出典が見つかったという。

一〇月一六日、小灘氏から届いた手紙によると、その資料とは、庄司誠發《しょうじしげのぶ》『安来散歩』（平成八年）であった。平成六年六月～八年五月まで約二年間、百回にわたり、日本海新聞に連載されたもので、手旗信号の記述があるのは、百回目の連載（平成八年五月一〇日）の「安来港」（並河健蔵《なびかけんぞう》・文）で、次の通りである。

「明治初年のころ、安来の米問屋は、境港の市場で決まる米の相場をいち早く知るために、対岸の弓ヶ浜から安来の波止場に向かって、手旗信号で伝えてもらったそうだ。境から米子を経て馬を走らせるよりも早かったという。〝正確な情報はより早く〟が、昔から商売の要諦であった」

この記事こそ『ゲゲゲの女房』の記述の出典であろう。小灘氏によると、『境港市史』『安来市誌』ともに手旗信号の記事はなく、『安来散歩』が唯一の資料のようである。

一一月一三日付の手紙で、元安来市文化協会会長の並河健蔵氏（安来市安来町）に「安来港」の手旗信号の記事の典拠についてお尋ねしたところ、一一月一九日と二四日に返信が届き、次のようなことが判明した。

①手旗信号のことは、元精米業の古老（当時すでに故人で、後継者もなく、家のあった場所も不明という）の話を聞いた人が、今から約二〇年前（一九九〇年頃）に、何かの会の折に話したのを、並河氏が耳にしたものであり、単なる「人の話」にすぎず、確かな資料は残っていないとのことである。

②並河氏によると、安来の町で大正初期には、精米業者は一〇軒近くはあり、安来港に近い新町や西灘通りにあったらしいが、現在では、すでにその姿は見られないという。

並河氏から送られてきた『会報　安来節』第一七号（平成一八年四月一日）の記事「先覚性と逞しい商魂—安来節が育った自由闊達な風土—」（並河健蔵）には、次のように書かれている。

「防波堤の修築　大正四年刊の『安来港誌』は、防波堤の修築と題して誇らしげに、次のように記している。『明治十九年より二十一年に亘る継続事業として修築せるものにして(中略)以て之を完成せり』」

「精米業の発達　古来、港には地元の他に出雲平野や鳥取県西部など広い地域の産米が積み出されたので、多くの米問屋が繁盛した。明治初期のことである。主な出荷先である京阪神の米相場は、境港に寄港する船舶から得るのが慣いであった。安来の米問屋たちはいち早く知るために弓が浜・米子経由で馬を走らせたという。

ところが長い防波堤が完成すると、弓が浜から防波堤に向かって、手旗信号で伝えたという。この逸話の真偽の程はともかく、正確な情報を誰よりも早く知ることが商売の要諦であり、米問屋がいかに機敏であったかを如実に物語っている。この機敏性が、精米業の発達に拍車をかけた」

並河健蔵氏は、山陰合同銀行に勤務して同銀行史の編集に参加された。元安来市文化協会会長で、安来市文化財保護委員、短歌誌『運河』会員でもある。

並河氏は、筆者から『ゲゲゲの女房』に手旗信号の記事が記されていることを知らされ、大変びっくりしたということであった。

以上のような資料から、明治二〇年代頃の「境港の市場―弓ヶ浜―安来港の防波堤―安来の米問屋」という旗振り通信ルートが想定できる。並河氏自身、真偽不明の噂話と考えてはいるが、旗振り通信隆盛の時代とあっては、事実と考えてもよいのではないだろうかと筆者には思われるのである。

弓ヶ浜沿岸付近から、中海を挟んだ対岸の安来港に向かって眺めようとすると、集落の位置する中ほどの辺りに、高くなった場所があるので遮られてしまう。従って、弓ヶ浜沿岸から直接、安来港を見ることはできない。つまり、弓ヶ浜の中継地点としては、下粟島付近の標高一三m地点や、その南方の標高一六m地点などが、ふさわしい候補地として考えられる。それらの高台では、境港の市場と安来港の防波堤を中継できるのである。

境港の市場と標高一三m地点の距離は一〇km、標高一三m地点から対岸となる安来港の防波堤とは四km離れており、旗振り通信としてふさわしい距離である。あくまで、筆者の机上の計算によるものであり、参考ていどに留めていただければと思う。

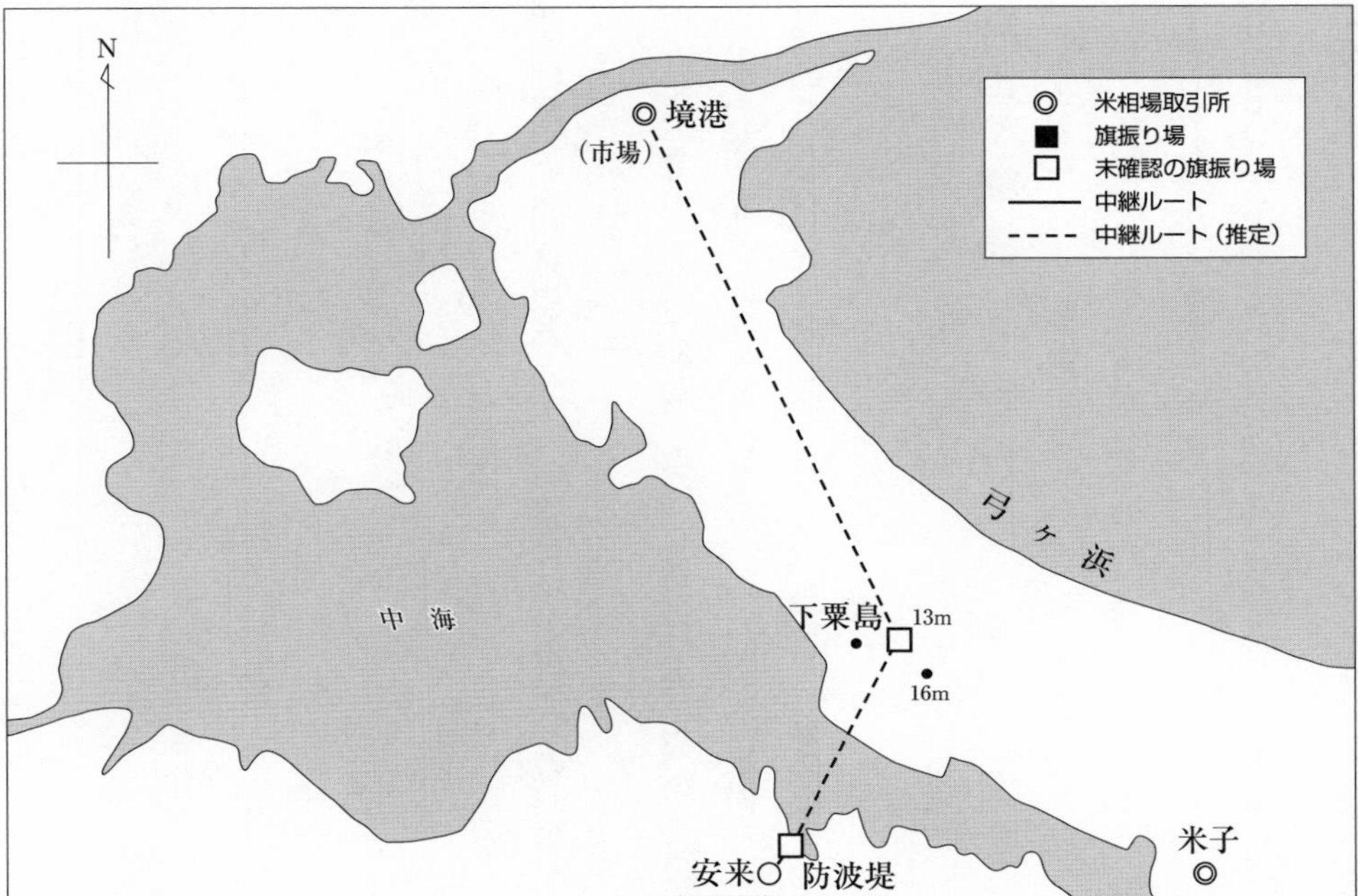

65 —— 境港・安来

和歌山ルート

初代通天閣

平成二四年一二月一一日、徳山倉商・編著『百戦連勝』（昭和四四年）の一〇三頁に次のような手旗信号の連絡コースの記事があることを見つけた。七八頁と九九～一〇三頁に手旗信号の記事がある。

「大阪名所の通天閣も一時旗場になったことがある」

初代通天閣が誕生したのは、明治四五年七月のことである。旗振り通信は大正三年まで行われたから、通天閣での旗振りが事実とすれば、その終末期ということになる。通天閣での旗振りについて紹介しているのは、この徳山氏の著書だけであり、裏付けは難しい。なお、京都の八坂の塔で米相場通信が行われたという資料（本章「八坂の塔」参照）もあり、大変、興味深い。

福島・天満・野田・網島

上田長太郎『大阪叢書　第四輯　堂島・曽根崎界隈』（昭和四年）の一〇頁に次のような記述があり、旗振りが、福島・天満・野田・網島でも行われたことがわかる。

「明治年間の取引所は、屋根に旗振り台といふものがあつて、相場の高低は、一々そこで旗を振《ふる》つて

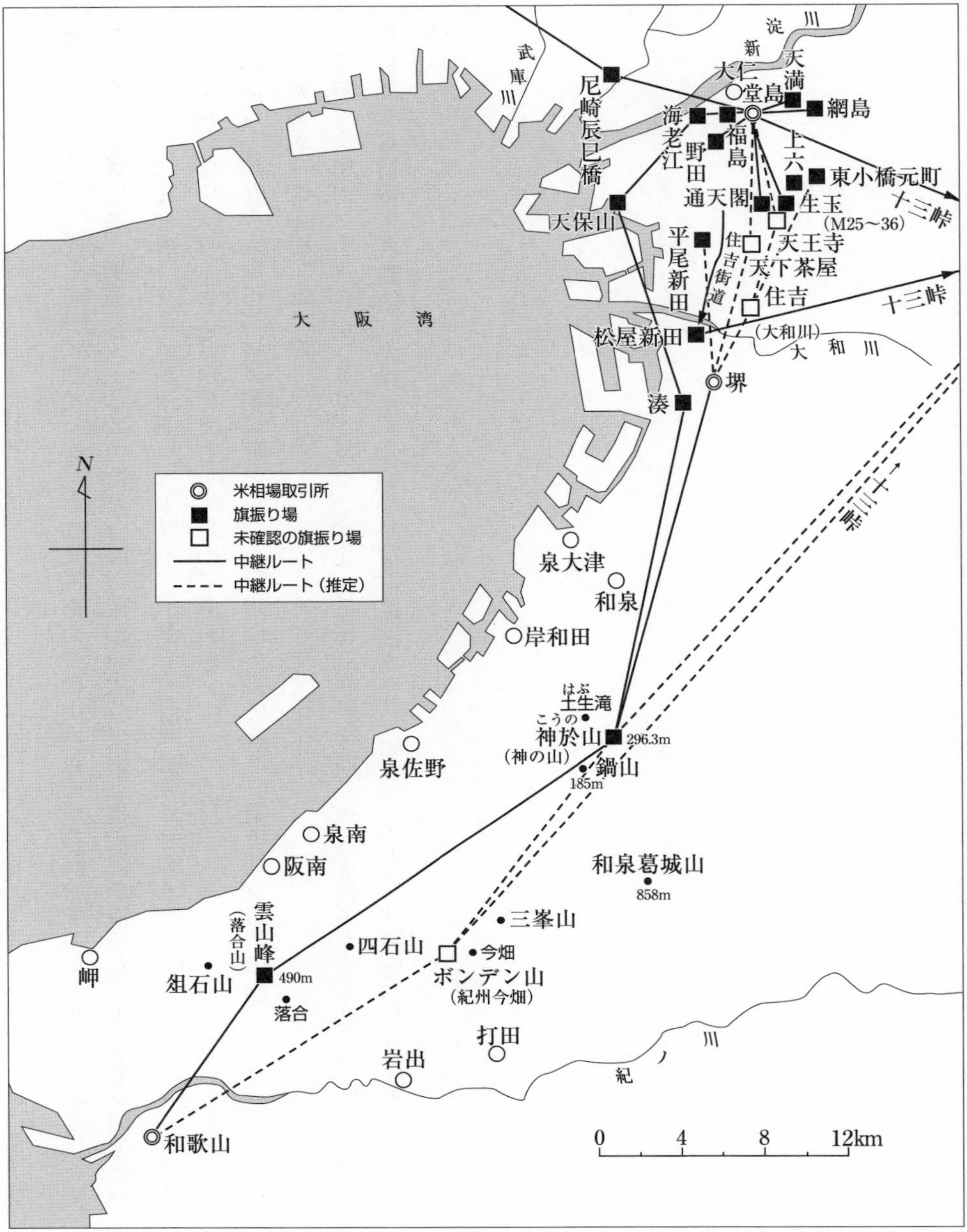
米相場取引所
旗振り場
未確認の旗振り場
中継ルート
中継ルート（推定）
N
大　阪　湾
淀川
新
天満
大仁
堂島
網島
武庫川
尼崎辰巳橋
海老江
福島
野田
上六
東小橋元町
十三峠
通天閣
生玉
（M25～36）
天保山
平尾新田
住吉街道
天王寺
天下茶屋
住吉
十三峠
松屋新田
（大和川）
大和川
堺
湊
十三峠
泉大津
和泉
岸和田
土生滝《はぶ》
神於山《こうの》
296.3m
（神の山）
鍋山
185m
泉佐野
泉南
阪南
和泉葛城山
858m
三峯山
雲山峰
（落合山）
四石山
今畑
岬
俎石山
490m
ボンデン山
（紀州今畑）
落合
打田
岩出
紀ノ川
和歌山
0
4
8
12km
67 —— 福島・天満・野田・網島

知らせたものだ。そしてその旗を、福島とか天満あたりの火の見櫓から眺めてゐて、また其通り旗を振る、それを野田と、網島で……と云つた具合に、次から次へ、田を越え畑を横切り、川を飛び山を続つて、神戸へでも京都へでも、段々伝へられて行く仕組になつてゐた、それが暫くの間に電信電話と進歩し更に現在はチツカーとなりラヂオとなつたのである」

網島は、現在の大阪市都島区網島町および東野田四丁目であり、地下鉄京橋駅の北方、大阪市立東高校の敷地辺りが中心であった。

なお、文中の「チッカー」とは、刻々と変化する株式相場や商品市況を数字や符号などで通信し、送られてくる情報を自動的に記録するテープ式電信機を言う。明治時代の終り頃に使われるようになった。

京都・大津ルート

吹田千里山(三本松)

吹田千里山中継所については、『旗振り山』で紹介しておいた。北大阪急行緑地公園駅の東方五〇〇mの旧三角点「三本松Ⅰ」(標高八三・〇五m)にあった。その最高所は削り取られて、昭和五二年、三角点は北へ二五〇m移動し、さらに、平成八年に寺内北公園へ移動している。三本松の山頂も約七九mとなっている(二万分の一地形図「吹田」には、標高七八mの等高線に囲まれた山頂が見える)。

平成一七年一月、吹田市千里山西の山田さんに、裏手にある三本松(立入禁止区域)に案内してもらった時の写真は『旗振り山』に掲載しているが、梅の木があったことが記憶に残っている。

令和元年一〇月、三本松付近の現状を知るために、吹田市千里山西三丁目を訪れた。『旗振り山』の執筆当時は、南側から眺めて、柿の木が目についたので、果樹とは柿だと思っていたが、今回、遠目に見ると、梅の木が並んでいるようであった。令和二年八月の再訪問の際に、地元の人に確認すると、柿の木は渋柿であり、後方にあるのは梅の木であると教えられた。

三本松付近は、工事中の場所(北側)から眺めると、見覚えのあるフェンスなども見えたので、一三年前と同じ高さを保っているように思われた。

千里山三本松は、歴史的に残しておいてほしい場所だが、開発の波は続くことだろう。跡地に「千里

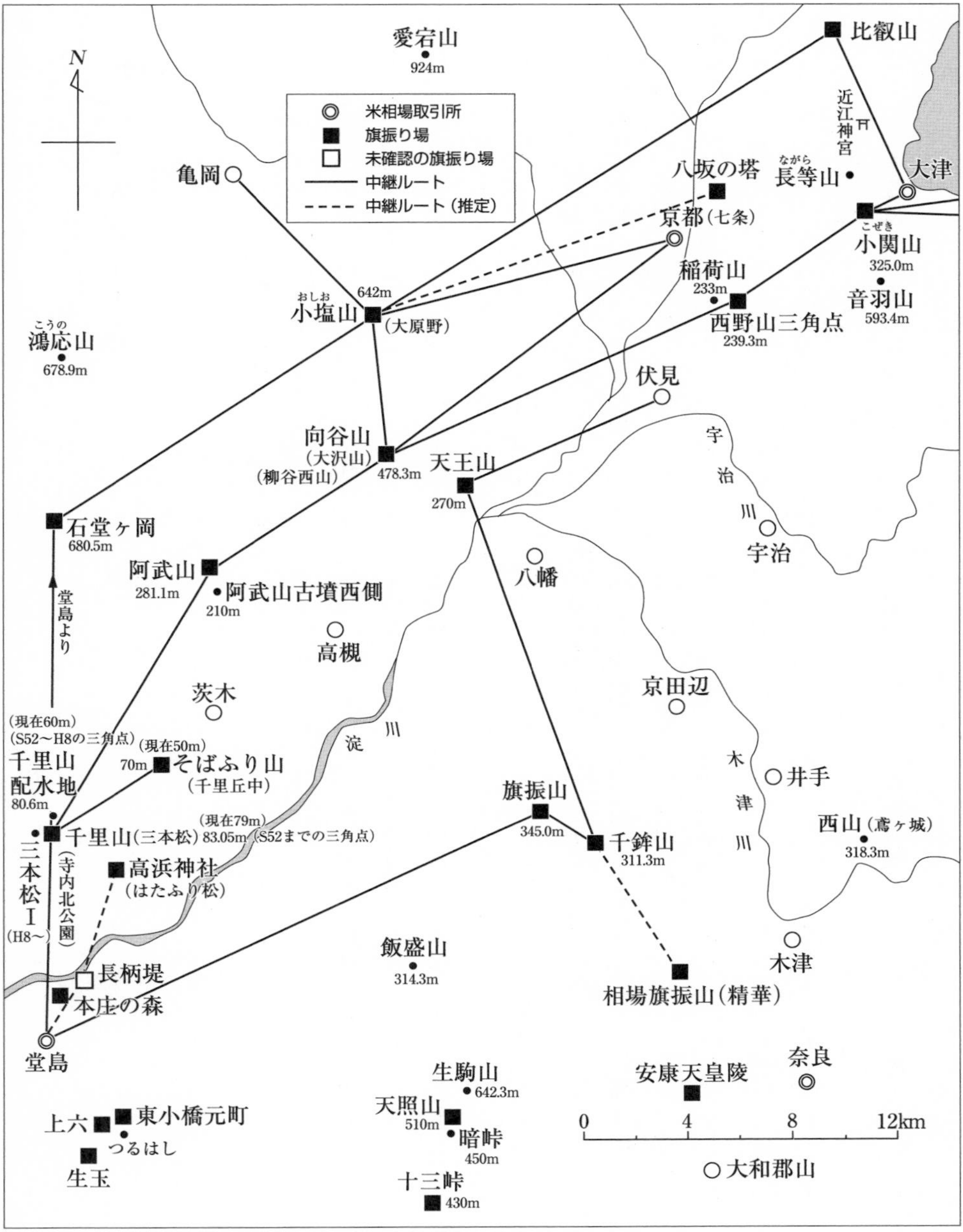

愛宕山
924m
比叡山
米相場取引所
旗振り場
未確認の旗振り場
中継ルート
中継ルート（推定）
近江神宮
亀岡
八坂の塔
長等山《ながら》
大津
京都（七条）
小関山《こぜき》
325.0m
稲荷山
233m
音羽山
593.4m
小塩山《おしお》
642m
（大原野）
西野山三角点
239.3m
鴻応山《こうの》
678.9m
伏見
向谷山
（大沢山）
（柳谷西山）
478.3m
天王山
270m
宇治川
宇治
石堂ヶ岡
680.5m
八幡
阿武山
281.1m
阿武山古墳西側
210m
堂島より
高槻
茨木
京田辺
淀川
（現在60m）
（S52～H8の三角点）
千里山
配水地
80.6m
（現在50m）
70m
そばふり山
（千里丘中）
木津川
井手
旗振山
345.0m
西山（鳶ヶ城）
318.3m
（現在79m）
千里山（三本松）83.05m（S52までの三角点）
千鉾山
311.3m
三本松Ⅰ
（H8～）
（寺内北公園）
高浜神社
（はたふり松）
飯盛山
314.3m
長柄堤
本庄の森
木津
相場旗振山（精華）
堂島
生駒山
642.3m
奈良
安康天皇陵
天照山
510m
暗峠
450m
上六
東小橋元町
つるはし
生玉
0
4
8
12km
十三峠
430m
大和郡山

山三本松旗振り場跡」という石碑が立つことを願うものである。

そばふり山(千里丘中)

千里丘にあったそばふり山(相場ふり山)については、『ききがき吹田の民話』(昭和五九年)を基にして、毎日放送の南方二〇〇mの辺りで、標高七〇mほどの山であったが、宅地開発のために削られ、今では標高五〇mとなっていると『旗振り山』で述べた。

ところが、平成二七年二月、神戸市須磨区の寿賀泰子さんという方からのメールで、その知人の櫨山さん(吹田市)の情報として、千里丘北にある千里丘稲荷神社が旗振り地点であるという資料を見つけたことを知らされた。それは、『山田・千里丘界わい散策案内』(吹田市文化のまちづくり室、平成一六年)で、次のような記述があった。

「旗振り通信中継地　千里丘稲荷神社のあるこの小山は、かつて大坂・堂島の米相場を飛脚より早く伝える『旗振り通信』の中継地と伝えられています」

しかし、『ききがき吹田の民話』の中の「千里丘かいわい」には、次のような具体的な記載があり、稲荷山とそばふり山は明確に区別されている。

「旧三宅村の竹原市二さん(七九歳)に昔の千里丘のようすをたずねると、丘陵地には、似禅寺の山、たかまの山、そばふり山、稲荷山(毎日放送東側の稲荷神社のあたり)などの峰があり、赤松の林が多く、とくに稲荷山付近はマツタケの名所だったそうです。そばふり山は〝相場ふり山〟のことで、電話のない時代に、米相場の動きを手旗でおくったところ。近くの中継点は江坂の三本松でした」

2万5千分1地形図「吹田」
（大正12年測図、昭和2年修正、同4年発行）

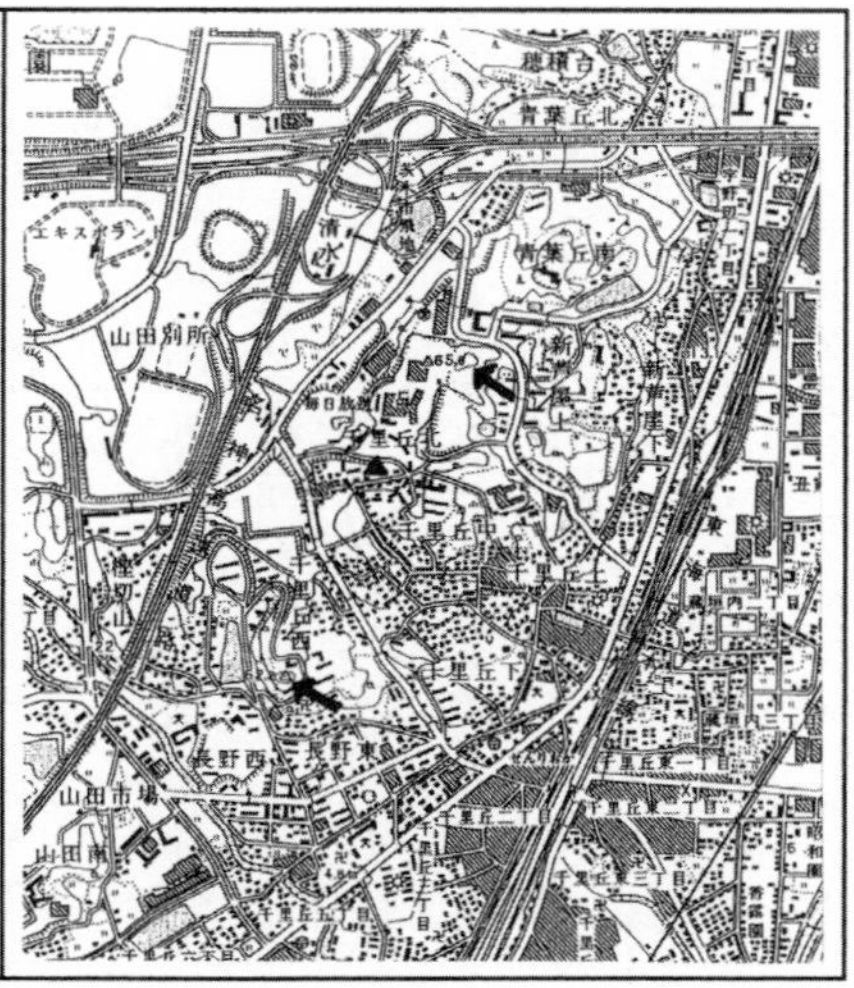

2万5千分1地形図「吹田」
（昭和53年第2回改測、昭和55年発行）

そばふり山（▲）の位置（中央）を示す新旧地形図

また、「千里丘かいわい」の記事頁には、手旗を振る人物をユーモアたっぷりに描いた挿絵地図があり、毎日放送（旧）の南の「千里丘中」に「そばふり山」が位置すること、毎日放送（旧）の東側の「稲荷山」が「松茸山」であることを明確に示している（次頁の概念図参照）。

二万五千分一地形図「吹田」（大正一二年測図）を見ると、三宅村から眺めて、西端に六二・二m三角点のある似禅寺の北の山、その北に山道の通る六〇mの「たかまの山」があり、その北東には、この付近で一番高い七〇mの「そばふり山」があり、さらに、その北東に六〇mのピークが三つ並び、その東端にある六〇mのピークが稲荷神社のある稲荷山であり、竹原さんの証言には矛盾点は見られない。

現在の地図と対照させると、似禅寺は現在の仙佛寺（長野東）、たかまの山は「グッドタイムリビング千里ひなたが丘」（千里丘西）付近、そばふり山の山頂はミリカ・テラス（旧毎日放送跡地）と千里北小の南方(千里丘中五七、五八付近、標高五六m)であり、稲荷山は千里丘稲荷神社(千里丘北)となる。

吹田市立博物館の館長のページの「千里丘今昔物語」(平成二六年一二月六日)には、毎日放送の千里丘放送センターが平成一九年に閉鎖され、ミリカ・ヒルズが建設中といい、次のような記述もあった。

「隣接する千里丘稲荷の山はかつて相場振山(そばふりやま)とよばれ、望遠鏡と手旗によって堂島の相場をいちはやく京都方面に伝える基地でもあったようです。ちなみに、千里山にも同様の旗振り山がありました」

この内容は、『山田・千里丘界わい散策案内』(平成一六年)に依拠したものと思われ、『ききがき吹田の民話』での竹原さんの証言を考慮していないように思われる。

もっとも、千里丘北・千里丘中付近にあった稲荷山・そばふり山の山塊が、現在では、顕著なピークとして、稲荷神社の山しか残されていない現状では、「本当のそばふり山のピーク」から北東へ四〇〇m離れた稲荷山を「代替地としての旗振り中継地点」と紹介するのも、やむを得ないのかもしれない。

もし、歴史的、地理的に忠実であろうとするのならば、千里北小の南方辺りに、「そばふり山跡地」の石碑などを建てておくのもよいかもしれない(もっとも、旗振り地点は一四m上空である)。

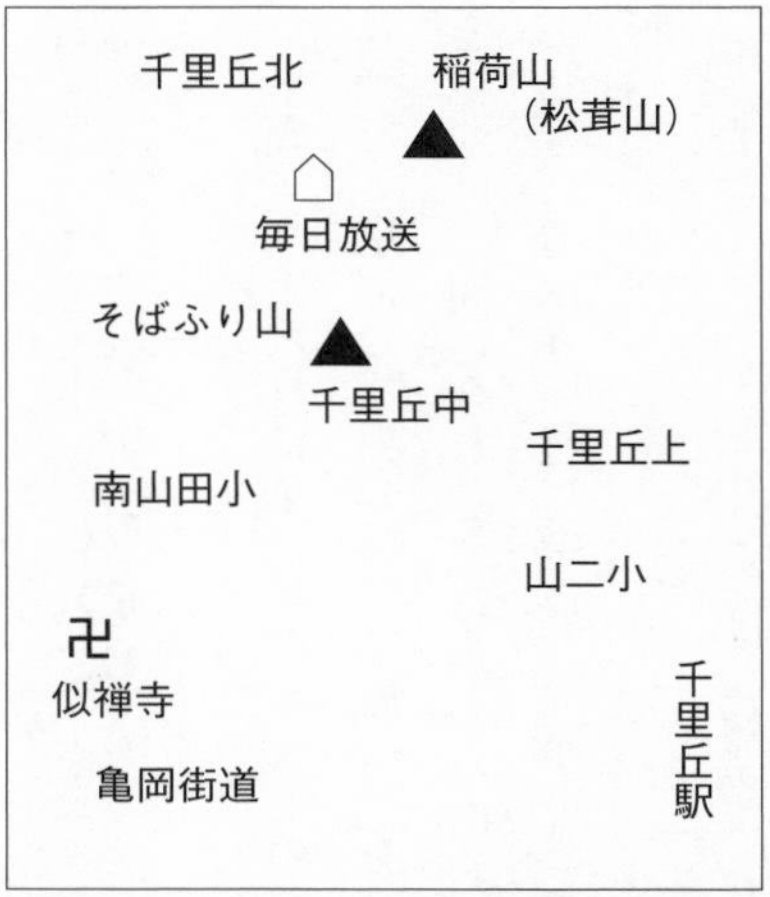

『ききがき吹田の民話』(吹田市視聴公室広報課、昭和59年)の「千里丘かいわい」の記事に添えられた挿絵地図をもとに筆者が作成した昔の千里丘の様子

八坂の塔

平成一八年六月にインターネットの「ガルダの日帰りコラム」で、京都の八坂の塔で手旗信号を読み取ったという記事を見つけ、問い合わせてわかった出典は、『週刊京都を歩く第二号　清水寺周辺』（平成一五年七月）で、内容は次の通りであった。

「現在上ることができるのは二層までだが、五層からは京都を一望できるほどの眺望を誇る。そのため江戸時代には、監視所としてや、米相場を伝える手旗信号を読み取るための塔としても重宝されたという」

八坂の塔は、高さ約四六ｍの五重の塔であり、東山一帯のシンボルとされる。飛鳥時代の創建とされるが、たびたび炎上し、その度に再建されてきた歴史を持つ。

八坂の塔

『新撰京都名勝誌』（大正四年）によれば、「一書に、六波羅全盛時代は、此の塔を以て軍兵の遠見所に供せしといふ」とあり、鎌倉時代の軍事利用の様子が伝えられる。

五重塔内部の二つの階段は相当摩滅しており、江戸時代には絶好の展望台として、多くの観光客に開放されていたことを窺わせる（『京都市の地名』平凡社）が、米相場の信号所であったことを伝える記録は、『週刊京都を歩く』だけのようである。

中継ルートとしては、一四㎞西方の小塩山（標高六四二ｍ）または一六㎞西南方の向谷山（標高四七八・三

m)から受信した可能性が考えられる。

西野山三角点

竹内康之『比叡山1000年の道を歩く』(平成一八年)で、旗振り山として、逢坂山《おうさか》(小関山)と二石山《にこく》(二谷山、西野山《にしのやま》)を紹介している。

竹内氏がホームページの記事(探山訪谷《たんざんレポート》)で指摘しているように、「二石山」は定着した山名とは言い難い。「二石山」は、旗振り通信に関するバイブルとされる論文(近藤文二「大阪の旗振り通信」)に従った呼称である。とはいえ、近藤論文に従った以上、呼称に責任は負わねばならないだろう。

竹内氏によれば、岩屋寺や山科《やましな》神社(京都市山科区西野山)での聞き取りでは、すぐ西に聳え立つこの山を、地名表示および三角点名と同一の西野山と呼んでいるということである。一方、「城州伏見町図」(天保年間)では、深草の石峰寺から宝塔寺にかけての山が二石山として描かれている。

江戸時代には、二石山は三角点とは別の山々を指す呼称であったことは明らかで、本来は、旗振り場を二石山と呼ぶのは適切ではないことは承知している。その事情は『旗振り山』で述べておいた通りである。

問題となるのは、西野山は広域地名であり、混同しかねないということである。本来なら、広域地名と山名は異なる名称を用いて、混同が起きないように配慮すべきだろう。もちろん、地元では「西野山」の呼称に誇りを持ち、平地も山地も平等に「西野山」と呼んできたことだろう。

従って、筆者の結論として、旗振り場であった山名として「二石山」は採用せず、「西野山三角点」または「西野山の山頂」と呼ぶのがふさわしいと思う。ここで訂正しておきたい。

相場振山（野洲）

野洲市の相場振山については、『旗振り山』で詳しく紹介している。地方の小さな山にありがちな例にもれず、この山の呼び名には複数あり、判定は難しい。

野洲町の小字資料から、山体の東側が「奥山」、南西側が「田中山」、北西側が「細谷山」である。「かぶと山」「三ツ阪山」という表記もあり、別名が多すぎる。

極端な話、ある小さな山があると、北の集落で南山、西の集落で東山、東の集落で西山、南の集落で北山と呼んでいるなどという場合もあり得るのである。山名について交流がない時の話ではある。

地元で「田中山」と呼ぶのが正式のようだが、道標などでは「相場振山」「旗振り山」「かぶと山」という表記も存在し、実際、そのように呼ぶ人も多いのだろう。筆者は『旗振り山』において、文献考証から「かぶと山」の呼称は誤りではないかと考えたが、山容が、かぶとを伏せた様な姿であることから、「かぶと山」という呼称も普及している現状は認めておきたいと思う。

岐阜・名古屋ルート

横井山

和歌山ルートで紹介した文献、徳山倉商・編著『百戦連勝』（昭和四四年）の一〇三頁に次のような記事も見られる。

「桑名へは生駒山を経て次々と伝達され、桑名から名古屋へは多度山―枇杷島の横井山から塩町の取引所へ伝わるという仕組みであった」

横井山といえば、現在の名古屋市中村区横井一丁目の「横井山緑地」で、西側に準源寺がある（標高四m余）。横井山は、庄内川の蛇行する湾曲部の内側に、河川氾濫で形成された土砂堆積（砂堆）による小丘である。『尾張名所図会』に載せられた観光地で、今でも桜の名所である。準源寺南方の最高地には清正公堂が建つ。

大正九年の地形図には、横井の集落の西に、標高九・四mの三角点が記載され、これが横井山の山頂だろう。多度山と横井山の距離は、一八・八kmであり、米相場の旗振り通信には妥当な距離である。「桑名―多度山―横井山―名古屋・塩町の取引所」という中継ルートには無理がない。

ただ、問題は、「枇杷島《びわじま》」は西枇杷島町（清須市）と東枇杷島町（名古屋市西区）の総称であり、中村区の横井山緑地とは、かなり離れている。『百戦連勝』の記載「枇杷島の横井山」には何らかの錯誤があるの

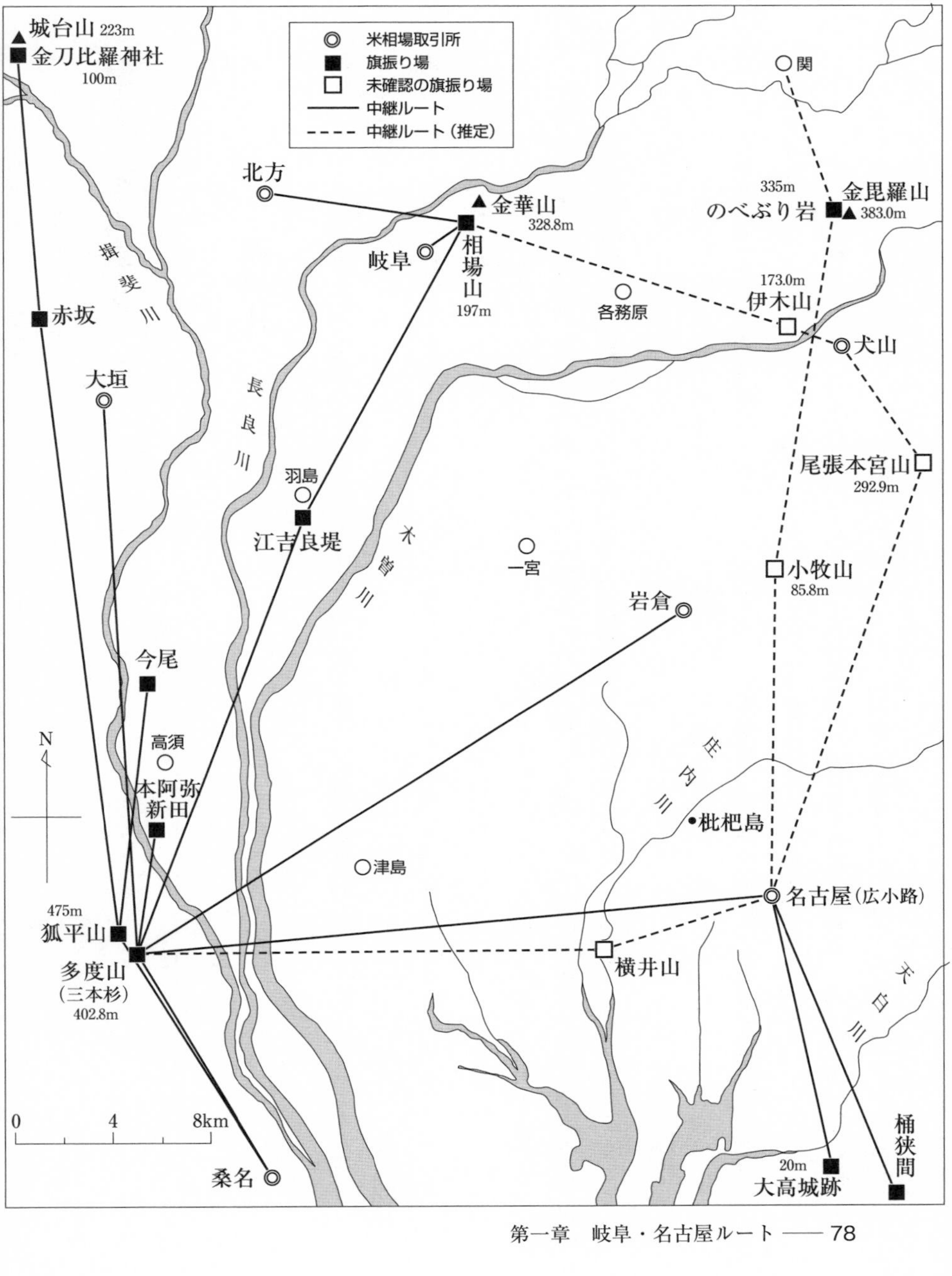

第一章　岐阜・名古屋ルート —— 78

ないだろう。庄内川で横井山から上流にさかのぼると枇杷島に行きあたるので、勘違いが生じたのかもしれない。

狐平山

海津市の狐平山に「相場振り跡地」の石碑があることについては『旗振り山』で紹介している。その横に説明板があるが、その出典は『南濃町下一色のあゆみ』(平成元年)であった。それには「集落の西方狐平山の上に、標高約340メートルの山頂があり、ここを経由して、商品相場の動きを旗を振って知らせる『相場振り』が行われていた」とあり、詳しい説明もある(旗振り通信の新研究⑧参照)。

同書には下一色の小字《こあざ》の解説があり、狐平の読み方は「きつねだいら」となっていた。従って、『旗振り山』でインターネット情報から「きつねひら」と読んでいたので、ここで訂正しておきたい。

同書二九頁に「相場振りの山　狐平山の上の松山小倉殿」という説明が見られる。狐平は相場振り跡地の東側山腹一帯で広域である。相場振りの行われた地点が標高三四〇mであるという記述には矛盾点があり、記念碑をわざわざ、旗振り場と異なる地点に設置する理由も判然としない。

やはり、「相場振り跡地」の石標の立っている地点が、「望遠鏡で、桑名・新築(寺町)から米の相場を受信し、今尾や赤坂へ、手旗を振って発信した」(同書)場所(標高四七五m)とみてよいのではないだろうか。通信のための見通しという点からも裏付けられる立地にある。

江吉良堤

平成一八年七月、岐阜県図書館で、羽島市の江吉良堤で行われた旗振りについての資料を見つけることができた。『江吉良郷土史』(昭和三三年)の「第八節　堤の相場振」から概要を紹介しよう。

郷土の堤が明治の中期までは大変繁盛したが、名古屋・大垣間の近道であったこと、安楽寺の南約一〇〇mの堤の上に「相場振」があったことも見逃せない。

堤の相場振りとは一人だけ入れる小屋の中に遠眼鏡を据え付けて、岐阜の権現山へ向かって中継した。その相場振り師であった安田おじゅんさんは、当時の有様を次のように語った(証言時、八五歳)(内容は筆者がまとめなおした)。(原文は、旗振り通信の新研究③参照)

「私の夫、辰次郎は江吉良堤の相場振り師で、日曜祭日の他は毎日旗を振っておりましたが、夫が若死にしたので、私が代わって旗を振りました。桑名から来る相場を、多度山三本杉から受け取って、岐阜の権現山へ報告する、江吉良はその中継所でした。会社から縦四尺に横五尺位の純白の旗と、伸び縮みのできる望遠鏡と、旗の振り方の符牒の書いてある本が来ておりました。

堤の上で遠眼鏡を私の目に合せて時間の来るのを待っておりますと、多度山から、大きく右に二回りで開始、左に一つが東京の米相場、上に二つは高くなった。横に大きく一つと小さく四つは米一石が一四円というように振ってきた。先方の振った通りに振り返して、間違いなしと確かめて記録し、今度は権現山へ振って報告したものであります。また、近くの相場に関係のある店に相場を知らせて、店から大変喜ばれたものです。この相場振りは電信のできるまで続きました」

安田老母は五〇有余年前の事を思い出して、旗の代わりにシュロ箒を振って実演してくれたという。相場振りの行われた場所は、安楽寺の南一〇〇ｍで、今では、長谷虎紡績の工場が建っている。岐阜羽島駅の東方一・五㎞の地点である。

信号に用いた旗は、縦一・二ｍ、横一・五ｍということになる。それにしても、他では知られていないような旗振りの手順が語られており、貴重な証言である。振り方も、一人で全てまかなう故に、振り返しての確認などが工夫され、信号方法も『旗振り山』で紹介したものと違う独特のもので興味深い。

相場山・北方延会所

多度山の信号を江吉良堤で受けて、岐阜の権現山に送ったという。この権現山とは、すでに『旗振り山』の「名古屋ルートの概要」で紹介した、金華山の南西方向、伊奈波《いなば》神社の東南東三〇〇ｍにあった「相場山」（標高一九七ｍ）のことである。『旗振り山』では典拠として『図説・美濃の城』をあげたが、曖昧な点があった。

岐阜市教育会編輯『岐阜市案内』（明治四一年）と清《きよし》信重『ふるさと岐阜の物語』（平成六年）には、米相場を伝えた「相場山」の記載があるが、伊奈波神社の南

岐阜市全図（大正5年発行『岐阜商工案内』挿図より）

西にある権現山（標高一六三m）と混同した内容になっていて不注意な記述である。

『北方町史　通史編』（昭和五七年）に引用された『北方町志』（大正四年初版）には次のようにあるので、権現山と相場山の区別は明快である（原文は旗振り通信の新研究③を参照）。

「東西の相場を桑名に集め同地の延べ問屋より大旗の振り方信号を以て多度山上の信号所に移し同山より岐阜の相場山（権現山の東の山）に移し同所より北方延会所屋上の受信台へ移す」

なお、この北方町が商業地として繁昌したのは旧幕時代のことで、延会所は維新後に廃止となり、繁昌は減殺されたという。

多度山から直接、相場山に通信したように読み取れるが、距離は三四km あり、結構遠い。ここは、やはり、途中に江吉良堤という中継地点が不可欠であろう。多度山から江吉良堤までは二〇・四km、江吉良堤から相場山へは一三・六kmで、ちょうどよい距離となる。

令和元年に岐阜県図書館で入手した復刻版の『岐阜商工案内』（大正五年）に収められた「岐阜市全図」には、権現山の東に相場山が記載されていて、位置関係が明確である。

それに対して、『金華山と岐阜の街』（平成三年）には金華山と権現山は見られるが、相場山は見当たらない。「相場山」は現在、まさに「忘れられた山」となっているのである。

のべぶり岩・小牧山

『旗振り山』の本が書店に並ぶ直前（平成一八年五月三日）、岐阜県各務原市の面手勝人氏から、各務原市と関市の間にある金比羅山（標高三八三m）の西尾根で旗振りが行われたという伝承があり、現地に看板があるということを知らされた。

『岐阜県中世城館跡総合調査報告書第二集（岐阜地区・美濃地区）』（平成一五年）の「迫間城跡」（関市迫間）の解説に次のようにある（一四九頁）。

「迫間山と谷を挟んで相対する南の尾根には、『のべぶり岩』と言う岩があり、尾張から美濃へ通信のために旗を振ったという伝承がある」

『新修関市史　通史編　近世・近代・現代』（平成一一年）にも「のべぶり岩」の紹介があった。

インターネットで検索すると、金比羅山の「のべぶり岩」の脇に看板があって、尾張の小牧山からの旗信号を美濃、飛騨地方へ中継していた岩であると紹介されていた。写真も掲載され、旧国名の記載であることから、江戸時代のことと思われた。

受信地としてあげられている「小牧山」については、小牧市教育委員会文化振興課文化財係によれば、「小牧山において、旗信号を中継したという伝承・記録等は一切ありません」という。江戸時代には徳川家康ゆかりの地として幕府の禁足地とされて手厚い保護を受けてきた小牧山では、庶民の入山が禁じられてきたはずで、旗振りが許可されたのかどうかを含めて不明の点が残されている。ただし、八ツ面山と同じ独立丘であり、立地的にも可能であり、旗振り山にふさわしいと思われる。

コースガイド

JR高山本線鵜沼駅で降りる。すぐ近くの名鉄新鵜沼駅前からバス便もあるが本数も少なく、迫間不動までは入らないので、鵜沼駅前からタクシーを利用する。

乗車一五分後、迫間不動の大駐車場前で降りる。極楽茶屋の前から鳥居をくぐって参道を行く。右手の階段を上がると、車道と合流して、迫間不動に着く。奥に進むと滝行場がある。その少し手前の左側に、八方不動（奥ノ院）への登山口がある。階段をゆっくり登り、尾根に出る。正面に関市方面の展望が開ける。左に行けば八方不動で、向こう側に迫間山が見える。頂上に迫間城跡があるが立ち寄らずに、右をとって、明王山・金比羅山のほうへ向かう。

東へ尾根道を進む。右のコンクリート道を行くと、やがてアスファルト舗装になり、坂を上がり、「展望台から猿啄城《さるばみ》」の案内表示に従って、左の急な山道を上がる。再び車道と出合うが、そのまま上がると展望台（明王山見晴台）に着く。パノラマ大展望が開ける。

見晴台で休憩を満喫したあと、横切って、建物の横を通り、右手に降りて林道を歩く。右側にドラム缶があり、左手の「こんぴら山　健脚の径」の道標から入る。途中で左の山道を上がると金比羅神社の祠がある。その少し先の小平地に二等三角点があり、金比羅山の山頂である。雑木に囲まれ、展望はない。

林道に戻り、ヘアピンカーブを抜けると、正面の鞍部の左手に、「のべぶり岩」の道標が見つかる。すぐ先に高さ三mほどの岩塊が現れる。手前に横幅一m弱の案内板があって、次のような内容が読み取れた（口絵写真参照）。

「のべぶり岩　この岩は、尾張の小牧山よりの旗信号を中継して美濃・飛騨方面に伝達した所です」

案内板の「牧」の漢字は、平成一八年当時には、旁《つくり》

が「殳」になっていたが、令和元年の再訪時には訂正されていた。

この案内板は岐阜県が「ふどうの森」を整備(昭和五四～五六年)した当時に設置したもので、地元に口承により伝わっている内容を記したものだという(関市教育委員会文化課による)。

のべぶり岩には右側からよじのぼれるが、左下から回り込んで坂を上がれば岩の上に出られる。平成一八年当時には上にベンチがあったが、令和元年には、なくなっていた。

のべぶり岩から関市方面を展望

のべぶり岩から小牧山と伊木山を展望

「のべぶり」の語源は米相場との関連から、筆者は「延べ振り」の意味と考えている。米の延べ取引とは、帳合米取引(先物取引)のことである。

岩の上からは、関市・各務原市の両側が展望できる。南側にうっすらと小牧山、右に伊木山、左に尾張本宮山がはっきりと見え、伝承とはいえ、この三山がともに旗振り山と伝わると思うと感慨深い。岩の上での展望は爽快であり、まさに旗振り山にふさわしい立地である。江戸時代の旗振りに思いを馳せながら休憩ができるだろう。

のべぶり岩から上に続く山道をたどってもよいが、林道に戻り、西へ進み、左に東屋を見て、のべぶり岩の案内板のある登山道(登り返せば、再び、のべぶり岩の東側に出る)の入口を通過して、車止めのゲートの前に出る。

車道を左へ上がると右手に林道改修記念碑のある場所に出る。右側の「ふどうの森ガイドマップ」に「のべぶり岩」の説明があり、「この大岩はむかし名古屋の米相場を県内に伝えるため、尾張の小牧山より旗信号により美濃・飛騨に知らせた所」とあり、小牧山の先の通信起点が名古屋であることを示している。

記念碑から下り、左折して東海自然歩道に入る。各務原公園のトイレが利用できる。日乃出不動を過ぎ、つつじが丘バス停に着く。右手(北側)の時刻表を見て、時間が合えば、ふれあいバスか岐阜バスを利用して、名鉄新鵜沼駅に出るとよい(所要一〇分)。時間が合わない時は、名鉄各務原線鵜沼宿駅まで歩くと、二五分ほどで着く。

(平成一八年五月四日・令和元年一〇月一〇日歩く)

《コースタイム》(計二時間五〇分)

極楽茶屋(一〇分)迫間不動(三五分)明王山(一五分)金比羅山(一〇分)のべぶり岩(二〇分)登山口(二〇分)各務原公園(三五分)つつじが丘バス停(二五分)名鉄鵜沼宿駅

〈地形図〉二万五千＝美濃関・犬山

大高城跡・尾張本宮山・甲山・伊木山

平成一八年五月、ホームページ「小屋番の山日記」(西山秀夫)に『旗振り山』が紹介されたことをきっかけに、西山氏から緑区辺りの旗振り場の可能性を示唆されたことにより、同年七月、愛知県図書館で、榊原邦彦『緑区の史蹟』(平成一二年)の一〇〇頁で、次のような興味深い記述を見つけた。

「大高旗信号場は『郷土の新しき史観』に米相場の旗信号の交換台であった地として、多度の愛宕山、大高山、岡崎の甲山、犬山対岸の伊木山、岐阜の金華山を挙げる。電信が利用される前に旗信号で速報したもの。池田陸介氏の教示では大高城のあった城山であると地元の人が話した由」

さっそく、榊原氏に問い合わせたところ、八月にその複写が届いた。

その雑誌は『尾張の史跡と遺物』臨時号(名古屋郷土研究会、昭和一五年七月)であった。活字印刷で、臨時号のタイトルは「郷土の新らしき史観」で、犬山出身の歌人、齋藤富三郎氏の執筆した計三二頁の小冊子である（雑誌本体のタイトルは『尾張の遺跡と遺物』なので少し異なる）。

この臨時号こそ、『旗振り山』の二一七頁で述べたように、『三重の古文化』第四八号（昭和五七年）に掲載された川合隆治「旗振り通信について」という論文に引用されているだけで、愛知県下の図書館に一冊も所蔵されていない幻の雑誌であった（複写は愛知県図書館に送ったので、所蔵済み）。

この中で、旗振り通信に触れてあるのは「愛宕山＝旗信号＝河川原始文化」（八～九頁）と「桑名の鉄文化」の附記（二三頁）で、後者の附記に次のようにある。

「米相場の旗信号の交換台たりし地点は、未だ十分に探査して居らぬので確たることは云へぬが、仄聞せる所を左に掲げる。

愛宕山、大高山、本宮山（丹羽郡楽田）、八面山（西尾東）、甲山（岡崎）、伊木山（夕暮富士犬山対岸）、金華山（岐阜）この中或は、一二三の誤聞があるかも知れぬが、大体は間違ひないと信じる」

「岡崎の古老に聞くに、八面山の旗信号は、天候不良の場合は不確実を条件として、米相場の清算勘定に入つたとのことである。これを霞付相場と称へたさうであるが、霞付とは洵に面白い形容詞ではないか、今ならばハンデキヤツプ附きとでも云ふのであらう」

愛宕山とは、愛宕神社の背後の山であり、旗振り場としては、多度山三本杉を指している。

大高山について、齋藤氏は「大高と火上の地名考」（二五頁）で「大高山は標高五十五米突位」と記しているが、池田陸介氏の教示の通り、大高城跡（標高二〇m）が旗振り地点であろう。立地上、名古屋の取引所との中継が考えられる。

本宮山は、犬山市楽田《がくでん》地区の尾張本宮山（標高二九二・八m）のことで、名古屋の相場を犬山に伝える中継地点と思われる。

八面山とは、八ッ面山のことで、立地上、重要な中継地点であった（本章の97頁参照）。

甲山《かぶと》は、岡崎市街の北側の甲山公園で、標高六五mである。岡崎米穀取引所は標高二〇mぐらいなので、通信が難しい場合に補助的に用いられた中継所と思われる。

伊木山（岐阜県各務原市鵜沼）は標高一七三・一mで、立地から、桑名の米相場を岐阜経由で中継した可能性が考えられる。

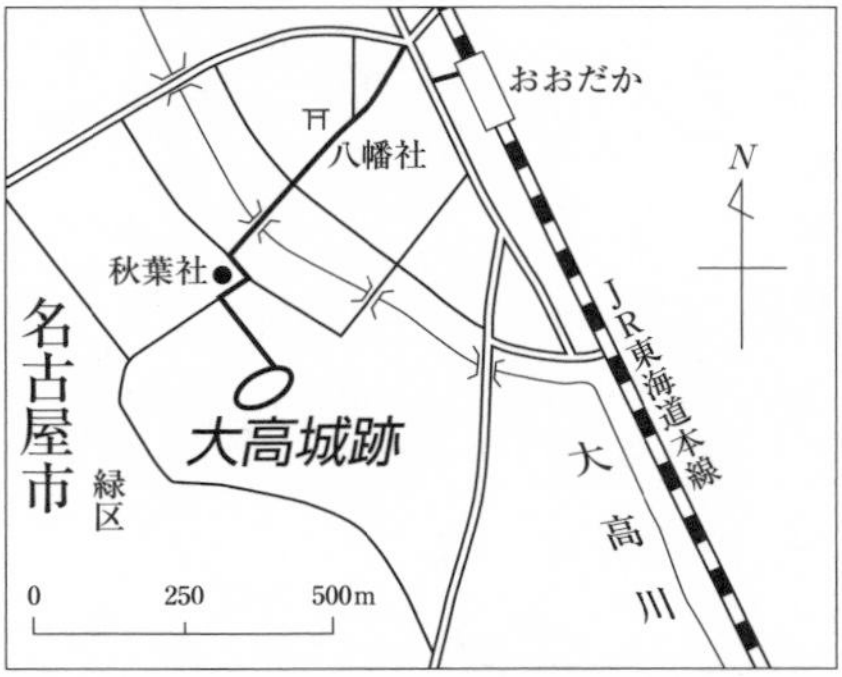

大高城跡入口

金華山は、先に述べた通り、金華山の南西に位置する「相場山」を指している。

なお、以上の齋藤氏の伝えた旗振り場のうち、尾張本宮山、甲山、伊木山については、伝承の裏付けは取れていない。情報をお持ちの方は連絡いただければ幸いである。

金刀比羅神社

平成二八年一〇月、岐阜県揖斐郡揖斐川町の国枝さんから、地元で米相場の手旗信号を受信した場所があることをメールで知らされた。

国枝さんによると、その場所は「金刀比羅神社（揖斐川町三輪）前の広場（城台山公園）」だという。その場所には次のような、平成二七年四月に建てられた由緒板があって、事実を裏付けることができるという(口絵写真参照)。

「この金刀比羅神社は、揖斐川水運の盛んであった江戸後期、天保四年(一八三三)揖斐領主の岡田善功《よしかつ》の命を受け、川筋各位の信仰に基づき、四国の金比羅大権現より御分身を奉斉し、おまつりしたのが始まりです。境内地は、かつて赤坂方面より手旗信号で送られてくる米相場を受信した場所と伝えられ、当時名古屋方面の相場師から寄進された燈篭が現在も残っています」

『旗振り山』で紹介した通り、岐阜県海津市南濃町下一色区の狐平山(多度山北西一km)に設置された「相場振り」の説明板の中に、狐平山から「紅白の手旗を振って、今尾・赤坂へ送信した」と記載されてあるのと符合するので、「桑名—狐平山—赤坂—金刀比羅神社境内地」という旗振り通信ルートが確認できたことになる。

「赤坂」とは大垣市赤坂町で、江戸時代、三河国赤坂宿と区別するため「美濃赤坂」と呼ばれて物資輸送で栄えた中山道赤坂宿をいう。

国枝さんによると、灯籠を寄進した名古屋方面の相場師とは、城台山公園の登り口にある松林寺の池の中にある地蔵尊の施主として背面と台座に名前が見える「杉屋佐助」のことである。金刀比羅神社境内地の灯籠は、天保三年(一八三二)に、尾州名古屋米穀問屋の杉屋佐助・杉屋与吉が寄進したものであった。

コースガイド

JR東海道本線大垣駅で養老鉄道に乗り換えて二五分で終点の揖斐駅に着く。バス便は少ないので、歩くことにする。駅前の郵便局の横から国道を北へ向かって進む。脛永《はぎなが》橋を経て岡島橋まで来ると前方に、目的地の城台山《じょうだいさん》と右手に続く城《じょう》ヶ峰の山並みが近づいてくる。山名が示唆する通り、城台山も城ヶ峰も中世の城跡である。

　桂川橋を渡り、上新町交差点を過ぎると県道に突き当たり、谷汲山の案内表示の示す右へ入り、すぐに左手の広場を進むと左側に三輪神社が鎮座する場所に出る。三輪神社の祭礼はよく知られている。三輪神社の右脇の道に入ると右側に松林寺の池があり、池の中に鎮座するのが、杉屋佐助寄進の地蔵尊である。なかなか立派なものである。池の端には「弁慶の腕だめし石」というものがある。

　松林寺前に、城台山公園の案内板があり、階段を上がる。途中の分岐で、「左　チャレンジするなら男坂」「ゆったり行こう女坂」という案内がある。筆者は左を登ったが歩きにくい急坂であり、右をおすすめしておこう。最後の階段を登り切ると、左手に交通安全祈念の観音像、右手に休憩所、正面が金刀比羅神社である。観音像の右に相場師寄進の灯籠、金刀比羅神社の手前左側に、神社の由緒板があり、手旗信号の受信所であったことなどを紹介している。手前の休憩舎からは南に展望が大きく開け、変わった形の金生山《きんしょうざん》の左側がかつての「美濃赤坂宿」であり、旗振り中継に十分な立地であることを裏付けてくれる。

　これで、旗振り中継所の探索の目的は終了であるが、歩きとしては物足りないので、揖斐城跡探索を加えておこう。

　金刀比羅神社から城台山の山頂（揖斐城跡）のほうへ

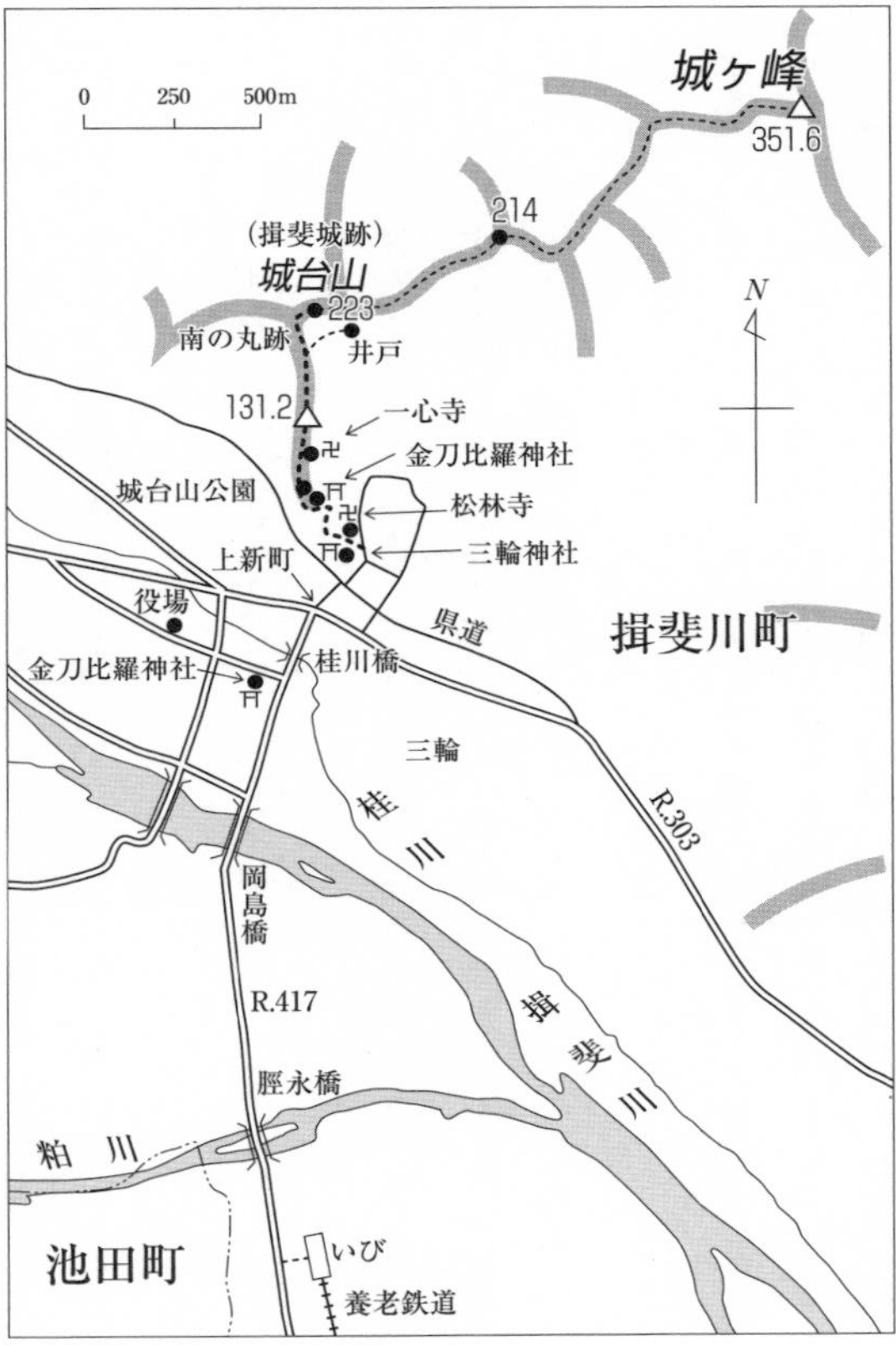

向かう。神社の右側から回り込むと、すぐに一心寺に出る。トイレもある。裏手から登ると右側に休憩所がある。すぐ上の右隅に四等三角点(標高一三一・二m)がある。金刀比羅神社のように、中腹でも昔から見晴らしの良い地点があることの証左でもある(今は展望は開けてない)。

白山神社登り口の道標を過ぎて、分岐で、右に井戸への道を見て、まっすぐ上がると、南の丸跡に着く。瓦が散乱している。ここが天保元年(一八三〇)に建てられた一心寺の故地で、明治二六年に現在地に移転したという(『岐阜県中世城館跡総合調査報告書第一集(西濃地区・本巣郡)』一三四頁)。

金刀比羅神社境内から赤坂方面を展望

上人墓碑の左側から本丸のほうへ登る。出た平地は城台山の山頂で、揖斐城の本丸跡である。標高二二〇mの山頂部に「史蹟　揖斐城阯　昭和四年三月指定」の標柱がある。岐阜県指定の史蹟となったが、戦後は指定を解除され、新たに昭和四二年に揖斐川町の史跡となっている(『揖斐川町史　追録編』)。本丸跡にベンチがあり、南側の展望がよく、昼食場所によい。

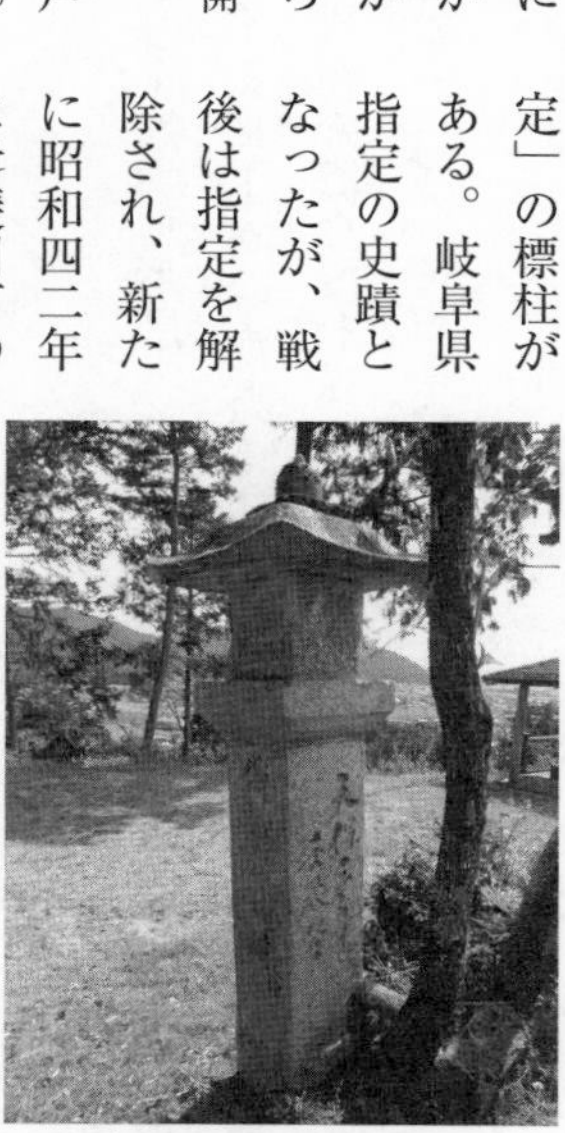
金刀比羅神社境内の
天保3年の寄進燈篭

揖斐城は、土岐頼康の弟頼雄《よりかつ》が康永二年(一三四三)に築いた山城である。天文一六年(一五四七)に齋藤道三に攻撃されて落城し廃城となったという。

少し先に進むと左側に竪堀跡があり、その先に「揖斐城趾案内板」があるので、それを参考にして付近を探索するとよい。帰りは同じ経路を引き返して、揖斐駅に戻る。

(令和元年一〇月五日歩く)

《コースタイム》(計二時間四〇分)
養老鉄道揖斐駅(四〇分)三輪神社・松林寺(一二分)金刀比羅神社(三〇分)揖斐城本丸跡(二八分)金刀比羅神社(一〇分)三輪神社・松林寺(四〇分)揖斐駅

〈地形図〉二万五千＝池野

西尾・豊橋ルート

観音寺山南峰（知北平和公園）

平成一八年七月、愛知県図書館で郷土資料を探していて、『大府町史』（昭和四一年）の「明治前後通信の変遷」に次の記述を見つけた。

「明治以後は、望遠鏡を使って最寄りの信号所と手旗信号で、米相場を電話の代りに通信し合い、阿久比方面へ伝達していたといわれている。これは観音寺山の南部で行われたと古老が語っている。横根山でも岡崎方面と手旗信号で伝達していた」

大府市歴史民俗資料館に問い合わせたところ、観音寺山は通称名で現在では使われていないこと、桜木町五丁目に標高七四・三mの場所があり、そこが以前には観音寺山と呼ばれていたらしいことを教示された。

二万分一地形図「刈谷町」（明治二三年）と二万五千分一地形図「刈谷」（平成一九年）を比べてみると、現在の七四・五m三角点（昭和二八年選点）に相当するピークの南方一二〇m地点には、明治期、標高七五・七m三角点ピークがあったことがわかり、現在の標高は七二mとなっている。

つまり、「観音寺山の南部」とは、北峰（七四・五m）に対して、南峰（七五・七m）を指すと考えると辻褄が合う。

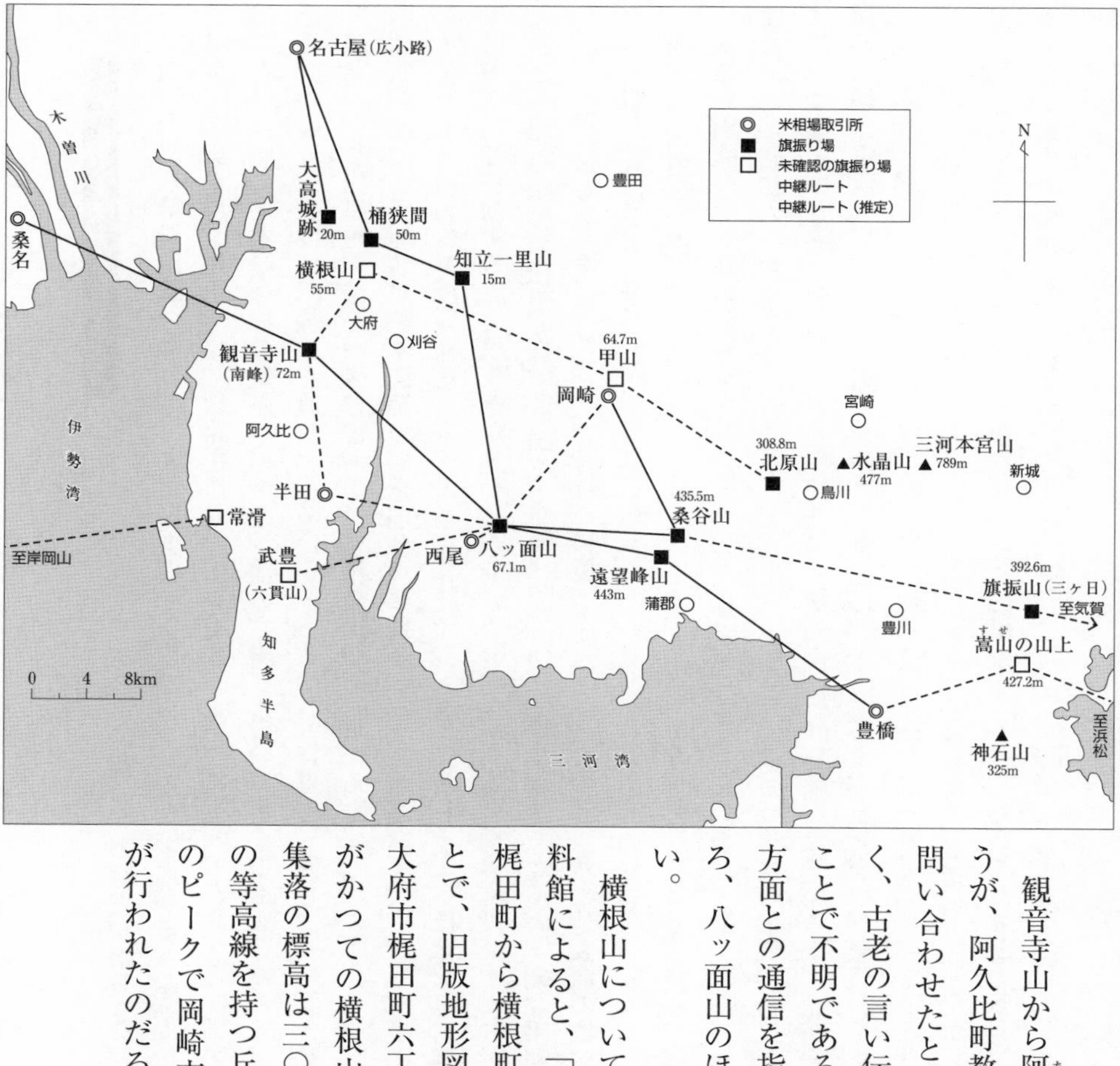

観音寺山から阿久比《あぐい》方面に伝えたというが、阿久比町教育委員会社会教育課に問い合わせたところ、郷土資料にもなく、古老の言い伝え等もわからないとのことで不明である。通信方向から、半田方面との通信を指す可能性もあり、むしろ、八ッ面山のほうへ伝えた可能性が高い。

横根山については、大府市歴史民俗資料館によると、「通称名で、概ね現在の梶田町から横根町名高山の周辺」とのことで、旧版地形図と比較すれば、現在の大府市梶田町六丁目・北山町三丁目付近がかつての横根山という集落であった。集落の標高は三〇m、周辺は標高五五mの等高線を持つ丘陵地帯である。東寄りのピークで岡崎方面(甲山か?)への通信が行われたのだろう。

コースガイド

名鉄河和線八幡新田駅で降りる。名古屋方面から来た場合、南側から改札を出て、線路を渡り、広い道に出て右へ歩く。加木屋《かぎや》石塚の交差点の少し手前の右斜め方向の近道を抜けて、線路を渡る。

線路の少し先に陀々法師《だだぼうし》バス停がある。八幡新田駅の北側付近の小字地名が陀々法師で、全国各地に残るダイダラボッチの巨人伝承地名の一つで、興味深い。大男が歩いて移動する際に出来た左足の跡が池になったという陀々法師の伝説が残る(『加木屋史話』昭和五四年、『続々知多のむかし話』平成元年、『東海市の民話』平成四年)。右足の跡は富木島町の姫島付近にあったというが場所は不明である。

八幡新田駅の中央地点から南へ一〇〇m辺りに「足跡の池」が昭和六一年までは残されていた(ゼンリン住宅地図『東海市』一九八六年版、一九八六年発行)。駅の南側から線路を西へ出て、広い道路の向こう正面に、その「足跡池」があったが、昭和六二年には既に埋め立てられて空地表示となっていた(ゼンリン住宅地図『東海市』一九八八年版、一九八七年発行)。現在は、そこに早重モータースの工場が立っている。『加木屋史話』には「足跡池」の写真が掲載され、昔の姿を伝えている。

交差点を過ぎると左手に加木屋大池があり、池に沿って進んで左折する。池の土手に上がり、右へ土手沿いに歩くのもよいだろう。池から離れて車道を道なりに進む。茶色のペイントのある交差点に出るが、直進する。

突き当たりで右折し、そのまま進み、突き当たりで左に折れると、ほどなく右側に知北平和公園西バス停がある。横の階段を上がり、鞍部から右へ整備された遊歩道をたどると、知北平和公園展望台に着く。

この展望台の地表面の標高は七二mで、かつての観音寺山の南峰(昔の標高は七五・七m)に相当する場所であり、付近では最も高く、旗振りを行う立地に最もふさわしい地点であった。

高さ八mほどの展望台に上ると、東北と南西方向の展望は開けているが、北西と南東方向は樹木で遮られてよく見えない。展望台の高さ四m辺りがかつての旗振り地点であったことを思うと感慨深い。受信方向(西の桑名)と送信方向(南東の八ッ面山)が現在では両方とも見えないのは残念である。

展望台から南方へ下るとトイレがあって利用でき

る。展望台から鞍部まで戻り、そのまま上る。道が右に曲がってすぐ左の道に入ると、道の右奥、一番高い場所辺りに白い標柱が見える。中に入ると、四等三角点「緒川」の標石が見つかる。ここが、かつての観音寺山の北峰（標高七四・五m）である。

鞍部に引き返し、階段を下りて、左へ歩き、すぐに右に曲がり、最初のY字分岐で左の道をたどる。突き当たりで左に曲がると加木屋大池の左に続く道に出る。往路と同じ道をたどり、八幡新田駅の西側の入口に着く。

（令和二年一月一六日歩く）

《コースタイム》（計一時間一〇分）

名鉄河和線八幡新田駅（三〇分）知北平和公園展望台（三分）トイレ（七分）三角点（三〇分）八幡新田駅

〈地形図〉二万五千＝刈谷

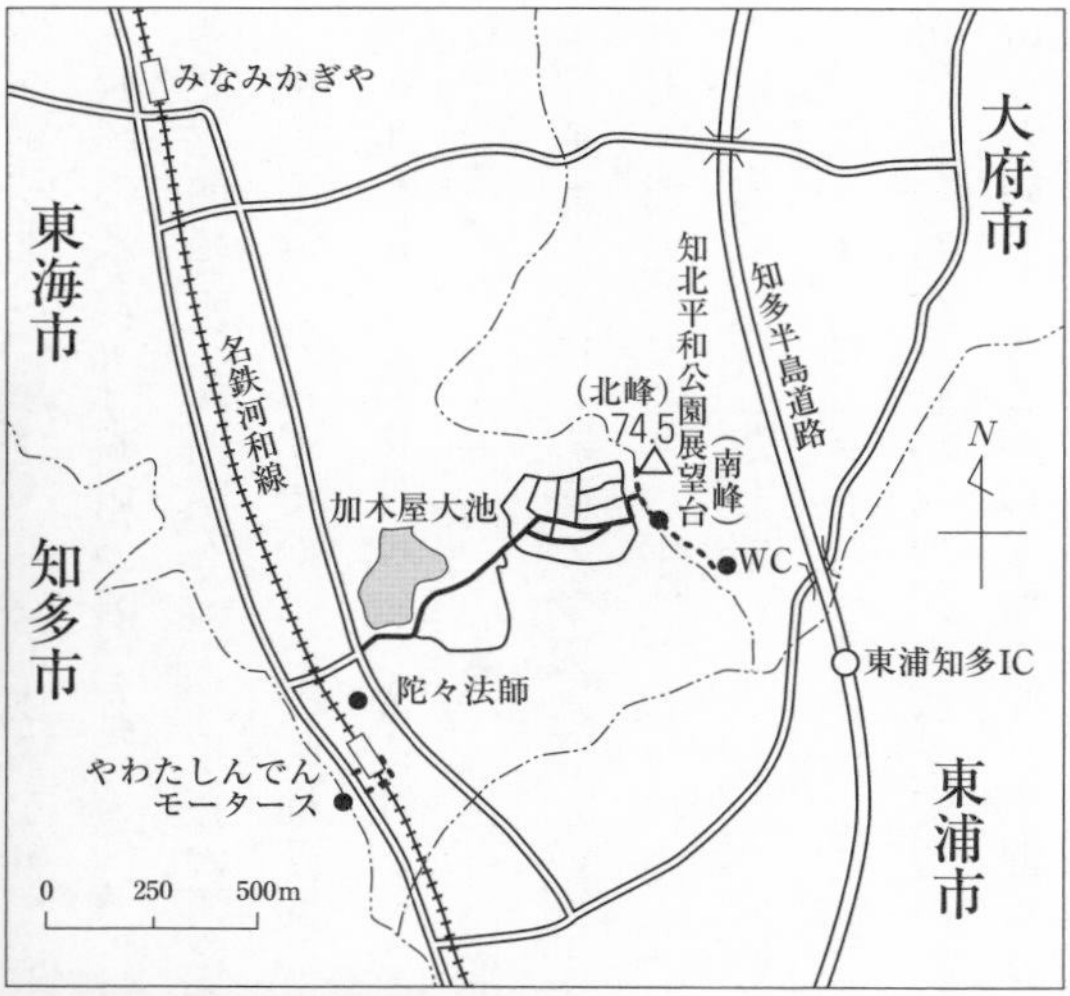

知北平和公園の展望台

陀々法師バス停

桶狭間・知立一里山・八ッ面山

『西尾町史　上』(昭和八年)の「米会所」の項には次の記述が見られる。

「古老の談に依れば、明治の初め、東京の米相場は、多く山の如き高所を利用し、旗を振りて、順次に、各地に通報せられたるものにて、西尾の如きは、八ッ面山巓に於て、望遠鏡を手にし、知立一里山の暗号旗を望見し、直に旗を振りて、之を丁田門外の観受者に伝へ、かくして、東京の相場は、桑名・名古屋・桶狭間・一里山・八ッ面山等を経て、一日の中に西尾に達したりと云ふ」

西尾の米会所は明和の頃(一七六四〜七二)に設立され、明治九年八月まで存続していた。丁田門《ちょうだもん》は、名鉄西尾線西尾駅の北西四五〇m、現在の西尾病院の南西、会生町《かいせい》・高砂町境付近である。

桶狭間は、名古屋市緑区有松町桶狭間から豊明市栄町南舘にかけての地域である。桶狭間付近で一番高い地点は、古戦場伝説地の南南西六〇〇mの六四・九m旧三角点であり、今では南舘の泉団地(舘小学校の北西三〇〇m)となっている。裏付けは取れないが、この辺りが旗振り地点だった可能性がある。

平成一八年に、鳴海の歴史に詳しい郷土史家、榊原邦彦氏に、桶狭間での旗振り伝承の有無を問い合わせておいたところ、平成二六年になって、当時九四歳の古老に尋ねたところ、「子供の時、おばあさんに、旗で合図したと聞いた」という回答が得られたことを知らされた。

知立《ちりゅう》一里山は、現在の知立市西丘町西丘である。江戸時代、東海道に一里塚があった所である(『知立市史下巻』昭和五四年)。地元の郷土資料に旗振りの記述は見つからないが、秋葉神社の北側は、標高一五mぐらいで、ここから、桶狭間と中継することは可能な立地にある。また、八ッ面《やおもて》山方面の見通しも開けていて、旗振り中継点にふさわしい。

八ッ面山は、江戸時代、双子山、雲母山などと呼ばれていた。手軽に登れて、展望も抜群であり、その呼称から窺えるように、四方八方に遠望のきく立地条件にあり、旗振り山として周辺各方面への中継地点として重要な役割を果たした山であることがわかる。

コースガイド

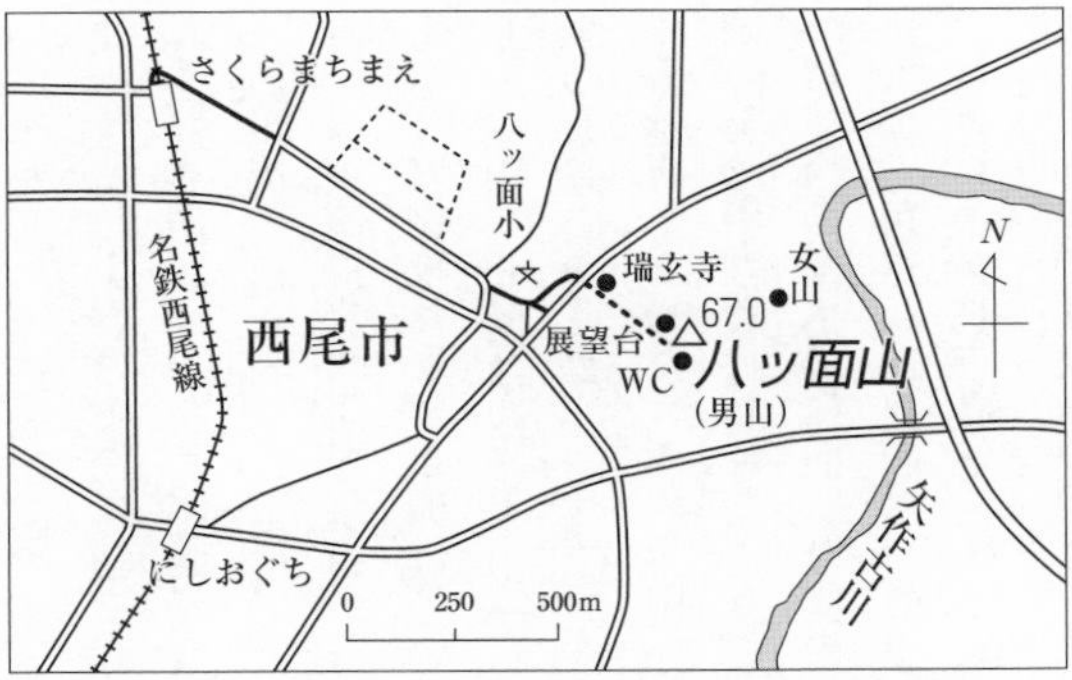

名鉄西尾線桜町前駅で降りる。駅前から北側に出て線路を渡り、南東方向に向かう道をまっすぐにたどる。八ツ面山の姿がよく見えてきたら、左手の道に入ってみると、八ッ面山が双子山であることがわかりやすくなる。右側がめざすピークで男山、左のピークが女山で八ッ面山公園となっている。

左に八ツ面小学校を見たら、次の十字路(広い道に出る手前の十字路)で左の道へ入る。歩

展望台から東方を遠望

山頂の展望台

いて出た所に歩道橋があるので広い道を跨いで渡る。まっすぐに上がると左に瑞玄寺がある。まっすぐに階段を登り切れば、左手に展望台が見えてくる。

石垣の上に高さ一一mほどの展望台がそびえている。南東側に八ッ面配水場がある。展望台に上ってみると、パノラマ展望が開けていて爽快である。北は知立一里山、北西は観音寺山から旗振り信号を受信し、東の桑谷山や遠望峰山へ送信するなど、四方八方との中継地点であった。西の半田、武豊との中継、北東の岡崎との中継も行われたようだ。

展望台の配水場に面した側の足元の蓋に隠された中に二等三角点「八ッ面村」の標石がある。このことはインターネットで紹介されているのだが、現地を訪れた時には地形図だけを見ていたので、展望台の西側の空き地にあるものと思い込んでいて、探しても見つからなかったのは残念であった。

配水場の南方にはトイレがあり、南西側には広場がある。八ッ面山には外周路、上段にはアスレチックコースが山頂部分を一周している。女山のエリアを含めて、一円の散策コースに事欠かない。

散策後、道を引き返して、桜町前駅に戻る。西尾口駅に戻るコースもよいだろう。(令和二年一月一六日歩く)

《コースタイム》(計一時間)
名鉄西尾線桜町前駅(二〇分)八ツ面小学校(一〇分)八ッ面山展望台(三〇分)桜町前駅
〈地形図〉二万五千=西尾

常滑

平成二一年四月、三重県鈴鹿市在住の郷土史家(元小学校教諭)である赤工作久良《あかくさくら》氏(六五歳)が、ホームページに「今は昔⑩米相場の旗振り山」をまとめたというメールを受け取った。さっそく閲覧したところ、「米市場の通信」「旗振り山」が掲載され、次のような記事があった。

「常滑へ　愛知県常滑市保示町　標高6・0m　常滑市保示町正住院は常滑八景の龍ヶ丘が地元ではよく知られ、昔は小高い山になっていて見晴らしが良く、この山から常滑の町の写真を撮りにくる人が多かった。歌碑が立てられている。

〔前田米穀店〕　常滑市保示町２―１

電話でお尋ねすると、年配の方が亡くなられているので詳しいことは分からなくなっているが、昔、望遠鏡で旗をみて、米相場の情報を得ていたとお返事をいただいた。前の海、即ち伊勢湾の正面方向を見て、というから岸岡山であろう。

では、どこに望遠鏡を立てたかというと、はっきりしないが、『近くの正住院の高台でしょうね』ということであった。正住院の西には『龍ヶ丘』という高台があったが現在はけずられて低くなっている」

筆者は、現地で裏付けを取る必要があると考え、平成二一年一二月二三日に常滑市を訪れた。すると、米穀店なるものは存在せず、正住院《しょうじゅういん》の門前から南へ八〇mの辻、南東角にあるのは「前田商店」であった。店員に聞くと、ずっと昔から前田商店で、米穀店であったことは一度もないという。さらに、店員の話では、今の主人（壮太郎）は四代目で、一代目か二代目が旗振りをしていたという。奥さんが詳しかったが、この前に亡くなったとのことであった。旗振り地点として聞いているのは前田商店の東方の丘で、龍《たつ》ヶ丘は違うという。男性店員は、外に出て、真東のほうを指さして教えてくれた。

2万分の1地形図「常滑」
（明治23年測図、同26年製版）（▲が旗振り場推定地）

明治時代の地形図を見せながら、店員の話と照合してみた結果、旗振り地点と考えられるのは、商店から真東へ一五〇mほどの標高一五～二〇mぐらいの丘の尾根付近であった。正住院からだと東南東二五〇mということになる。現地に行ってみると、駐車場から南へ細い道を上がった場所で、西方の見晴らしも良い。住所は、常滑市山方町《やまかたちょう》ということになる。

一方、赤工氏が電話で尋ねた人は、龍ヶ丘が旗振り地点だろうと答えており、前田商店の先々代が旗振りしていた場所の確定が困難になっている。今となっては、旗振り場は、「前田商店の近くの小高い丘」としておく他はないだろう。

以上をまとめると、伊勢湾を隔てて、岸岡山から米相場情報を、常滑で受信したということになる。また、距離だけを考えれば、四日市や桑名の米取引所から、ダイレクトに常滑で情報を得た可能性もあるだろう。現地を再訪問した記録を基にしたコースガイドは、第二章206頁の知多本宮山航空灯台跡で紹介している。

六貫山

平成二二年三月、筆者のホームページ「旗振り通信ものがたり」の記事を読んだ、常滑市新開町三丁目の常滑つじさんから、次のようなメールが届いた。

「旗振り通信常滑ルート　常滑へ伝わった旗振りが、どういうルートで半田に伝わったかについてしらべていますが、有力情報はありません。現在書かれている常滑の旗振り場所も、情報を受け取るためなら海岸沿いどこでもいいのですが、半田へ伝えるためには疑問符がつきます。

半田への中継点となりませんが、知多での旗振り山の有力情報がありましたので、お知らせします。それは武豊町の六貫山です。当時、水野利兵衛という人が農業をやっていて、その息子、水野久一郎（哲学者「谷川徹三」の母方の従兄）の娘が、この利兵衛が旗振りをしていたのを見ていたそうです。

水野利兵衛は、明治一〇年前後の東京で米相場を手掛け、天下の糸平と渡り合い、糸平が手締めを求めてきたのを断ったため、相場に負けた後に、この武豊の地で、農地の開墾をするようになった人物です。半田から武豊の旗振りはできそうなので、半田↓豊橋ルートとは別に、このルートがあったのかも知れません」

「その後、読み直し、八ツ面山ルートを知り、半田の送受信場所（推定では高峰山）でこのルートは完成すると思います（伝聞のみで、証拠品はありませんが）」

「六貫山は山が正しい。ただ現在は開墾されており、明治時代以前には一応山っぽい地形をしていたと思われ、現在でも国土地理院の地図でも小高くなっている」

「糸平↓田中平八」

「話しをきいたのはつい最近で、現在私たちは『谷川徹三を勉強する会』をしており、そこで三月一三日に私が常滑の旗振り通信の話をしたところ、会長の杉江重剛氏が家に帰り奥さんに話したところ、久一郎氏の娘に聞いたことがあるとの話が出てきたそうです。杉江家はどちらも谷川徹三家とは親戚筋です。水野利兵衛は谷川徹三の母方の祖父。利兵衛が米相場を張っていたことについては久一郎の自費出版本があります」

「インターネットでの水野久一郎が音楽家であったというのは同姓同名で、愛知学芸大学の教授と間違っている。年代も昭和の人物で、中部地方の学校の校歌をたくさん作曲した人です」

これらのメールからすると半田の送受信場所（推定では高峰山）とは、多分、亀崎高根町の高根山（幕末の烽火台、標高四九ｍ）の可能性が考えられる（旗振り通信の新研究②参照）。

田中平八（糸平）については、ウィキペディアによると、幕末・明治の実業家で、生糸・為替・洋銀・米相場で巨利を得て、「糸屋の平八」「天下の糸平」と呼ばれたという。

つじさんからの三月の追加メールには次のようにもあった。

「前田商店にも行って話を聞いてきましたが、旗振りの場所は『天沢院の側の丘』か『正住院そばにあった龍ヶ丘』かは現状では判断できませんでした。龍ヶ丘は明治以降、海の埋め立て用土に用いられたため、現在のものは単に史跡として残すためのもので、考えられないくらい小さくなっています。ちなみに瀬木船番所は海の埋め立てのため完全に平地化され、現在、住宅用のビルが建っております。常滑の地形では、ほんの数十メートル西か東かで、半田側の旗振り山での視界が決まるおそれがあります」

以上をまとめると、明治時代、武豊町の六貫山《ろっかんざん》で、水野利兵衛が旗振りを行ない、一六km離れた八ツ面山と中継することによって、米相場情報を手に入れていた、ということになりそうである。

遠望峰山・桑谷山・嵩山の山上

平成一八年に愛知県図書館で見つけた『岡崎商工会議所五十年史』（昭和一七年）の中に次のような記述がある。

「創業時代の米穀取引の中心は桑名市場にあり、当時電信、電話の便がなかつたので旗振りによるレリー《ママ》伝信方法が用ひられ、桑名より知多郡（半田附近か）西尾八ッ面山、桑谷山などに中継所を設け、旗振り師と取引所の屋上に頑張る観測師が、遠メガネを通して桑名の建値をキヤツチし、上天気の日には桑名、岡崎間を十分間内外で完全に連絡したと伝へらる、天候不良の際は観測困難のため休まねばならぬ不便もあり、また旗ふり、メガネ師が、売手や買手から買収されて取引所に虚偽の報告をし、後暴露して全部クビになつたなどの、悲喜劇が語り草になつてゐる」

この内容に基づいた旗信号リレーの記述が、名古屋市鶴舞《つるま》中央図書館で閲覧した、鈴木重一『岡崎地方史話』（昭和五一年）の「延米会所①―岡崎米穀取引所の話―」にあり、取引所の屋根の物見櫓で旗信号が伝達されたこと、電話の開通が明治四一年であったこと、虚偽通報が発覚すれば仲買人のクビはもとより賠償制度も確立されていたらしいこと、取引所の新築が明治二八年であったことなどがわかる。

内田多計男編輯『豊橋商工会議所五十年史』（昭和一八年）には次のようにある。

「当時の豊橋の米相場は桑名の米相場を信号（旗を振る）によつて取り入れたものであつて、知多半島の八面山から蒲郡の遠峯《とぼね》山で信号を受け、そこから豊橋へ信号し豊橋ではその信号を八名郡の嵩山の山上へ伝へ、そこから浜松へ伝へたとのことである。これの信号は望遠鏡で覗かれて伝へられたので、信号する人のことを眼鏡師と称したとのことで、大阪の米相場が豊橋に伝はる迄二分間を要したのみとのことである」

この内容に基づいた明治中期の旗振りリレーについての記述が『豊橋市史　第三巻』（昭和五八年）にあり、「八面山は現西尾市にあり、何らかの誤りを含んでいると思われる」と指摘している。

『大府町史』（昭和四一年）には、明治期に行われた観音寺山の南部での手旗信号の記述があり、知多半島の地域で現在までに知られている唯一の旗振り地点である。おそらく、「知多半島の八面山から」とは、本来、「知多半島を経て、八面山から」の意味なのであろう。

「八名郡の嵩山《すせ》の山上」がどこなのかは不明で、豊橋市美術博物館の美術・歴史グループからの回答（平成一八年）によれば、嵩山の山上での旗振りを裏付ける資料は残されていないということである。

筆者は、「嵩山の山上」の推測のためには、次のような条件をクリアする必要があると考える。

①豊橋米取引所（明治二七年に関屋町、同三二年には豊橋駅前の花田村字石塚、現在の豊橋市花田町石塚、に移転）と浜松米穀取引所（浜松町利《とぎ》の五社小路、現在の浜松市中区利町）の両方と通信ができる地点。

②坊ケ峰・富士見岩（富士見台）といった良く知られた呼び名のない無名の地点。

③坊ケ峰より北側は距離が遠くなり、通信に不利であるために候補地から除くことが望ましい。

④明治当時、嵩山の集落から山道が旗振り場まで通じていて、毎日の旗振りの仕事に都合がよい地点。

以上の条件から推定すれば、坊ケ峰と富士見岩は両方の取引所を見通せる地点だが、除外となる。

一番有力な地点は、坊ケ峰と富士見岩の間の稜線のピークで一番高い、現在、四等三角点「本坂峠」が設置されているピーク（標高四二七・二m）付近である。ここは、嵩山の集落およびその南方の集落の長彦からの道が縦走路に通じていて、「嵩山の山上」と呼ぶのにふさわしい地点である。

以上の資料から、旗振り通信ルートを再現してみれば、次のようになるのではないだろうか。

・桑名―観音寺山の南峰―半田―八ッ面山―桑谷山《くわがいやま》―岡崎

・桑名―観音寺山の南峰―半田―八ッ面山―遠望峰山―豊橋―嵩山の山上―浜松

なお、立地上、半田を経由しないで直接連絡した可能性もある。

平成一八年に愛知県図書館で見つけた『塩津村史』（平成一〇年）には、次のような注目すべき記述があった。

「旗振り場　遠望峰山の山頂にある2坪余りの石室は、明治年代まで続いた岡崎・豊橋の各米穀商が米相場を望遠鏡と大旗信号で通報し合った重要な中継所であった。

最後の旗振り役は柏原村の杉浦作次郎であったと聞いている」

昭和二九年に塩津村・蒲郡町・三谷町が合併して誕生したのが蒲郡市である。

令和元年一〇月一〇日、蒲郡市博物館から送られてきた、蒲郡百人の会（代表　小林藤吉）編集『蒲郡の古いはなし　岸間清閑遺稿』（昭和四三年）の中の郷土史話「てんぐがてんぐをおびやかした話」に、米相場の旗信号についての記述があった。その内容をまとめてみると次の通りである。

・明治の初年、塩津柏原の農家の荒井善吉さんは名古屋で旗信号の技術を習い、自分の村の山、遠望峰山で米相場の旗信号の仕事を始めたが、当初は地元の昔からの言い伝えでおそれられていた通りに、てんぐさんが大きな真黒な翼を広げて踊っているものと間違えられて、村は大騒ぎとなった。

・海抜四一六mの遠望峰山の頂上に形ばかりの小屋を建てて、そこに寝起きしながら、雨降りや曇天以外の日ならいつでも岩上に立って、桑名から知多郡の半田へ、半田から幡豆《はず》郡の八面山という順序で中継して来る相場を、岡崎と豊橋へ知らせていた。

・豊橋も岡崎も受信所はいずれも取引所の屋根で、白い旗でこちらの信号をうけた。平地では白でなければ見分けがつかないそうで、山ではその反対に黒い旗を使っていた。

・信号文字は、いろは四八文字と数字でこれで完全に通信ができた。

・一日の信号回数は午前中に五回、午後に五回、一回の通信時間は短くて五分、長い時は一〇分もかかった。かっこうは、てんぐがあばれているように見えたといわれている。

・荒井さんは、日々の仕事から相場に興味をもって失敗し、村を出ることになって、明治一〇年から二七年の春まで続けたこの仕事を同じ村の杉浦作次郎さんにゆずった。

・作次郎さんは荒井さんから信号用の黒旗と望遠鏡と旗振り技術を伝えられ、月給七円五〇銭をもらって明治二七年から三八年まで、つまり電話開通の年まで働いた。

・遺稿の執筆者、岸間芳松（一八八九～一九六六）（号は清閑。蒲郡市の郷土史家。灯火具収集で知られる）が作次郎さんへの聞き取り調査を行なったのは昭和一一年七月二六日であった。その時に見せてもらった真鍮製の大きな望遠鏡と通信日記などは、昭和三一年現在でも同家に残っているはずである。

この資料で最も注目すべき点は、旗振りさんの給料の金額が、明確に聞き取られていたということである。月給七円五〇銭（現在の七万五千円に相当）は、国木田独歩の『酒中日記』（明治三五年）に、小学校長は「月給十五円」とあるので、その半分ということになる。通信に要した時間は思いのほか長いが、米相場の値段のほかに、いろは四八文字を使って、さまざまな情報を加えたからだろう。数字だけなら一回の送信に要した時間は、一～二分ぐらいであったことだろう。

塩津公民館に問い合わせたところ、令和元年一一月五日、館長の下村勉さんから返信が届き、山頂の一番高い地点（標高四四三m）辺りが、地元の長老が旗振り現場と伝える所であるという。昭和四八年の三河湾スカイライン一部開通工事の際には、すでに、石室の痕跡もなかったということである。岸間氏の聞き取りでは荒井さんの小屋しか出てこず、石室の有無すら明確ではない。『塩津村史』の記述は、明治一〇年代という年代も含めて、裏付けが難しいように思われる。あるいは、「石室」ではなく「岩場」だろうか？

下村さんによれば、令和元年現在、杉浦作次郎さんのひ孫の正人さん（六〇歳）の代になっており、新幹線工事の用地買収の際に古いものは片づけてしまい、旗振りに関するものは何も残っていないという。昭和三〇年代後半には処分されていたということになるのだろう。岸間氏による貴重な聞き取り調査が行われていたことは幸いであった。古くは新聞・雑誌の取材もあったらしいので、今後は、その掲載資料の発掘にも期待したいと思う。どなたか、発掘に挑戦してみませんか？

コースガイド

桑谷山は岡崎市の桑谷バス停から登るコースがあり、遠望峰山は蒲郡駅から登るコースがある（『新・こんなに楽しい愛知の130山』）が、ここでは、両方の山を登れるコースを紹介したい。

JR東海道本線幸田駅で降りる。タクシーで正面方向の道を東へ向かい、坂野峠で左折して、三河湾スカイラインに入り、遠望峰山の裾を巻いて、路肩に立つ緑色プレートの県道表示「9／6㎞」の地点を目印に、少し先の見通しのよい場所で降ろしてもらう。左カーブのコーナー地点なので、危険防止のため、少し先で降りるほうがよいだろう（令和元年当時、タクシー代は三六〇〇円ぐらい）。

「9／6㎞」地点から七〇ｍほど道を戻ると、右側の木に赤テープの表示があり、ここが桑谷山への登り口である。蜘蛛の巣を払いながら尾根を上がると「桑谷山」を示す道標がある。道標に従って右のほうへ進むとすぐに石標がある。先で右側にフェンスがある道

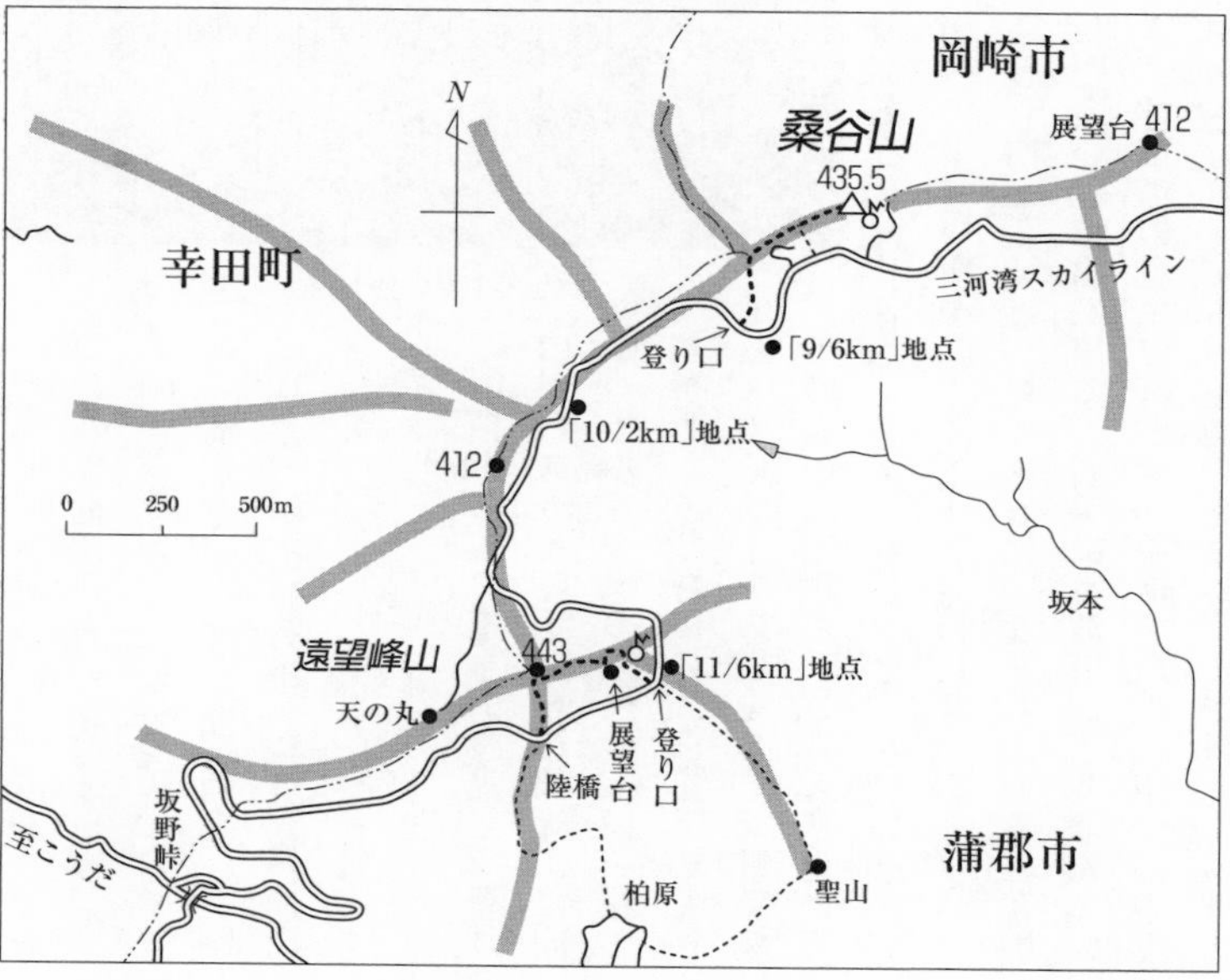

となる。
下っていくと右側に「三河湾絶景」とある分岐道があるが単に下るだけの道なので見送る。そのまま進むと道は右に曲がり、右側に建物が現れる。国土交通省大阪航空局の施設である。施設の左側を歩くと三角点標石があり、ここが桑谷山の山頂(標高四三五・五m)である。展望はないが、旗振りの行われた江戸・明治期には展望が開けていたことだろう。山頂から東へ向かえば展望台(標高四一二m)に行ける。

遠望峰山の山頂

桑谷山の山頂

桑谷山の山頂では、明治期、西尾市の八ツ面山からの信号を受けて、岡崎米穀取引所に伝達していた。また、推定だが、江戸期に、二七km離れた、中山峠のすぐ南の旗振山(三ヶ日)へ送信していた可能性もある。

山頂から元の道を引き返し、登り口からスカイラインを遠望峰山に向かって歩く。天の丸への入口を見て左折し、遠望峰山の周囲を巻いているスカイラインの道を歩く。駐車場への入口は閉鎖され、立入禁止の表示がある。「11／6km」の表示を過ぎて、左側に聖山方面への下り口があり、すぐ先の右側に登り口がある。

登り口から時々、ロープも使いながら上がると荒廃した広い駐車場に出る。右手に電波塔が三基並んでいる。駐車場の奥まで行かず。手前で左手の南側に階段があるので上がる。左側の先にベンチが見え、展望台となっている。南側には、蒲郡の市街地や三河湾などの展望が開けて、休憩に適している。

展望台から戻り、階段を上がってきた方向からは右手に当たる方向へ歩く。途中、右からの道と合流して山道を歩くと、左側に柏原方面への道標があり、すぐ先の左側には標石のある「遠望峰山」の表示がある。また、右側のフェンスの端にも「遠望峰山」の表示がある。

山頂には、昭和五三年オープンの「とぼねスカイランド」があり、フィールドアスレチックや人工スキー場があったが、経営難となり、平成一〇年に閉鎖され、施設も撤去されている。

山頂から道標に従って、柏原方面へ山道を下る。スカイラインを跨ぐ陸橋に出て、スカイラインに降りる。そこから柏原を経て蒲郡駅に出るハイキングコースもあるが、スカイラインから坂野峠を経て、幸田駅に戻る。

（令和元年九月二六日歩く）

《コースタイム》（計三時間二五分）

桑谷山登り口（二五分）桑谷山の山頂（五五分）展望台（一五分）展望台登り口（一五分）展望台（一〇分）遠望峰山の山頂（一〇分）陸橋（一時間三〇分）JR幸田駅

〈地形図〉二万五千＝幸田

北原山

北原山については『旗振り山』において、「ネムル沢」として紹介した。岡崎の米相場を見て、宮崎方面に知らせた地点だという。

平成一八年八月九日、ホームページ「小屋番の山日記」における、筆者と西山秀夫氏とのやりとりをご覧になった方（ホームページ「愛知アルプスの山行記」の管理人）から報告が届いた。四等三角点のある北原山の古い「点の記」に、旗振り伝承が記されていたことを思い出したというのである。

昭和四二年七月選点の四等三角点「北原山」の「点の記」を見ると、備考欄に「北原山は昔の旗振りした場所と伝へられる」とあった。昭和四二年当時、宮本功氏が選点する際に、土地の所有者の柴田芳夫氏（岡崎市鶇巣町字神谷一五）が語った伝承を記録したものだろう。平成一四年一二月に改測された新しい「点の記」には、旗振り伝承は記されていない。標高は三〇八・八mである。

平成二二年六月二〇日、岡崎市へ、旧宮崎村に旗振り伝承がないかどうか、文献調査、聞き取り調査を依頼した。地形図での計測によって、宮崎の南方の四七七m峰を中継点候補として知らせておいた。岡崎市教育委員会社会教育課、旧額田町・資料編さん室の宇佐美正子氏から返信が届いた。伝承や資料の調査の結果、宮崎の「旗振り山」は探すことができなかったという。その内容は次の通りである。四七七m峰は鳥川《とっかわ》と大代《おおじろ》の境の山で、水晶山と呼ばれている。鳥川や宮崎の人に聞いても「旗振り山」については聞いたことがないという。『宮崎村誌』（昭和七年）にも「旗振り山」の件は見当たらない。

聞き込みの中で、鳥川の平松さんの話があった。片岡禮子『続　とっかわの里』（著者発行、平成一二年）の「地蔵菩薩（平松よしの裏）」（一一六頁）には次のようにある。

「この地蔵さんの話を聞きに行った時、よしのさんが次のような話をして下さった。どうして平松という姓は鳥川で一軒だけなのかと尋ねたところ、『ずっと昔、うちは山の上にのろしがあがると、走って赤坂に伝えに行く役だったそうだ。平松家は五代目になるが、それ以前は松下を名乗っていた』とのことである。平松姓は宮崎方面に多いので、額田の北部から南の赤坂への伝達の中継点に平松家が鳥川に派遣されていたのだろうか。宮崎から赤坂へは、大代から萩を通るほうが一般的であるが、いろいろなコースが考えられていたようである」

地蔵を祀ったのはよしのさんの母親のしげさん（明治三二年生れ）だという。よしのさん宅の東方一・二kmが水晶山で、のろしがあがった場所に近いと思われるが明確ではない。『続　とっかわの里』の中の

「水晶山」（一五〇～一頁）によると、昔から水晶が採れるといわれている山で、土地の人は通称「トチンサワ（栃沢）」と呼んで、特に水晶山とは言わないという。

というわけで、鳥川ののろしは合図であって、米相場とは無関係のようである。宮崎村に旗振り場がないとすれば、北原山は終点で、地元への伝達に用いた可能性が高いと思われる。

旗振山（三ヶ日）

平成二二年四月一一日、インターネット検索によって、静岡県浜松市北区三ヶ日町に、「旗振り山」が存在することがわかった（思うがままに！山歩き／バイクツーリング、平成二二年四月六日の「旗振り山、平尾山」の記事。現在は掲載なし）。事実なら、知られている最も東の旗振り地点となる。

すぐに、浜松市三ヶ日地域自治センターの地域振興課に問い合わせてみたところ、四月二三日、同センター（三ヶ日公民館）の堀尾氏から、二一日付の返信が届いた。

堀尾氏によると、郷土資料を調べた結果、平山小学校ＰＴＡ文化部／編『郷土史ひなぶ』（平山小学校区地域学習推進協議会、一九八二年二月）の「第十章　民話・伝説・地名の由来」に次のような記載があることがわかったというのであった（一九六頁）。

「旗ふり山　中山峠の少し南に旗ふり山という山がある。徳川時代に四日市でたったお米の相場を江戸に知らせた山だそうである。旗を振って気賀側の方へだんだんと知らせたそうである。そのような山はだいたい三里から四里の間に一つぐらいあったそうである。おばあさんの話によると頂上には平らなところがあるとのことである」

『郷土史ひなぶ』は、学校の地域学習の一環で、地元の由来等を古老より聞き取ったのをまとめたものである。

「旗ふり山」は、浜松市北区三ヶ日町本坂に所在するが、地形的には三ヶ日町平山に近いので、堀尾氏が平山地区の老人クラブで聞き取りをしたところ、次の通りであった。

「昔からの言い伝えで、米相場を旗で振って知らせたから『旗ふり山』と云われるようになった。いつの時代なのかはっきりとした資料もないし、詳しいことは知らない」

また、老人クラブの中の話として、「新聞紙大の旗を振っても三ヶ日の街中には見えない。もし伝えるなら畳一畳ぐらいの大きさでないと無理だろう。平山で旗を振った人がいたとは伝わっていない。中山峠は昔、豊川稲荷(愛知県豊川市)に詣でる道だったので人の往来は結構あった」

以上のことから、旗振山(三ヶ日)は、間違いなく、江戸時代に米相場を中継した場所であることがわかったのであった。

樋口清之『こめと日本人』(昭和五三年)には、文化文政年間(一八〇四〜三〇年)に三井家が作った旗振り通信ルートが紹介されている。それは、大坂—奈良—伊賀—白子—知多—東海道—三島(飛脚)—小田原—江戸である。旗振山(三ヶ日)はこのルートの中継地点の一つであろう。

浜松市北区細江町気賀《きが》にあったという旗振り場について、平成二二年四月二五日に浜松市北区役所まちづくり推進課生涯学習グループに問い合わせたところ、五月六日付けの返信(文責、石田潤司)が八日に届き、細江文化協会郷土文化部や市学芸員などに確認をとった結果、気賀地域に旗振り地点は伝承されていないとのことであった。

従って、東海道に設けられた旗振り通信ルートは、旗振山(三ヶ日)で途切れてしまう。では、この旗振り山は、どこから情報を受けたのであろうか。

旗振山(三ヶ日)から北原山は見えない。しかし、岡崎市・蒲郡市境の桑谷山(標高四三五・五m)の山頂とは、二七km離れているが、お互いに見通すことができるのである。江戸時代には、七～八里(二八～三二km)先まで通信したケースも伝えられており、二七kmでも問題ないだろう。

結果として「桑名―観音寺山(大府)―八ツ面山―桑谷山―旗振山(三ヶ日)」という江戸時代の旗振り通信ルートを想定できるのではないだろうか。

コースガイド

筆者は、平成二二年四月一八日に現地を訪れて、「旗振り山、平尾山」の記事の情報が本当かどうかを確かめてみた。記事の報告者は、浜松市北区の平山登山口から登っていたが、中津川哲司・小谷哲治『三河・遠州の超スーパー低山ハイキング』(平成一四年)を参考に、豊橋側から登ってみた。

山頂では、西側は密生のために遮られていたが、東側は樹間から浜松市北区三ヶ日町側の展望があった。西側辺りの木に目をこらすと、小さな木札が針金で吊るされており、木札には「392・26m　4等　中山峠(旗振り山)2002・6・9」とあった(口絵写真参照)。この平成一四年の木札によって、旗振り山であることを確認できたのであった。山頂は小広い平地になっていた。

令和元年一一月七日、その後の変化を確認するために再訪問してみた。それによってガイドをしよう。

豊橋駅で降りる。改札を出て右へ通路を抜けて、豊鉄バス乗り場へ向かう。左にバスの案内板があり、手前の階段を降りると、五番乗り場である。七五番系統の豊橋和田辻線・四ッ谷行き(午前一一時四〇分発。午前一〇時〇五分発も利用可)に乗る(時刻は要確認)。

四〇分ほど乗車して、西郷小学校前バス停で降りる(コンビニの駐車場の南端にある。帰りは同じバス停の反対側で一六時五八分のバスを待つ)。すぐ北の信号を渡り、次郎柿の果樹園の中の細い道を進む。少し歩くと中山自然歩道に出る。ほどなく、左に日吉神社を見る。すぐ先の大門橋を過ぎた辺りで、前方に中山峠付近が見えるようになる。ここにも柿の果樹園が広がる。

左に医神社の階段を見たあと、道が左に曲がり、左側に「中山自然歩道　中山峠まで約1・6k分」という道標が出てきてすぐの分岐で、右側の道に入る。直進で行き止まりの表示の所で、左へ自然歩道を上がる。左側に墓地があり、その辺りで舗装は終わり、砂利道に変わる。害獣除けの金網フェンスがあり、扉を開けたら、しっかり閉めてから歩く。

頭上に送電線が見えると同時に、一般車両通行止のゲートが現れる。ゲートの左側を通って先に進む。次の分岐で大沢林道は右に続くが、左の大沢支線林道に入る。道は左にカーブし、次の分岐で左へ大沢第2支線林道を分けるが、右へ上がる。広場に出て、林道は終点となる。谷の左側に続く山道に入る。

右に大きな岩を見て、ほどなく道は右へ向かい、左に巨岩のある谷を横切り、右上にトラバースする。次の道標で左に折り返して、古道らしい道を上ると、中山峠の表示のある道標の地点(標高三五〇m)に着く。ここは湖西《こさい》連峰の縦走路で、南に向かえば坊ケ峰を経て本坂峠、神石《かみいし》山方面に続き、北に向かえば平尾山を経て宇利峠に出られる。中山峠では展望がない。

左の平尾山方面への道を進むと、すぐに境界見出標の地点に出る。まっすぐ上ると平尾山方向だが、右の古道らしい道へ入る。ほどなく、左に切り通しの峠が現れる。

この切り通しの峠は、昔の人々が往来した旧中山峠である。標高は三七五mほどで、旧街道の最高地点である。こういう深く掘れた道は歴史を刻んだ古道である。旧峠の先は倒木に塞がれて廃道である。

旧中山峠の手前の右側辺りから、細い踏み跡をたどり、尾根の右側をからむように進むと、やがて、尾根に出る。藪がちだが、そのまま進むと「旗振り山」の山頂に出る。左のほうに、四等三角点「中山峠」の標石が見つかる。

山頂では、樹木が密生して、視界は遮られている。九年前、初回訪問の際にあった「4等　中山峠(旗振り山)」の木札は見当たらなかった。三角点標石のすぐ近くの木に新しい「中山峠峰」の木札があり、少し離れた西側の木に古い「中山峠」の木札があった。

こうして、ここが「旗振り山」であったことが忘れられていくのは残念なことである。何らかの形で「旗振り山」の山名を語り継ぐ必要があるだろう。

元の道を引き返し、境界見出標の地点に戻る。中山

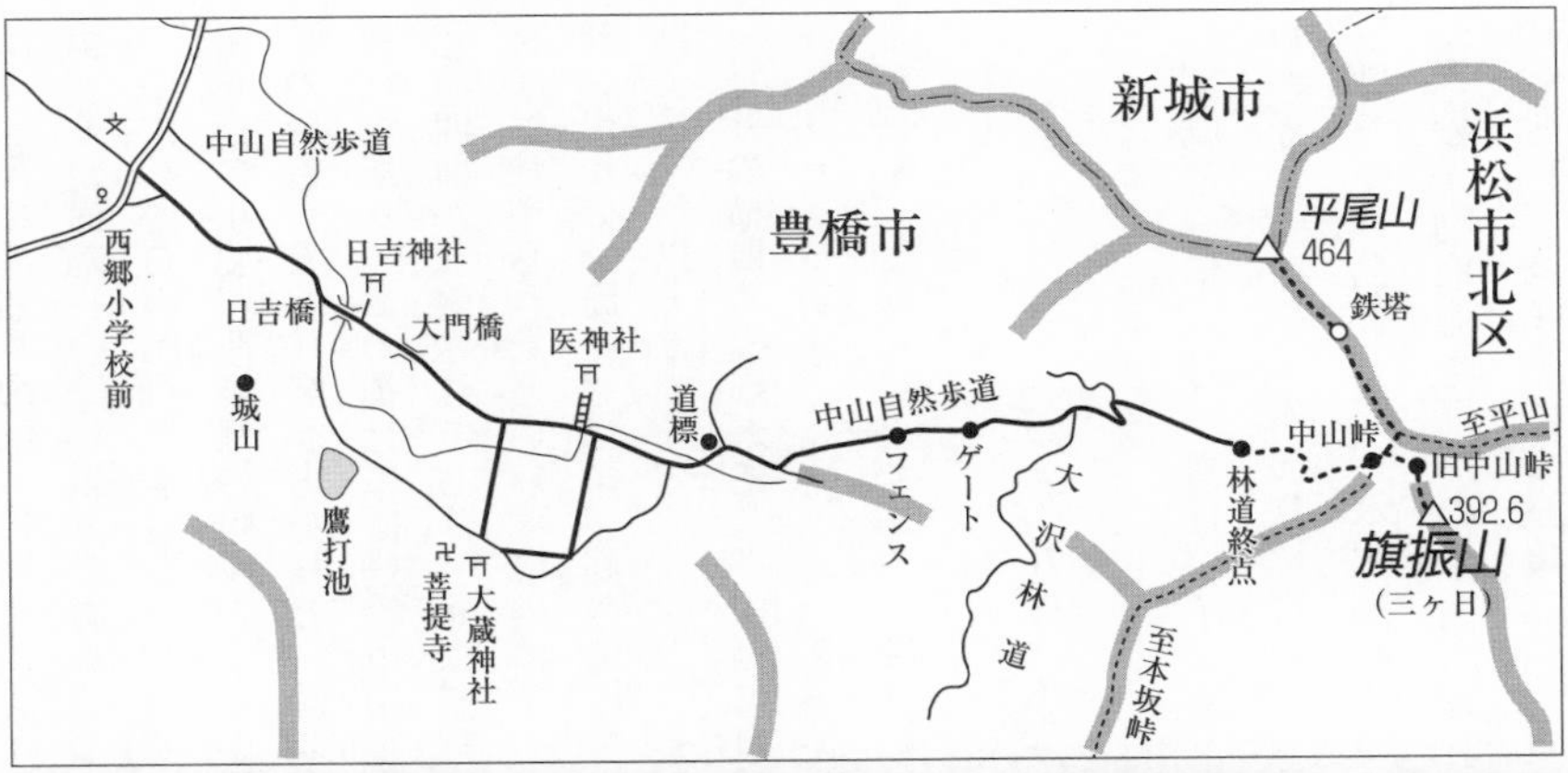

中山峠の道標

旗振山(三ヶ日)の山頂

峠の道標が示す「平尾山」をめざして、山道を上がる。右を進めば道標分岐(平山分岐)に出る。三ヶ日町平山方面に出る(小ピークに出て尾根の左をとる)。ここで左をとり、登って行く。ほどなく鉄塔に出ると、展望がある。鉄塔の少し先に岩があり、歩きにくい。急な下りになり、登り返すと平尾山(標高四六四m)に着く。ここは「豊橋市の最高峰」であるが、展望はほとんどない。引き返して鉄塔で憩うのがよいだろう。平山分岐から境界見出標地点まで戻る。

境界見出標地点から、道標の中山峠へ戻る。残り時間を計算しておいて、豊橋自然歩道本線の本坂峠方面健脚コースを一部歩いて往復してくるのもよいだろう。大沢国有林にあるモミは自然植生で太く、「とよはしの巨木・名木100選」に選ばれ、峠から二〇

mほど南にあるものは、幹周二八五cm、高さ二一・五m、推定樹齢一〇〇年以上である。

中山峠から中山自然歩道をたどって戻る。林道を経て車道に出て、医神社の階段のすぐ手前で、左側、直線の農道へ入り、突き当たりで右に進むと、村社大蔵神社がある。この神社には豊橋市指定有形文化財の雨乞面四面が収蔵されており、元は室町頃に田楽などの神事に使用されたという。境内のイチイガシは神社のシンボルで幹周二七二cm、高さ二四・二m、推定樹齢は三〇〇年以上という。

神社の横に菩提寺があり、山側に豊橋市で最も大きいシラカシがあり、幹周三五三cm、高さ一八・六m、推定樹齢三〇〇年以上である。隣りにはタブノキの大木がある。

菩提寺を出て、大蔵神社の前の農道をたどり、元の車道に戻る。日吉神社前を過ぎて、次の分岐で往路と同じ左の狭い道をたどると、西郷小学校前バス停（豊橋駅前行き、一六時五八分、乗車四〇分余）である。道路の東側、民家の前で待つ。


（平成二二年四月一八日・令和元年一一月七日歩く）


《コースタイム》（計四時間一五分）

西郷小学校前バス停（三〇分）大沢林道の入口（五〇分）中山峠（三〇分）平尾山（四〇分）旗振り山（一五分）中山峠（一時間三〇分）バス停

〈地形図〉二万五千＝豊橋・三ヶ日

江戸ルートの謎

平成二一年六月一六日、インターネット検索で、曽田博久《そだひろひさ》『千両帯《せんりょうおび》　新三郎武狂帖《しんざぶろうぶきょうちょう》』（ハルキ文庫、平成一七年）の中に「旗振り権現山」という章があることを知った。天保四年（一八三三）、江戸に住む柘植《つげ》新三郎を主人公として、米相場にまつわる不正を暴く小説であった。

米の先物取引や江戸の米会所巡りに続いて、「堂島の米相場を江戸の菱巳屋へ速報するための旗振り山の地図」なるものが登場（二〇五頁）するのである。大坂から江戸までの旗振り山の数が「三十個ほど」

と紹介されている。「堂島の相場はおよそ四刻（八時間）で江戸に到着している」とあるのは、樋口清之『こめと日本人』記事「世界最大の望遠鏡、米相場で活躍」が出典であろう。

「地図の最後の旗振り山は北品川の御殿山《ごてん》にあった」（二一三頁）とある。その一つ手前の旗振り山は「神奈川宿の権現山《ごんげん》」（二一四頁）とあり、その距離は約五里、さらに一つ前の旗振り山は「鎌倉の円覚寺の裏に聳える六国見山《ろっこくけんざん》」（二一六頁）となっている。「第五章　旗振り権現山」が最終章であり、権現山での旗振り通信の受信・送信場面（二五一〜二頁）が出てくる。

さて、この江戸ルート「六国見山〜権現山〜御殿山」は真実に基づいたものなのであろうか？

曽田氏（社団法人日本放送作家協会の会員）に手紙で問い合わせたところ、七月三日に返信が届き、「すべて創作」であることが明らかとなった。

曽田氏は、関東地方の旗振り中継地点について調べてみたが、全くわからず、「現在でも六国見山から横浜港が見えること」と「権現山は埋め立てのために幕末に削ったから可能性があると考えたこと」から創作したものだということであった。木曾屋、江戸の菱巳屋（二〇六頁）といった旗振り通信を行なった業者名も完全な創作で実在しないという。

筆者の今までの調査では、東京都、神奈川県では、江戸時代の旗振り山の痕跡は全く見つかっていないが、今後、何かをきっかけとして発見できることを願っている。曽田氏の想定が、合っている可能性もあろう。

四日市・津ルート

斎宮山

平成二一年七月一九日、名張市図書館で郷土資料を探していて、旧四日市を語る会編『旧四日市を語る　第五集』（平成六年）の中に次のような記述を見つけた。

「◇四日市米穀取引所廃止(二)　昭和八年一二月四日（第三集で昭和九年としましたが正確には、この日）四十年続いた取引所が廃止になった。津の取引所も廃止になった。その昔は斎宮《いつき》山、垂坂山を経て取引所へ赤旗か、烽火で相場を伝えていたと言うことである」

この時点では、従来知られている、桑名と垂坂《たるさか》山との間に存在する旗振り場が、天神山（朝日町縄生《なお》）であることから、斎宮山を天神山の別名ではないかと考えていた。しかし、天神山は斎宮山と呼ばれることはないことがわかり、四日市市教育委員会の北野保氏に問い合わせてみた。

平成二二年四月から四日市市地域総合会館あさけプラザに勤務という北野氏から返信があり、同封された地図には、斎宮山は垂坂山の北東へ一・七km、四日市市大矢知町の南部にある山として示されていた。地図では、東に斉宮公民館、南に斉宮橋が見つかる。斎宮山での旗振り伝承は「言い伝えのたぐいであり、確証はありません」とのことであった。しかし、斎宮山が旗振り山という可能性はあるだろう。

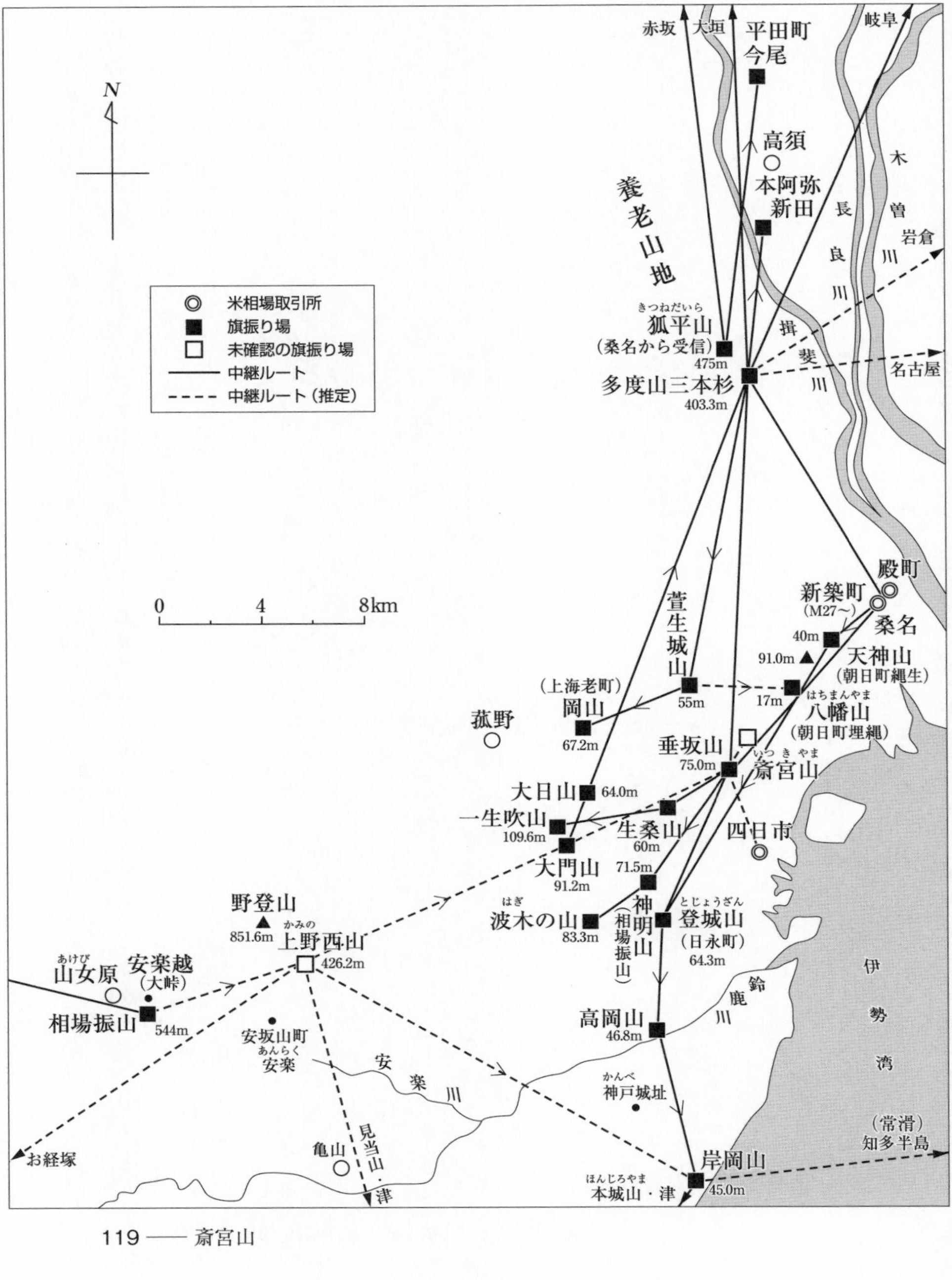
N
0 4 8km
米相場取引所
旗振り場
未確認の旗振り場
中継ルート
中継ルート（推定）
赤坂
大垣
平田町
今尾
岐阜
高須
本阿弥
新田
養老山地
木
曽
川
長
良
川
岩倉
揖
斐
川
狐平山《きつねだいら》
（桑名から受信）
475m
多度山三本杉
403.3m
名古屋
殿町
新築町
（M27〜）
桑名
40m
天神山
（朝日町縄生）
91.0m
萱生城山
55m
17m
八幡山《はちまんやま》
（朝日町埋縄）
（上海老町）
岡山
67.2m
菰野
垂坂山
75.0m
斎宮山《いつきやま》
大日山
64.0m
一生吹山
109.6m
生桑山
60m
四日市
大門山
91.2m
71.5m
神明山
（相場振山）
登城山《とじょうざん》
（日永町）
64.3m
波木《はぎ》の山
83.3m
野登山
851.6m
上野《かみの》西山
426.2m
山女原《あけび》
安楽越
（大峠）
相場振山
544m
安坂山町
安楽《あんらく》
安
楽
川
鈴
鹿
川
伊
勢
湾
高岡山
46.8m
神戸城址《かんべ》
（常滑）
知多半島
岸岡山
本城山《ほんじろやま》・津
45.0m
見当山・津
亀山
お経塚

119 —— 斎宮山

『三重県四日市市遺跡地図』(四日市市教育委員会、昭和六〇年)収録の6000分の1地図を見ると、当時の町名は斉宮町(斎宮町)で、斎宮山の山頂は五八mの等高線に囲まれていることがわかる。山頂付近には、斎宮山古墳群が分布し、第2号墳からは須恵器が見つかっているという。現在の地名表記は、四日市市大矢知町斉宮ということになる。「斉宮」は、「斎宮」と同じと考えてよいだろう。

ケント山(下阿波)

伊賀市下阿波の北方、西教山《さいきょうざん》の三角点の南方一二三〇mに位置するピークを、旗振りの行われた「下阿波のケント山」と推定している。尾根上の小さなピークで、米相場の見当を振ったというのが、山名の由来である。

平成一二年九月、上野市教委の山崎さんから、天保一三年(一八四二)の米相場通信に触れた資料(『俳諧職業尽』火振)を受け取った。これによって、「大坂、信貴《しぎ》山、笠置《かさぎ》山、伊賀の布引山、勢州青谷山、津、松坂」という江戸後期の旗振り(火振り)通信ルートが発見できた。その後、伊賀の布引山にあったという旗振り山について、関係自治体に問い合わせたが、手がかりは全く見つからなかった。

平成二一年三月、池田裕さんが副会長をしている伊賀の國地名研究会の運営委員、米澤《よねざわ》範彦さんが旗振り山に興味を持ち、文献の博捜を実施した結果、伊賀の布引山の解明の契機となる資料が見つかった。それは、大山田村古文書研究会編纂『大山田村の古文書　第二集』(平成三年)所収の伊賀國山田郡下阿波村地誌取調書(明治廿年九月)の山嶽「北山」の次の説明であった。

「中古地方商人ガ常ニ此山登リ大旗ヲ立テテ其地諸物價ヲ山々ニヨリテ各地互交報道スルノ約ヲ結ビ専ラ此法ヲ用ヰ一時大ニ利潤ヲ得タリト云フ土人依テ此山ヲケント山ト称ス」

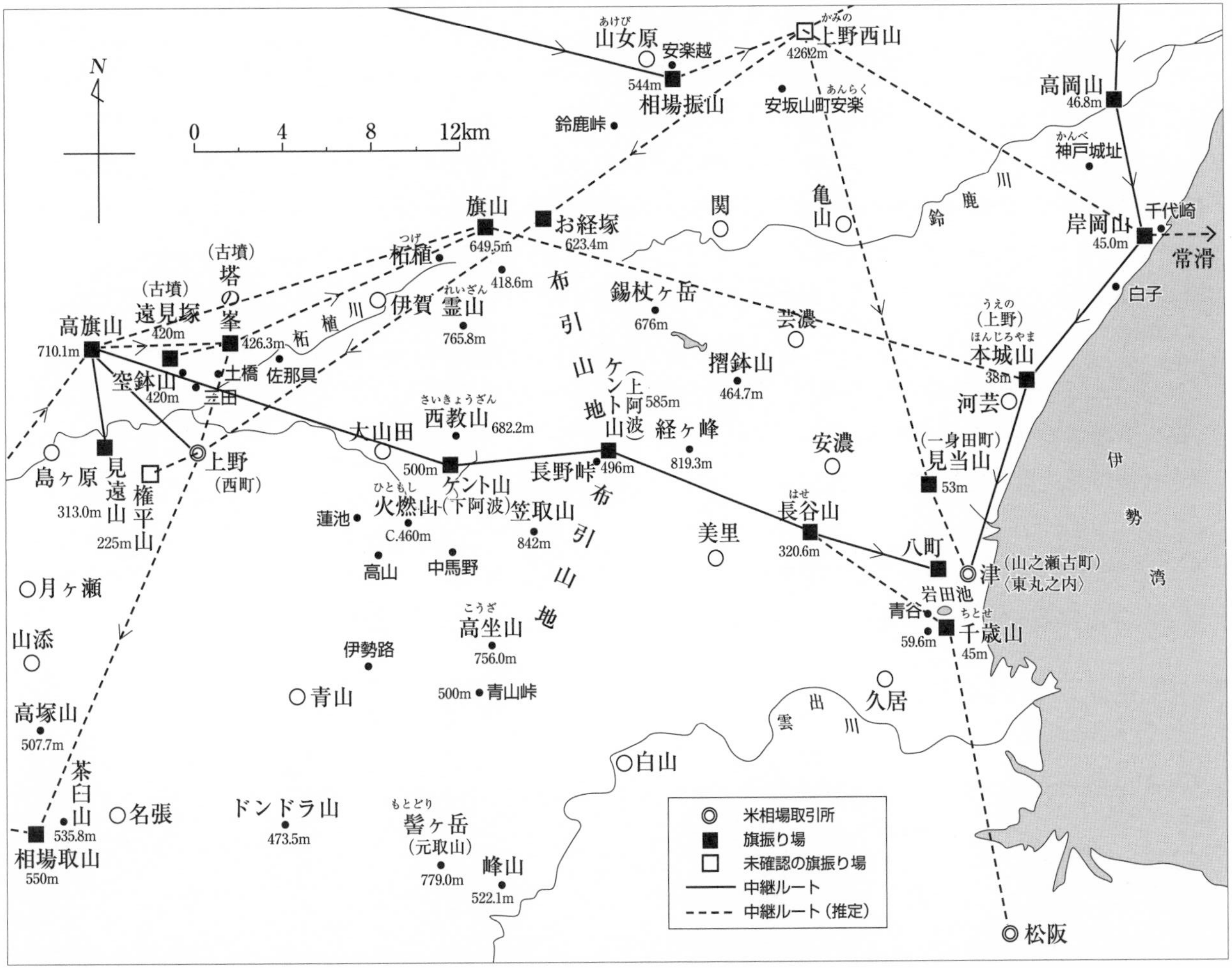
米相場取引所
旗振り場
未確認の旗振り場
中継ルート
中継ルート（推定）
N
0 4 8 12km
山女原《あけび》
安楽越
上野西山《かみの》
426.2m
相場振山
544m
安坂山町安楽《あんらく》
鈴鹿峠
高岡山
46.8m
神戸城址《かんべ》
鈴鹿川
亀山
関
岸岡山
45.0m
千代崎
常滑
白子
旗山
649.5m
お経塚
623.4m
柘植《つげ》
418.6m
（古墳）
塔の峯
426.3m
（古墳）
遠見塚
420m
高旗山
710.1m
空鉢山
420m
土橋
佐那具
三田
柘植川
伊賀
霊山《れいざん》
765.8m
布引山地
錫杖ヶ岳
676m
芸濃
摺鉢山
464.7m
（上野）《うえの》
本城山《ほんじろやま》
38m
河芸
ケント（上阿波）山
585m
経ヶ峰
819.3m
西教山《さいきょうざん》
682.2m
大山田
上野
（西町）
見遠山
313.0m
権平山
225m
島ヶ原
500m
ケント山（下阿波）
長野峠
496m
火燃山《ひともし》
C.460m
笠取山
842m
蓮池
高山
中馬野
安濃
（一身田町）
見当山
53m
長谷山《はせ》
320.6m
美里
八町
津（山之瀬古町）〈東丸之内〉
岩田池
青谷
千歳山《ちとせ》
59.6m
45m
伊勢湾
月ヶ瀬
山添
高坐山《こうざ》
756.0m
伊勢路
青山
500m
青山峠
久居
雲出川
白山
高塚山
507.7m
茶臼山
535.8m
名張
ドンドラ山
473.5m
髻ヶ岳《もとどり》
（元取山）
779.0m
峰山
522.1m
相場取山
550m
松阪

つまり、伊賀市大山田地区の下阿波に、昔、地元の人が大旗で諸物価を伝えた「ケント山」があったというのである。下阿波の山々は、布引山地の一部を形成している。

「ケント山」は「見当山」の可能性がある。鈴鹿市岸岡町の岸岡山（別名、見当山）と津市一身田上津部田《いしんでんこうづべた》の見当山は、航海者が海上から見当をつける目標となった山で、両方とも旗振り山なのである。

筆者は、平成二一年三月二七日、伊賀市役所大山田支所を訪ねて、ケント山について問い合わせてみた。すると、下阿波には、屋号をケントと呼ぶ家があることが判明した。

下阿波の坂本才子《さいこ》さん（昭和二年生れ）に電話で確認した結果、ご主人の坂本昌生《まさお》さん（大正一五年生れ）の曾祖父、藤左衛門《とうざえもん》（弘化二年八月一六日生れ、大正五年九月二六日没、享年七二歳）が裏山のケント山で米相場の見当を振って、赤と白の旗で知らせていたことが判明したのであった。弘化二年は、一八四五年であり、藤左衛門は、幕末から明治にかけて旗振りをしていたのであろう。

坂本宅で、才子さんに裏山の地図を基に、先祖の話を聞かせてもらった。地元で先生をしていた勝三《かつぞう》（昌生の父）から、曾祖父は早朝三〜四時頃に旗振りに登っていたと聞いているとのことだった（暗い時には、松明振りを行なったのだろうか）。通信した先の山のことまではわからないという。

才子さんは、ケント山の旗振り地点を現地で教えてもらったことはないという。裏山の南側、西へ刻む皿上谷《さらがみだに》の途中からジグザグの尾根道を上がり、上のほうの両側辺りをケント山と聞いているという。

筆者の六月一日と七日の現地調査の結果、五月一七日のフィールドワークで坂本仁文《のぶふみ》さん（才子さんの息子）の案内で到達したのは、標高四二〇m地点であり、そこからさらに登った標高五〇〇m地点は、伊賀の國地名研究会の倉元正一会長（当時）らが五月二日に調査を実施した地点である。

坂本家の領地は、尾根の西側の皿上谷と東側の寺谷《てらだん》の源流の交点（鞍部）までで、交点の北西にある北山（標高五一〇m）は含まないということなので、ケント山は標高五〇〇m地点と確定できた。

才子さんの話で、地元の人たちは、坂本家が屋号ケントであり、裏山がケント山であることも良く知っているが、筆者が問い合わせるまで、「米相場の見当を旗振りで知らせたこと」を話したことはなかったという。それは、坂本家では先祖の仕事を口外しないように言われてきたからであった。『大山田村史　上巻・下巻』（昭和五七年）に取り上げられていないのも当然であろう。今回、筆者に話したのは、先祖の仕事の苦労を子孫に伝えておきたいと考え直したからだという。

坂本夫妻

ケント山の再発見者である米澤さんによる記者会見の記事は、平成二一年五月一二日付、産経新聞、読売新聞、伊勢新聞の伊賀版の紙面に掲載され、五月一七日のケント山のフィールドワークと講演については、五月一八日付の産経新聞、読売新聞の伊賀版に「旗振り山調査」の記事が掲載された（表見返し参照）。

平成二一年五月二四日、ケント山の新聞記事を読んだという、富永の奥求《おくもとむ》さん（大正一三年生れ）からは、姉の旦那さんに聞かされていたという興味深い話を聞き取ることができた。

坂本家の近くの神憧寺《じんどうじ》に、狸がたくさん、腹鼓を打って出てきて、「ケントのト〜クはこ〜わいの、曽〜我のフ〜クもこ〜わいの」と歌っていたという。坂本家のトクさんがケント山に登って、旗振りをしていたという。曽我のフクさんは、坂本家の川向こうの家で、当時、名高い二人を並べて歌い込んだという。

川向こうの家は曽我隆清さん宅である。坂本才子さんの話では、坂本家で、トクさんに心当たりがなく、曽我家も藤左衛門の頃は、ソウジロウであり、わからないという。早朝三時からまめに働いていたので、縁起をかついで「福」や「徳」を歌に入れた可能性もある。旗振りに関係する歌は珍しいので紹介したが、その内容の見極めは難しそうである。なお、後日、平成二二年三月二〇日、曽我隆清さんに確かめたところ、曽祖父はソウジロウでなく、ヨウジロウだという。

振り返れば、筆者の平成一二年以来の旗振り山研究史において、平成二一年ほど劇的な展開を見せた時期はなかったと言えるだろう。次のような出来事に次々とチャレンジすることになったのである。

①先祖が旗振りをしていたという人に話を聞いたことはあったが、筆者自身が最初に発見できたケースは、下阿波の坂本才子さんの話が初めてであった(三月二七日)。

②大山田地区の旗振り山のフィールドワークと伊賀市の旗振り山についての講演を、多くの人の協力によって、多数の参加者を得て実施することができた(五月一七日)。

③「忍者熱中人」の池田裕さんの紹介で、NHKのBS2とハイビジョンで放映されている「熱中時間 ～忙中〝趣味〟あり～」へ「旗振り山熱中人」として、東京のスタジオ録画体験(六月二八日。出演者は薬丸裕英、井上あさひ、平山あや、黒崎政男)を経て、出演することができた(放映はBS2で七月二五日、ハイビジョンで二六日と二七日)。なお、「熱中時間」は平成二二年三月に放映終了となった。

④NHK出演に当たって、伊賀市で屋外ロケに参加し、旗振り通信の再現実験を行なって、旗の振り方や望遠鏡による読み取りの難しさを実感できた(六月一四日に下阿波ケント山に登り、二〇日に上野城広場で石井正則さんとロケ。広場の筆者と高旗山の石井正則さんとで旗振り通信の実験実施)。

⑤ケーブルネット鈴鹿の『時の散策』制作担当の福島礼子さんからの依頼で、旗振り通信の専門的な

研究成果を録画できた（七月五日）。八月放映の「米相場と旗振り通信」、九月放映の「伊賀伊勢の旗振り通信」として結実した。

⑥ケーブルネット鈴鹿の『時の散策』への出演で、上阿波ケント山の屋外ロケにおいて、強風の場合に、旗振り通信がいかに困難であるかを実感することができた（七月五日）。

⑦五月一七日の講演の際に、『伊賀百筆』（一九号）への執筆を依頼された。「伊賀の旗振り山」の全貌を紹介することができた（一二月二五日発行）。

平成二一年の『熱中時間』への出演は衛星放送であり、一部で注目されるだけにとどまった。平成二二年二月七日、『熱中時間』での担当者、山田郁夫さんからの紹介で、「タイムスクープハンター」の制作会社の担当者、神谷春香さんから連絡が入り、二月二七日の制作スタッフ（平賀大介ら三名）との打合せを通じて、旗振り通信を取り上げるドラマへの協力を行なった。

平成二二年四月一二日放映のNHK番組「タイムスクープハンター」の第三回「速報セヨ！旗振り通信」は反響を呼び、五月と六月に再放送された（経緯は、旗振り通信の新研究⑯⑰で報告）。収録されている「シーズン2」のDVDは一一月に発売された。

「タイムスクープハンター」で旗振り通信が取り上げられた結果、地上波放送での初めての紹介ということで、一般視聴者に以前よりは知られるようになったようである。その裏付けとして、ウィキペディア（インターネットで普及しているフリー百科事典）に、平成二二年四月から「旗振り通信」が立項されたことがあげられる。それまでは、「腕木通信」の項目の一部分として触れられているだけであった。

平成二七年三月には、NHK大阪放送局のディレクターの鈴木航氏からメールがあり、連続テレビ小説「あさが来た」（九月二八日から放送）の中で慶応二年頃の堂島米会所で「旗振り通信」を描きたいので相談したいという申し出があった。鈴木氏は「タイムスクープハンター」の「旗振り通信」を監修したことを承知の上での依頼であり、電話で、参考になりそうな事項についてアドバイスを行なった。

米会所での旗振り場面が放映されたのは一〇月一五日で、白岡あさが、櫓場で白旗を振る場面を指して、五代才助(友厚)に尋ねると、「あれか。あれは相場を知らせちょっとじゃ」と答えるのであった。その米会所の回想のシーンが一二月八日にもあり、赤旗が振られていた。「あさが来た」は女性実業家の広岡浅子氏をモデルとした物語で、視聴者から好評で、主題歌がAKB48の「365日の紙飛行機」であることからも話題となった。

令和二年三月、本書の編集に際して、ケント山の発見から一一年が経過し、現地の状況も変化していることが予測できるので、再踏査を実施することにした。三月に坂下仁文さん(昭和四〇年生れ)に連絡したところ、昌生さんは平成二六年に亡くなったが、才子さんは健在とのことであった。裏山のケント山を本で紹介することについては仁文さんの快諾を得た。

平成二一年当時、下阿波ケント山に登るコースは、寺坂橋バス停から西側の皿上谷に入り、途中から南北に延びる狭い尾根の急坂をジグザグに上がり、新聞の写真で紹介された尾根の途中の場所に至り、左に少し上がり、左手のトラバース道で横切り、ケント山の南尾根に出て、頂上をめざすというものであった。このコースは現在では害獣除けのフェンスの設置などによって、入口がわかりにくくなっている。トラバース道は踏み跡が乱れていてわかりにくく歩きにくい(害虫にも会いやすい)。今回、ケント山の南東に延びる尾根をたどるコースがガイドにふさわしいと判断して紹介することにした。他のコースでも共通して言えることだが、夏場だけは避けたほうがよいだろう。

コースガイド

伊賀鉄道上野市駅（愛称・忍者市駅）で降りる。駅前の三交バス、三番乗り場から汁付《しるつけ》行きのバスに乗る（一〇時二〇分発、一一時三〇分発）（時刻は要確認）。乗車三五分で、寺坂橋バス停で降りる。

寺坂橋バス停の小屋はユニークである。ここから南東方向の寺坂橋の向こう側の山に、ドーム状のレーダー基地の建物と、その右側に航空灯台跡の鉄塔が見えている。笠取山の航空灯台は、戦前は旧八四四・六m三角点付近にあったが、昭和三二年に現在の位置に移転されている（高さ二二m）。昭和四四年に廃止となり、現在では使用されていない。

出発前にトイレに行きたい場合は、神憧寺に立ち寄るとよい。車道の途中に害獣除けのフェンスがあるので、道路左手の扉を開けて、施錠してから寺に立ち寄る。

バス停から、往路のバスの進行方向（北北東）に道の左側を歩き出す。四〇歩先で、左に消火栓があり、そのすぐ先で、左側のコンクリート道を上がり、左手の民家の石垣・ブロック塀に沿ってまっすぐ細い道を山に向かって上がる。正面に害獣除けのフェンスがあるので、開けてから入り、元通りに二ヶ所の施錠を行ってから進む。

踏み跡は明瞭で、中腹にあって地形図にも描かれている神社マーク地点（祠）に上がる尾根道である。これが、ケント山の頂上から南東に延びる尾根である。高い方をめざして登ると、左側に、しめ縄のある「山神」の石碑の場所に出る。さらに幅広の山道を上がると狭い平坦地に出る。祠が鎮座している。下阿波で毎年九月に山王祭の行われてきた山王社《さんのうしゃ》である（『大山田村史下巻』八四五頁）。現在では、毎年一〇月一日にお参りしているとのことである（令和二年四月に伊賀市教育委員会文化財課に連絡して、地元の人に確認してもらった）。安全をお願いしてから進もう。

祠の右側のほうから、裏手の尾根道を上がる。ここからは踏み跡程度の道になるが、地元の山仕事の人の踏み跡が続いている。生え込みが少なく、尾根筋をずっとたどると、ケント山に登ることができる。

杉・桧の植林の中をジグザグに上がると、再び平坦地に出る。急坂を上がると小ピークに出る。尾根筋を左のほうに緩やかに降りると鞍部で、少し登りかけた

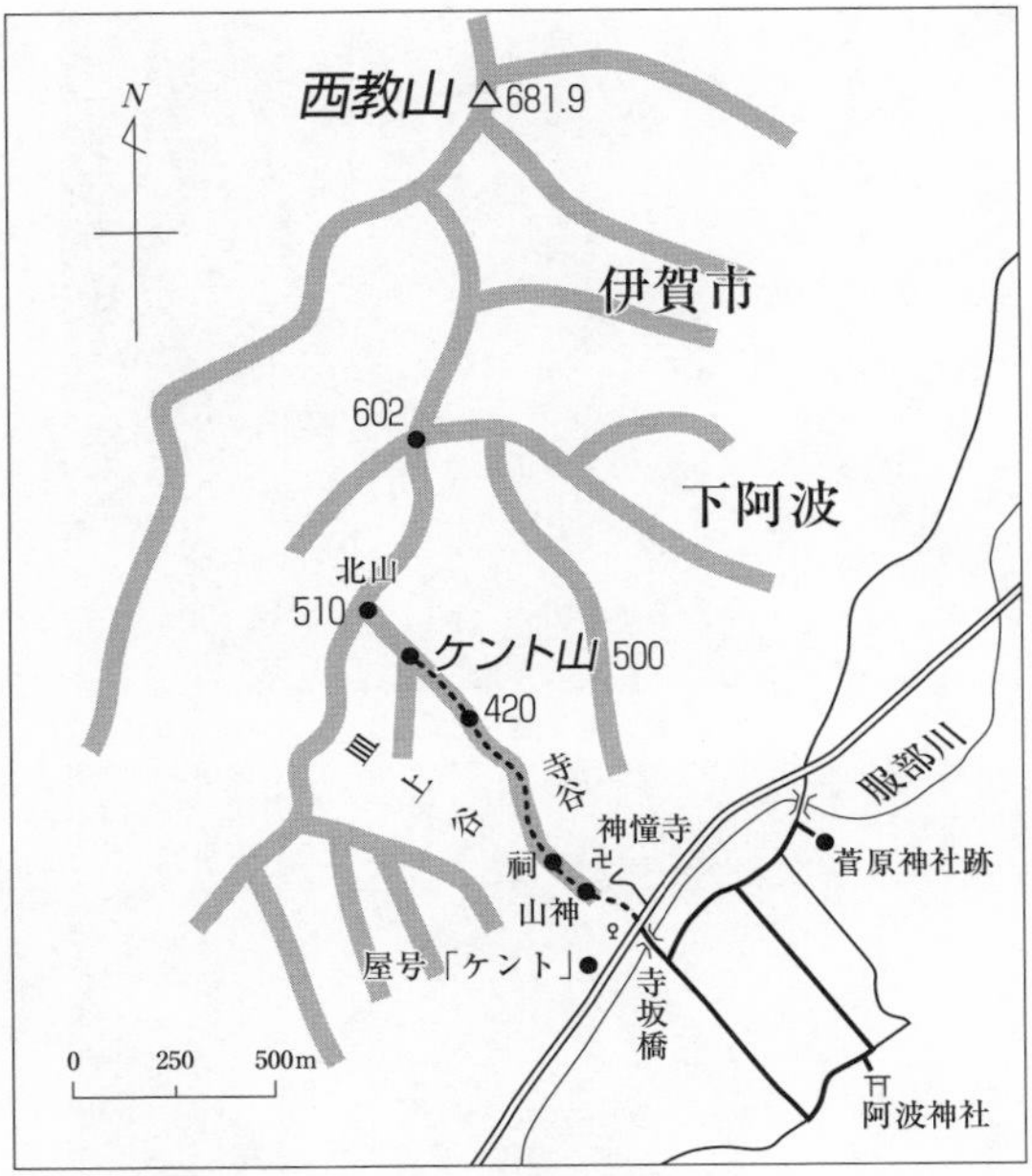

場所が標高四二〇m地点である。ここが、新聞の写真(表見返し参照)で紹介された平成二一年に旗振りの話を行なった地点である。左側に、小尾根が南に下っており、ロケ等で使用した道である(現在は利用しないのが無難である)。

そこからケント山の頂上めざして、北西へ尾根をたどる。小ピークに上がってから鞍部に出る。ここで、左のトラバース道をたどるのが以前に利用したコースだが、踏み跡は不安定で、足元も踏み外しやすい。害虫に出会う可能性もあるので、利用しないのが無難である。

まっすぐに急坂の尾根道を上がり、高みをめざして登る。ぶれずに、ひたすら急坂の尾根をたどって登り切って到着できる地点が、ケント山の山頂(標高五〇〇m)である。東西の展望が少しだけある。山頂の南側には黄色の杭がある。

山頂には、幅二・五m、長さ三・五mほどの溝状の窪みがあり、火振りで用いたであろう松明を入れておく場所にふさわしい。コの字に見える部分が土塁で、溝が火焚きの場所なのであろう。

元の道を、目印のリボン・テープを見逃さずに、足元に注意しながら、急坂の尾根を下って、寺坂橋バス停に戻る。下りは、間違った方向に踏み込むと迷いかねないので、目印に注意して、元の道を忠実にたどるようにしよう。

バス停で帰りのバス時刻(一五時二〇分、一七時二五分、平日には一六時二二分もある)を確認しておいて、近くの見どころを歩いてみよう。

寺坂橋を渡り、まっすぐに道を進む。笠取山を見ているうちに突き当たりに出る。振り返ると、道の上のほうに、さっき登ってきたケント山の尾根の先端が見えている（山頂は隠れて見えない）。左折して歩くと阿波神社に着く。トイレが利用できる。説明板を見て社殿に上がった後に降りて、小川を右に見ながら北西方向に歩く。突き当たりで右折して、橋の手前で右に続く細い道に入ると、菅原神社跡に着く。明治四〇年に阿波神社に合祀された菅原神社の跡地である。道を引き返して、寺坂橋バス停に戻る。

（令和二年三月二三日・四月六日歩く）

ケント山（下阿波）の山頂

寺坂橋バス停

《コースタイム》（計一時間五〇分）

三交バス寺坂橋バス停（一時間）ケント山山頂（五〇分）寺坂橋バス停

寺坂橋バス停（五分）神憧寺

寺坂橋バス停（一五分）阿波神社（一五分）菅原神社跡（一〇分）寺坂橋バス停

〈地形図〉二万五千＝平松

ケント山(上阿波)

平成二一年三月、米澤範彦さんは、三重県職員郷土史クラブ『郷土の小字名』(名張市立図書館蔵)所載の明治二〇年上阿波村地誌取調書から、黒岩という地名の中の小地名「ケントヤマ」を発見し、伊賀市上阿波に位置する、この山が、下阿波ケント山の次の中継地点である可能性を示唆していた。

『大山田村の古文書　第二集』の伊賀國山田郡上阿波村地誌取調書(明治廿年九月)の小字地名に「字黒岩　旧字　クシキタニ　クロタニ　キコハサカ　ゼニバコタニ　アシタニ　トチノキ　ケントヤマ　アキビワラ」とあった。ただし、「ケントヤマ」という地名が共通しているだけで、上阿波村では、旗振りに関する記述は見当たらない。

『大山田村史　上巻』(昭和五七年)の巻末に、同じ地誌取調書による小字資料が掲載され、「阿波村小字図」で「黒岩」の範囲を確認できる。小字「黒岩」は長野峠の北側一km程度の領域であった。

小地名「ケントヤマ」は小字「黒岩」にあるので、範囲内の顕著なピーク四ヶ所を候補地として選び出し、下阿波ケント山と次の中継地である津市の長谷山(標高三二〇・六m)の両方が見える地点を、地形図での作図やカシミールの活用で調べると、長野峠の北東六六〇mに位置する標高五八五mのピークだけが条件に合っていたのであった。

平成二一年三月二八日に五八五mピークの実地踏査を行なった。汁付バス停から、旧長野峠(トチノキ峠)に向かった。峠の手前に石垣があり、「茶店跡」の看板があった。パンフレット「見どころ　伊賀街道(伊賀越奈良道)」(三重県教育委員会)によると、峠茶屋では横尾三家が茶店を営んでいたという。『歴史の道調査報告書Ⅲ―3　―伊賀街道―』（昭和五八年）には、三軒の峠茶屋が旅人の憩の場であったとある。

茶屋が営まれていたのは明治初期迄であり、明治一八年に新長野峠が開通してからは、主要ルートの座を譲り、営業はできなくなったと思われる。ただし、旗振りさんの家は仕事上、そのまま住んで、継続した可能性もある。

茶屋跡には瓦が残り、のちの五月一七日のフィールドワークでは、小川付近で、多数の陶器片が採集されている。茶屋跡から峠へは右へ上がるが、左側の谷を詰めると、五八五mピークの東側の鞍部に着いた。鞍部から西へ踏み跡をたどると、山頂に到着した。茶屋跡から、歩いて一五分程度であり、毎日の旗振りには手頃な立地である。

頂上では全く見晴らしはないが、鞍部の南東に津市方面の展望が開ける場所があり、そこを下ると経ヶ峰林道に出られる。茶屋跡からトチノキ峠に出てすぐ南側に経ヶ峰林道があって、つながっている。

三月三一日、伊賀市教育委員会事務局・大山田公民館の児玉泰清さんに横尾家についての調査を依頼しておいたところ、翌日、連絡があり、次の結果を知らされた。

①上阿波の一番奥の集落、汁付の屋号トウゲの横尾三郎宅が、昔、峠で旗振りをしていた家であるが、家にはもう誰もおられない。

②屋号チャヤという家もあって、昔、峠茶屋をしていた家だが、汁付に家はもうない。

③屋号ケントの坂本家では、トウゲの家、上野の「ハタ」という家（たぶん、高旗山）と連絡していたという。

④峠茶屋は、時期は不明だが、災害が起こった際に、汁付に下りたという。

⑤旗振りでなく、のろしを上げていたという話も残っている。

四月一二日、児玉さんが話を聞いたという富永の猪野昭八さんに問い合わせてみた。

横尾三郎さんは高齢で、集落の他の横尾家も同様で不在のため、聞き取りは無理という。屋号チャヤの人は横尾ジロウさんで、汁付の一番奥の横尾清一宅のすぐ奥に家があったが、若い頃に転居し、今では亡くなり、家族の所在も不明ということであった。

老人クラブ伊賀支部郷土史研究委員会編集『伊賀の街道ものがたり』（昭和四六年）の「伊賀街道（バス道中、地名考）」の文中に「当時の峠茶屋の遺跡が現存しているし峠に居住していた四、五軒の子孫が、現在いづれも横尾という姓をもち家号を峠、或は茶屋といって汁付（しるつけ）に住んでいる」とあって、以上の聞き取り結果を裏付けている。

平成二二年三月一二日、NHK津放送局、放送部記者、深川亮司さんから連絡があり、伊賀の國地名研究会の運営委員、米澤範彦さんから紹介されたということで、筆者に、伊賀市のケント山など、旗振り場の現地取材に協力して欲しいとのことであった。

NHK総合テレビで毎週月～金の夕方六時～六時半に「ほっとイブニング」という東海地区の番組がある。続く六時半～七時に、三重県内のニュースや話題を放送する「ほっとイブニングみえ」という番組があり、毎月の毎週金曜日に三重県内の市や町を一ヶ月にわたって（月四回）スポットを当てる「ふるさとにQ」というコーナーがあり、四月は伊賀市特集であった。

四月二日の「ふるさとにQ」で、伊賀市での旗振り通信を取り上げたいとのことだった。三月二〇日に、伊賀市下阿波のケント山、上阿波の茶屋跡と県境のケント山を現地調査したいこと、現地で、旗振りの話や振り方の実技指導をしてほしいということであった。

トチノキ峠では、茶屋跡付近の土地を現在所有しているというおばあさんが先に来ておられた。撮影をするために土地に入るということで、立ち入りと撮影の許可のためにあらかじめ知らせてあったので、様子を見に来たのだという。

その地主さんは津市美里町の平田さんで、旧大山田村の横尾家が茶屋を営んでいたことも、ご存じのようであった。茶屋跡が平田家の所有になったのは、昭和期のことらしい。

インターネット検索で見つけた「南長野　一二　志会活動記録」の「テレビ局が来ました」(三月二〇日)には、おばあさんと同行した男性のレポート記事があり、撮影風景の写真なども紹介されている。少し前の記事「長野峠茶店跡」(三月一五日)によると、「近くに風車が出来て駆動音が聞こえてきます」「幼少の頃、峠の茶店あとで育ちました。今から五〇年ぐらい前の話です。近くに人家は無く小さな山小屋と露天風呂がありました」「お風呂の屋根が無かっただけのことです」と証言していて興味深い。風力発電施設のウインドパーク美里ができたのは平成一八年のことである。

茶屋跡付近の小さな流れ辺りで、茶碗やお皿の陶器片を見つけながら撮影を行ない、続いて、車で県境のケント山に向かった。

視界のないケント山の山頂まで往復したあと、津市内の眺望できる見晴らし台で旗振りを実演し、深川さんに振り方の実技指導を行なった。平成二一年七月五日のケーブルテレビ『時の散策』の撮影に用いた場所と同一で、やはり風が強かった。慣れない深川さんの旗振りは腰が引けていたが、回数を重ねるうちに良くなっていった。

四月二日の「ふるさとにQ」は、三重県内で放映され、筆者は、四月一七日に届いた録画DVDによって内容が確認できた。とてもわかりやすい内容になっていて感心させられた。

コースガイド

伊賀鉄道上野市駅で降りる。三交バスで汁付行きのバスに乗る(一〇時二〇分発、一一時三〇分発)。乗車五〇分で、終点の汁付バス停で降りる。帰りの時刻を確かめてから、東方向へ歩き出す。

すぐ右手に灯籠がある。ここ汁付の集落に横尾家があり、屋号「トウゲ」の先祖が旗振り、屋号「チャヤ」の先祖が峠茶屋を営んでいたのだが、現在では、当時のことを伝承する人はいないようだ。

そのまま歩き、新長野トンネル(平成二〇年開通)の手前で左の旧国道に入る。次の分岐で、左は伊賀越の道なので、右の旧国道を進む。左に昭和六三年の石標があるので、左の林道栃ノ木線に入る。苔むした地道となる。橋の先の突き当たりで道は左右に分かれるが、右へ入る。

道は細くなり、荒れてくる。小さな流れの左右に沿って歩くうちに、右手の奥のほうに明るい空が小さく見えてくる。明るい方向がトチノキ峠(旧長野峠)で、手前の右寄りに、灯籠の一部や石垣が見えてくる。ここが、明治初期に横尾家が三軒の茶屋を営んでいた場所である。明治一八年に現在の長野峠が開通してからは主要ルートの座を譲り、営業はできなくなったことだろう。ある時、災害が起こり、横尾家は汁付に降りてしまい、昭和期に茶屋跡は美里町の平田家の所有となったというわけである。平成二二年から五〇年前と言えば、昭和三五年頃のことで、ここで、山小屋と屋根なし風呂で暮らしていたとは驚きであるが、年代的にそういう暮らしもあったのだろう。

平成二一〜二二年に訪れた際には、谷川や茶店跡地に瓦片・陶器片が見られたが、拾い尽くされたのか、令和二年には見当たらない。当時の「茶店跡」の看板も撤去されている。茶屋跡から峠へは右へ上がるが、当時は、左側の谷に沿って、笹に覆われた道を歩いて、谷詰めまで上がって、ケント山(五八五mピーク)の東側の鞍部に出て、西へ踏み跡をたどって山頂に到達できた。茶屋跡から歩いて片道一五分であり、毎日の旗振りには手頃な立地である。現在は谷筋に倒木が横たわるので、通過は避けたほうが無難だろう。

茶屋跡からトチノキ峠に出てすぐ南側に経ヶ峰林道がある。左に入り、林道を歩く。左側の、二つ目のブロック壁が途切れた先にピンクのビニールテープを巻

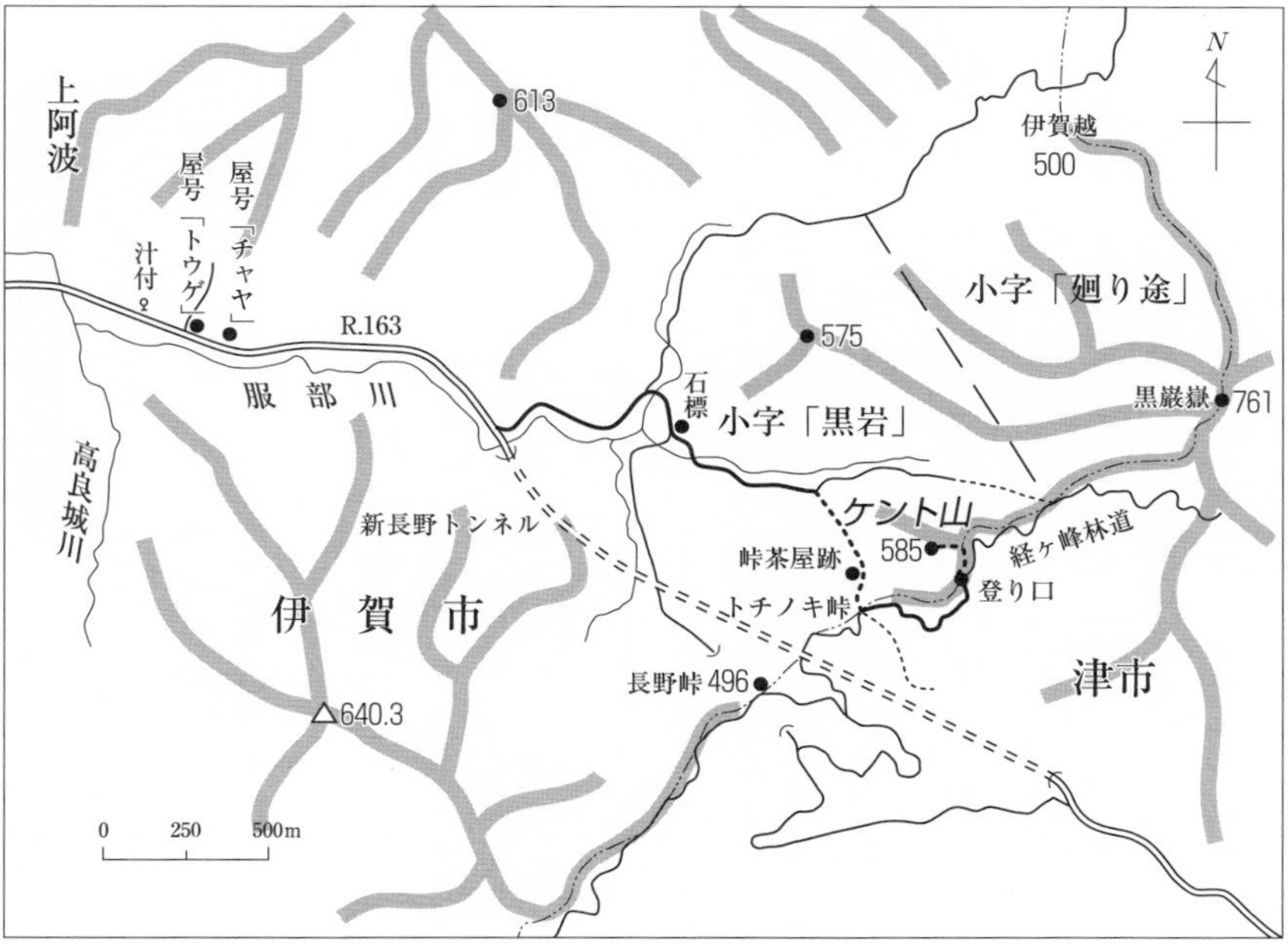

いた杭がある。そこは茶屋跡から東へまっすぐに突き上げた谷の上端である。杭から入ってすぐ、右側の尾根を上がる。左に巨大な風車が見える。その上で右に津市美里町側の展望が開けるようになる。林道も見える展望地点が、旗振りのロケを行い、深川さんに振り方を見せた場所である。長谷山は見えるが、下阿波ケント山は見通せない立地である。

展望地点から尾根を上がり、左の谷詰めの鞍部に出る。西へ尾根をたどると、最高地点に着く。標高五八五mで、上阿波ケント山の最有力地点である。筆者のカシミールでの確認の結果、小字「黒岩」の地域において、下阿波ケント山と長谷山の両方を見渡せる地点は他に見当たらない。

残念ながら、山頂は樹木に囲まれて見晴らしがない。元の尾根をたどって、林道の入口に戻る。自動車利用の場合、ここが最短のアクセスポイントということになる。汁付バス停に戻る。

（平成二一年三月二八日・令和二年三月二三日歩く）

《コースタイム》（計二時間二〇分）

三交バス汁付バス停（二〇分）新長野トンネル手前の分岐（三〇分）茶屋跡（二〇分）ケント山山頂（一時間

一〇分）汁付バス停
〈地形図〉二万五千＝平松

ケント山（上阿波）の山頂

茶屋跡の石垣

見遠山

平成一二年一二月に森林地図の一般販売が開始され、近畿中国森林管理局で索引地図を入手して、上野市西方、島ヶ原村境近くで「見遠山国有林」を発見した。長田の三軒家の北にある、三一三・〇m三角点は、国土地理院作成の「点の記」によれば「俗称見遠山《けんとうやま》」であった。見当・遠見を連想させる山名で、物見・旗振りとの関連を感じさせる。その後、三角点は移動となり、撤去されている。

見遠山

平成一三年二月、上野市教委の山崎寧子さんから、見遠山についての調査結果が届いた。

『長田郷土史』（中村竹次郎氏遺稿（壱）、昭和五一年）に次のようにあった。

「見当山　長田寺内区にあり（中略）眺望まことに佳し（中略）旧藩時代に見当を振りたるに依り此の名起る」

しかし、見当山と見遠山との関係はわからず、「見当を振る」の意味も不明であった。

三重県下において、鈴鹿市岸岡町の見当山、津市一身田《いしんでん》の見当山、大山田地区の下阿波と上阿波のケント山は、すべて、旗振り山であった。

それでは、「見当山」は、すべて、米相場の旗振り山なのであろうか？

岐阜・滋賀・愛知・福井や北海道には、目立つ目印となった山、船の目標の山、外国船の見張場・狼煙場、方角の見当をつけた山、測量用の高い見当杭を立てた山などの「見当山」が分布し、旗振り山は見当たらない。

平成二一年五月三日、筆者は伊賀市長田の三軒家で聞き取り調査を行なった。山頂で見張りをしていたという話、「高旗山」と同じ役目をしていたと話す人もいた。三軒家の人の紹介で、百田《ももだ》の百上《ももがみ》進一さん（いがうえの語り部の会）の家を訪ねて、見遠山の由来を尋ねたが、残念ながら、よく知らないとのことであった。

七月一九日、名張市立図書館でお会いした米澤範彦さんから、旗振り山の情報を聞くことができた。名張市文化財調査会委員の水口昌也《みなくちまさや》先生が、島ヶ原における旗振りの話を知っているという。

伊賀市島ヶ原奥村の水口先生に問い合わせたところ、八月三日に水口先生から返信が届き、役場に勤めていた島ヶ原川南の村主政憲《すぐりまさのり》さん(昭和一一年生れ)の話では、島ヶ原町《まち》の菊岡劔《けん》宅(島ヶ原郵便局の隣り)はケントウの家と呼ばれていて、先祖のケントクと呼ばれる人が、長田の山で見当を振って、米相場を知らせていたということであった。

八月五日、政憲さんに電話で確かめたところ、旗振りを行なった場所は見遠山の山頂で、昔はハゲ山で見晴らしが良かったという。

笠置では、高旗山が直接見えないので、見遠山を中継して、米相場の情報を得たという。また、南山城村の田山にも米相場の中継所があったとも聞いているという。笠置も田山も具体的な中継場所は聞いていないという。

笠置で知られている旗振り地点の相場の峰《むね》から見遠山は見えないので、笠置町には、他にも中継地点があったのであろう。

南山城村の田山に旗振り場があったかどうか、八月六日に同村教育委員会に尋ねてみたが、資料はなく、不明のままである。

政憲さんの祖父、政太郎《まさたろう》さんは農業を営んでいたが、国有林の監視人をしていたことがあり、物知りであったので、政憲さんに、旗振りの話などをよく教えてくれたのだという。

八月七日、ケントウの家と呼ばれている菊岡劔宅に電話してみた。奥さんの多美子さん(昭和二一年生れ）が応対され、水口先生から話を聞いたことがあるが、父も亡くなり、詳しいことはよくわからないという。多美子さんの曾祖父は字《あざな》をケントクと言い、見当を振っていたことを聞いているが、場所や見当のことは知らないということであった。見当とは棒でしょうかと話されたぐらいである。

多美子さんが確かめたところ、曾祖父の名前は、徳《とく》左衛門で、慶応三年（一八六七）九月七日生れで、明治四四年六月八日に亡くなり、享年四五歳であるということだった。先祖に同じ名前の人があるようで、幕末期の旗振りは曾祖父の父が行なった可能性が考えられる。

権平山

平成二一年五月八日、『長田郷土史』（中村竹次郎氏遺稿（壱））を読み直していたところ、次のような記述に気づいた。

「金刀比羅山茸狩　百田区後山金刀比羅山を中心に茸狩の名所たり権平の処最もよく平坦にして遊山に適し眺望も絶佳なり権平は昔見当を振りたる所とも伝へられ三十三所の観音も金刀比羅より西蓮寺に至り建てられてゐるしかし今は茸も出ず樹木により見晴も悪く今は昔を伝へるのみ」

見遠山の外にも、見当を振った場所が長田にあったのである。奇しくも、百上進一さんの家の西にある裏山なので、連絡したところ、明日、現地を案内してもらえることになった。

同年五月九日、百上さんに裏山付近を案内してもらった。その場所は「権平山《ごんぺい》」だという。その時は「ごんべい」か「ごんべえ」と呼んでいたが、後ほど、年配者に尋ねて、「ごんぺい」と呼ぶことがわかったという（五月二〇日付の手紙による）。

金毘羅大権現の前から登り、尾根道を歩いた。途中から西国三十三ヶ所観音霊場巡りの石仏が出てきて、一番石仏には弘化二年（一八四五）の年号があることを教えてもらう。

権平山と呼ばれている場所は、知人に聞いて確認したという。尾根道で、途中の右側二ヶ所が小さなピークになっているが、手狭でふさわしくなく、最初の池「北の新池」（地図には馬池とあるが間違いで、馬池は南にある小さくて古い方の池に付けられた名前だという）に出るまでの道のりで最も高い場所（山頂に石仏がある）が一番ふさわしい場所であった。知人は、その高まりの辺りが権平だというとのことであった。

地形図で標高を読み取ると、二二〇ｍの等高線に囲まれたピークであり、約二二五ｍであろう。

そこは『長田郷土史』の「昔は最もよく平坦で遊山に適して眺望絶佳」「今は樹木で見晴しが悪い」の記述に一致する場所であった。百田新池（地図に百田新田池とあるが間違いという）のそばに出て、下山した。

この見当を振った場所は、明治二〇年の地誌によったのではなく、著者中村竹次郎さんが地元の古老に聞き取って記述した可能性が高いという。

百上さんの話では、ここで見当を振ったという中村氏の記述を取り上げて、見遠山と混同したのではないかと疑う、中村氏と同じ文化財委員（当時）の一人（故人）がいたそうである。

筆者は、五月一七日の伊賀市での講演において、権平山の報告も行なっている。その際、伊賀暮らしの文化探検隊会員

権平山（百田）付近の地図（上野市1万分の1地図を修正）

で、百上さんと同じ「いがうえの語り部の会」の会員でもある廣岡とも子さんから権平山の見当についての質問が出された。

廣岡さんは長田に何年か居住し、中村竹次郎さんの息子の尚さんと知り合いだという。江戸時代に木津川船運回路で塩・米の輸送が行われていた頃、川のそばに大きな石灯籠があり、明治二年に金毘羅社へ移した事例があり、権平山への「献灯」を、「見当」と混同した可能性に言及された。

これについては、今では確認できる手だてがない。権平山は、立地としては、見当振りにふさわしい場所であると述べるにとどめておこう。

権平山が旗振り山である場合、どこと通信したのであろうか。高旗山は、平地からでも見えるから、登る必然性がない。多分、米穀取引所のあった上野西町と連絡したのではないだろうか。

なお、伊賀市には、紹介した四つ以外の旗振り場として、旗山(柘植《つげ》町)、塔の峯(土橋《つちはし》)、遠見塚(三田《みた》)、高旗山(西山)の四つがあり、『旗振り山』と『伊賀百筆　一九号』で全て紹介している。

「遠見塚」の読み方は不明だったが、『上野市史　考古編』から「とみづか」であることが分かった。

奈良・笠置ルート

相場振山（精華）

平成二五年一一月四日に、京都府相楽郡精華町と京都府木津川市に跨る米相場を伝えた相場振山（精華）の存在を知るきっかけとなったのは、『京都地名語源辞典』（平成二五年一〇月）の「千鉾山」と「相場振山」の項目の解説であった。

「相場振山」の解説によれば、その出典は『精華町の史跡と民俗』（昭和六三年）であった。調べてみると、「山田川流域の消長」という嶋崎幸次氏（山田区）のレポートの中の「相場振り山《そばふやま》」という項目には、次のように記されていた。

「今、相楽ニュータウンの造成工事ですっかり原形をとどめなくなったが、ソバフリ山と伝承される山があった。ごく平凡な山であるが、西にも東にも見通しの出来る処に位置していた。（中略）ソバフリとは多分、相場の動静を振り知らせる意からついた名で、種々の相場を伝達した山である。

八年前、その地を初めて訪れた時はまだ山容は元のままだったが、造成は進んでいた。昭和五十五年四月初めに写真を撮ったのが今手元にある。その時の印象は、相場振り山はこの付近では一番見晴らしのきく好位置にあった」

この嶋崎氏のレポートには、昭和五十五年に撮影した相場振山の遠景写真が掲載されている。精華

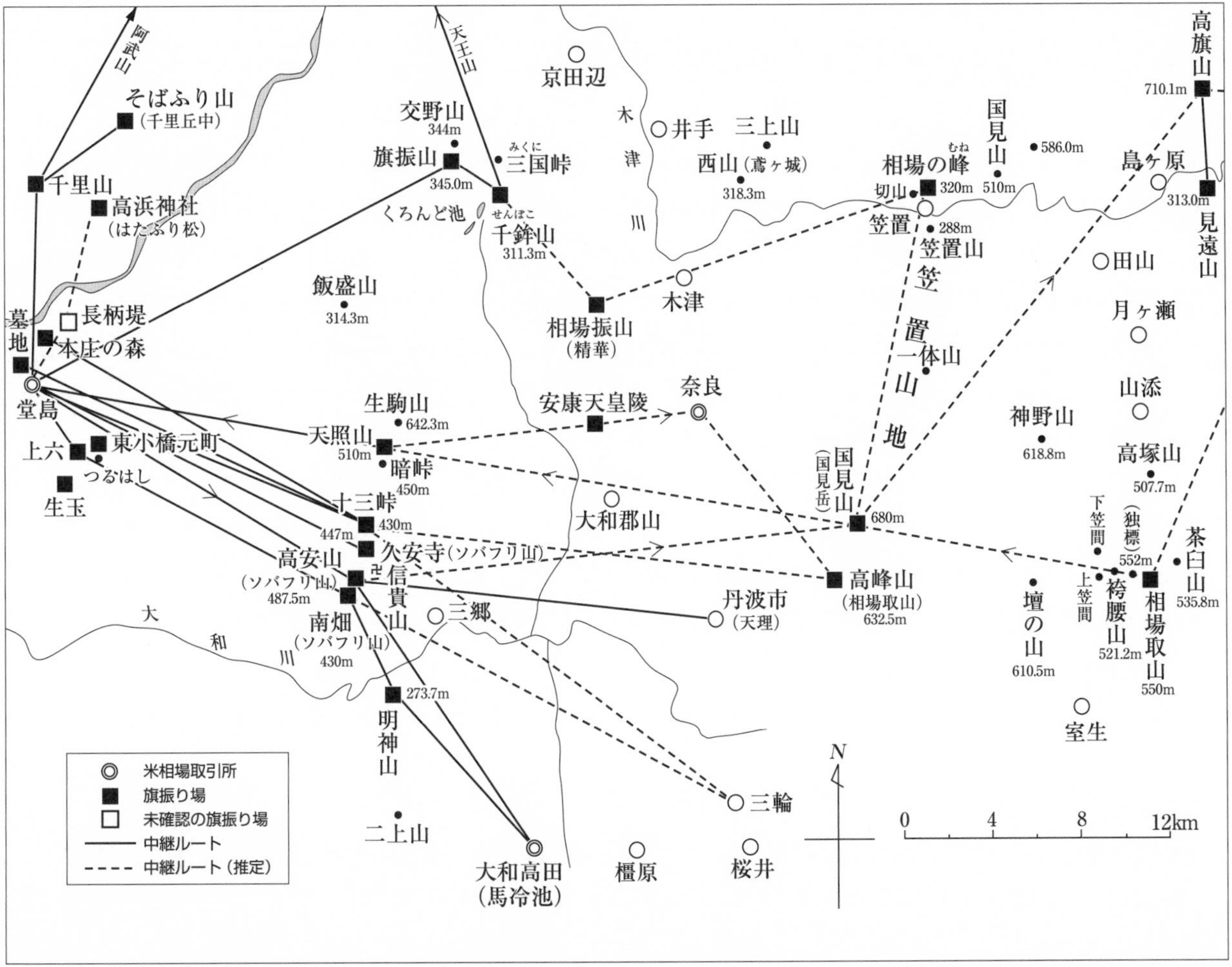

高旗山
710.1m
見遠山
313.0m
島ヶ原
田山
月ヶ瀬
山添
高塚山
507.7m
茶臼山
535.8m
相場取山
550m
（独標）
552m
下笠間
上笠間
袴腰山
521.2m
室生
壇の山
610.5m
神野山
618.8m
国見山
510m
586.0m
相場の峰《むね》
320m
切山
笠置
288m
笠置山
笠置山地
一体山
国見山
（国見岳）
680m
高峰山
（相場取山）
632.5m
京田辺
木津川
井手
三上山
西山（鳶ヶ城）
318.3m
木津
相場振山
（精華）
奈良
安康天皇陵
大和郡山
丹波市
（天理）
三輪
桜井
橿原
阿武山
そばふり山
（千里丘中）
千里山
高浜神社
（はたふり松）
天王山
交野山
344m
旗振山
345.0m
三国《みくに》峠
千鉾《せんぽこ》山
311.3m
くろんど池
飯盛山
314.3m
長柄堤
本庄の森
墓地
堂島
上六
東小橋元町
つるはし
生玉
生駒山
642.3m
天照山
510m
暗峠
450m
十三峠
447m
430m
久安寺（ソバフリ山）
高安山
（ソバフリ山）
487.5m
信貴山
南畑
（ソバフリ山）
430m
三郷
大和川
273.7m
明神山
二上山
大和高田
（馬冷池）
N
0
4
8
12km
米相場取引所
旗振り場
未確認の旗振り場
中継ルート
中継ルート（推定）

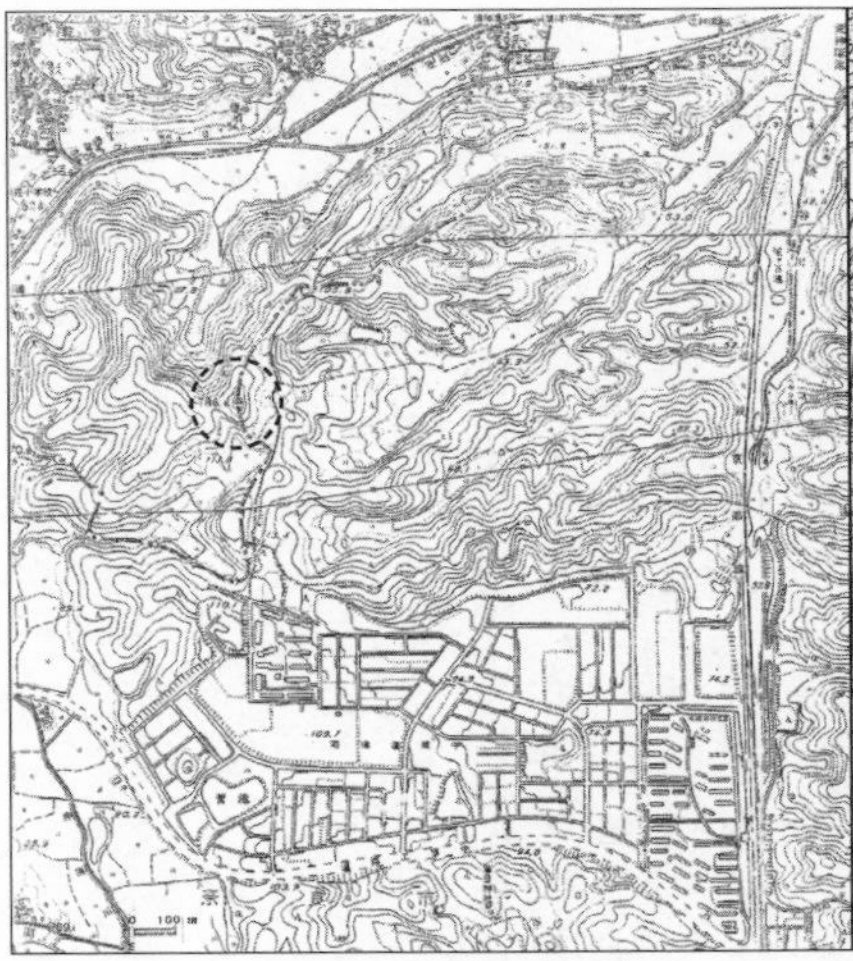

1万分1「精華町全図」
（昭和47年測図、昭和48年編纂）

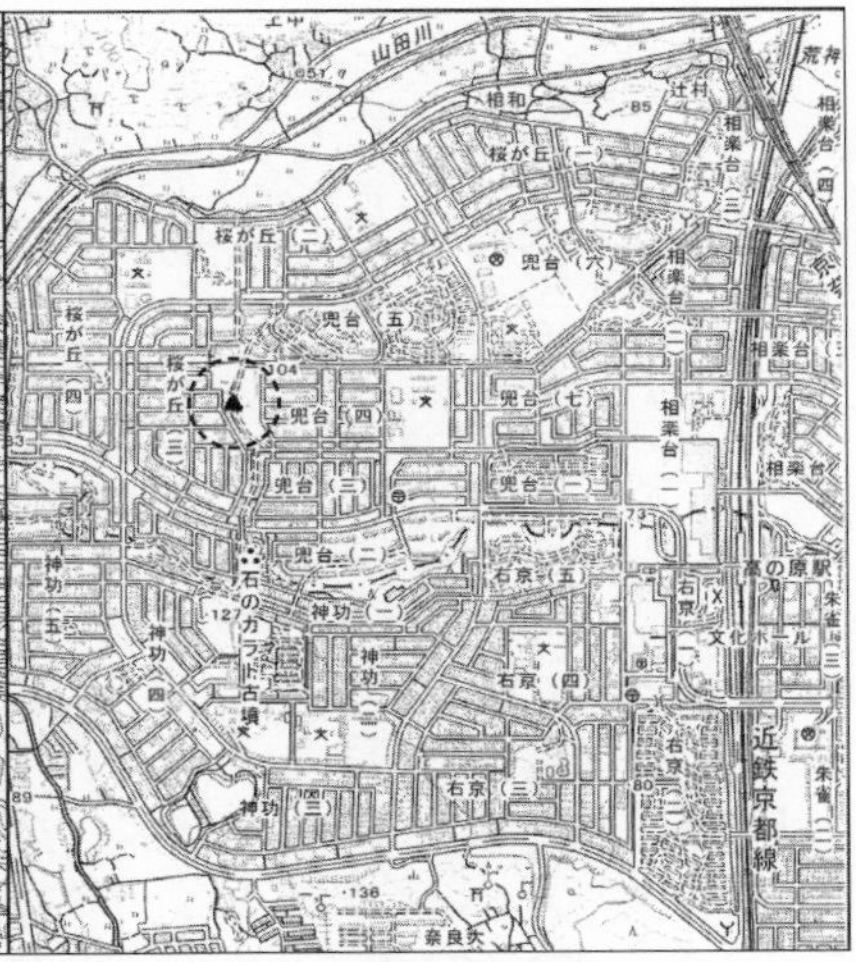

2万5千分1地形図「奈良」
（平成27年発行）

相場振山（精華）の位置を示す新旧地図

町教育委員会生涯学習課の担当者に問い合わせたところ、「精華町全図」（一万分一、昭和四八年編纂）に記載された山田地区の南西方向一・四キロの標高一三六・六m（地図では「3」が「8」に誤記）のピークと推定される（ただし断定できない）とのことであった（嶋﨑氏は故人）。

筆者が「精華町全図」と相場振山の遠景写真とを見比べた結果でも、相場振山の位置は、東西二つの鉄塔と逆三角形の南の頂点をなし、山の東側に特徴のあるS字カーブをなす道路が見えることから、標高一三六・六mピークと考えて間違いないと思われる。

標高一三六・六mピークのあった場所は、現在の京都府相楽郡精華町桜が丘三丁目四と木津川市兜台四丁目一〇との境界付近で、現在の標高は約一一五m、付近の最高地点のすぐ近くである。木津川市上水道・相楽西配水池のすぐ西側である。

『京都地名語源辞典』では、「相場振山（木津川市兜台六丁目）」としていて、「標高約一〇〇メートル」

とあるが、これだと山田地区の南へ七〇〇ｍのピーク（標高約一〇〇ｍ。標高一三六・六ｍのピークの北東六五〇ｍ地点）に同定していることになるが、出典の遠景写真とは合致しないように思われる。

相場振山において、どこと中継したのかについては『精華町の史跡と民俗』に記述がなく、伝承は残されていないようである。

近くの旗振り山との位置関係から推定すれば、北西へ六・三㎞離れた京都府京田辺市高船の千鉾山（標高三一一ｍ）と中継できる立地にある。また、東へは一五・四㎞離れた京都府笠置町の相場の峰《むね》（標高三二〇ｍ）とも中継が可能な立地である。

従って、「堂島—旗振山（交野）—千鉾山—相場振山（精華）—相場の峰」というルートが妥当であろう。相場振山の発見により、相場の峰（笠置町）の位置づけが明確になったように思われる。従来、相場の峰は、どこと中継したのか、全く不明な旗振り場であった。

なお、二万分一地形図「西大寺」（明治四一年測図、同四五年製版）では、標高一三六・六ｍピークには標高が記載されず、その真西へ一四〇ｍ離れた地点にある双耳峰ピークに標高一三八・〇ｍの記載がある。仮に、西側の標高一三八・〇ｍピークが旗振り地点だとすると、笠置方面への通信方向に標高一三六・六ｍのピークがあるので、樹木などを考えると、遮る山がない標高一三六・六ｍのピークが旗振り地点にふさわしいと思われるのである。

平成二八年の金比羅神社の旗振り場の発見を最後に、新しい発見は途絶えているが、いつか、新たな発見がもたらされる日が来ることであろう。読者からの朗報を期待したい。

コースガイド

相場振山(精華)(標高一三六・六m)のあった場所は、精華町桜が丘三丁目と木津川市兜台四丁目との境界付近で、現在は木津川市上水道・相楽西配水池が建つ場所のすぐ西側に当たる。地形図から読み取れる標高は一一〇m等高線に囲まれた場所であり、およそ一一五mと推定される。従って、造成工事によって二〇mほど掘り下げられたことになる。

相楽ニュータウンの兜台は昭和六一～二年、桜が丘は昭和六三年に入居開始となった。兜台二丁目と奈良市神功一丁目とに跨る石のカラト古墳は、昭和六二年に整備され、平成八年に国の史跡に指定されている。

相場振山(精華)の跡地を訪ねる手軽なウォーキングコースを紹介しよう。

近鉄京都線高の原駅で降りる。右手に出て、西方向へ向かい、階段を上がってふれあい橋を過ぎ、京都銀行の左側から右下の横断歩道を渡って、陸橋の下の左側からレンガ色の歩道を西方向へまっすぐ道なりに進む。

やがて、レンガ色の道が途切れると、右側に休憩所があり、万葉の小径の案内板が立つ場所に着く。ここで、万葉の小径を散策してもよいだろう。一巡して、元の休憩所まで戻る。

休憩所から北へ向かう道をたどる。すぐに右側に国の史跡、石のカラト古墳が現れる。京都府と奈良県の境界に位置し、八世紀初頭頃に、奈良山丘陵に築造された貴族の墓と想定されている。古墳名は石室が唐櫃に似ているからという。墳丘は二段になっており、上段が直径九mの円形、下段が一辺一四mの方形であ

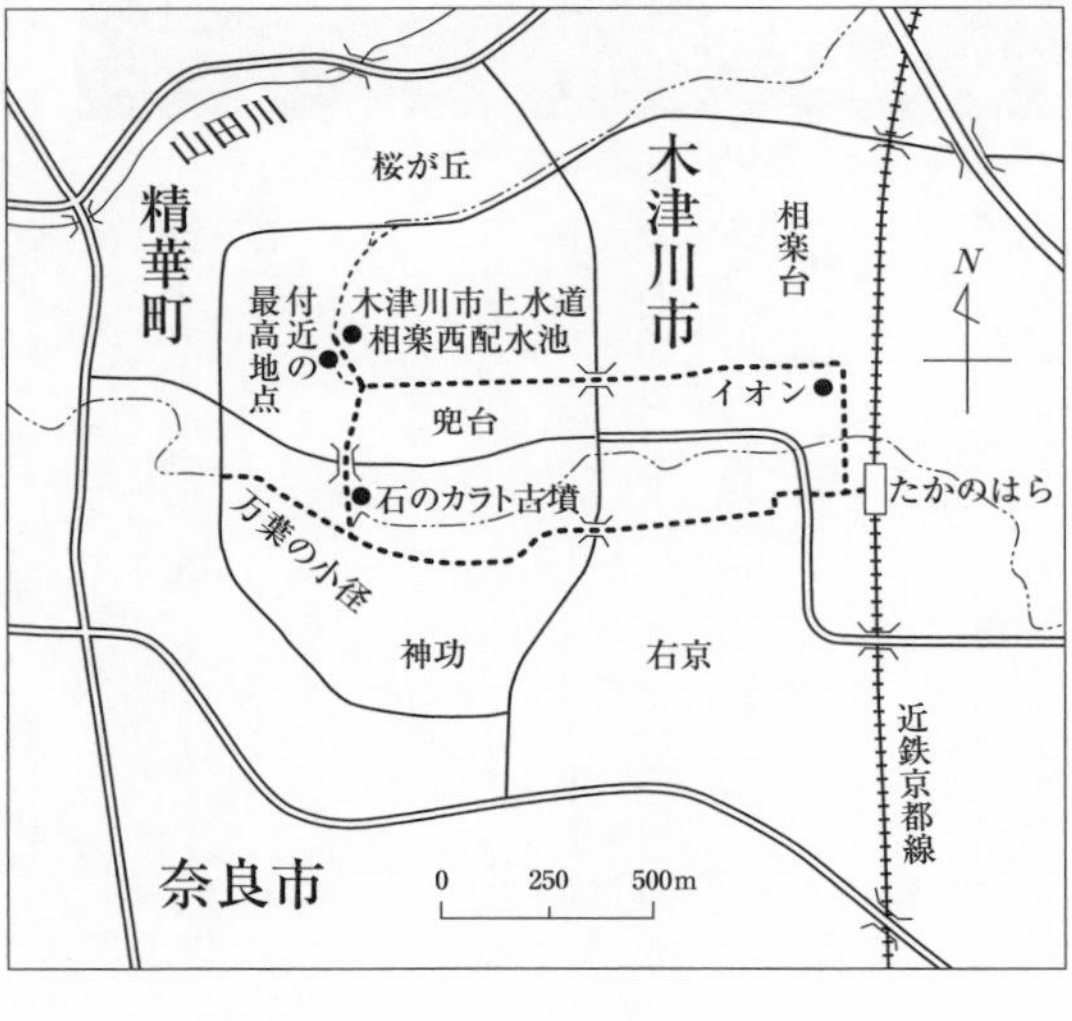

る。墳丘表面に川原石による葺石が認められ、周囲には排水施設が設けられている。

古墳の北で陸橋を渡り、まっすぐ進むと、兜台3号公園に出る。手前の左側の階段を上がって右手辺りが付近の最高地点である。兜台3号公園の北へ向かうと、道の一番高い場所となり、右側に木津川市上水道相楽西配水池が聳えている。もちろん、立入禁止である。

この道の一番高い場所辺りが、相場振山(精華)の標高一三六・六mピークのあった地点であり、現在の標高が約一一五mであるから、配水池の建物の頂上辺りが旗振りの行われていた場所というわけである。この辺りの先の道は北側で急坂となって下っている。この辺りで、北側の丘陵が少し見えている。

兜台3号公園の南端まで戻り、左に曲がり、東方向に歩道をたどる。左に幼稚園・小学校を見て、すぐに右側の陸橋に続く道を歩く。陸橋の辺りで、北側の丘陵も見えている。前方にイオンを見て、右に折れて、南への道をまっすぐ歩くと、高の原駅前からの道に出合う。左に行くと駅である。

(令和元年一一月一一日歩く)

《コースタイム》(計一時間二〇分)近鉄京都線高の原駅(二三分)万葉の小径・休憩所(往復一〇分)休憩所(二分)石のカラト古墳(一〇分)相楽西配水池(三五分)高の原駅

《地形図》二万五千＝奈良

万葉の小径

木津川市上水道相楽西配水池

第二章　航空灯台

はじめに

船舶の安全航海のための「灯台」が広く知られているのに対して、戦前、航空機の夜間飛行の安全のために設置され、昭和四〇年代まで使用された「航空灯台」（航空局が管理。戦前は逓信省、戦後は運輸省）については、一部の関係者を除いて、ほとんど知られていないように思われる。

今回、航空灯台の文献と歴史について、その概要を紹介するとともに、主として、戦前に設置された航空灯台について、その跡地の探索結果の報告をしたいと思う。

航空灯台の文献

航空灯台に関する最も詳細な文献は、航空照明五十年史刊行委員会編集・発行『航空照明五十年史』（昭和六二年、非売品）である。東京都立中央図書館に所蔵されている。「航空灯台史」は、九七～一一四頁と一五三～一六〇頁にあり、二〇〇頁に撤去の記事がある。

簡易な資料としては、『日本航空史（昭和前期篇）』（昭和五〇年）の記述（五六二～九頁）がある。

戦前の航空灯台の一覧表には、燈臺局編纂『日本燈臺表（昭和一三年）』（大阪市立中央図書館所蔵）収録の「航空標識燈一覧表」と、『日本燈臺表（昭和一四年）』（国会図書館・大阪府立中之島図書館所蔵）収録の「航空燈臺一覧表」がある。

以上の四つの資料には数値等に誤植が散見するため、利用には注意が必要である。

『航空知識』(昭和一一年一二月号)の一一～一五頁・四〇頁に掲載された、大庭哲夫「航空照明」という論文があり、付録として「航空燈台一覧表」「航空燈台ノ型式並ニ燈質」「航空燈台標高並ニ配置一覧圖」がある。この「航空燈台一覧表」のデータは、『日本燈臺表(昭和一四年)』の「航空燈臺一覧表」に活用されている。

遞信省航空局編輯『航空要覧』(昭和一一年)(昭和一三年)(昭和一四年)の三冊には航空燈台の簡易な一覧がある。

『東洋燈臺表　上巻』(昭和一一年)(昭和一三年)の二冊には「航空燈臺」の一覧表が含まれている。位置がユニークな言い回しで載せてあり、水路部らしくて面白い(たとえば、平塚航空灯台の位置は「平塚西方高麗山(195)著樹ヨリ100度約3,900米」と、角度・距離で示している)。

『燈臺表　第一巻』(昭和一六年)や戦後の『燈台表　第一巻』(昭和二四年)などにも、航空灯台の一覧表が掲載されている。

国立国会図書館デジタルコレクションで、「航空灯台」をキーワードに検索することで、『官報』の告示によって、航空燈台の設置・移動・廃止等の状況がわかる他、水路部などの作成した資料の中の航空灯台の一覧表なども確認できる(静岡県立中央図書館調査課の教示を得た)。

航空灯火友の会編集・発行の会誌『とうゆう』(第八一・八二・八四・八五号、平成二〇～二一年)にも航空灯台の記事がある。『とうゆう』は、令和二年現在、航空灯火・電気技術振興会(事務局　東京都新宿区西新宿七―七―三〇　小田急〇―PLACE8階　㈱有電社内　電話〇三―六三八〇―〇七八〇)が編集・発行を行なっている(なお、該当記事の掲載号は国会図書館に寄贈したので、利用できる)。

なお、筆者は、「航空灯台のあった山」のコースガイド(『新ハイキング関西の山』九一・一一二・一一八号、

航空燈台一覧表

名称	所在地	初点灯日(官報告示日)	東経 度 分 秒 北緯 〃 〃 〃	灯火迄ノ標高(m)	間隔(km)	型式	燈質	色別 主灯	色別 副灯	点灯時間	コース・ライト方向(度)	灯器製作所	配電会社	鉄塔高(m)	備考
東京飛行場	東京市蒲田区羽田江戸見町	8.11.4	E 139°45'43" N 35°33'10"	16		小	C	白	橙	随時	緑 ナシ 赤 232.0	東京計器	東京電灯	15	献納
戸塚	神奈川県鎌倉郡中和田村	8.11.4	E 139°30'15" N 35°25'21"	85	27.5	小	C	白	白	a.m. 自2.30 至日出 p.m. 自日没 至11.00	緑 52.0 赤 225.5	東京電気	日本電力	15	献納
辻堂	神奈川県高座郡小出村	10.11.15	E 139°26'26" N 35°21'41"	53	8.7	補	D	白	ツ	全夜	ナシ	Westinghouse Co. Ltd.	日本電力	5	
平塚	神奈川県平塚市須賀町	8.11.4	E 139°21'53" N 35°18'53"	29	8.6	中	B	白赤	白	a.m. 自2.30 至日出 p.m. 自日没 至11.00	緑 45.5 赤 226.0	日本光機	日本電力	15	
國府津	神奈川県足柄下郡田島村	10.4.1	E 139°13'42" N 35°17'24"	205	14.3	小	C	白	橙	〃	緑 87.5 赤 285.0	日本信号	日本電力	15	
真鶴	神奈川県足柄下郡真鶴町	8.11.4	E 139°8'39" N 35°8'48"	105	16.9	小	C	白	緑	〃	緑 46.0 赤 255.5	小糸	東京電灯	15	
御殿場	静岡県駿東郡御殿場町	10.4.1	E 138°56'12" N 35°18'40"	485	↓	小	C	白	赤	〃	緑 80.5 赤 192.0	小糸	東京電灯	15	
矢倉嶽	神奈川県足柄上郡北足柄村	10.11.15	E 139°2'19" N 35°19'32"	873		補	D	白	Y	全夜	ナシ	小糸	相州電氣	5	
神山	神奈川県足柄下郡元箱根村	10.12.28	E 139°1'27" N 35°13'48"	1,444		中	B	白赤	白	a.m. 自2.30 至日出 p.m. 自日没 至11.00	緑 65.5 赤 220.0	日本光機	日本電力	5	
鞍掛山	静岡県田方郡函南村	10.9.6	E 139°1'44" N 35°10'22"	1,009	↓	小	C	白	緑	〃	緑 50.0 赤 235.0	小糸	東京電灯	5	
十國峠	静岡県田方郡熱海町	8.11.4	E 139°2'40" N 35°7'30"	790	9.3	大	A	白白緑	白	〃	緑 75.5 赤 256.0	日本光機	東京電灯	15	献納
巣雲山	静岡県田方郡下大見村	10.12.28	E 139°2'36" N 35°0'7"	587	↓	小	C	白	緑	〃	緑 29.5 赤 305.5	東京計器	東京電灯	5	
沼津	静岡県沼津市上香貫	8.11.4	E 138°52'45" N 35°5'29"	208	15.3	小	C	白	橙	〃	緑 76.0 赤 284.0	小糸	東京電灯	15	
田子浦	静岡県富士郡田子浦村	8.11.4	E 138°41'7" N 35°7'49"	44	19.3	小	C	白	白	〃	緑 104.0 赤 230.0	小糸	東京電灯	24	献納
三保	静岡県清水市三保町	9.4.28	E 138°40'21" N 35°7'27"	16	18.2	小	C	白	橙	〃	緑 50.0 赤 233.0	小糸	東京電灯	15	
久能	静岡県清水市蛇塚	10.11.15	E 138°28'21" N 34°58'10"	313	4.8	補	D	白	フ	全夜	ナシ	小糸	東京電灯	5	
焼津	静岡県志太郡東益津村	8.11.4	E 138°20'45" N 34°54'18"	465	15.8	大	A	白赤白	白	a.m. 自2.30 至日出 p.m. 自日没 至11.00	緑 53.0 赤 244.0	日本光機	東京電灯	15	献納
金谷	静岡県小笠郡河城村	8.11.4	E 138°6'29" N 34°48'24"	297	24.0	小	C	白	緑	〃	緑 64.0 赤 258.5	小糸	東京電灯	15	
袋井	静岡県周智郡久努西村	10.4.1	E 137°55'12" N 34°46'15"	74	17.8	小	C	白	白	〃	緑 76.0 赤 262.0	小糸	周智電灯	24	
濱松	静岡県濱名郡吉野村	8.11.4	E 137°43'2" N 34°44'55"	65	18.3	小	C	白	橙	〃	緑 78.5 赤 281.5	小糸	東京電灯	21	
豊橋	愛知県八名郡石巻村	8.11.4	E 137°29'47" N 34°47'6"	425	20.7	小	C	白	橙	〃	緑 101.5 赤 274.0	小糸	東京電灯	15	

名称	所在地	初点灯日(官報告示日)	東経 度 分 秒 北緯 〃 〃 〃	灯火迄ノ標高(m)	間隔(km)	型式	灯質	色別 主灯	色別 副灯	点灯時間	コース・ライト方向(度)	灯器製作所	配電会社	鉄塔高(m)	備考
御油	愛知県寶飯郡御津村	10.11.15	E 137°18'51" N 34°48'55"	97	17.0	補	D	白	コ	全夜	ナシ	小糸	中部電力	5	
幡豆	愛知県幡豆郡幡豆町	8.11.4	E 137°8'54" N 34°48'17"	346	15.2	小	C	白	赤	a.m. 自2.30 至日出 p.m. 自日没 至11.00	緑 94.0 赤 287.0	小糸	中部電力	15	
知多本宮山	愛知県知多郡師崎町	8.11.4	E 136°52'36" N 34°52'27"	102	15.8	大	A	白白白	白	〃	緑 107.0 緑 206.0 赤 265.0	日本光機	東邦電力	15	献納
名古屋新聞社	愛知県名古屋市西川端町	11.6.8	E 136°54'43" N 35°9'34"	42	↓	特	A	緑白赤	白	全夜	ナシ	日本光機	自家用		公認私設
明野	三重県度会郡北浜村	8.11.4	E 136°40'20" N 34°31'45"	27		小	C	白	橙	a.m. 自3.00 至日出 p.m. 自日没 至9.00	緑 26.0 赤 352.0	東京計器	合同電氣	21	
千世崎	三重県河藝郡若松村	8.11.4	E 136°37'3" N 34°51'0"	26	43.4	中	B	赤白	白	〃	緑 83.0 緑 171.0 赤 267.5	日本光機	合同電氣	24	
関	三重県鈴鹿郡関町	8.11.4	E 136°22'18" N 34°50'35"	309	22.6	小	C	白	緑	〃	緑 87.5 赤 260.0	小糸	合同電氣	15	
笠取山	三重県阿山郡阿波村	11.1.30	E 136°17'59" N 34°43'51"	850	↓	小	C	白	赤	〃	緑 123.0 赤 275.5	小糸	馬野川水電	5	

名稱	所在地	初点灯日(昭和年月日)	東經北緯 度 分 秒	灯火高・標高(m)	間隔(km)	型式	灯質	色別 主灯	色別 [illegible]	点灯時間	コース・ライト,方向(度)	灯器製作所	配電會社	鐵塔(m)	備考
笠取山	三重縣阿山郡阿波村	11.1.30	E 136°17′59″ N 34°43′51″	850	↓	小	C	白	赤	〃	緑 123.°0 赤 275.°5	小糸	馬野川水電	5	
加太	三重縣鈴鹿郡加太村	10.11.15	E 136°17′36″ N 34°50′17″	440	72	補	D	白	カ	全夜	ナシ	小糸	合同電氣	15	
寶山寺山	三重縣阿山郡西柘植村	10.9.6	E 136°15′43″ N 34°48′48″	771	↓	中	B	白緑	白	自至 a.m.3.00 日出 p.m.日没 9.00	緑 73.°0 赤 248.°0	日本光機	合同電氣	5	
柘植	三重縣阿山郡西柘植村	8.11.4	E 136°12′37″ N 34°43′39″	243	7.2	中	B	白白	白	〃	緑 81.°0 赤 235.°0	日本光機	合同電氣	15	
上野	三重縣阿山郡長田村	8.11.4	E 136°4′42″ N 34°44′58″	317	15.1	小	C	白	緑	〃	緑 55.°0 赤 266.°0	東京計器	合同電氣	15	
大河原	京都府相楽郡東大河原村	10.11.15	E 135°59′53″ N 34°45′37″	308	9.4	補	D	白	オ	全夜	ナシ	小糸	京都電灯	5	
笠置	京都府相楽郡笠置村	8.11.4	E 135°56′19″ N 34°44′30″	371	5.6	小	C	白	白	自至 a.m.3.00 日出 p.m.日没 9.00	緑 86.°0 赤 252.°0	東京計器	合同電氣	15	
木津	京都府相楽郡木津町	10.11.15	E 135°50′45″ N 34°43′27″	142	8.6	補	D	白	キ	全夜	ナシ	小糸	合同電氣	5	
生駒山	奈良縣生駒郡生駒町	8.11.4	E 135°40′50″ N 34°40′17″	645	16.2	大	A	白緑白	白	自至 a.m.3.00 日出 p.m.日没 9.00	緑 72.°0 赤 255.°0	日本光機	大阪軌道	15	献納
大阪飛行場	大阪市大正區船町	8.11.3	E 135°27′55″ N 34°37′30″	17	20.3	小	C	白	橙	隨時	緑 75.°0 赤 272.°5	小糸	大阪市電氣局	15	
大阪朝日	大阪市北區中之島	6.5.	E 135°29′54″ N 34°41′23″	64	│	特		緑白赤		自至 p.m.日没 9.00	ナシ	日本光機	自家用		公認私設
神戸大丸	神戸市明石町	11.7.10	E 135°11′38″ N 34°41′8″	56	↓	特		白赤	白	全夜	ナシ	日本信号	自家用		公認私設
須磨	神戸市須磨區鉢伏山	8.11.4	E 135°6′58″ N 34°38′18″	262	33.5	中	B	白白	白	自至 a.m.3.30 日出 p.m.日没 7.30	緑 42.°5 赤 186.°0	日本光機	神戸市電氣局	15	献納
室津	兵庫縣揖保郡室津村	8.11.4	E 134°30′52″ N 34°46′24″	281	55.0	中	B	白赤	白	〃	緑 106.°0 赤 247.°5	日本光機	中國合同	15	
玉津	岡山縣邑久郡玉津村	年月日 8.11.4	E 134°10′13″ N 34°39′32″	155	33.9	小	C	白	白	自至 a.m.6.30 日出 p.m.日没 7.30	緑 67.°5 赤 262.°5	東京計器	山陽中央水電	15	
早島	岡山縣都窪郡早島町	8.11.4	E 133°49′50″ N 34°37′17″	15	31.3	小	C	白	橙	〃	緑 82.°5 赤 245.°0	小糸	中國合同	15	
福岡松屋	福岡市橋口町	8.8.8	E 130°24′4″ N 33°35′23″	43		特		白		自至 p.m.日没 11.00	ナシ	小糸	自家用		公認私設
大牟田	福岡縣三池郡銀水村	11.3.31	E 130°25′57″ N 33°4′15″	14		補	D	白	オ	全夜	ナシ	小糸	東邦電力	5	
川内	鹿児島縣日置郡串木野村	11.3.31	E 130°13′52″ N 31°46′38″	535		補	D	白	セ	全夜	ナシ	小糸	日本水電	5	

航空燈台ノ型式並ニ燈質

型式	燈質 名稱	前面レンズ 型式	前面レンズ 直徑(m.m)	前面レンズ 個數	前面レンズ 挟角	反射鏡 直徑 m.m	焦点距離 m.m	光源	光度 C.P.	主光芒擴散角 水平面	主光芒擴散角 鉛直面	回轉數 r.p.m.	明滅周期
大型	A	フレネルデ・オプトリック	750	3	90°	ナシ	375	1KW G.T.型 白熱電球	2,660,000	3°	3°	3	明 0.17秒 0.17秒 0.17秒 暗 4.83″ 4.83″ 9.83″
中型	B	〃	750	2	110°	ナシ	375	1KW G.T.型 白熱電球	2,660,000	3°	3°	3	明 0.17秒 0.17秒 暗 6.50″ 13.16″
小型	C	屈折レンズ 主光芒ノ15%ヲ仰角25°以内ニ屈折	600	1		600	254	1KW T型 白熱電球	1,200,000	4°	4°	6	明 0.11秒 暗 9.89″
補助	D	フレネル・デ・オプトリック	300			ナシ	150	200W P.S.型 白熱電球 (2個)	5,000	360°	105°		モールス符號 航空燈台名稱・頭文字

航空知識(昭和11年12月号)より

航空標識燈一覽表

A ―― 60cm 反射鏡式回轉標識燈
B ―― 信號式標識燈
C ―― 70cm フレネルレンズ式回轉標識燈

名稱	所在地	初點ノ年	東經 北緯	色及光數	燈質 週期	燭光數(千)	燈高平均水面上(米)	光達距離(粁)	明弧	副燈燈質及光芒垂直開度	構造及燈上高(米)	點燈時間	備考
東京飛行場	東京市蒲田區羽田江戸見町	昭和8	139° 46′ 35° 33′	白 1	閃光毎10秒＝1閃	1200	16	50	全度	橙色 25°以內	飛行場事務所塔上＝Aヲ置ク 15m	隨時	
戸塚	神奈川縣鎌倉郡中和田村	昭和8	139° 30′ 35° 25′	白 1	閃光毎10秒＝1閃	1200	85	50	〃	白色 25°以內	鐵骨櫓型塔上＝Aヲ置ク 15m	自 a.m 2.30 至 日出 p.m 日沒 11.00	
辻堂	神奈川縣高座郡小出村	昭和10	139° 26′ 35° 22′	白	複連明暗(モールス符號ク)閃光毎10秒＝明0.7 暗0.7 明2.1 暗0.7 明2.1 暗0.7 明0.7 暗2.3	5	53	25	〃		鐵骨櫓型塔上＝Bヲ置ク 5.5m	自日沒至日出	
平塚	神奈川縣平塚市須賀町	昭和8	139° 22′ 35° 19′	白1赤1	連閃交光 毎13秒ヲ隔テ7秒間＝白一閃赤一閃	2660	29	75	〃	白色 90°	鐵骨櫓型塔上＝Cヲ置ク 15m	自 a.m 2.30 至 日出 p.m 日沒 11.00	
國府津	神奈川縣足柄下郡田島村	昭和10	139° 13′ 35° 17′	白 1	閃光毎10秒＝1閃	1200	205	50	〃	橙色 25°以內	鐵骨櫓型塔上＝Aヲ置ク 15m	自 a.m 2.30 至 日出 p.m 日沒 11.00	
眞鶴	神奈川縣足柄下郡眞鶴町	昭和8	139° 8′ 35° 9′	白 1	閃光毎10秒＝1閃	1200	105	50	〃	青色 25°以內	〃 15m	自 a.m 2.30 至 日出 p.m 日沒 11.00	
御殿場	靜岡縣駿東郡御殿場町北久原518ノ4	昭和10	138° 56′ 35° 19′	白 1	〃	1200	485	50	〃	赤色 〃	〃 15m	自 a.m 2.30 至 日出 p.m 日沒 11.00	
矢倉嶽	神奈川縣足柄上郡北足柄村	昭和10	139° 2′ 35° 20′	白	複連明暗(モールス符號ヤ)毎10秒＝明0.8 暗0.8 明2.4 暗0.8 明2.4 暗2.8	5	873	25	〃		鐵骨櫓型塔上＝Bヲ置ク 5.5m	自日沒至日出	
神山	神奈川縣足柄下郡元箱根村神山山頂	昭和10	139° 1′ 35° 14′	白1赤1	連閃交光 毎13秒ヲ隔テ7秒間＝白一閃赤一閃	2660	1444	75	〃	白色	鐵骨櫓型塔上＝Cヲ置ク 5m	自 a.m 2.30 至 日出 p.m 日沒 11.00	
鞍掛山	靜岡縣田方郡函南村桑原1,373字鞍掛山	昭和10	139° 2′ 35° 10′	白 1	閃光毎10秒＝一閃	1200	1009	50	〃	青色 25°	鐵骨櫓型塔上＝Aヲ置ク 5m	自 a.m 2.30 至 日出 p.m 日沒 11.00	
十國峠	靜岡縣田方郡熱海町	昭和8	139° 2′ 35° 5′	白2青1	連閃交光 毎10秒ヲ隔テ10秒間＝白二閃 青一閃	2660	790	75	〃	白色	鐵骨櫓型塔上＝Cヲ置ク 15m	自 a.m 2.30 至 日出 p.m 日沒 11.00	
巢雲山	靜岡縣田方郡下大見村大字下白岩字長者ヶ原1,445ノ1	昭和10	138° 2′ 35° 0′	白 1	閃光毎10秒＝1閃	1200	587	50	〃	青色 25°	鐵骨櫓型塔上＝Aヲ置ク 6m	自 a.m 2.30 至 日出 p.m 日沒 11.00	
沼津	靜岡縣沼津市上香貫	昭和8	138° 53′ 35° 5′	白 1	閃光毎10秒＝1閃	1200	208	50	〃	橙色 25°	鐵骨櫓型塔上＝Aヲ置ク 15m	自 a.m 2.30 至 日出 p.m 日沒 11.00	
田子浦	靜岡縣富士郡田子浦村	昭和8	138° 40′ 35° 7′	白 1	閃光毎10秒＝1閃	1200	44	50	〃	白色 25°	〃 24m	自 a.m 2.30 至 日出 p.m 日沒 11.00	
三保	靜岡縣清水市三保	昭和9	138° 31′ 35° 1′	白 1	閃光毎10秒＝1閃	1200	17	50	〃	橙色 25°	鐵骨櫓型塔上＝Aヲ置ク 15m	自 a.m 2.30 至 日出 p.m 日沒 11.00	
久能	靜岡縣清水市蛇塚	昭和10	138° 28′ 34° 58′	白	複連明暗(モールス符號ク)毎10秒＝明0.8 暗0.8 明0.8 暗0.8 明0.8 暗0.8 明2.4 暗2.8	5	313	25	〃		鐵骨櫓型塔上＝Bヲ置ク 5.5m	全夜	
燒津	靜岡縣志田郡東益津村	昭和8	138° 20′ 34° 54′	白2紅1	連閃交光 毎10秒ヲ隔テ10秒間＝白一閃 赤一閃 白一閃	2660	465	75	〃	白色	鐵骨櫓型塔上＝Cヲ置ク	自 a.m 2.30 至 日出 p.m 日沒 11.00	
金谷	靜岡縣小笠郡河城村	昭和8	138° 6′ 34° 48′	白 1	閃光毎10秒＝1閃	1200	297	50	〃	青色 25°	鐵骨櫓型塔上＝Aヲ置ク 15m	自 a.m 2.30 至 日出 p.m 日沒 11.00	
袋井	靜岡縣周知郡久努西村大字久能字表ヶ谷2,912ノ1	昭和10	137° 55′ 34° 46′	白 1	閃光毎10秒＝1閃	1200	74	50	〃	白色 25°	〃 24m	自 a.m 2.30 至 日出 p.m 日沒 11.00	
濱松	靜岡縣濱名郡吉野村	昭和8	137° 43′ 34° 45′	白 1	閃光毎10秒＝1閃	1200	65	50	〃	橙色 25°	鐵骨櫓型塔上＝Aヲ置ク 21m	自 a.m 2.30 至 日出 p.m 日沒 11.00	
豐橋	愛知縣八名郡石卷村	昭和8	137° 30′ 34° 47′	白 1	閃光毎10秒＝1閃	1200	425	50	〃	橙色 25°	〃 15m	自 a.m 2.30 至 日出 p.m 日沒 11.00	
御油	愛知縣寶飯郡御津村	昭和10	137° 19′ 34° 49′	白	複連明暗(モールス符號コ)毎10秒＝明1.5 暗0.5 明1.5 暗0.5 明1.5 暗0.5 明1.5 暗2.5	5	97	25	〃		鐵骨櫓型塔上＝Bヲ置ク 5.5m	全夜	
幡豆	愛知縣幡豆郡幡豆町	昭和8	137° 9′ 34° 48′	白 1	閃光毎10秒＝1閃	1200	346	50	〃	赤色 25°	鐵骨櫓型塔上＝Aヲ置ク 15m	自 a.m 2.30 至 日出 p.m 日沒 11.00	
知多本宮山	愛知縣知多郡西浦町	昭和8	136° 53′ 34° 52′	白 3	連閃光毎10秒ヲ隔テ10秒間＝三閃光	2660	102	75	〃	白色	鐵骨櫓型塔上＝Cヲ置ク 15m	自 a.m 2.30 至 日出 p.m 日沒 11.00	

名古屋新聞社	愛知縣名古屋市西川端町	昭和11	136° 55′ 35° 10′	青1白1赤1	連閃交光 毎10秒ヲ隔テ10秒間＝青1閃 白1閃 赤1閃	2660	42	75	〃	白色	鐵骨硝石張塔内ニCヲ置ク 33m	自 日沒 至 日出
明野	三重縣度會郡北濱村	昭和8	136° 40′ 34° 32′	白 1	閃光毎10秒＝1閃	1200	27	50	〃	橙色 25°	鐵骨櫓型塔上ニAヲ置ク 21m	a.m p.m 自 3.00 日沒 至 日出 9.00
千世崎	三重縣河藝郡若松村	昭和8	136° 37′ 34° 51′	赤1白1	連閃交光 毎13秒ヲ隔テ7秒間＝赤一閃 白一閃	2660	26	75	〃	白色	鐵骨櫓型塔上ニCヲ置ク 24m	a.m p'm 自 3.00 日沒 至 日出 11.00
關	三重縣鈴鹿郡關町	昭和8	136° 22′ 34° 51′	白 1	閃光毎10秒＝1閃	1200	309	50	〃	青色 25°	鐵骨櫓型塔上ニAヲ置ク 15m	a.m p.m 自 3.00 日沒 至 日出 9.00
笠取山	三重縣阿山郡阿波村大字下阿波笠取	昭和11	136° 18′ 34° 44′	白 1	閃光毎10秒＝1閃	1200	50	50	〃	赤色 25°	〃 5.5m	a.m p.m 自 3.00 日沒 至 日出 9.00
加太	三重縣鈴鹿郡加太村	昭和8	136° 18′ 34° 50′	白	複連明暗(モールス符號カ)閃光毎10秒＝明0.8 暗0.8 明2.4 暗0.8 明0.8 暗0.8 明0.8 暗2.8	5	44	25	〃	赤色	鐵骨櫓型塔上ニBヲ置ク 16m	自 日沒 至 日出
靈山寺山	三重縣阿山郡西柘植村大字下柘植347ノ1	昭和10	136° 16′ 34° 49′	白1青1	連閃交光 毎13秒ヲ隔テ7秒間＝白1閃 青1―	266	771	75	〃	白色	鐵骨櫓型塔上ニCヲ置ク 5m	a.m p.m 自 3.00 日沒 至 日出 9.00
柘植	三重縣阿山郡西柘植村	昭和8	136° 13′ 34° 50′	白 2	連閃光 毎13秒ヲ隔テ7秒間＝2閃光	2660	243	7	〃	白色	〃 15m	a.m p.m 自 3.00 日沒 至 日出 9.00
上野	三重縣阿山郡長田村	昭和8	136° 5′ 34° 45′	白 1	閃光毎10秒＝1閃	1200	517	50	〃	青色 25°	鐵骨櫓型塔上ニAヲ置ク 15m	a.m p.m 自 3.00 日沒 至 日出 9.00
大河原	京都府相樂郡南大河原村	昭和10	136° 0′ 34° 45′	白	複連明暗(モールス符號オ)毎10秒＝明0.7 暗0.7 明2.1 暗0.7 明0.7 暗0.7 明0.7 暗0.7 明0.7 暗2.3	5	308	25	〃		鐵骨櫓型塔上ニBヲ置ク 5.5m	自 日沒 至 日出
笠置	京都府相樂郡笠置村	昭和8	135° 56′ 34° 45′	白 1	閃光毎10秒＝1閃	1200	371	50	〃	白色 25°	鐵骨櫓型塔上ニAヲ置ク 19m	a.m p.m 自 3.00 日沒 至 日出 9.00
京都丸物	京都市烏丸通七條下ル東塩小路町729	昭和11	135° 46′ 34° 59′	赤1白1青1	連閃交光 毎5秒ヲ隔テ5秒間＝赤1閃 白1閃 青1閃	500	73	40	〃		屋上鐵骨硝子張塔上ニフレネルレンズ式回轉標識燈ヲ置ク 44m	自 日沒 至 日出
木津	京都府相樂郡木津町	昭和10	135° 51′ 34° 43′	白	複連明暗(モールス符號キ)毎10秒間＝明1.8 暗0.6 明0.6 暗0.6 明1.8 暗0.6 明0.6 暗0.6 明0.6 暗2.2	5	142	25	〃		鐵骨櫓型塔上ニBヲ置ク 5.5m	自 日沒 至 日出
生駒山	奈良縣生駒郡生駒町	昭和8	135° 41′ 34° 40′	白2青1	連閃交光 毎10秒ヲ隔テ10秒間＝白1閃 青1閃 白1閃	2660	645	75	〃	白色	鐵骨櫓型塔上ニCヲ置ク 15m	a.m p.m 自 3.00 日沒 至 日出 9.00
大阪飛行場	大阪市大正區船町	昭和8	135° 28′ 34° 38′	白 1	閃光毎10秒＝1閃	1200	17	50	〃	橙色	鐵骨櫓型塔上ニAヲ置ク 15m	隨時
大阪朝日	大阪市北區中ノ島三丁目三番地朝日ビルヂング	昭和6	135° 29′ 54″ 34° 41′ 25″	綠1白1紅1	連閃交光毎10秒＝3閃、閃紅0.133秒 暗1.867秒 閃白0.133秒 暗1.867秒 閃綠0.133秒 暗5.867秒	紅210 白530 綠160	63.79	紅82 白95 綠80	〃		鐵骨輕合金張角圓形塔上＝58m	自 日沒 至 9.00
神戸大丸	兵庫縣神戸市明石町四〇番地	昭和11	135° 12′ 34° 41′	白1赤1	連閃交光 毎10秒間＝毎5秒ヲ隔テ白1閃 赤1閃	120	56	50	〃	青色 3° 33′	屋上鐵筋コンクリート塔上ニAヲ置ク50m	自 日沒 至 日出
須磨	兵庫縣神戸市須磨區鉢伏山	昭和8	135° 6′ 34° 38′	白 2	連閃光 毎13秒ヲ隔テ7秒間＝白2閃	2660	262	75	〃	白色	鐵骨櫓型塔上ニCヲ置ク 15m	a.m p.m 自 5.30 日沒 至 日出 7.30
室津	兵庫縣揖保郡室津村	昭和8	134° 31′ 34° 46′	白1赤1	連閃交光 毎13秒ヲ隔テ7秒間＝白1閃 赤1閃	2660	281	75	〃	白色	〃 15m	a.m p.m 自 5.30 日沒 至 日出 7.30
玉津	岡山縣邑久郡玉津村	昭和8	134° 10′ 34° 40′	白 1	閃光毎10秒＝1閃	1200	155	50	〃	白色 25°	鐵骨櫓型塔上ニAヲ置ク 15m	a.m p.m 自 5.30 日沒 至 日出 7.30
早島	岡山縣都窪郡早島町	昭和8	133° 50′ 34° 37′	白	閃光毎10秒＝1閃	1200	95	50	〃	橙色 25°	〃 15m	a.m p.m 自 5.30 日沒 至 日出 7.30
新潟新聞社	新潟市西堀前通 9	昭和12	139° 3′ 37° 55′	赤1青1白1	連閃交光 毎10秒ヲ隔テ10秒間＝赤1閃 青1閃 白1閃	2500	38	75	〃	白色 110°	屋上鐵骨櫓型塔上ニCヲ置ク 36.8m	自 日沒 至 日出
福岡松屋	福岡市橋口町46	昭和8	130° 25′ 33° 35′	白1 紅	聯成不動閃光 毎10秒＝一閃(白)	白1070 紅7	42.8	100	〃		中央鐵骨周圍ネオン管	自 日沒 至 11.00
大牟田	福岡縣三池郡銀水村岬字仲屋敷	昭和11	130° 20′ 33° 4′	白	複連明暗(モールス符號オ)毎10秒＝明0.7 暗0.7 明2.1 暗0.7 明0.2 暗0.7 明0.7 暗0.7 明0.7 暗2.3	5	74	25	〃		Bヲ置ク 15.5m	
川内	鹿兒島縣日置郡串木野町大字羽島	昭和11	130° 14′ 31° 47′	白	複連明暗(モールス符號セ)毎10秒＝明0.5 暗0.5 明1.5 暗0.5 明1.5 暗0.5 明1.5 暗0.5 明0.5 暗2.5	5	535	25	〃		〃 15.5m	〃
札幌今井商店	札幌市南一條西二丁目十一番地株式會社今井商店屋上	昭和13	141° 21′ 43° 3′	白 3	連閃光 毎10秒ヲ隔テ10秒間＝白三連閃	2000	67	65	〃		鐵骨硝子張塔内ニCヲ置ク	自 日沒 至 日出

燈臺局編纂『日本燈臺表』（燈光會　昭和13年）より

航空燈臺一覽表

昭和14年5月15日調

名稱	所在地	初點燈日 官報 告示日	東經 北緯 度 分 秒	燈火迄の標高 (m)	間隔 (m)	型式	燈質	色別 主燈	色別 副燈	點燈時間	コース・ライトの方向 (度)	塔高	備考
東京飛行場	東京市蒲田區羽田江戸見町	8, 11, 4	E 139° 45′ 43″ N 35° 33′ 10″	16		小	C	白	橙	隨時	綠 なし 赤 223°	15	
戸塚	神奈川縣鎌倉郡中和田村	8, 11, 4	E 139° 30′ 15″ N 35° 25′ 28″	85	27,5	小	C	白	白	a.m. p.m. 自 2.30 日沒 至 日出 11.00	綠 52° 赤 225,5°	15	
辻堂	神奈川縣高座郡小出村	10, 11, 15	E 139° 26′ 26″ N 35° 21′ 41″	53	8,7	補	D	ッ		全夜	なし	5	
平塚	神奈川縣平塚市須賀町	8, 11, 4	F 139° 21′ 59″ N 35° 18′ 53″	29	8,6	中	B	白，赤	白	a.m. p.m. 自 2.30 日沒 至 日出 11.00	綠 45,5° 赤 226,0°	15	
國府・津	神奈川縣足柄下郡田島村	10, 4, 1	E 139° 12′ 42″ N 35° 17′ 24″	205	14,3	小	C	白	橙	〃	綠 87,5° 赤 285,0°	15	
眞鶴	神奈川縣足柄下郡眞鶴町	8, 11, 4	F 139° 8′ 39″ N 35° 8′ 48″	105	16,9	小	C	白	綠	〃	綠 46° 赤 255,5°	15	
御殿場	靜岡縣駿東郡御殿場町	10, 4, 1	E 138° 56′ 12″ N 35° 18′ 49″	485		小	C	白	赤	〃	綠 80,5° 赤 192,0°	15	
矢倉嶽	神奈川縣足柄上郡北足柄村	10, 11, 15	E 139° 2′ 19″ N 35° 19′ 32″	873		補	D	ヤ		全夜	なし	5	
神山	神奈川縣足柄下郡元箱根村	10, 12, 20	E 139° 1′ 27″ N 35° 13′ 48″	1,444		中	B	白，赤	白	a.m. p.m. 自 2.30 日沒 至 日出 11.00	綠 65,5° 赤 220,0°	5	
鞍掛山	靜岡縣田方郡函南村	10, 4, 6	E 139° 1′ 44″ N 35° 10′ 22″	1,009		小	C	白	綠	〃	綠 50,0° 赤 235,0°	5	
十國峠	靜岡縣田方郡熱海町	8, 11, 4	E 139° 2′ 26″ N 35° 7′ 30″	790	9,3	大	A	白,白,綠	白	〃	綠 75,5° 赤 256,0°	15	
巢雲山	靜岡縣田方郡下大見村	10, 12, 28	E 138° 2′ 26″ N 35° 0′ 7″	587		小	C	白	綠	〃	綠 29,5° 赤 305,5°	5	
沼津	靜岡縣沼津市上香貫	8, 11, 4	E 138° 52′ 45″ N 35° 5′ 29″	208	15,3	小	C	白	橙	〃	綠 76,0° 赤 234,0°	15	
田子浦	靜岡縣富士郡田子浦町	8, 11, 4	E 138° 41′ 7″ N 35° 7′ 42″	44	19,3	小	C	白	白	〃	綠 104,0° 赤 230,0°	24	
三保	靜岡縣淸水市三保村	9, 4, 28	E 138° 40′ 21″ N 35° 7′ 27″	16	18,2	小	C	白	橙	〃	綠 50,0° 赤 233,0°	15	
久能	靜岡縣淸水市蛇塚	10, 11, 15	E 138° 28′ 21″ N 34° 58′ 10″	313	4,8	補	D	ク		全夜	なし	5	
燒津	靜岡縣志太郡東益津村	8, 11, 4	E 138° 20, 45″ N 34° 54′ 18″	465	15,8	大	A	白,赤,白	白	a.m. p.m. 自 2.30 日沒 至 日出 11.00	赤 53,0° 綠 244,0°	15	
金谷	靜岡縣小笠郡河城村	8, 11, 4	E 138° 0′ 29″ N 34° 48′ 24″	297	24,0	小	C	白	綠	〃	綠 64,0° 赤 258,5°	15	
袋井	靜岡縣周智郡久努西村	10, 4, 1	E 137° 55′ 12″ N 34° 46′ 15″	74	17,8	小	C	白	白	a.m. p.m. 自 2.30 日沒 至 日出 11.00	綠 76,0 赤 262,0	24	
濱松	靜岡縣濱名郡吉野村	8, 11, 4	E 137° 43′ 2″ N 34° 44′ 55″	65	18,3	小	C	白	橙	〃	綠 78,5 赤 281,5	21	
豐橋	愛知縣八名郡石卷村	8, 11, 4	E ′137° 29, 47″ N 34° 47′ 55″	425	20,7	小	C	白		〃	綠 101,5 赤 274,0		
御油	愛知縣寶飯郡御津村	10, 11, 15	E 137° 18′ 51″ N 34° 48′ 55″	97	17,0	補	D	コ		全夜	なし	5	
幡豆	愛知縣幡豆郡幡豆町	8, 11, 4	E 137° 8′ 54″ N 34° 48′ 17″	346	15,2	小	C	白	赤	a.m. p.m. 自 2.30 日沒 至 日出 11.00	綠 94,0 赤 287,0	15	

知多本宮山	愛知縣知多郡西浦町	8, 11, 4	E 136° 52′ 36″ N 34° 52′ 27″	102	15,8	大	A	白,白,白	白	〃	綠 107,0 白 206,0 赤 263,0	15	
名古屋新聞社	愛知縣名古屋市西川端町	11, 6, 8	E 136° 54′ 43″ N 35° 9′ 34″	42		大	A	綠,白,赤	白	全夜	なし	屋上	
明野	三重縣度會郡北濱村	8, 11, 4	E 136° 40′ 20″ N 34° 31′ 45″	27		小	小	白	橙	a.m. p.m. 自 2,30 日沒 至 日出 9.00	綠 26,0 赤 352,0	21	
千世崎	三重縣河藝郡若松村	8, 11, 4	E 136° 37′ 3″ N 34° 51′ 0″	26	23,8	中	B	赤, 白	白	〃	綠 83,0 白 171,0 赤 267,5	24	
關	三重縣鈴鹿郡關町	8, 11, 4	E 136° 22′ 18″ N 34° 50′ 33″	309	22,6	小	C	白	綠	〃	綠 87,5 赤 266,0	15	
笠取山	三重縣阿山郡阿波村	11, 1, 30	E 136° 17′ 59″ N 34° 43′ 51″	850	13,9	小	C	白	赤	〃	綠 123,0 赤 275,5	15	
加太	三重縣鈴鹿郡加太村	8, 11, 4	E 136° 17′ 36″ N 34° 50′ 17″	440	20,4	補	D	カ		全夜	なし	15	
霊山寺山	三重縣阿山郡西柘植村	10, 9, 6	E 136° 15′ 49″ N 34° 48′ 49″	771	10,3	中	B	白,綠,白	白	a.m. p.m. 自 3,00 日沒 至 日出 9.00	綠 73,0 赤 248,0	5	
柘植	三重縣阿山郡西柘植村	8, 11, 4	E 136° 12′ 57″ N 34° 49′ 39″	243	4,6	中	B	白, 白	白	〃	綠 81,0 赤 235,0	15	
上野	三重縣阿山郡長田村	8, II, 4	E 136° 4′ 42″ N 34° 44′ 58″	317	15,1	小	C	白	綠	〃	綠 55,0 赤 266,0	15	
大河原	京都府相樂郡南大河原村	10, 11, 15	E 135° 59′ 53″ N 34° 45′ 37″	308	9,4	補	D	オ		全夜	なし	5	
笠置	京都府相樂郡笠置村	8, 11, 4	E 135° 56′ 19″ N 34° 44′ 30″	371	5,6	小	C	白	白	a.m. p.m. 自 3.00 日沒 至 日出 9.00	綠 86,0° 赤 252,0°	15	
生駒山	奈良縣生駒郡生駒町	8, 11, 4	E 135° 40′ 50″ N 34° 40′ 17″	645	16,2	大	A	白,綠,白	白	a.m. p.m. 自 3.00 日沒 至 日出 9.00	綠 72,0 赤 255,0°	15	
大阪第二飛行場	兵庫縣川邊郡神津村	14, 1, 9	E 135° 25′ N 34° 47′	29		小	C	白	橙	隨時			
龍王山	大阪府北河内郡盤船村		E 135° 42′ 25″ N 34° 46′ 38″	325,2		補	D	リ		全夜			
京都丸物	京都市下京區烏丸通七條下ル	11, 10, 5	E 135° 46′ N 34° 59′	73		大	特	赤,白,青		全夜		44	
札幌今井	札幌市南一條西二丁目十一	13, 2, 7	E 141° 21′ N 43° 3′	67		大	A	白,白,白		全夜	なし	49	
大阪朝日	大阪市北區中ノ島	6, 5, 0	E 135° 29′ 54″ N 34° 41′ 23″	64		大	特	綠,白,赤		p. m 自 日沒 至 9.00	なし	屋上	
神戸大丸	兵庫縣神戸市明石町	11, 7, 10	E 135° 11′ 38″ N 34° 41′ 8″	56		中	特	白, 赤	白	全夜	なし	〃	
須磨	兵庫縣神戸市須磨區鉢伏山	8, 11, 5	E 135° 6′ 58″ N 34° 38′ 18″	262	33,5	中	B	白. 白	白	a.m p.m 自 5.30 日沒 至 日出 7.70	綠 92,5° 赤 286,0°	15	
室津	兵庫縣揖保郡室津村	8, 11, 4	E 134° 30′ 52″ N 34° 46′ 24″	281	55,0	中	B	白, 赤	白	〃	綠 106,0° 赤 247,5°	15	
玉津	岡山縣邑久郡玉津村	8, 11, 4	E 134° 10′ 13″ N 34° 39′ 32″	I55	33.9	小	C	白	白	〃	67,5° 262,5°	15	
早島	岡山縣都窪郡早島町	8, 11, 4	E 133° 49′ 50″ N 34° 37′ 17″	95	31,3	小	C	白	橙	〃	82,5° 245,0°	15	
福岡松屋	福岡市橋口町	8, 8, 8	E 130° 24′ 4″ N 33° 35′ 23″	43		小	C	白	赤	p. m. 自 日沒 至 11,00	なし	屋上	
大牟田	福岡縣三池郡銀水村	11, 3, 31	E 130° 25′ 57″ N 33° 4′ 15″	74		補	D	オ		全夜	なし	5	
川内	鹿兒島縣日置郡串木野村	11, 3, 31	E 130° 19′ 52″ N 31° 46′ 38″	535		補	D	セ		全夜	なし	5	
新潟新聞社	新潟市西堀前通リ	12, 9, 8	E 139° 2′ 53″ N 37° 55′ 127″	38		大	A	赤,綠,白		全夜	なし		

燈臺局編纂『日本燈臺表』(燈光會　昭和14年)より

平成一八・二二・二三年）において、戦前の航空灯台（久我山《くが》・正林坊山《しょうりんぼう》・嫦娥山《じょうが》）を紹介している。

以上の総括として、『歴史と神戸』三〇六号（平成二六年）に「兵庫県内の航空灯台について」を掲載し、筆者独自の航空灯台一覧表を初めて公表している。

航空灯台の歴史

我が国の民間航空が、夜間の定期飛行計画を立てたのは昭和五年で、航空局、日本航空輸送会社協同で、東京〜九州間の現地踏査が昭和六年に行われ、航空灯台の設置場所が決定された。その選定場所一覧表は、表1（312頁第一期航空灯台）の通りである。

昭和七年一〇月から航空灯台の建設が各地で始まり、昭和八年一〇月に整備が完了した。東京飛行場と大阪飛行場の間に二〇ヶ所、大阪飛行場と大刀洗《たちあらい》飛行場（福岡県）の間に一九ヶ所が設置された。ただし、大阪以西で点灯された灯台は、須磨、室津、玉津、早島《はやしま》のみで、陸軍の岡山練兵場と広島東練兵場の着陸場が、不時着陸場として認可されなかったため、笠岡以下一五ヶ所の航空灯台は未点灯のままとなり、岡山上空で、上り便は日没、下り便は日出となるようにダイヤが編成され、昭和八年一一月から毎日上下一便、郵便および貨物専用機による定期航空が開始された。

昭和九年一月三一日夜、大阪飛行場に着陸しようとした際に海中に没入して操縦士が死亡するという事故が起こった。この事故を契機として夜間照明施設の再検討が行われて夜間航空が中断し、箱根と鈴鹿で並列航空路を設けて航空灯台を増設したあと、昭和一〇年四月に再開された。昭和一二年七月以降、戦争による燃料、乗員確保の困難さにより、夜間定期航空は中止となった。航空灯台そのものは点

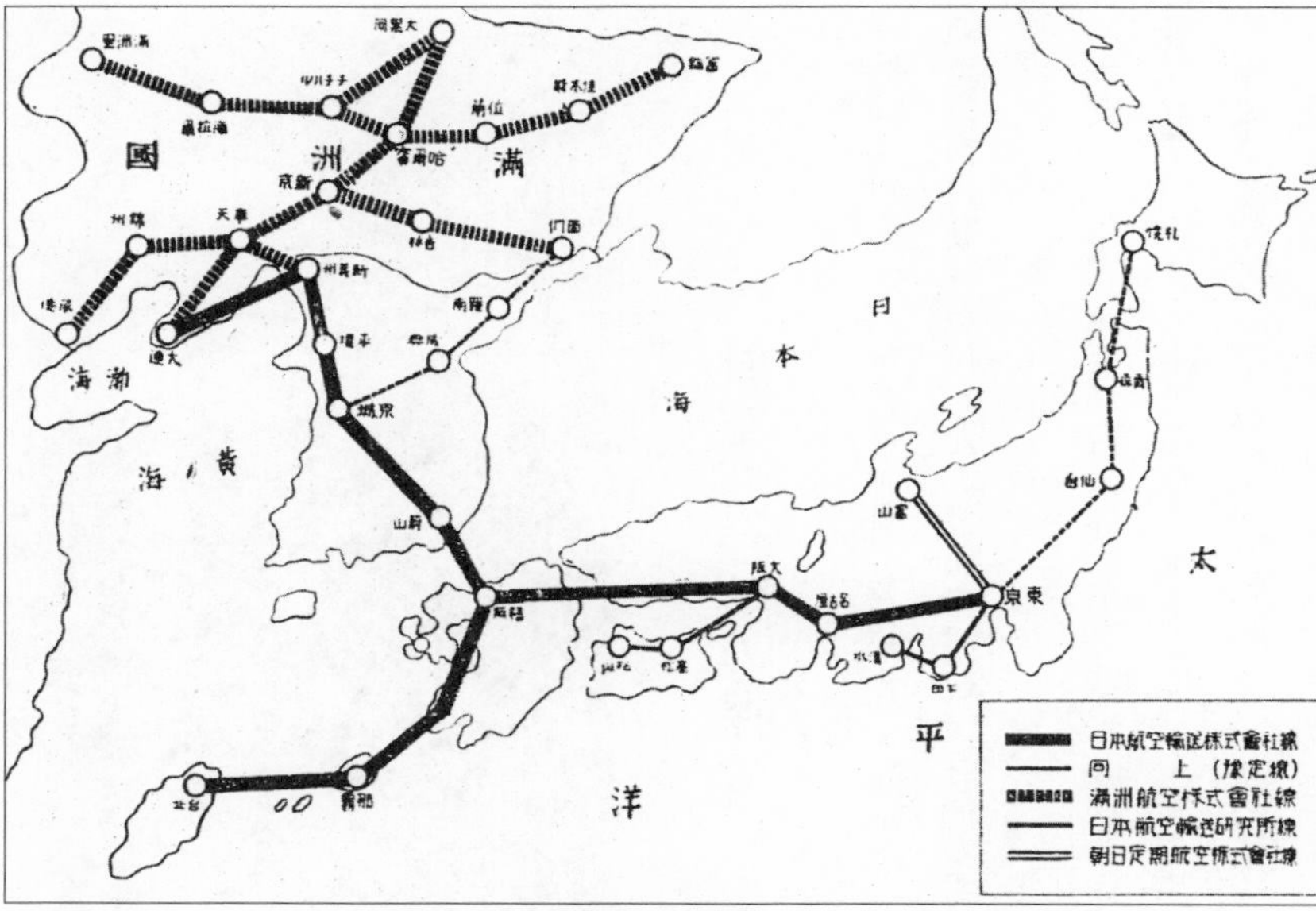

航空路線図
『福岡市案内』（博多商工会議所、昭和11年）より

灯されて、早暁、薄暮飛行の増加に対応して、安全に寄与していた。

表2（315頁）が、昭和一〇～一四年設置の第2期航空灯台の一覧表で、表3（316頁）が私設灯台である。昭和一五～一六年に増設された航空灯台は表4（317頁）の通りであるが、軍需生産重視の事情から配電線路と灯器製作が遅れ、昭和一八年には戦況の悪化に伴い、防空上から無期限消灯が命令され、廃止も相次いだ。

昭和二〇年一二月の連合軍指令により、二一年、航空灯台は維持存置、移設、廃止などの措置が行われた（昭和二三年四月一二日官報告示により、同二一年七月一〇日に廃止および新設）。その後、航空灯台は増設、移設、改造、撤去をくり返した（表5　318頁参照）。

昭和三六年九月、幹線のジェット化が開始され、航法も無線標識を利用するようになり、航空灯台の利用は減少した。昭和四〇年代には各種無線援助施設に航空路保安の主役が移り、昭和四三年、航空灯台は廃止が決まり、消灯され、昭和四四年に撤去が行われた（官報第一二六八〇号）。

航空灯台の一部は、地元からの強い要望によって、船の航路目標として継続利用されたものがあり、その一つの平塚航空灯台は、須賀灯台として平成一二年まで使用されていた。

四平街航空燈臺（絵葉書）
中国、吉林省西南部（旧満州）の
スーピン（四平）にあった航空灯台

航空灯台跡の探索

平成一八年、山と高原地図『御在所・鎌ヶ岳』（平成一四年）の中に、三重県亀山市で掲載されている航空灯台に興味を持ったことから、航空灯台のあった山として、「①久我山」を紹介した（新ハイキング関西）。

平成二一年、航空灯台の詳しい一覧表と『とうゆう』掲載の吉田久善氏の記事、航空灯台の資料満載の『航空照明五十年史』を入手するに及んで、基本的な資料が揃った。

平成二二年、「②正林坊山」の記事で、第一・二期航空灯台の一覧表も公表できた。

平成二三年、「③嫦娥山」を公表した。笠置と知多本宮山の航空灯台跡の探索は、平成二一年に終えていたが、掲載に至らないうちに、『新ハイキング関西』は、「嫦娥山」を掲載した一一八号(平成二三年五月)で終刊となり、掲載の機会を失うことになった。

その後も、航空灯台跡の調査は継続して、平成二一年一一月に始めていた、航空灯台一覧表作りは改訂を重ねて、平成二六年一〇月の『歴史と神戸』三〇六号への掲載となり、一区切りをつけることができた。巻末に参考資料として掲載した航空灯台一覧表は、その最新改訂版である。

戦前に建設された航空灯台は多数に上るので、その動向を全て網羅することは困難である。そのため、本書では、主として、昭和八年に設置された第一期航空灯台のうち、点灯されて実際に、夜間航空に寄与した東京と岡山(早島)の間の航空灯台を取り上げて、その航空灯台跡の現状を紹介することにした。

併せて、筆者の興味を引いた航空灯台跡も、いくつか選んで案内することにしたい。

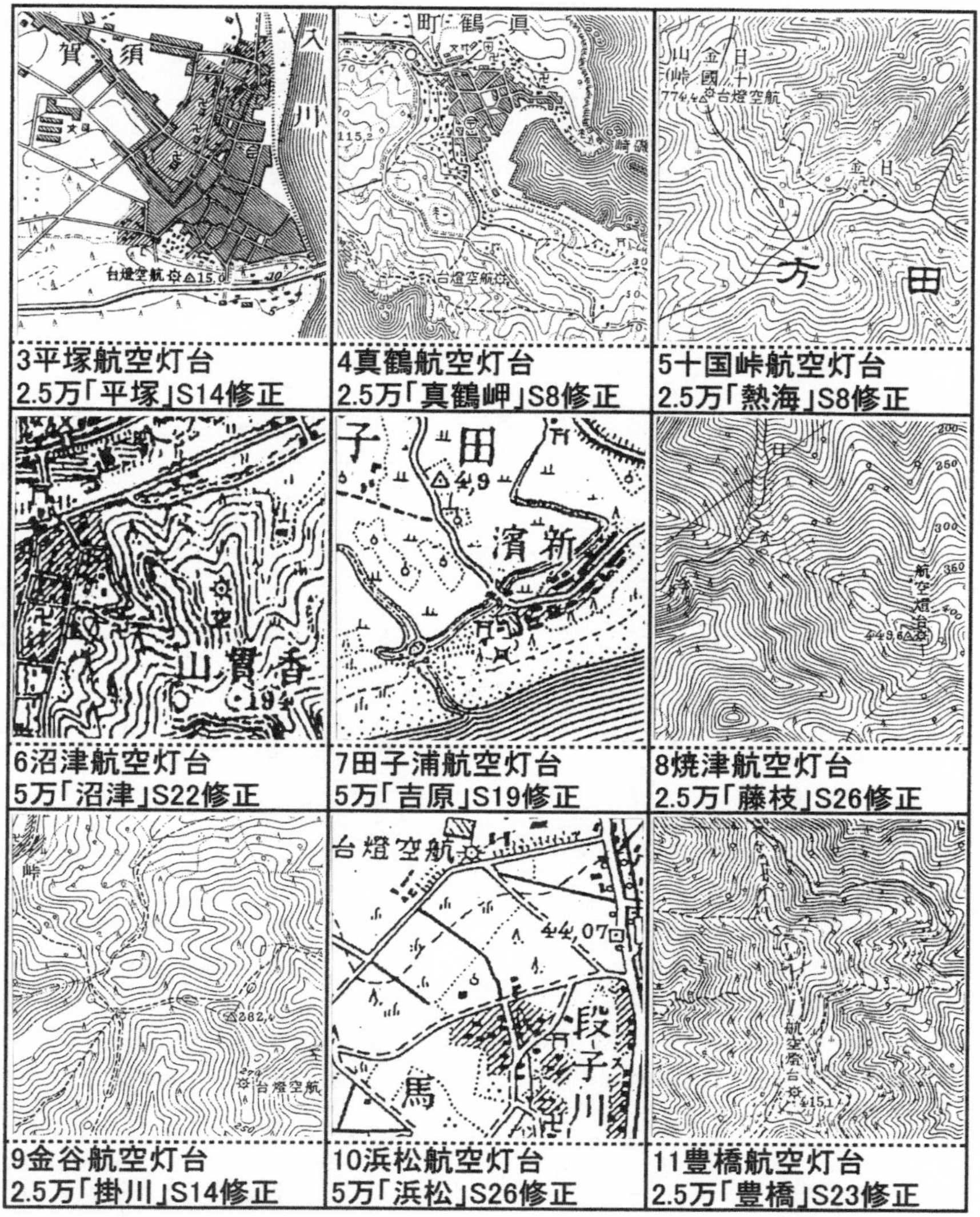

3平塚航空灯台
2.5万「平塚」S14修正

4真鶴航空灯台
2.5万「真鶴岬」S8修正

5十国峠航空灯台
2.5万「熱海」S8修正

6沼津航空灯台
5万「沼津」S22修正

7田子浦航空灯台
5万「吉原」S19修正

8焼津航空灯台
2.5万「藤枝」S26修正

9金谷航空灯台
2.5万「掛川」S14修正

10浜松航空灯台
5万「浜松」S26修正

11豊橋航空灯台
2.5万「豊橋」S23修正

地形図に記載された航空灯台・鉄塔①（縮尺は全て、2.5万分1に統一）（92%に縮小）

15千世崎航空灯台
2.5万「神戸」S12修正

16関航空灯台
5万「亀山」S12修正

17加太航空灯台
5万「亀山」S12修正

18柘植航空灯台
5万「上野」S12修正

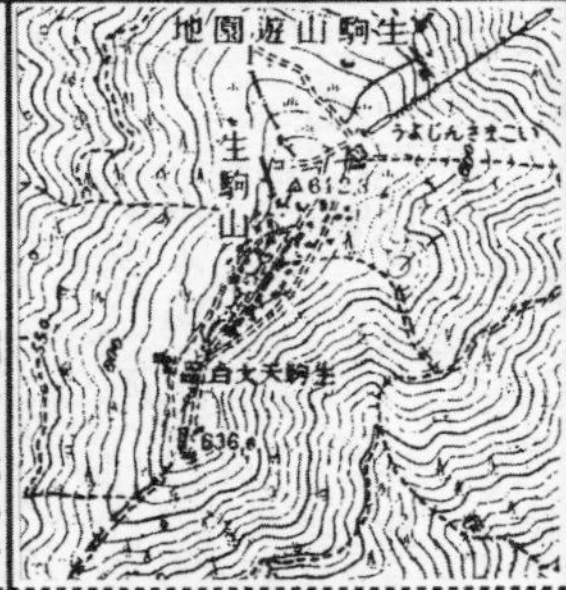

21生駒山航空灯台
2.5万「生駒山」S22修正

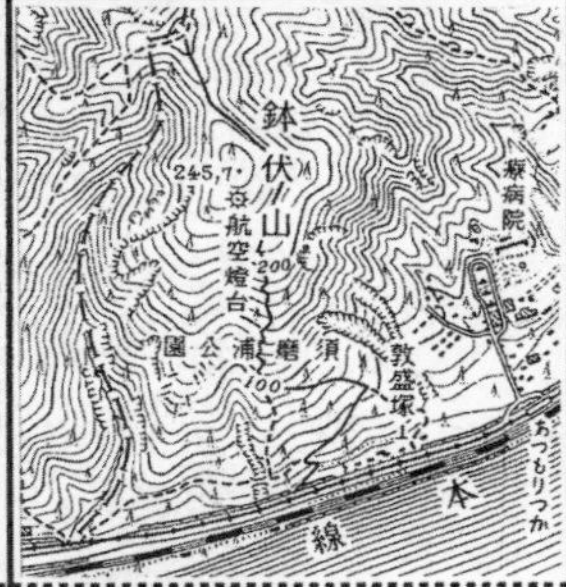

23須磨航空灯台
2.5万「須磨」S9修正

38行橋航空灯台
2.5万「苅田」S11修正

39若松航空灯台
2.5万「八幡市」S11修正

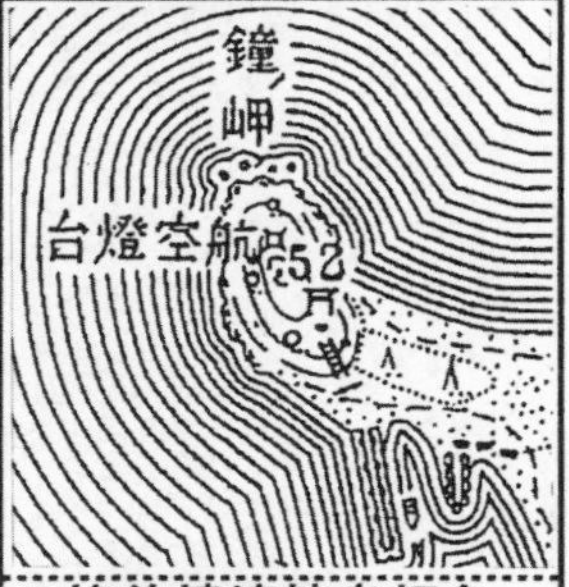

40筑前鐘崎航空灯台
5万「折尾」S11修正

地形図に記載された航空灯台・鉄塔②（縮尺は全て、2.5万分1に統一）（92％に縮小）

41秋月航空灯台
2.5万「甘木」S13測図

42三保航空灯台
2.5万「興津」S15修正

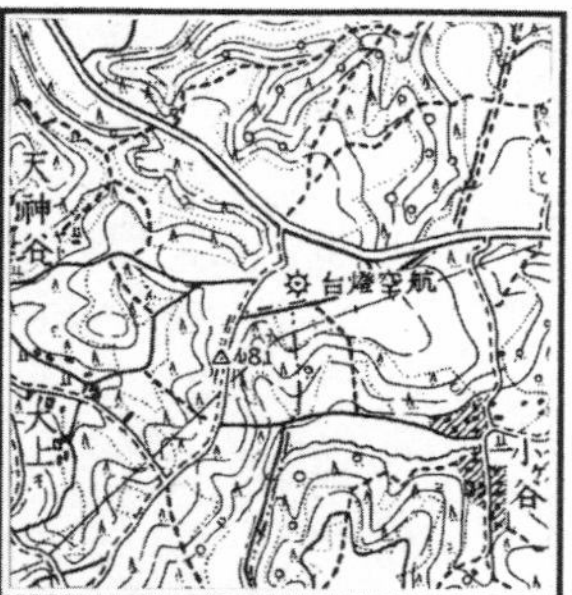

43辻堂航空灯台
2.5万「藤沢」S12修正

45御殿場航空灯台
5万「御殿場」S18修正

47神山航空灯台
5万「小田原」S20修正

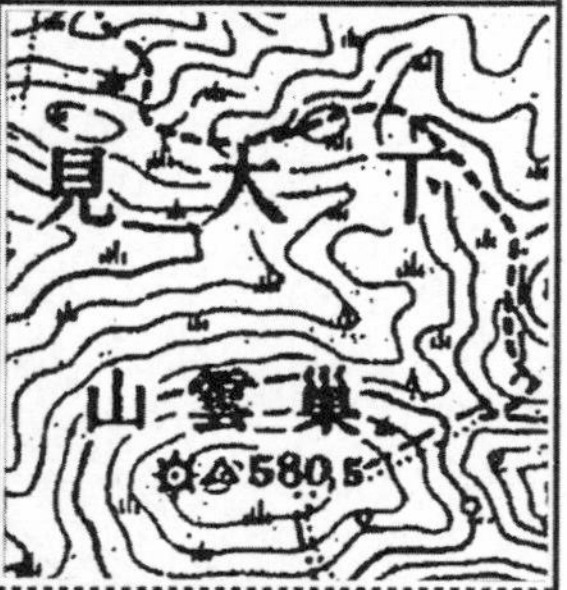

49巣雲山航空灯台
5万「熱海」S20修正

51袋井航空灯台
2.5万「山梨」S15修正

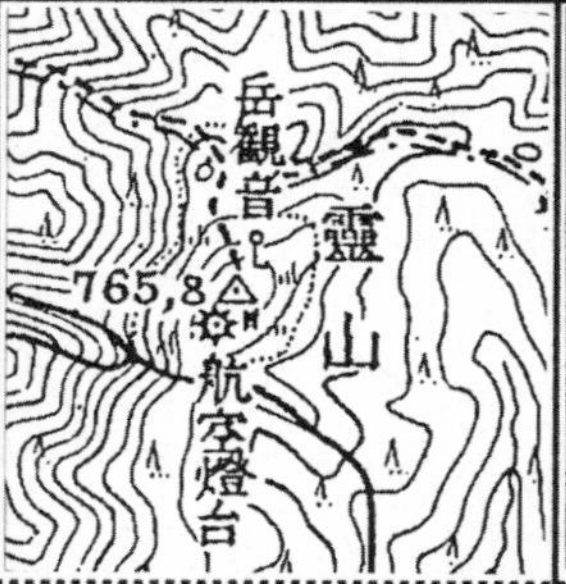

53霊山寺山航空灯台
5万「津西部」S12修正

56笠取山航空灯台
2.5万「佐田」S43測量

地形図に記載された航空灯台・鉄塔③（縮尺は全て、2.5万分1に統一）（92％に縮小）

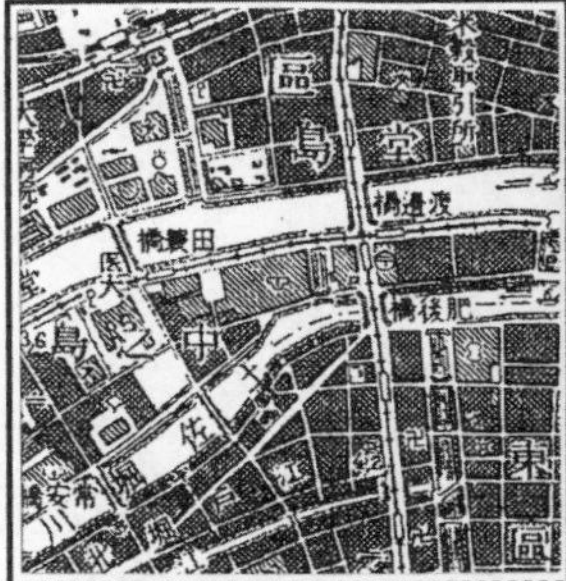

61大阪朝日航空灯台
2.5万「大阪西北部」S7修正

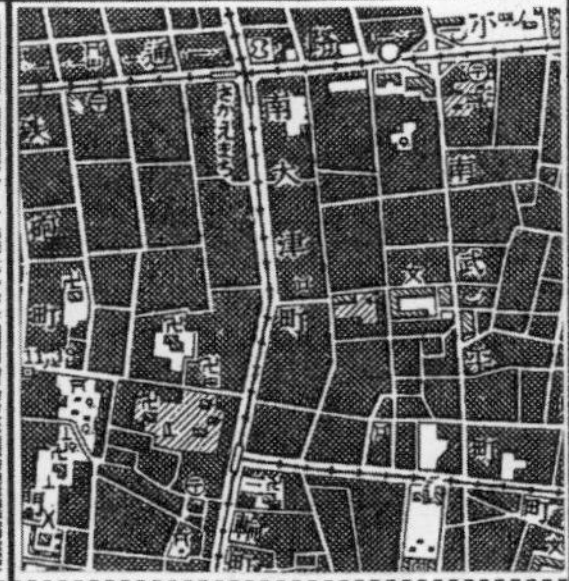

63名古屋中日航空灯台
2.5万「名古屋南部」S13修正

65神戸大丸航空灯台
2.5万「神戸首部」S22修正

67札幌今井航空灯台
2.5万「札幌」S27修正

68塩ヶ森航空灯台
2.5万「川上」S43改測

70岩屋航空灯台
2.5万「明石」S42改測

72大和村航空灯台
2.5万「串」S40測量

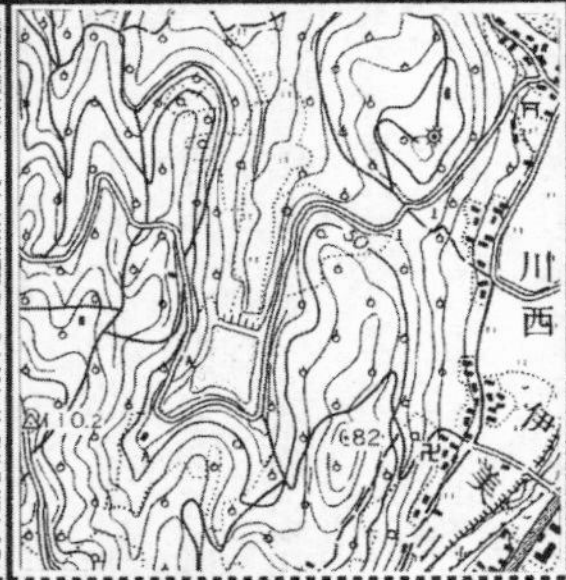

73伊美航空灯台
2.5万「竹田津」S46測量

75津田航空灯台
2.5万「志度」S44改測

地形図に記載された航空灯台・鉄塔④（縮尺は全て、2.5万分1に統一）（92％に縮小）

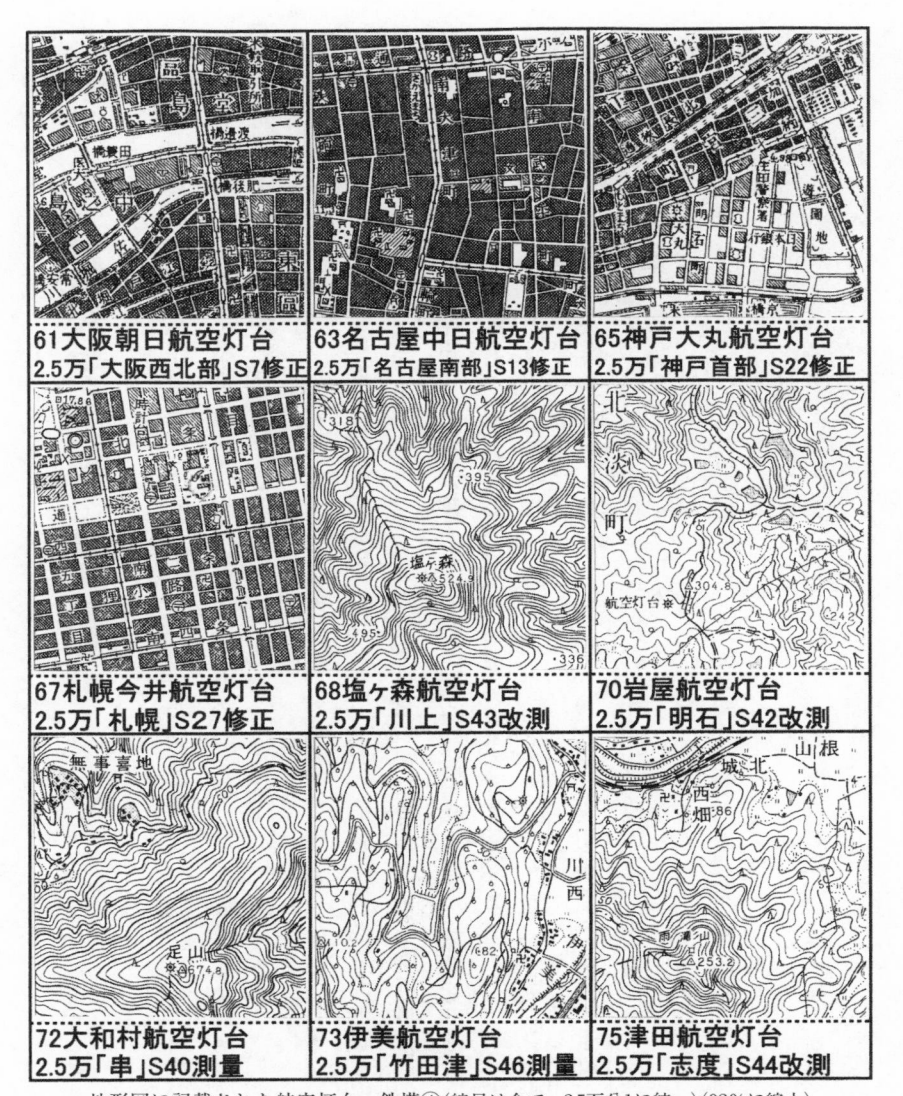

戸塚航空灯台跡(富士塚跡)

昭和八年設置の第一期航空灯台は、まず、東京飛行場に設置されたもので始まる。水路部の資料に記載された一覧表によれば、戦前、東京飛行場の高さ一五mの航空灯台は、羅針儀修正台南方事務所の屋上の塔上に灯器を設置したものであった。

『図解科学』第一巻第十一号(図解科学社、昭和八年一一月)の表紙写真は、東京国際飛行場の夜間照明(飛永賢一氏作)で、日本最初の夜間郵便飛行の記念作品である。四六〜七頁には、「夜間飛行を導く航空燈臺」(日本航空輸送会社資料)の記事があり、十国峠の航空灯台の写真と共に、東京国際飛行場の夜間航空施設屋上に設置された航空燈臺の写真が掲載され、他の地点の鉄塔櫓とは異なる姿を知ることができる(写真参照)。戦後、羽田空港となってからの経過は、別掲一覧表(参考資料表1 312頁)の注記に譲ろう。

我社獻納の戸塚燈臺

『我社の最近二十年史：マツダ新報二十周年記念』(昭和9年)より

二番目の位置に設置されたのは、戸塚航空灯台で、現在の神奈川県横浜市泉区和泉町の横根稲荷神社の東方の富士塚の上にあった。現在では富士塚はなく、その近くに神奈中バスの富士塚バス停があって、失われた富士塚の唯一の名残りをとどめている。

バス停の北西の宅地が富士塚の跡地である。現在の標高は約六五mであるが、富士塚の存在した当時に、地形図に見られた付近の標高点は七六・六mであった（富士塚の頂上かどうかは不明）。

ここに高さ一八mの八角形の富士塚が人工的に築かれたのは明治一二年のことで、富士講が盛んに行われた（安西實「横根の富士塚と富士講」平成八年）。富士塚山頂から見れば富士山を中心として右に大山、丹沢山、左に箱根連山が一望できる。このような立地からか、逓信省が山頂を買収して、昭和八年五月に戸塚航空灯台が設置された。

航空燈臺（東京国際飛行場の夜間航空施設屋上に設置）
（「図解科学」第1巻第11号、昭和8年11月、47頁）

昭和八～一九年に航空灯台があり、午前二時半から日出までと、日没から午後一一時まで点灯され、高さ一五mの鉄塔頂上に設置された灯器が一〇秒毎に一回の白い閃光を発し、明るさは一二〇万燭光で、光の到達距離は五〇kmであった。昭和一九年に敵機の目標になるということで撤去された。跡地は売却されて、昭和四〇年代には平らにされ、転売により、いずみモテルが立っていたが、平成一九年に閉鎖となり、解体後には宅地となっている。

松崎天民作詩の「戸塚音頭」の三番には「戸塚灯台空の路　恋のハンドルしっかりと　相州戸塚の空あかり」と歌い込まれている（『戸塚区郷土誌』昭和四三年）。

コースガイド

相鉄いずみ野線緑園都市駅で降りる。東口を出て、右手へ歩く。車止めを抜けたら左に折れて、すぐに右へ曲がる。右手は相鉄グラウンドである。信号を渡ると道は狭くなり、昔からの道の雰囲気に変わる。左に幼稚園を見ると水路が道沿いとなり、水路が道から離れたら、右の狭い道に入る。

ほどなく、岡津の浄土宗向導寺の入口に出る。この寺は元京都知恩院の末寺で本尊は阿弥陀如来である。そのまま降りると緑の手すりの階段の前に出る。右の階段を上がると「向導寺と富士塚」の案内板がある。

上がって行くと大山前不動のお堂があり、背後に立派な富士塚がある。左手に回り込むと塚のてっぺんに出られる。天保一一年の富士講碑が立っている。横根の富士塚はなくなっているので、形は違っても、かつての横根での姿を振り返るのに役立つであろう。

富士塚とは、江戸・明治期、富士山を信仰する富士講の人たちが、富士山の形を模倣し

て人工的に作ったもので、信仰の対象として、遠く離れた場所からの遥拝所として利用されたものである。

富士塚と不動堂から階段下に戻り、そのまま進んで車道に出て、左に歩き、前の不動橋を渡る。まっすぐ南へ歩くと、すぐ右に永明《ようめい》寺別院がある。前には不動を冠した大山道の道標がある。

大山《おおやま》道は丹沢山地の東端の大山(標高一二五二m)に参詣する道で、ここを通っていたのは東海道の柏尾を起点とする「柏尾通り大山道」で、そのまま進んだ所の

向導寺の裏の富士塚

富士塚バス停

左に説明板が立っている。左に竹林を見てほどなく、大山道は宅地造成で途切れており、右に曲がって桂坂公園の階段を上がって、左側に回り込み、レンガの歩道を下る。左折して右手の西が岡公園の前を通る。公園のトイレが利用できる。

まっすぐ広い車道を横断して進む。左側に公園を見てから先で左折し、次に右折する。まっすぐ進み、左に駐車場を見てから次の信号交差点で右折する。この道は「郷境《ごうざけ》え道」と呼ばれ、先で右後方からの大山道(女道)に合流する。

合流点から右後方へ二〇歩ほど大山道(女道)をたどると、右への分岐道(男道)が見える。桂坂から西方の、昔の緩い道(女道)と急な道(男道)があった名残りである。西へ大山道を進み、右に畑を見て、直進方向の郷境え道と別れて左へ車道の大山道を進む。

次の和泉小学校入口の交差点の右手前に庚申塔の石碑がある。南北に続く鎌倉道と交差する場所である。信号を横断して次の広い十字路で右

折する。次の十字路の右手に神奈中バスの富士塚バス停があり、今は失われた富士塚の唯一の名残りである。

十字路で西に進むと横根稲荷神社がある。入口には昭和五五年に移されてきた馬頭観音碑がある。右手には和田義盛の愛妾巴御前が用いたと伝わる感念井戸跡が残る。神社の周辺では昭和一二年頃まで毎年三月三日(旧暦)の例祭日に「旗競馬」が催された。直線馬場を周回コースに変える工事で出た残土が明治一二年に富士塚を築く際に利用されたという。

十字路に戻り、北へ歩いて、富士塚跡地の宅地前を通り過ぎると、西方の視界が広く開けていて、付近で一番高い土地として、丹沢山地がよく見えている。見通しが良ければ、その左側に富士山が姿を見せるのだが、筆者の訪問した当日は姿を隠していた。冬の空気の澄んだ好天の日には姿を見せてくれるだろう。

左の西へ下って行く道をまっすぐに歩く。突き当たりで右に折れ、すぐに車道を左折する。広い道を横断し、右に折れると、いずみ野駅に着く。

(令和二年三月一七日歩く)

《コースタイム》(計一時間四五分)

相鉄いずみ野線緑園都市駅(三〇分)向導寺・富士塚(一時間)富士塚バス停(一五分)いずみ野駅

〈地形図〉二万五千=横浜西部

平塚航空灯台跡

三番目の地点に設置されたのが、平塚航空灯台で、現在の神奈川県平塚市千石河岸《かし》一三の桜河岸公園の位置にあった。現地には、今では案内板が残るだけである。

港小学校には灯器が保存・展示され、説明板もある。内容から経過をまとめると、次の通りである。

平塚灯台は、昭和八年に飛行機の安全を確保する航空灯台として作られた。昭和四三年に廃止が決まったが、市民の要望で海上灯台(須賀の灯台)として市民に払い下げられて働き続けた。

その後、科学技術の進歩により、その役割を終え、平成一二年秋に解体・撤去された。

加藤一太郎『市長のペン皿』(昭和四八年)の四三~七頁には、次のような「航空灯台が航空標識に衣がえ」(昭和四四年一二月一日)の記事がある。

「航空灯台は、同時に相模湾一帯の漁船や航行の船舶にもよき目標となっていたが、ジェット機時代となった今日では必要性が失われ、撤去される運命となったのである。

この情報を得たわたくしたちは、漁業関係者とともに立ちあがり、運輸省や海上保安庁に陳情をくりひろげ、その存続に懸命の努力をはらった」

「十二月一日午後三時半、現地に関係者が集まり、点灯式を行ない、わたくしがスイッチを入れた」

「航路標識『須賀灯台』に衣がえして再び灯がはいり、一同感激の拍手をおくった」

須賀の郷土いろはカルタに詠まれ、港小学校の校歌にも登場する灯台、市民に親しまれ思い出がたくさん詰まった灯台を地域に残したいという港地区住民の強い要望で、平成一八年、その頭部の灯器を港小学校に移した。現在も、通用門（船門）のそばに展示されて、大切に保存され、多くの児童の成長を見守りながら余生を過ごしているのである。

コースガイド

JR東海道本線平塚駅で降りる。南口を出て、駅前へ降りる。南へ続く広い道の歩道を進み、代官町交番前の交差点に出る。左斜めに続く道の歩道を歩く。五つ目の交差点で左に入ると港小学校の通用門（船門）の前に着く。門は閉ざされていて入れないが、灯器は門外からでも十分に見ることができる。説明板は読み取りにくいが、インターネットで内容が紹介されている。

この航空灯台が設置されていた場所をめざそう。元の斜め方向の道に戻り、先へ進もう。道の左側の歩道を歩いていると国道一二九号線に出合う。陸橋か横断歩道で渡って、国道の左側の歩道に出て、南下する。左手に道祖神が祀ってあり、その先で、左の道に入る。道は先でY字に分岐しているが、その手前の十字路で右に向かう。左に鳥居がある。先で右を見るとデニーズがあるが、反対の左に曲がる。

桜河岸公園に着く。千石河岸自治会の倉庫があり、右側に「平塚灯台（須賀の灯台）跡地」の案内板がある。ここが、平塚航空灯台の跡地で、解説の内容も詳しい。須賀の灯台と呼ぶのは、旧町名が須賀町のためである。三等三角点（標高一一・一m）の標石が右手の片隅にある。

「平塚空襲」でも戦災を免れたことが地域のシンボルとして残す強い要望につながって、昭和四四年一二月一日から海上灯台「須賀灯台」としてスタートした。昭和五八年には鉄塔が建て替えられて、高さが一〇m伸びて、頂部まで二六・八六mになったという。灯台を詠み込んだ港小校歌は昭和三九年制定である。老朽化が進み、平成一二年一一年六日に消灯され、解体・撤去されたが、灯器は平成一八年から港小に展示・保存されているというわけである。

昭和八～四三年に航空灯台があり、午前二時半から日出までと、日没から午後一一時まで点灯され、高さ一五mの鉄塔頂上に設置された灯器が一三秒を隔てて七秒間に白い閃光一回、赤い閃光一回を発し、明るさは二六六万燭光で、光の到達距離は七五kmであった。

昭和四四~平成一二年に海上灯台があり、『市長のペン皿』の記事によれば、高さ二六・八六m、光の到達距離は二八・七kmであったという。元の道を引き返し、平塚駅に戻る。

（令和二年三月一七日歩く）

《コースタイム》（計一時間二〇分）

JR東海道本線平塚駅（二〇分）港小・船門（二〇分）桜河岸公園（四〇分）平塚駅

〈地形図〉二万五千＝平塚

桜河岸公園

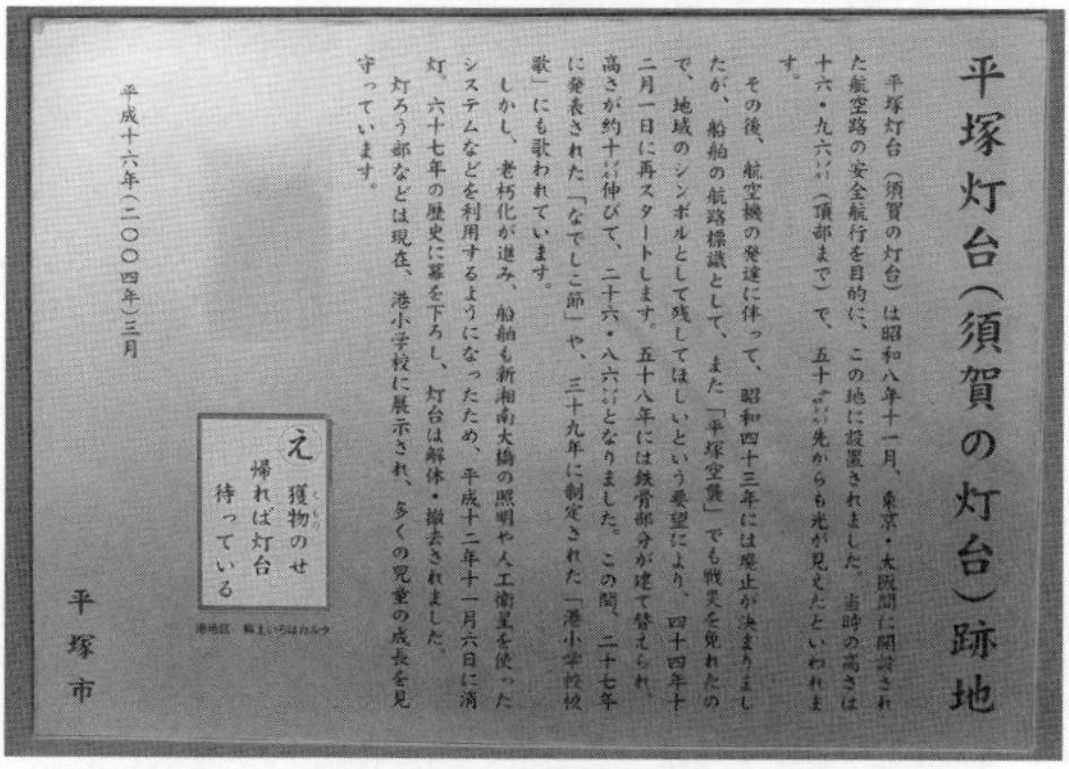

平塚灯台跡地の案内板

十国峠航空灯台跡

令和二年三月二六日、ＪＲ熱海駅で降りて、伊豆箱根バスの駅前案内所で、「絶景富士山乗車券」を購入してから二番乗り場に行き、元箱根行きのバスに乗る。乗車四〇分で、十国峠登り口バス停で降りて、十国峠ケーブルカーに乗る。乗車三分で山頂の十国峠駅に到着した。

当日は快晴で、駅から広場に出ると、昔の国名で十国が見渡せたという峠名の由来の通りに、パノラマ絶景が楽しめた。とりわけ、北西の富士山と、東の湯河原・真鶴方面が素晴らしい景色であった。

広場の北端に「小堀春樹君　航空燈臺建設偉功記念碑」が立っている。裏側の碑文は読み取りにくいが、『航空照明五十年史』に引用されていて、その功績を伝えている。

戦前、逓信省内にあった電気協会に航空灯台献納会が生まれた。当時、民間で電気新報社を主宰していた小堀春樹氏の努力によって、昭和七～八年に一〇万人から寄付金を集めて航空灯台八ヶ所を建設の上、昭和八年一二月に政府に献納することができたのであった。

裏側の碑文の日付は昭和一四年一一月で、小堀氏が昭和一三年秋に逝ったことを記して、逓信大臣の追賞を受けたことを伝えている。献納された航空灯台は、大阪飛行場、戸塚、田子浦、焼津、十国峠、知多本宮山、生駒、須磨の八ヶ所であった。

偉功碑の右脇には、次のような「記念碑移設の由来」が刻まれている。

「この記念碑は故小堀春樹氏が昭和七年のころ電氣事業界をはじめ有志の人々に呼びかけて航空灯台献納会を創設しその浄財に依つて十國峠外八箇所に航空灯台を建設してこれを政府に献納し夜間航空の

安全を企図した功績を記念するため昭和十四年十一月この山の中腹に建立したものを今回故人の三十周年忌にあたり近親ら相はかりもと灯台の建設地であつたこの地点に移設したものである　ちなみに本灯台は政府において終戦直后鉄塔その他諸式一切を田方郡達磨山山頂に移し戸田航空灯台として昭和二十一年五月一日より今日に至るまでその使命を物語るが如く絶えず光芒を放つて空の守りに任じていることを附記する　昭和四十三年十一月建之」

この碑文によって、偉功碑は昭和一四年に十国峠の中腹に建立されたが、三十周年忌に際して、山頂の航空灯台跡に移設したものであることがわかる。

十国峠(日金《ひがね》山)の山頂、旧標高七七四・四m三角点のすぐ近くに、昭和八〜二〇年に航空灯台があった。午前二時半から日出までと、日没から午後一一時まで点灯され、高さ一五mの鉄塔頂上に設置された灯器が一〇秒を隔てて一〇秒間に白い閃光二回、青い閃光一回を発し、明るさは二六六万燭光で、光の到達距離は七五kmであった。

昭和二〇年、十国峠航空灯台は連合軍指定により廃止となり、昭和二一年、田方《たがた》郡戸田《へだ》村(現在は沼津市)の達磨《だるま》山の頂上(標高九八二m)に移設されて、戸田航空灯台として利用された(昭和四四年廃止)。

達磨山の戸田航空灯台については、沼津市の歌人、浜悠人氏(本名は佐野利夫。令和二年に米寿)が沼津朝日(平成二〇年六月二二日)に掲載した随筆「航空灯台」の中に、昭和二八年頃にライトビームが回っていたという思い出

と、昭和四三年に取り壊されたこと、平成二〇年春に登った達磨山に航空灯台の跡は残されていなかったことが記されている。

達磨山は、昔から十三国峠と呼ばれ、東は千葉県、西は三重県が見えるという(『しずおか低山ウォークBest20』)。十国峠から十三国峠に移設された航空灯台も、さらにグレードアップした展望に満足であったことだろう。

十国峠の航空灯台は、熱海名所として、絵葉書の写真で恰好の被写体となった。他の場所の航空灯台の絵葉書を見かけることが少ないことに比べて、十国峠の絵葉書は今日でも、多くの種類の絵葉書が

(十国峠の絵葉書より)

オークションで販売されていて入手しやすい。

昭和期の童画家で、乗物画を多数描いた、安井小弥太《こやた》（一九〇五〜八五）の絵の中に、『コドモノクニ』（昭和八年九月号）や『コドモアサヒ』（昭和一二年二月号）のように、十国峠の航空灯台を描いたと思われるものがある。

末森猛雄「航空燈臺と航空標識」（『科学画報』昭和八年二月号）の二二七頁には、夜の箱根日金山（十国峠）航空燈台の写真がある。

『技術日本』（昭和一一年三月号）の表紙は、点灯された「箱根十国峠航空燈臺」の写真であった。

国会図書館のデジタルコレクションで閲覧できる、相馬基『世界交通文化発達史』（昭和一五年）の六六一頁には、十国峠の夜の航空灯台の写真が見られる。

『航空朝日』（昭和一六年六月号）の二三〜二九頁と一〇一頁には、沼津香貫山《かぬき》、清水久能山《くのう》、熱海十国峠の航空灯台が現地取材した写真入りで紹介されていて、貴重である。

『写真集　静岡県の昭和史』（平成元年）の五九頁に十国峠の写真（撮影・今井写真館）がある。また、七四頁には、十国峠に次いで設置された駿東郡御殿場町（現・御殿場市）西田中の航空灯台の写真（提供・勝間田二郎）が載っている。

沼津航空灯台跡（香貫山）

戦前、沼津市の香貫山（標高一九三ｍ）には航空灯台があり、麓からよく見えていて、沼津市民にとって身近な存在であった。

平成三〇年八月、筆者のホームページを見た沼津市の会社員、石田康明さんから、香貫山の航空灯台についての情報提供があり、位置情報によって現地を探索した結果、痕跡は全く残されていなかったが、「香貫山の四阿《あずまや》の場所が航空灯台跡らしい」との結論であった。石田さんの聞き取りで、香陵台の休憩所の人は航空灯台についてはご存じないといい、石田さん自身も沼津市への近年の転勤者であった。

筆者は令和二年二月に香貫山を訪れた際に、駐車場のある香陵台で、地元の男性から航空灯台についての話を聞くことができた。それによると、「戦後、香貫山航空灯台の鉄塔は達磨山に移され、昭和三〇年、私が小四の時には、四つのコンクリートの基礎が四隅に残っているだけだった。昭和四〇年頃には、その基礎もなくなっていたと思う。その場所は四阿の所だ。鉄塔の立っている姿は見たことがない」という。

地元では遠足や健康づくりなどで香貫山に登ることも多いのだろう。話から考えて、男性の生年は昭和二〇年頃と思われた。

ちなみに、『航空照明五十年史』によれば、達磨山（戸田航空灯台）に移設されたのは十国峠の航空灯台のものであり、香貫山からの移設先は、掛川航空灯台であった。

令和二年二月、沼津市立図書館に問い合わせたところ、地元のタブロイド新聞である沼津朝日（平成三〇年一〇月六日）の二面に歌人、浜悠人（下一丁目）による「香貫山」と題した香貫山探訪の寄稿文があり、その中に次のようにあることがわかった。

「戦争もたけなわとなった昭和二十年には、灯台の下に機関砲の陣地を構えた。戦後、灯台も香貫山から達磨山に移築されたが、ジェット機の時代に入り、その必要性もなくなり、取り壊された。現在、灯台跡地にはコンクリート製の四阿があり、一息ついてから山頂へ向かった」

この中にも「達磨山に移築」とあるのが地元男性の話と共通していて興味深いが、十国峠の案内板にも達磨山へ移設されたことが書かれ、香貫山も達磨山も沼津市域にあることから生じた誤解なのだろう。

沼津香貫山の航空燈台
（『航空朝日』昭和16年6月号より）

寄稿文には『沼津市誌』（昭和一二年）の一八～九頁にある航空灯台についての記載も紹介しており、「昭和八年八月二十一日建設」「海抜約百五十米」であったことがわかる。

浜悠人さんの本名は佐野利夫で、令和二年三月に、手紙でお尋ねしたところ、自費出版の随筆集『乾坤めぐりて』（平成二七年）に収

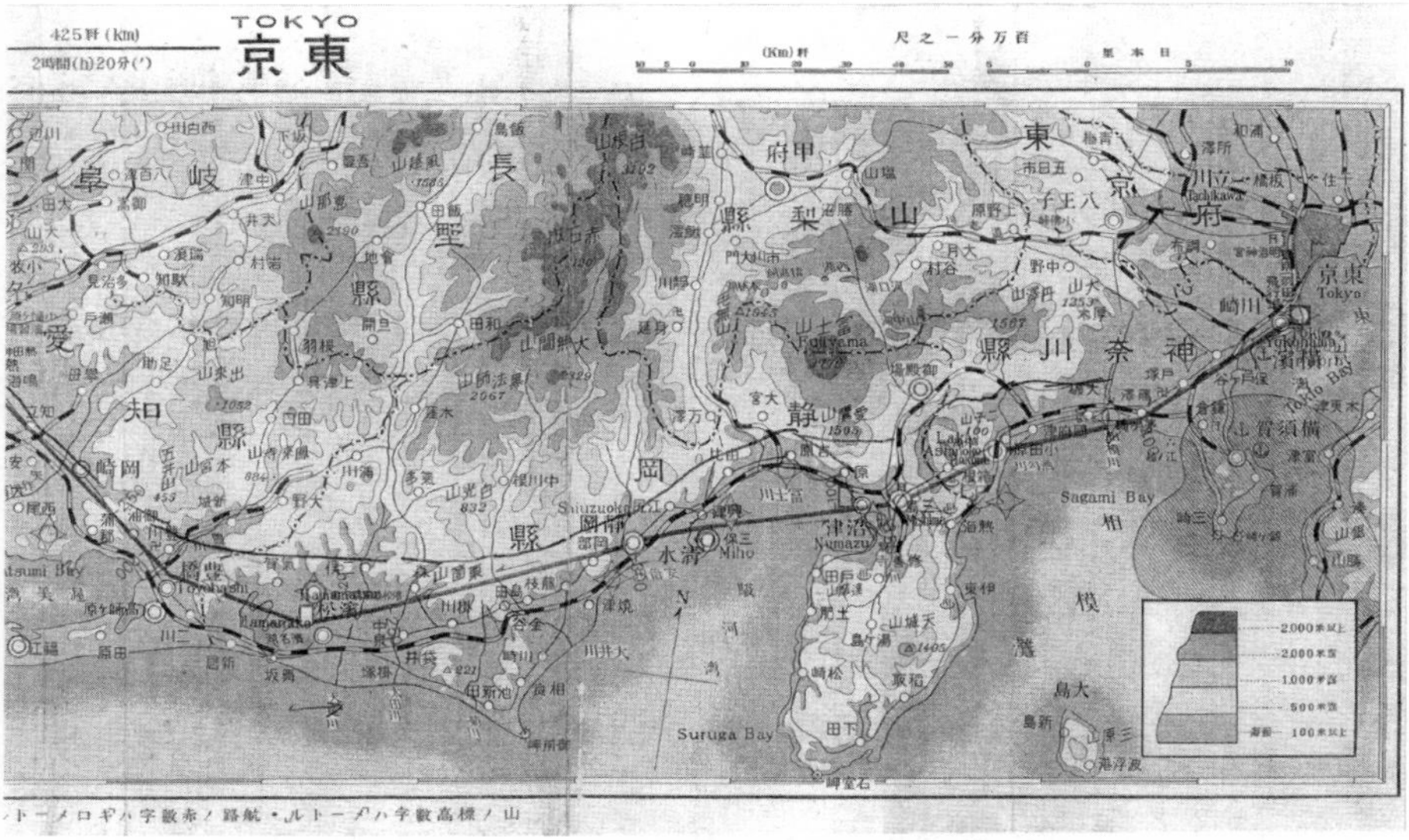

(1)『定期航空路地図』（日本航空輸送株式会社、昭和9年発行、昭和10年第6版）

録した「航空灯台」の記事（平成二〇年六月二一日の「沼津朝日」に掲載）を知らされた。その中の香貫山・達磨山の記事が、平成三〇年の記事にも生かされている。佐野さんは在職中に登る機会がなく、基礎コンクリートは見ていないという。

四方一瀾『沼津教育史年表』（昭和五三年）には昭和八年九月二九日に香貫山頂の航空灯台点灯とある。

『沼津市史　史料編　近代2』（平成一三年）には、昭和九年六月二三日に制定された「沼津市歌」が紹介され、二番の歌詞には「航空灯台夜空に光る」とあったことがわかる。

田中徹夫「航空燈臺」（『旅』昭和八年九月号）によれば、三国峠と田子浦の間に設置する航空灯台の予定地に「三島町練兵場西南側」とあった。三島陸軍練兵場には不時着陸場があったが、航空灯台は設置されず、沼津の香貫山設置に変更されたのだろう。三島練兵場は、今の東レ工場（三島駅の北）にあった。

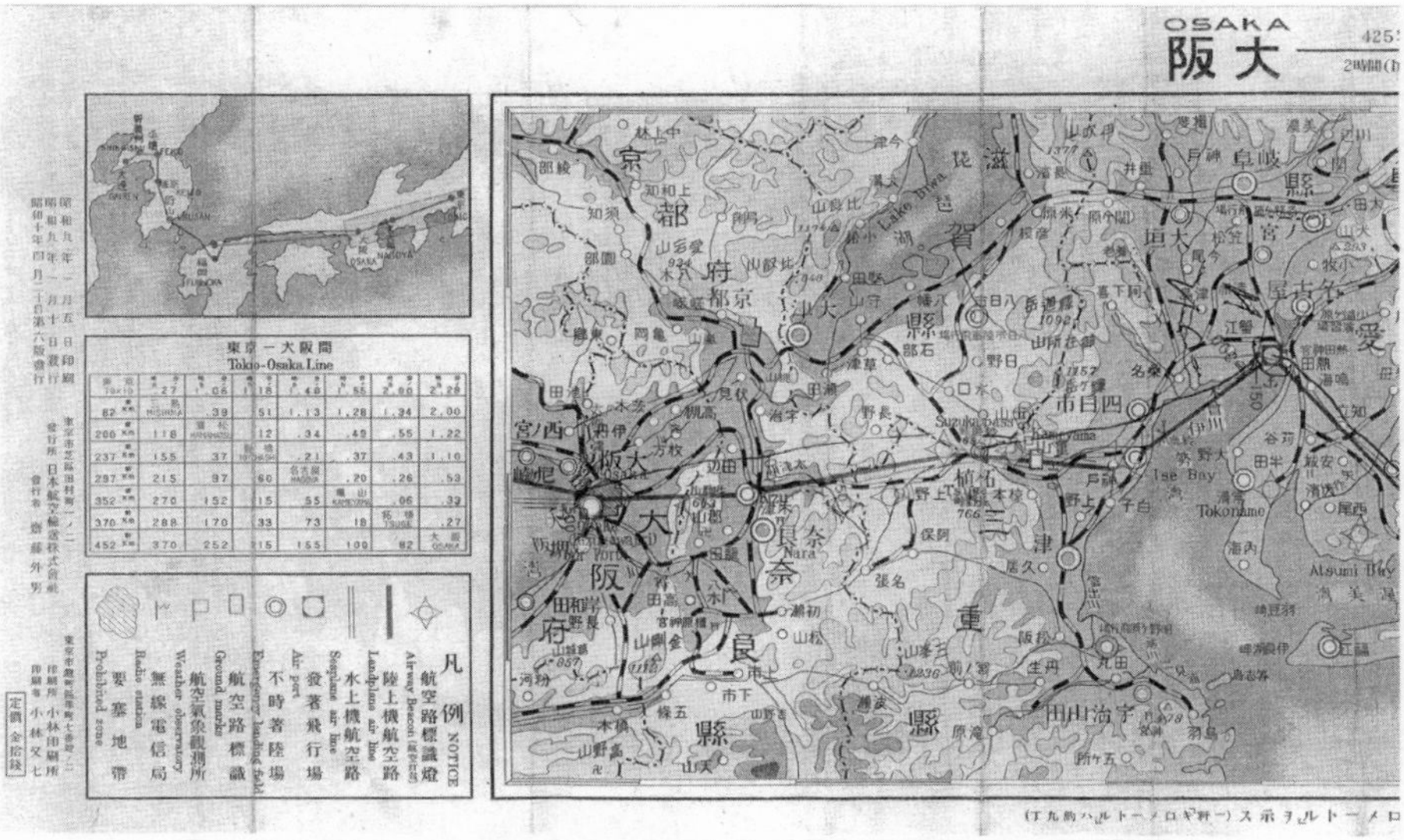

(2)『定期航空路地図』(日本航空輸送株式会社、昭和9年発行、昭和10年第6版)

不時着陸場については、東京・大阪間の『定期航空路地図』(日本航空輸送株式会社、昭和九年発行、昭和一〇年第六版発行、筆者所蔵)を見ると、多く設けられていたことがわかる(掲載図参照)。

コースガイド

沼津市のホームページには「沼津市観光情報」があり、「香貫山ハイキング」のコーナーに「香貫山ハイキングマップ」があり、印刷しておくと便利である。現在の山と高原地図『伊豆　天城山』(昭文社)には沼津アルプスのスタート地点として紹介されている。

JR東海道本線沼津駅で降りる。駅から南へ出て、左方向へ広い道の歩道を進む。国道四一四号線を横断し、左に日枝神社が見えたら、二つの車道が合流するので、右(南)に折れて、黒瀬橋を渡る。

交差点で左折すると、黒瀬バス停がある。沼津駅からバスに乗り、黒瀬バス停で降りるのもよいだろう。そのまま進み、右に甲羅本店を見たら、すぐ先の右側に「黒瀬登り口」がある。

コンクリートの道はすぐに地道となり、カーブしながら登る。上の分岐で右から回り込むと車道に出る。横断して階段を上がり、左へ歩くと、香陵台に出る。

香陵台には戦没者慰霊塔(五重塔)や無料休憩所、遊具、若山牧水の歌碑などがある。上は駐車場になっている。筆者が航空灯台の話を聞いたのは、車で来ていて、香陵台無料休憩所で休んでいた男性であった。帰りに立ち寄った時、休憩所は閉まっており、よいタイミングであった。

香陵台から左(東)へ出ると、左へ続く周遊ルート(車道)の左脇にトイレがある。ここから四阿(航空灯台跡地、標高一四九m)へ向かうルートには四つあるが、周遊ルートの右脇から斜めにゆったりと上っている道が歩きやすいと思う。道標の「展望台(あずまや経由)」に従って、木の階段道を上がる。やがて、左から上がってくる道と出合い、右に上がるとすぐに分岐で、左をたどると四阿の横に出る。

この四阿が、戦前に沼津航空灯台が立っていた場所で、現在の四阿の敷地の広さは一辺四五〇cmである。ブロックで囲まれた休憩舎の範囲は一辺三三五cmで、航空灯台の基礎四つの並んでいた範囲にほぼ一致していると思われる。もちろん、痕跡はない。

『航空朝日』(昭和一六年六月号)には、富士山を望む沼津航空灯台の写真が掲載されている。現在、四阿付近から富士山は見えるが、樹木が遮って、後で訪れる展望台ほどはよく見えないのは残念である。

昭和八～二〇年に航空灯台があり、午前二時半から

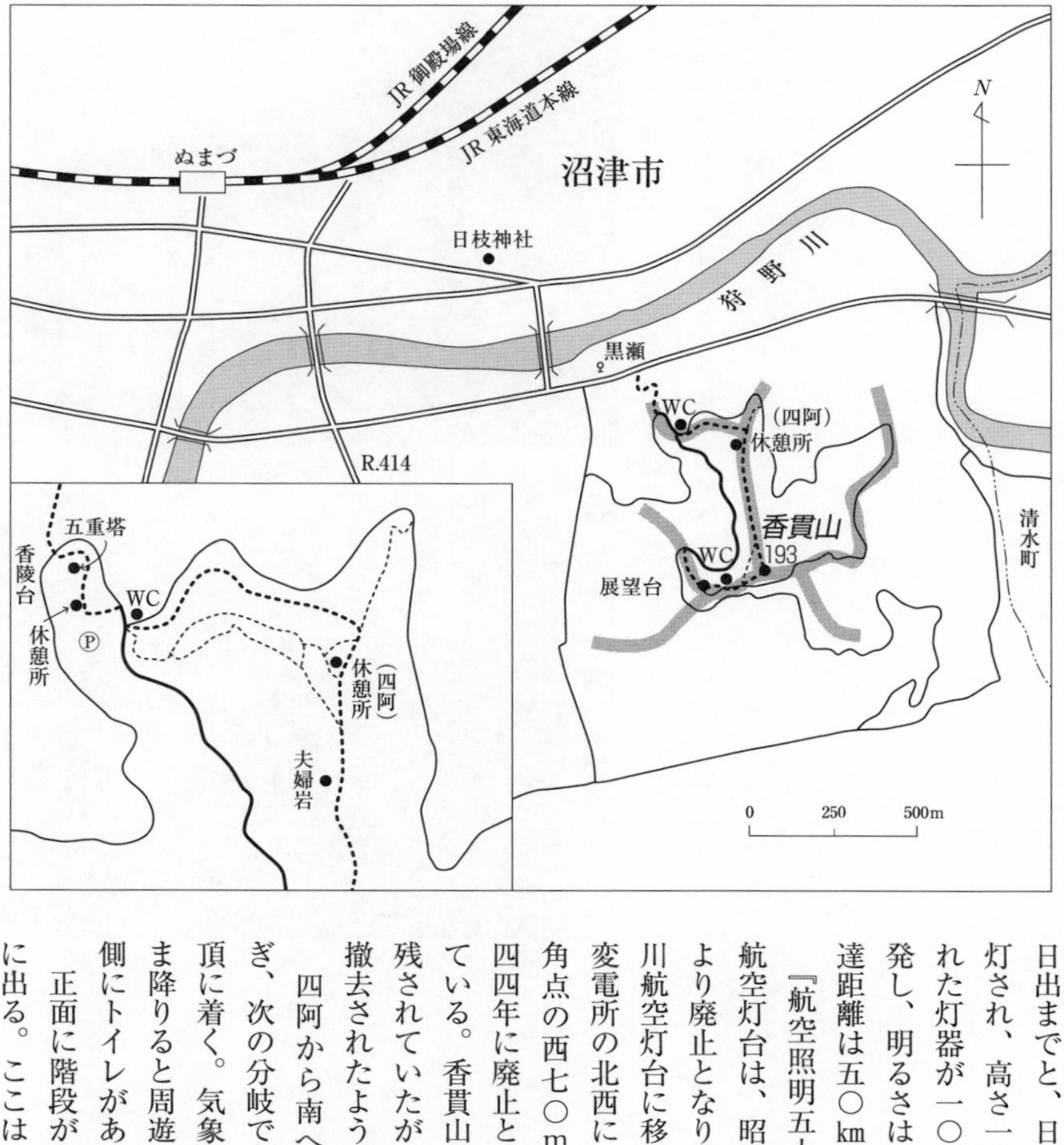

日出までと、日没から午後一一時まで点灯され、高さ一五mの鉄塔頂上に設置された灯器が一〇秒毎に一回の白い閃光を発し、明るさは一二〇万燭光で、光の到達距離は五〇kmであった。

『航空照明五十年史』によれば、沼津航空灯台は、昭和二〇年に連合軍指定により廃止となり、鉄塔は昭和二一年に掛川航空灯台に移設された。掛川市の駿遠変電所の北西にある標高二二四・六m三角点の西七〇m地点にあったが、昭和四四年に廃止となり、現在は茶畑になっている。香貫山の航空灯台の礎石は四つ残されていたが、昭和三〇年代には全て撤去されたようである。

四阿から南へ歩き、夫婦岩の横を過ぎ、次の分岐で左へ上がると香貫山の山頂に着く。気象レーダーがある。そのまま降りると周遊ルートの車道に出る。右側にトイレがある。

正面に階段があり、登り切ると展望台に出る。ここは天文学者山本一清が昭和三二年に開設した月光天文台の跡地で、城郭を模した構造であった。昭和四八年に撤去されたが、石垣に当時の遺構を残している。

沼津航空灯台跡にある四阿

展望台のモニュメントから見える富士山

展望台の北側のモニュメント付近からの展望は抜群で富士山の雄姿が素晴らしい。市街地を一望したあと、モニュメントの左(西)側から降りる。右側の建物の左脇から細い道を下る。車道に出合い、右へ車道を歩く。香陵台を経て、黒瀬登り口に降りて、沼津駅まで歩く。(令和二年二月三日歩く)

《コースタイム》(計二時間二〇分)

JR沼津駅(三〇分)黒瀬登り口(一五分)香陵台(一五分)あずまや(一〇分)香貫山山頂(五分)展望台(二〇分)香陵台(四五分)JR沼津駅

〈地形図〉二万五千＝沼津・三島

田子浦航空灯台跡

田子浦地区まちづくり推進会議・富士南地区まちづくり推進会議編集及び発行『田子浦の郷土史』（平成七年）（表紙の書名は『田子浦の郷土誌』）には「航空灯台」の項目があり、「田子浦航空灯台」について、次のような記述がある。

「小糸製作所の所長であった小糸源六郎は、故郷（註　旧伝法村）に近い田子の浦に航空灯台を献納したいという届出をした。

昭和八年一月、関係者による測量が始められ、三月五日には、新浜の小高い松林にその設置場所を決定した。三月二十八日に起工式を済ませ、六月二十五日に完成し、献納式を開催した。（略）献納式でスイッチを入れた。一分間六回転の航空灯台が静かに旋回した。これは、日本の航空灯台第一号であった。

この灯台は、上部にも凸レンズの四角のものが四個あって、上方にも光を出していた。鉄塔の高さは五十メートルであった。なお、鉄塔の最上部のバスケットの中央に灯台が取り付けられ、灯台の前後に五〇〇ワットの投光器が設置され、上り方向（東京）が青、下り方向が赤の光を出して方向を指示した。

さて、田子浦航空灯台は、昭和十八年ごろまでは点灯していたが、空襲が激しくなってから消灯した。いつ撤去されたのか、どういう機関・役所の人がそれに関係したのか、解体した鉄塔・灯台と付属灯器、その他の機器がどう処分されたのか、筆者にも興味があるので知りたいと思う。（執筆　渡辺　菊松）」

『小糸製作所五十年史』（非売品、昭和四三年）の三九〜四〇頁に源六郎の「田子の浦献納航空灯台」の説明がある。「2月15日、建設地点が決定した」という記述だけが『田子浦の郷土史』とは異なる日付である。四二頁には、「田子の浦航空灯台（昭和8年6月）」の写真が載せてある。その写真から、灯台の高さを幾何学的に計測すると、底辺が三・六mであることから、高さは二四〜二五mぐらいと算出できる（筆者が、その写真からトレースした図を掲載しておく）。

ダイヤモンド社編『着想と断行』（昭和四二年）の五一〜三頁には、「田子の浦航空灯台を献納」の記事があり、昭和八年三月二八日付の『電気新報』が報じた起工式・地鎮祭の模様を紹介するとともに、次のような記載もあって、興味深い。

「この灯台は海岸の松並木の上に高くそびえ、四方に強力な光を放射するため、暗夜漁師が沖から帰るときの道しるべになり、また魚族が光にひかれて近海に集まったため、付近の漁民から大いに感謝された」

『日本燈臺表』（昭和一三年・一四年）、『東洋燈臺表　上巻』（昭和一一年・一三年）、『燈臺表　第一巻』（昭和一五年）、『航空照明五十年史』（昭和六二年）には、全て、田子浦航空灯台の高さは「二四m」と明確に記載されており、文中の「高さは五十メートル」は渡辺氏の思い違いであろう。

『航空照明五十年史』には、田子浦航空灯台の点灯中の写真が掲載されている（一〇四頁）。また、「昭和二〇、連合軍指定ニヨリ廃止」とあり、鉄塔も灯器も移設されることもなく、処分されたようである。

田子浦航空灯台の基礎部分は現在でも残されており、インターネットでは、平成三一年一月の航空灯台記念碑の除幕式開催の記事が複数掲載され、静岡新聞でも紹介された。全て「高さは五十メートル」と知らせている。底辺三・六m、高さ五〇mの鉄塔が、どれほど、写真やイラストと異なった、すぐに倒壊しそうな姿の塔となってしまうかは、四百分の一の作図（底辺〇・九cm、高さ一二・五cm）で確かめてみることができる。筆者が作図したものを掲載しておこう。航空灯台は、技術者が鉄塔のはしごを利用して、頂上まで往復して、保守点検を安全に行なうことができる構造物でなければならなかったはずである。

コースガイド

ＪＲ富士駅で降りる。新富士駅行きのバス便もあるが、歩くことにする。駅前を出て、左へ歩く。斜めに通る道に出合ったら、右斜めに入る。左に折れて、再び、右斜めの道に入る。やがて、五方向に道が分岐する交差点に出る。右斜めに南方向へ向かう道に入る。新幹線の高架下を通り、左に進むと、ＪＲ新富士駅前に着く。

新富士駅前から南へ歩く。美土原交差点で国道一号線(富士由比バイパス)を横断する。助六バス停前を経て、広い道に合流する。下堀川に架かる新浜橋を渡ってすぐ右へ、川沿いに歩くと正面に入道樋門公園の入口がある。

公園のトイレを利用したあと、入口に戻り、右に歩くと左手に金毘羅神社へ向かう道がある。神社に向かい、右側を歩くと左側から上がってくる細い道と出合う。少し右に出て、すぐ左側の林に入ると二〇ｍほど先に石碑がある。その奥に四角いコンクリートの基礎が残っており、田子浦航空灯台の跡である。

平成三〇年一二月、「田子浦航空灯台跡」の石碑が田子浦地区まちづくり協議会によって建立されている。きっかけは、協議会が「田子浦かるた」の制作を進める中で、航空灯台跡の存在が浮かび上がり、史跡を後世に引き継ぐために記念碑を設置し、平成三一年一月一四日の除幕式実施となったという。

ちなみに、新浜地区推薦スポットの「航空灯台の跡」のかるたの読み札「た」は「田子浦の　夜空照らした　航空灯台」である。

記念碑に刻まれた言葉は、『田子浦の郷土史』の渡辺氏の執筆文に依拠しており、当然、高さ五〇ｍという誤りも引き写されてしまっているのは残念であった。本当の高さは二四ｍのはずである。

令和二年一月に筆者から田子浦地区まちづくり協議会(早房照芳会長)に、高さの件について、お伝えしたところ、新しい資料が発見された場合、改めて検討するとの三月三〇日付の返信を戴いた。建碑に際して、協議会では筆者のホームページも見て、高さ二四mとあるのを事前に、ご承知であったというが、協議会での検討の結果、古老の証言に従い、高さ五〇mを採用したという。建碑は古老の証言を残すことに主要な目的があることが窺える。筆者からは四月に追加資料(『小糸製作所五〇年史』の四二頁の田子浦航空灯台の写真を含む資料)を送り、高さ二四m説の追刻を提案しておいたところ、六月三〇日付の返信が七月一〇日に届き、記念碑の左端に、次の一文を刻んだことを知らされた。田子浦地区まちづくり協議会には、高さの件で、真摯に対応していただけたことに感謝したい。

「※高さについては、二十四メートルという資料も残されています」

航空灯台跡の基礎コンクリートは、一辺三八二cmの正方形で、三〇cm幅で巡らされている。頂点の四ヶ所

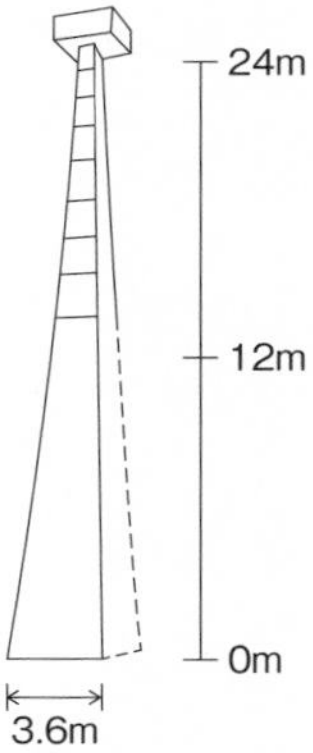

『小糸製作所五〇年史』42頁の田子浦航空灯台の写真から読み取れる鉄塔の外形をトレースして、高さを推定した図

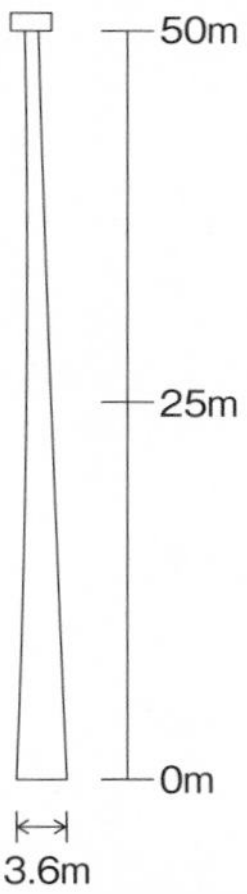

田子浦航空灯台が50mの高さの場合の図

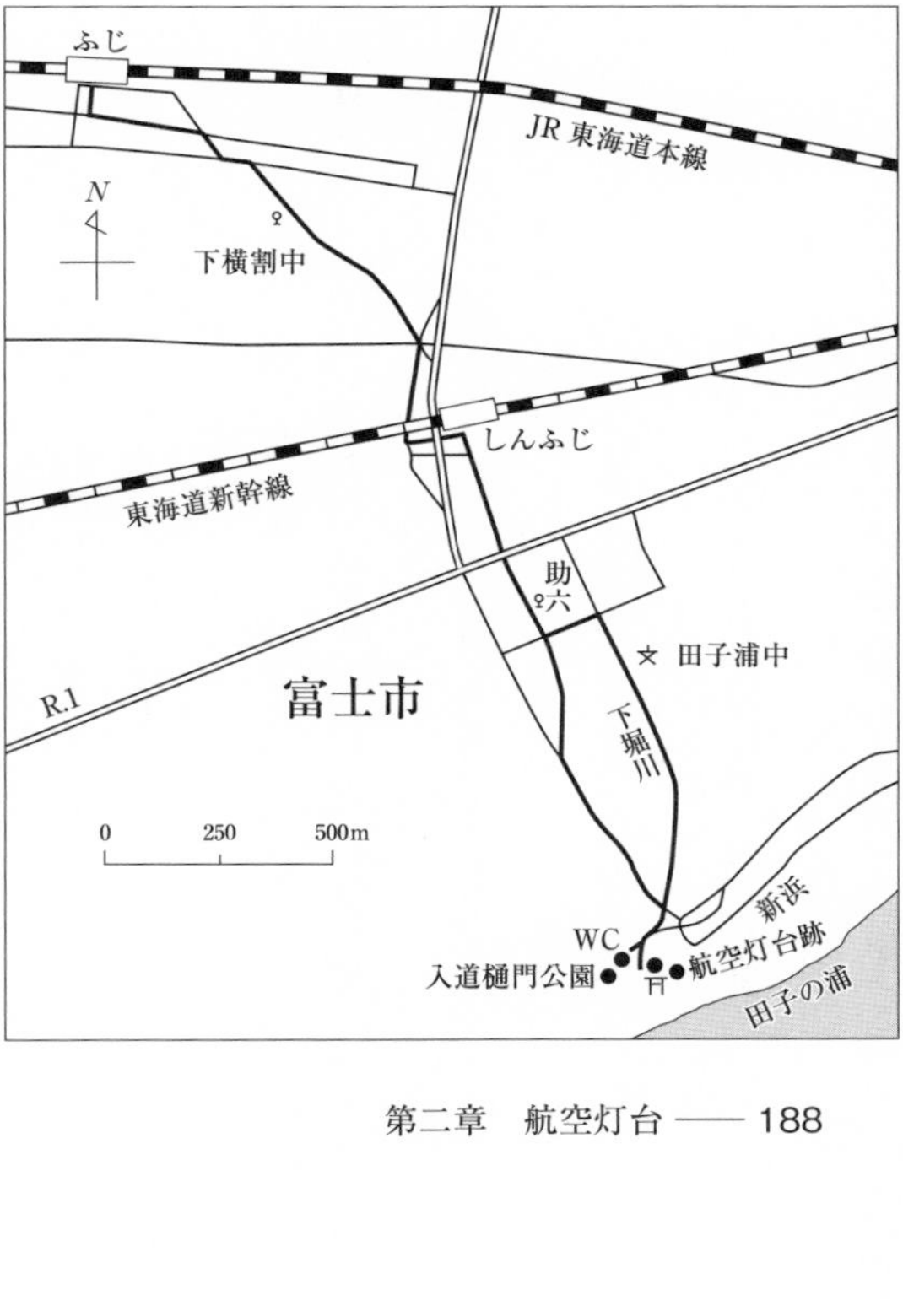

にL字の金具が一〇cm内側に高さ一〇cm突き出して残り、錆が進行している様子も見られる。L字によって作られた小さな正方形の一辺は二〇cmである。南側の中央には縦二〇cm、横六〇cmの突き出し部分がある。頂点の四ヶ所の高さは三〇cmだが、つなぎの部分は高さ一五cmと低い。固定金具が一〇cm内側にあることから、鉄塔のあった当時、鉄塔部分の底辺での一辺は、ほぼ三六〇cmとなる。

他の場所の航空灯台の基礎は一辺四五cmで、正方形の頂点の四ヶ所に独立して埋設されており、基礎の外側同士の長さが三〜四mとなっているものが大半である。すると、この日本の航空灯台第一号は、基礎構造も類例のないものであり、貴重な遺跡と言えるだろう。

航空灯台跡の土台の金具

田子浦航空灯台跡石碑

昭和八〜二〇年に航空灯台があり、午前二時半から日出までと、日没から午後一一時まで点灯され、高さ二四mの鉄塔頂上に設置された灯器が一〇秒毎に一回の白い閃光を発し、明るさは一二〇万燭光で、光の到達距離は五〇kmであった。昭和二〇年に廃止された。

元の道を引き返し、新浜橋の手前に出る。橋を渡らずにまっすぐ下堀川沿いに歩く。正面方向に富士山が美しく見える。右に田子浦中学校を見たら、右折して、先で左折し、見覚えのある道に出たら、右折して、新富士駅、富士駅に戻る。　（令和二年二月三日歩く）

《コースタイム》（計二時間）

JR東海道本線富士駅（二五分）JR東海道新幹線新富士駅（三〇分）入道樋門公園（五分）田子浦航空灯台跡（三五分）JR新富士駅（二五分）JR富士駅

〈地形図〉二万五千＝吉原

焼津航空灯台跡(花沢山)

静岡市・焼津市境の花沢山(標高四四九・二m)には、戦前、昭和八年に設置された航空灯台があった。戦後、昭和二一年以降、長い間、使用されていたが、昭和四四年に廃止となった。

岡本滋『静岡県　駅からの日帰りハイク　新選100コース』(昭和五三年)の満観峰のガイドには「花沢山の頂上には航空燈台がある」(一三四頁)とある。昭和五二年九～一二月の踏査結果を反映しているというから、この本だけから判断する限りでは、昭和五二年当時には鉄塔が現存していたことになる。

ところが、『静岡県登山・ハイキングコース137選』(昭和五三年)の一七〇頁には「大崩海岸のすぐ北にそびえるこの山は花沢山というより昔から『大崩の航空燈台の山』として親しまれていた。現在は航空燈台はなく、かわりに国鉄の無線反射板があり」と記載されている。この本のあとがきの日付は昭和五二年七月で、初版の発行年月を表しており、昭和五一年頃の踏査によってまとめてあることがわかる。従って、この本に基づけば、昭和五一年には、花沢山の航空灯台はなくなっていることがわかる。これは、先に紹介した本と矛盾するが、おそらく、古い踏査記録を用いたためだろう。

新版である、岡本滋『静岡県　新・駅からの日帰りハイク』(昭和五九年)は、昭和五八年の踏査によるもので、満観峰のガイド(一三八頁)から、花沢山の航空灯台の記述はすっかり消えている。花沢山の航空灯台の廃止は昭和四四年なので、その後、ほどなく撤去されたのだろう。

昭和四〇年代に鉄塔は撤去されたが、令和二年現在でも、基礎コンクリート四個は山頂に残っていて、テーブルとベンチの横で、ひっそりと昔の名残りを伝えている。

花沢山のハイキングコースはよく知られており、『しずおか低山ウォークBest20』（平成二七年）と『静岡の山　日帰りコース158』（平成二八年）が参考になるだろう。

コースガイド

JR東海道本線用宗《もちむね》駅で降りる。駅前から右手の自転車置き場の横を抜けて、左の広い道を抜けてすぐ右へ進む。左斜め後ろからの道が合流してきたら、すぐ先、左に府中道案内板があるので、右の道に入って踏切を渡る。

踏切を過ぎると左右に道が分かれるので、ハイキングコースの案内板がある左の道に入る。ヘアピンカーブの林道を上がると左側にハイキングコースの登山口を示す道標がある。これに従って地道に入る。道幅が狭い所が多いので足元に注意しながらジグザグに上り、所々に小屋や石垣を見ながら谷筋の左斜面を上がって行く。

やがて、尾根らしい場所に出る。地形図で尾根筋に記入された山道の終点付近の場所に相当するが、現地で左手の尾根に歩きやすい道は全く見当たらない。尾根の右側をジグザグに進むと花沢山まで〇・六㎞、三〇分という表示のある道標の地点に出る。

道標からは尾根道となり、明るい杉・桧の植林の中を歩く。笹が見られるようになり、小刻みに左右に曲がる道を上がると石仏のある場所に出る。平成二二年設置の石部山お飾りの碑がある。左には駿河湾が見える。

石仏から上ると道標分岐に出て、右へ下って登り返すと、反射板が左右に二基設置されていた場所に出る。『静岡県登山・ハイキングコース147選』（昭和四二年）に「国鉄の無線中継板がまぶしく光る頂上」とあり、踏査の昭和四一年当時、反射板が存在していたことがわかる。長い間、残されていたが、平成二七年二～三月の工事で、反射板は撤去されて、フェンスだけが残されている。静岡市街が見え、ベンチもある。手前、左側に道標があるので、花沢山の山頂に入ろう。

上がるとすぐに、テーブル二つとベンチがある山頂に着く。右（東）側のテーブル・ベンチを囲むように、正方形の頂点四ヶ所に、焼津航空灯台跡の基礎コンク

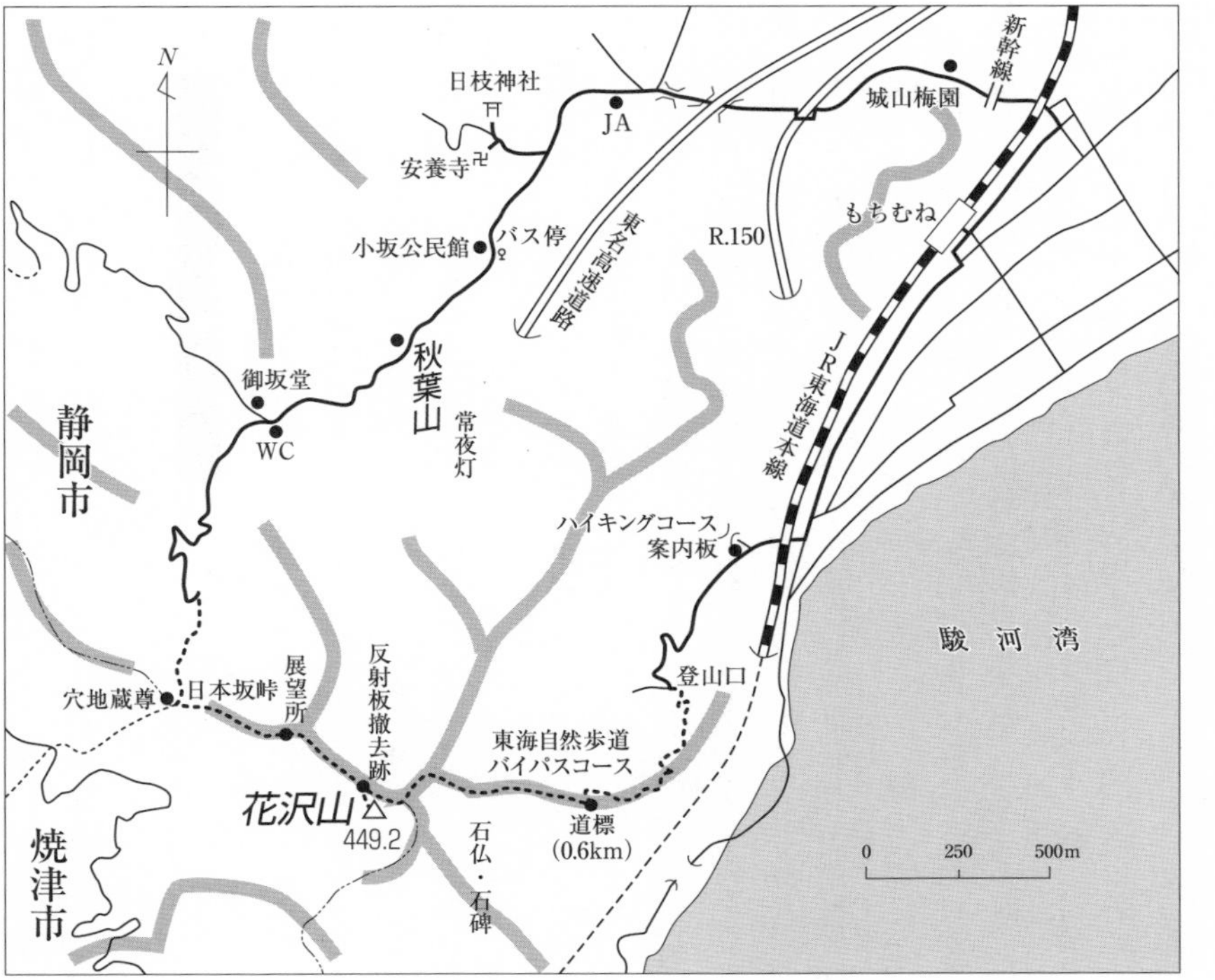

リートが苔むしながら残されている。地元の人の話では、ここが官有地のため、礎石の撤去ができないという（廣澤和嘉氏の聞き取りによる）。筆者としては、歴史的建造物となった戦前の航空灯台の遺跡は、今後も撤去せずに、そっと、残しておくべきだと思うのだが、いかがであろうか？

基礎コンクリートは一辺四三～四四cmで、高さ一五～三〇cmが露出している。L字型の金具がそれぞれ三～五個ほど突き出ている。東南側の基礎は高さ一五cmで、その上に一辺五〇cm・高さ三〇cmの塊が重ねられている。

東北側の基礎には他の三ヶ所とは異なって石塊が高くかぶさり、金具の付いた頭頂部は丸くなっている。北に面した側は斜めになっている。南北方向の長さは七〇～九〇cmである。四つの基礎の外側同士の長さは三二六～三二八cmである。

ここには、昭和八～四四年に焼津航空灯台があった。戦前には、午前二時半から日出までと、日没から午後一一時まで点灯され、高さ一五mの鉄塔頂上に設置された灯器が一〇秒を隔てて一〇秒間に白い閃光一回、赤い閃光一回、白い閃光一回を発し、明るさは二六六万燭光で、光の到達距離は七五kmであった。

西側のテーブルの西方、木の根元に三角点石標がある。山頂の周りは樹木に囲まれていて、見晴らしはほとんどない。鉄塔が撤去されたのは、昭和五〇年代のようである。

1ヶ所だけ盛り上がっている航空灯台の礎石

花沢山の山頂の航空灯台跡

反射板跡に戻り、日本坂峠をめざして下る。尾根の先端に南の展望が大きく開ける場所があり、休憩によい。下ってから上り返し、小ピークから下ると日本坂峠に出る。正面を少し上がった所に穴地蔵尊がある。ここには日本武尊の伝説が残されている。

峠から北へ細い道をジグザグに下る。放置された茶畑を抜けると林道に出る。みかん園と茶畑を過ぎると車道の右手にトイレがある。左手には花立観音があり、奥には文化茶屋御坂堂があって地元の人などでにぎわっている。

秋葉山常夜灯と石仏を過ぎると小坂公民館前バス停の広場に地蔵尊があり、庚申塔もある。安養寺への入口に立つ庚申塔をスタートして、左側の安養寺に立ち寄る。山門の左手に家康公のお手植えの接ぎ木を重ねたミカンの木がある。門前の反対側、日枝神社の鳥居脇に楠の巨木がある。

安養寺の入口に戻り、小坂橋を渡り、右側の歩道を進み、国道をくぐる地下道を出てから左側の歩道を歩く。東海道本線の踏切を過ぎてすぐ右の道を通り、次の十字路（用宗三丁目一・二）で右折して、用宗駅に戻る。

（令和二年二月二八日歩く）

《コースタイム》（計四時間一〇分）

ＪＲ東海道本線用宗駅（三〇分）登山口（一時間二〇分）花沢山山頂（三〇分）日本坂峠（四〇分）御坂堂（三〇分）安養寺（四〇分）ＪＲ用宗駅

〈地形図〉二万五千＝静岡西部・焼津

金谷航空灯台跡（火剣山）

静岡県菊川市の火剣《ひつるぎ》坊大権現の近くには、戦前に金谷《かなや》航空灯台が設置されていた。

平成二一年一二月、この航空灯台の現状について、菊川市教育委員会に問い合わせたところ、社会教育課の泉さんから返信があり、その詳しい地点と現地に残る鉄塔の写真が送られてきた。また、地元の人への聞き取りによると「GHQの指導により半分の切残りをアマチュア無線の基地として使用していた」とのことであった。航空灯台の鉄塔を半分だけ切り残して、現在もそのまま残っているというわけである。

令和二年二月に現地調査を行なったので、ガイドとして紹介しよう。

金谷航空燈臺
（『航空知識』昭和11年12月号）より

コースガイド

ＪＲ東海道本線金谷駅で降りる。駅前の観光案内所で「島田市観光マップ／金谷版」をもらうと、コースがよくわかり、便利である。

駅から出て、タクシー乗り場から左のほうの「旧東海道石畳」の道標に従い、左へ階段から入り、柵沿いの細い道をたどる。線路の上のほうを越えて車道に出たら右折し、すぐ左へ広い車道を歩くと、正面に石畳道の案内表示があり、右へ横断して、石畳に続く道へ入る。

道を上がると右手にトイレがあり、その上段に石畳茶屋がある。金谷坂の石畳道が続く。江戸末期に敷かれた石畳は三〇ｍを残してコンクリート舗装となっていたが、平成三年に町おこしの運動で七万個の山石を使い、長さ四三〇ｍの石畳が復元されたという。

石畳をしばらく上ると「すべらず地蔵尊」に着く。すべらない石畳にあやかって、受験合格・家内安全・商売繁盛の願掛け参拝者が多いという。

石畳から車道に出て、左方向に立ち寄ると、明治元年の御巡幸を記念した明治天皇御駐輦《ごちゅうれん》阯の石碑があり、少し先に「野ざらし紀行」で詠んだ芭蕉句碑が立つ。

石畳出口に戻り、そのまま車道を進む。右側に諏訪原城ビジターセンターがあり、パネル展示が無料公開されている（一〇〜一六時、月曜休み）。屋外トイレも利用できる。城跡巡りは後回しにして進もう。

交差点を越えて、江戸後期に整備された菊川坂（菊坂）の石畳を下る。当時の石畳は下部の一六一ｍのみで、上部の六一一ｍは平成一三年にボランティアが復元したものである。

高麗橋を渡り、菊川宿に入る。左手に大きな壁面図があり、休憩所が設けられた「間の宿、菊川」を紹介している。菊川の里会館には屋外トイレと、奥に「さんぽ茶屋」（毎週日曜九〜一四時営業）がある。

旧東海道は少し先で左に折れ、石段を上がって急坂を「小夜の中山」をめざして進む。茶畑の間を歩くうちに、奈良時代に行基が開基したと伝わる久延寺に着く。

久延寺の境内には、小夜の中山夜泣石（小石姫供養塔）の伝説の丸石がある。寺を出ると、すぐにトイレがあり、そこから左へ入ると五〇ｍ先に御上《おかみ》井戸がある。そのまま進んでも火剣山方面に行けるが、トイレから直進して西行法師の歌碑から左へ入り、小夜の中山公園に入る。

公園内を上がると、ＮＴＴ佐夜無線中継所があり、まっすぐ直進して茶畑の間を行くと広い道に出る。道が右に曲がり始める手前で左の道に入る。猟銃禁止の赤いプレートの下に道標があるが見逃しやすい。

道標から、ほどなく、右側に木の階段があるので上がって行く。途中で右の巻道もあるが左を上がると休憩所を経て、火剣山の三角点のある山頂の右側を巻いて通り過ぎると分岐点に出る。右は鉄塔から展望台へ続く巻道だが、左の板橋からの道をたどる。

やがて、防火の神として知られる火剣坊大権現の社に着く。石段を下りると休憩舎のある広場に出る。鳥居をくぐって降りると鞍部で、左に下る道は火剣山キャンプ場へ続く参道なので、右の道を上がる。ぽっかり出た場所が鉄塔の立つ「墓の峠」である。

墓の峠では、北側に立つ鉄塔が金谷航空灯台跡で、南側には墓石(無縫塔)が並ぶ。その中間に八角形の菱形基線測点がある。

昭和八〜一六年に金谷航空灯台があり、午前二時半から日出までと、日没から午後一一時まで点灯され、高さ一五mの鉄塔頂上に設置された灯器が一〇秒毎に一回の白い閃光を発し、明るさは一二〇万燭光で、光の到達距離は五〇kmであった。

昭和二四年当時、高さ一五mの鉄塔がそのまま残されていたが、その後ほどなく、鉄塔の上部が切り取られて高さ一〇m分が残され、無線用に払い下げられたという。令和二年現在でも、そのままの姿を残していて貴重な遺跡といえる。

鉄塔の礎石は南東側が一辺四五cm、他の三個は一辺五〇cmである。礎石の外側同士の長さは南北

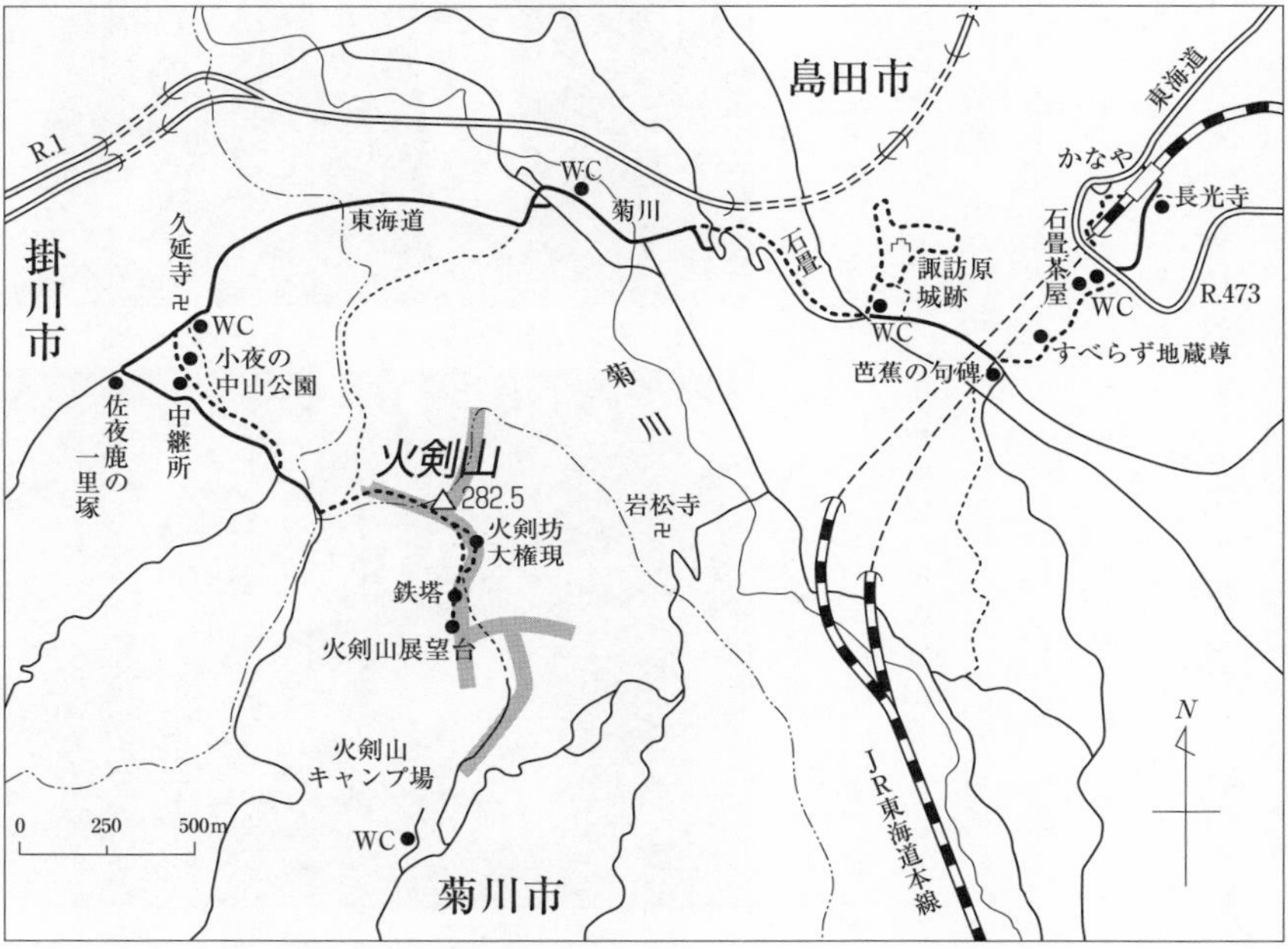

が三二五cm、東西が三一六cmである。

鉄塔から先に進むと展望台に出る。南と東側の展望は良いが、北と西側は樹木に遮られている。三六〇度の展望を誇った平成一一年当時には富士山も見えていた(『三河・遠州のスーパー低山ハイキング』)。

ガイドブックでは、岩松寺境内の松島の歩き観音とJAを経て戻るコースが複数紹介されているが、いずれも途中にトイレが少なく、道も分岐が多くてわかりにくい。


展望台から鞍部に戻り、左の巻道を進み、広い車道に出て歩く。往路に歩いた細い道には入らず、そのまま車道を進むと、佐夜鹿の一里塚に出る。右折して、久延寺から往路と同じ道を戻る。この旧東海道筋の道はトイレが充実していて安心して歩ける。石畳道は疲れた足には辛いので右(南)側の車道をゆっくり上るのもよいだろう。

諏訪原城ビジターセンターに戻ったら、武田勝頼の築いた山城、諏訪原城跡(国指定史跡)を見学するとよ

江戸後期の石畳

周波数などが書かれたプレートがある鉄塔下部

礎石に固定された金谷航空灯台鉄塔

い。入口のボックスにはガイドマップもあるので利用できる。

石畳茶屋から下り、国道を横断してまっすぐ進み、金谷駅前で右斜めへの道に入り、長光寺の芭蕉歌碑を見てから石段を下りて、ガード下から左に歩いて金谷駅に戻る。

ガイドブックとして、永野敏夫『静岡の山　日帰りコース１５８』（平成二八年）をおすすめしておく。

（令和二年二月七日歩く）

《コースタイム》（計五時間）

ＪＲ金谷駅（一〇分）石畳茶屋（三〇分）諏訪原城跡（二〇分）菊川の里会館（三〇分）久延寺（四五分）火剣山展望台（四五分）佐夜鹿の一里塚（五〇分）諏訪原城跡（城跡巡り三〇分）城跡（四〇分）ＪＲ金谷駅

〈地形図〉二万五千＝掛川

金谷航空灯台に続いて、不時着陸場として利用するために、浜松陸軍飛行場に、浜松航空灯台が設けられた。高さは二一mの鉄塔上に灯器を設けたものである。五万分一地形図「浜松」(昭和二六年修正)に航空灯台が記載されており、昭和三二年まで使用された。その場所は、古い空中写真を調べてみると、現在の本田技研工場の南端付近(たぶん、南の広い道路の南端付近)に該当する。もちろん、付近は大きく改変されており、痕跡は全く残されていない。

豊橋航空灯台跡

浜松航空灯台に続く豊橋航空灯台は、愛知県豊橋市と静岡県湖西市の境界に南北に峰を連ねる湖西連峰上に存在していた。

戦後、神石山(標高三二五・〇m)に航空灯台があったことは、山頂のプレートによって知られているが、戦前にも神石山にあったと思い込んでいる人が多い。実際には、全く違う場所にあった。

昭和八年に設置された豊橋航空灯台が立っていた場所は、神石山の北北東四・四kmに位置する富士見岩(標高四一五m独標)付近である。静岡県立中央図書館所蔵の『静岡・濱松からのハイキング』(名古屋鉄道局、戦前発行)の五頁には「本坂峠の航空燈臺」とある。本坂峠の南一・三kmが富士見岩である。

戦前に水路部が作成した『東洋燈臺表　上巻』(昭和一一年)や『燈臺表　第一巻』(昭和一五年)に掲載されている「航空燈臺」の一覧表には「豊橋市中央部ヨリ東北東方石巻山東方山頂(483)南側」とある。燈高は「平均水面上425米」とあり、鉄塔は一五mなので、鉄塔足元の標高は四一〇mということになる。石巻山の東方山頂には、四八三mのピークはないので、明らかに誤植で四一三mなのだろう。

田中徹夫「航空燈臺」（『旅』昭和八年九月号）によれば、豊橋航空灯台の元の設置候補地は「高師原演習場」となっており、設置の承認が得られず、富士見岩に変更されたことになる。高師原演習場は戦前、豊橋駅の南方付近にあった（180頁『定期航空路地図』参照）。

ちなみに、『静岡県登山・ハイキングコース143選』（昭和六一年版および平成元年版）と『静岡県日帰りハイキング』（平成元年）の両方には、巨岩の場所は「富士見台」とある。巨岩を「富士見岩」と呼ぶようになるのは『新版　静岡県日帰りハイキング』（平成一〇年）からである。

令和二年四月八日、一〇年ぶりに、富士見岩付近の探索に出かけた。一〇年前の探索では、二万五千分一地形図「豊橋」（昭和一五年第二回修正測図、昭和二三年資料修正）に、標高四一五・一mピークのすぐ北側に、航空灯台マークの記入があるために、富士見岩の北側に注目して調査したが、傾斜面になっていて、痕跡は見つけられなかった。地形図の作成規定で、標高点は真の位置に記載するが、重なる建造物は、ずらして記入することになっている。従って、本当は北側にあるとは限らないのである。今回は、水路部の記載から、富士見岩の南側にある可能性に注目して調査を行なった。

富士見岩西側を通り抜ける地点から六m南の場所から南側に一辺四mの方形の平坦面が見られる。南へ続く道を挟んで西側に当たる。岩の南側（道の東側）の平坦地は狭く、すぐに傾斜している。あくまで推定であるが、富士見岩の南西方向の平坦地が、戦前の豊橋航空灯台の立っていた場所ではないだろうか。残念ながら痕跡は見当たらず、昭和一六年の撤去後、約八〇年を経過した現在では、裏付けは難しいかもしれない。

『静岡県日帰りハイキング50選』（平成一八年）の一〇三頁には、本坂峠と富士見岩の中間点の鉄塔

(四二七・二m三角点の東)が「航空灯台跡」であると記述している。しかし、旧版地形図では、標高四一五mの富士見岩付近に航空燈台が記載されていて、場所が一致しない。そこで、執筆者である廣澤和嘉氏(昭和二六年生れ)に尋ねてみた(令和二年五月)。「送電鉄塔の下に、豊橋市が付けた豊橋自然歩道の道標の下に灯台跡の標識があったので掲載しました」という。現在の鉄塔におけるプレートの有無は不明である。

この場所は、くしくも、筆者の「嵩山の山上」の旗振り場推定地点であるが、地形図に誤りが多いと言っても、うがちすぎではないだろうか。『航空照明五〇年史』と『航空知識』の航空灯台一覧表による戦前の豊橋航空灯台の位置は、北緯三四度四七分六秒(昭和一四年作成の一覧表では五五秒に誤植されている)、東経一三七度二九分四七秒であり、灯火の標高四二五mという点でも富士見岩の場所で間違いない。旧座標系データを新座標系データに変換するには、およそ、緯度を一〇秒加算、経度を一三秒減算するとよい。

平成二一年頃、豊橋市に問い合わせたことがあるが、戦前の航空灯台の資料はなく、全く不明とのことであった。どなたか、戦前の豊橋航空灯台の設置地点の情報をお持ちの方は、筆者に、お知らせ願いたい。

富士見岩付近の平坦地は狭く限定的であり、少し離れると傾斜面になってしまう。現在の東側の鉄塔の基礎はかなりの傾斜地に基礎が設置されていて、驚きである。

筆者は、富士見岩に行く際、豊橋駅からバスに乗り、終点の嵩山で降りて、嵩山蛇穴から自然歩道に入り、富士見岩から大知波峠を経て、石巻山登山口から豊橋駅に戻っている。途中、石巻山への登り道で見た「ダイダラボッチの足跡」が興味深かった。

『航空照明五十年史』によると、昭和一六年に豊橋航空灯台の灯器を二俣航空灯台（静岡県浜松市天竜区二俣町）に移設し、鉄塔は作手《つくで》航空灯台（愛知県新城市）に移設している。さらに、昭和二〇年、連合軍指定により、三保航空灯台の鉄塔・灯器を、新たな豊橋航空灯台として神石山に移設したという。

神石山（豊橋市多米町字手洗）の山頂の、高さ一五mの豊橋航空灯台が点灯されたのは昭和二一年のことである（『燈台表　第一巻』昭和二四年）。

『しずおか低山ウォークBest 20』（平成二七年）の神石山のガイド記事では、新ハイキングクラブ静岡支部長の廣澤和嘉氏が次のように記述している。

「以前は航空燈台の山としてコンクリの礎石があった」「神石山は航空燈台山として親しまれていた」

筆者が廣澤氏にお尋ねしたところ、次のような話を教示された（令和二年三月）。

「地元の人によると、昭和三〇年頃まで、静岡県下の自衛隊基地で練習機が航空灯台を利用していたと聞いている。かつて、神石山の広場の中央辺りに基礎が残っていた。基礎コンクリートは、三・五m方形の頂点に四個残っていて、それぞれにL字金具一個が埋まり、向きは四個分で正方形をなしていた」

元航空局・空港保安防災企画官の吉田久善氏は、次のように話された（令和二年三月）。

「豊橋に住んでいたので、昭和二〇～三〇年代に山頂で点灯していたのを目撃している。昭和四〇年

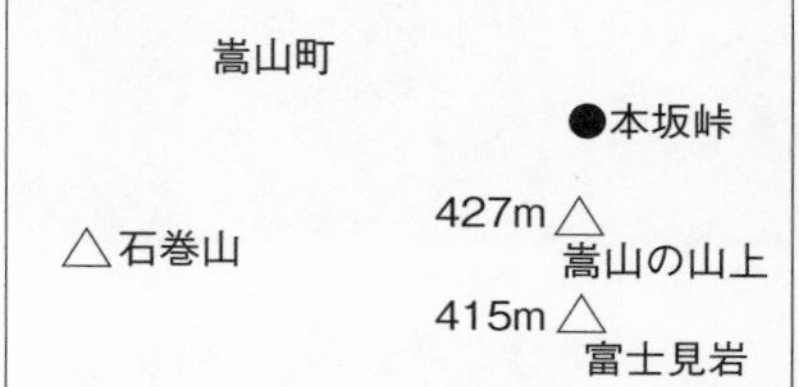

富士見岩と神石山の位置関係の図

頃に鉄塔は撤去されたと聞いている。基礎コンクリートを直接見たことはない」

『静岡県登山ハイキング147選』（昭和四二年）は昭和四一年頃の踏査による案内書であるが、二四七頁の湖西連峰のガイドには「眺望は一段と開ける航空灯台へ着く」とあり、地図にも光放つ航空灯台のイラストが描かれており、昭和四一年当時には、まだ、鉄塔が存在していたことがわかる。鉄塔が撤去された時期は不明だが、廃止となった昭和四四年頃ではないかと思われる。

『静岡県日帰りハイキング』（平成元年）は昭和六三年頃の踏査によるガイドだが、湖西連峰のガイドに「広々とした航空燈台跡のある神石山頂」（一六六頁）とあり、当時、基礎が残されていたことが読み取れる。『新版　静岡県日帰りハイキング』（平成一〇年）の一五三頁には「航空灯台の跡の山頂は広々として

神石山の山頂のプレート

石巻山のダイダラボッチの足跡

富士見岩の南側の航空灯台跡推定地

いる」の表現に変わり、昭和六三年から平成九年の間に基礎四個が撤去されて消えたことを推測させる。基礎がいつ消えたのかについて、ご存じの方は、筆者までお知らせ願いたい。

令和二年四月五日、久しぶりに、神石山の山頂を訪れた。JR新所原駅から梅田峠に至り、嵩山《すやま》（標高一七〇・七m）まで往復して、仏岩を経て、山頂に到着した。広場の南西にある一等三角点の標石の周りにはコンクリートが固めてあるが、形はいびつで、航空灯台とは無関係だろう。南端の岩塊も無関係である。

広場の北東に静岡県側の展望所があり、ベンチの脇の木に「神石山（旧航空灯台跡）」のプレートが架けてある（プレートは平成二二〜二八年に行方不明だった）。廣澤氏によると、広場の中央に基礎四個があったという。現在では、広場の中央は更地で、基礎があったことを示す痕跡は全く残されていないようだ。

山頂から、南西側の岩崎自然歩道に入って下り、船形山城跡、座談山のカタクリ自生地、一息峠を経て、天然記念物指定の葦毛《いもう》湿原に降りて、岩崎・葦毛湿原バス停から、豊鉄バスに乗り、JR豊橋駅に着いた。

神石山については、多くのハイキングガイドがあるので、ここではガイドは省き、先に紹介した『しずおか低山ウォークBest20』と、永野敏夫『静岡の山　日帰りコース158』（平成二八年）、西山秀夫編著『愛知県の山』（平成二九年）をおすすめしておく。

知多本宮山航空灯台跡

豊橋の次には、愛知県幡豆郡幡豆町（現・西尾市）の三三一・一m三角点の位置に、昭和八～一六年、幡豆航空灯台があった。のちに、三角点は北東一五〇mに移動し、土地は削り取られて、現在は三二〇mであり、痕跡は残らない。場所は、三《さん》ヶ根《ね》山の西南西方向、愛宕山の北に位置する。

幡豆の次に、知多本宮山航空灯台があった。本宮山の山頂（標高八六・七m）にある本宮祠から北へ一〇〇mの小ピーク（標高八〇m）に立っていた。

愛知県知多郡西浦町が、昭和八年の点灯式記念に出した「航空燈台南宮祠絵葉書」がある。航空燈台の「機構性能」の説明書、本宮祠・航空燈台の写真四枚が筆者の手元にある。絵葉書の包み紙の裏には、次のような言葉が印刷されている。

「（鴨緑江節）東京と新京を繋ぐ空の路　照す燈台　本宮山　三すじに光れば十ト九里　空の護りと仰がる、　磯村作」

コースガイド

名鉄常滑線常滑駅で降りる。観光案内所で「やきもの散歩道マップ」をもらうとコースの半分がよくわかり、散策に便利である。

駅から右へ南方向に歩き、広い道に出て左方向へ進む。頭上の高架橋（北山橋）を過ぎると、右手に陶磁器会館がある。

陶磁器会館前の信号交差点で右の道に入る。途中、右側にやさい村とやきもの散歩道駐車場がある。栄町七丁目の交差点を過ぎると右手に常滑西小学校があり、塀に作品がずらりと並んでいる。

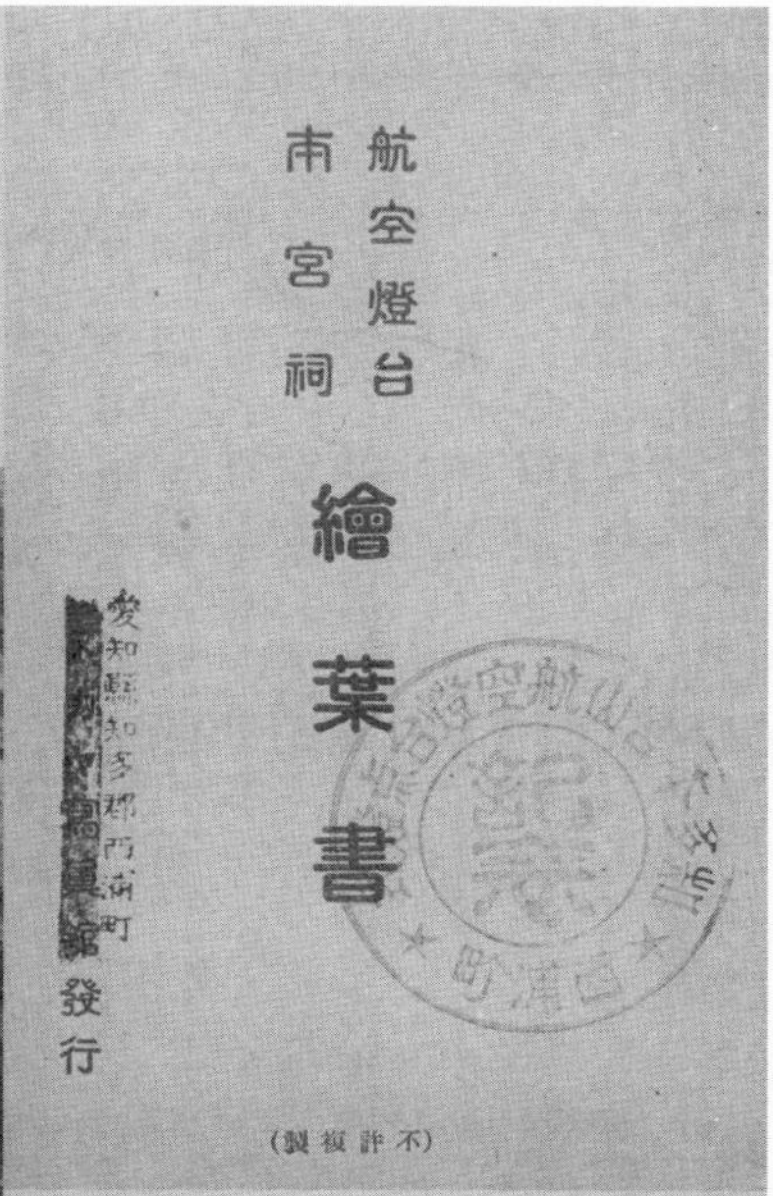

207 —— 知多本宮山航空灯台跡

次の山方橋の交差点を過ぎ、山方会館西の交差点を過ぎると右側にクリーニング屋がある。その先の右側に月極貸駐車場があるT字路に出る。左側のミラーの脇に「堀本屋」とあり、右手前は水野宅である。ここを右に折れると、次の十字路に前田商店がある。

平成二一年一二月二三日に訪れて旗振りの話を聞いたのは、南東角に立つ古い家の前田商店のほうで、向かいの南西角には設計施工の前田商店もある。旗振り地点は、鈴鹿市の郷土史家赤工作久良氏が電話で聞いたのは、正住院《しょうじゅういん》の高台(龍ヶ丘)であったが、筆者の聞き取りでは前田商店の真東の丘(山方町の丘)だという。

前田商店から北へ進むと左に正住院があり、その寺の左脇が削られて低くなった龍ヶ丘の名残りのようである。駐車場のあるT字路からクリーニング屋の前に戻り、右の道に入って小高い地点に出る。左に駐車場があり、振り返ると、正住院のほうが見渡せる。この辺りの高い場所が旗振り場であったのであろう。

駐車場の先で右に入ると天沢院の鬼瓦(江戸時代の本堂のもの)がある。その先で門前に出合う。門前から右に出て、すぐ左へ向かう。東へ急坂を下ると広い道に出る。ここをを横断して、白山町に入る。

この辺りでトイレに行く場合は、広い道を北へたどり、旧常滑高校の北方にあるＩＮＡＸミュージアム内か、その南端の屋外トイレを利用するとよい。白山町から山あいに入り、突き当たりで左折し、国道二四七号線をまたぎ越す。

竹林の中を進み、出合いでは右をとり、舗装道を歩く。次の分岐で右の下り道をたどると、「常滑市世間遺産認定　樽水本宮山」の看板の立つ場所に出る。車道を注意して横断すると、樽水本宮山を案内する看板に従い、坂道を上がる。千本幟階段を登り、本宮神社拝殿前に到着する。

拝殿の右手の休憩所にはトイレがある。休憩所内には地元の樽水区による「知ってますか?本宮山の歴史」が掲示され、航空灯台の記事と写真もある。休憩所の先へ下ると左側に二等三角点標石がある。点名は「樽水村」である。

本宮社の西側、左手にある舗装道を下ると鞍部で、右に遊歩道が降りている。鞍部の先の中央にコーンが置いてある。まっすぐに三五ｍほど上がると、そこは道の一番高い地点で、先は下りになっている。高い地点の右脇にシダと笹があり、そこから上がり、一〇ｍほど北へ分け入ると砂防林を示す石柱があり、さらに一〇ｍ先に航空灯台の基礎が露出している場所に出

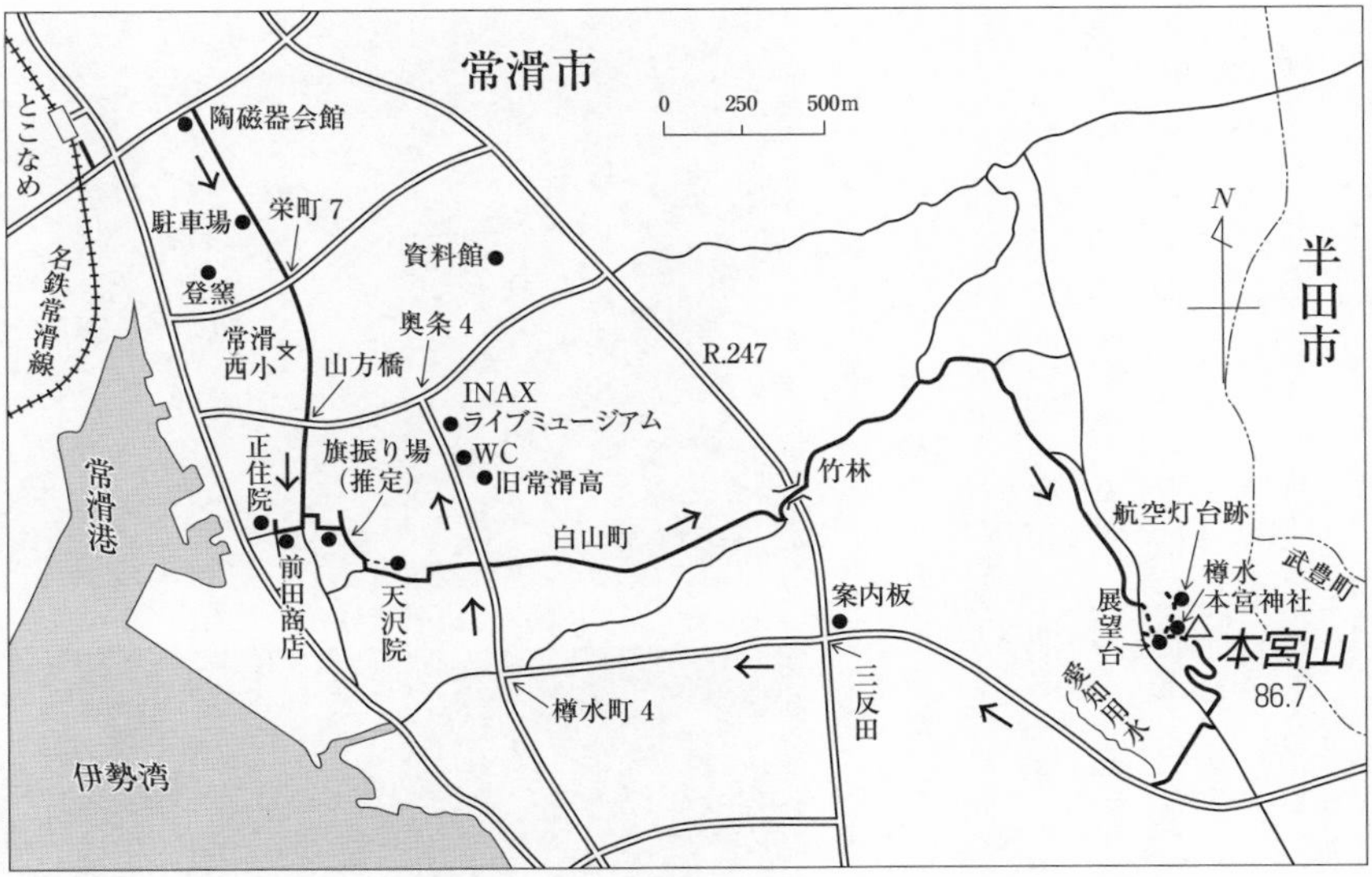

る。辺りは、付近で一番高くなっていて、標高は八〇mぐらいである。

航空灯台の基礎は一辺四五cmで、高さ三五cmが露出している。径二・三cmのボルトが三本あり、長さはそれぞれ七cm、二cm、一cmが出ている。二本は切り取られたので短いのだろう。基礎は一・一×一・三mの穴の中に残されている。

基礎から北へ二mほど先には一mぐらいの深さの穴があり、基礎を撤去した跡地であろう。穴の大きさは一・六×一・六mである。この穴の西方向へ二mほど先にも深さ一mぐらいの穴があり、一・五×一・六mの大きさである。

一方、基礎の西方向へ二mほど先には一m四方の周りより少し低くなった平坦地があり、基礎コンクリートが埋没したまま残されているように推定できる。ただし、表面から一〇cmほど掘り返してみたが、基礎は見当たらなかった。基礎を掘り出したのなら、他の二ヶ所と同様の深い穴になるはずなので、深く埋もれていて見つからないのだろう。撤去穴が二つ、基礎は二つ残るものと思われる。穴の中心に基礎コンクリートがあったとすると、一辺三・五mの正方形の範囲に基礎は収まっていたと推定できる。

知多本宮山航空灯台の礎石

本宮祠

昭和八～一六年に航空灯台があり、午前二時半から日出までと、日没から午後一一時まで点灯され、高さ一五mの鉄塔頂上に設置された灯器が一〇秒を隔てて一〇秒間に三回の白い閃光を発し、明るさは二六六万燭光で、光の到達距離は七五㎞であった。知多半島各地から見物する人が来ていたが、終戦近くになって撤去されたという。

神の宿る本宮神社拝殿の前に戻り、伊勢湾とセントレア一望の展望台に立ち寄る。夕日の眺めや夜景スポットで知られる。心を癒す遊歩道を散策するのもよい。

休憩の後は三角点の脇から車道を下り、看板の所で車道を渡り、まっすぐに下ると愛知用水幹線路を渡り、右折する。本宮山の案内板のある三反田の交差点を経て、樽水町四丁目交差点で右折する。

ここからは「やきもの散歩道マップ」を参考にして、INAXミュージアムで楽しみ、奥条四丁目交差点から好きなコースを選んで散策して、常滑駅に戻る。（平成二二年一二月二三日・令和二年一月二五日歩く）

《コースタイム》（計三時間四五分）

名鉄常滑駅（一〇分）陶磁器会館（三〇分）正住院（一〇分）天沢院（一時間一〇分）樽水本宮神社（二分）航空灯台跡（二分）樽水本宮神社（一一分）愛知用水幹線路（三五分）樽水町四丁目（一五分）INAXライブミュージアム（三〇分）陶磁器会館（一〇分）名鉄常滑駅

〈地形図〉二万五千＝常滑・半田

関航空灯台跡(久我山)

知多本宮山の次の地点では、明野の陸軍飛行場を不時着陸場として利用するための明野航空灯台と、千世崎の航空灯台が設けられた。

明野ヶ原飛行場には、昭和八年に、浜松と同様、高さ二一mの鉄塔の航空灯台が設置されたが、昭和一六年には廃止となった。

千世崎航空灯台は、高さ二四mで、現在の鈴鹿市南若松町千代崎にあった。昭和八～一八年に設置されていた。現在の(株)レグルス千代崎工場付近と思われるが痕跡は見られない。戦前の絵葉書に「伊勢若松港と航空燈台」の写真がある。

田中徹夫「航空燈臺」(『旅』昭和八年九月号)によれば、知多本宮山と関の間に設置する航空灯台の予定地は「国府村西南」となっていた。今の鈴鹿市国府町《こう》(亀山駅の東五～六km)である。そこは承認が得られず、千世崎に変更されたことになるのだろう。

伊勢若松港と航空燈臺(絵葉書)
(若松村の千世崎航空灯台)

関航空灯台（久我山）は、筆者が、初めて航空灯台跡を紹介した記念すべき場所である（『新ハイキング関西』九一号、平成一八年一一月）。

関航空灯台は、亀山市関町の四等三角点「久我」（標高二九三・六m）の地点にあった（鉄塔の高さは一五m）。昭和八年に設置されたが、昭和二〇年に廃止されている。この山は、関町郷土調査会編纂『関町郷土誌』（昭和一二年）の「関町略図」には「久我山」と記載されている。地元の久我での字名は「西北山」である。久我集落からの方位によるのだろう。

筆者が久我山に初めて登ったのは、平成一八年六月のことで、その際は、道はさほど荒れてはおらず、迷うこともなかったが、一一年後、令和元年に再訪した時は、倒木が道を塞ぎ、道も迷いやすくなっていて、下山の際に、北尾根の西側の谷に降りてしまうハプニングも生じたほどである。山歩きに慣れていない人は入山を避けたほうがよいだろう。チャレンジされる方は、目印として木に付ける赤布かビニールひもを携行されると安全だろう。

コースガイド

JR関駅で下車する（関西本線ではICカードが使えないので、乗車駅で必ず切符を買うこと）。駅の亀山市観光協会で関宿の案内図をもらう。

国道一号線を横断して北に向かう。右に「くらぞう」が現れると東海道筋に出合う。左折して、国の重要伝統的建造物群保存地区に選定（昭和五九年）された関宿の町並みを楽しみながら、西の追分へ向かう。休憩施設ではトイレも利用できる。

西の追分で東海道と別れ、信号交差点から南下して大和街道（国道二五号線）をたどる。川沿いに歩くと正面に三角形の久我山が見えてくる。左に休憩所があり、その先の左側の西畑橋を渡る。道なりに進み、亀山市刈り草コンポスト化センターのそばを過ぎて、上り坂となって、最初の切り通しに着く。右側のブロック壁が途切れてすぐの場所に登り口がある。大野財産区山入口の標柱があり、プレートには「久我東北山」「新所京久保」とある。三角点「久我」の点の記には「関町大字久我字西北山」とあるので、対をなす字名であることがわかる。

標柱から左へ進む。右に尾根を見ながら、踏み跡程度の道はトラバースして続く。歩きにくければ、右の尾根に上がってもよいだろう。やがて、小さな鞍部に着く。

鞍部では右側に面白い岩があり、その背後の道は谷に続いているが、久我山へは直進して尾根道をたどる。まっすぐに進み、杉林の中の道を上がって行く。途中で、ロープの設置してある急坂を通過したあとからは、倒木が増えてくる。さらに、見上げるような急坂の場所に出る。付近には牡丹《ぼたん》の木があり、苔も目立つ地点である。ここでは無理をせずに、手前で、左側にある踏み跡を歩き、横切ってから右に登るとよいだろう。

ここからも急坂が続き、帰りに迷いやすい地点なので、樹木に目印の赤布などを掛けておくとよいだろう。坂を登り切ると久我山の山頂に着く。

山頂には、平成一八年当時、地元の字名に基づく「西北山」という山名プレートがあったが、令和元年の再訪時にはなくなっていて、かわりに「久我山」のプレートが取り付けられていた。

山頂には中央に三角点の標石があり、四つの石が周りを囲んでいる。標石から二mほど離れた場所に幅一m程度、深さ三〇～四〇㎝ほどの穴があり、航空灯

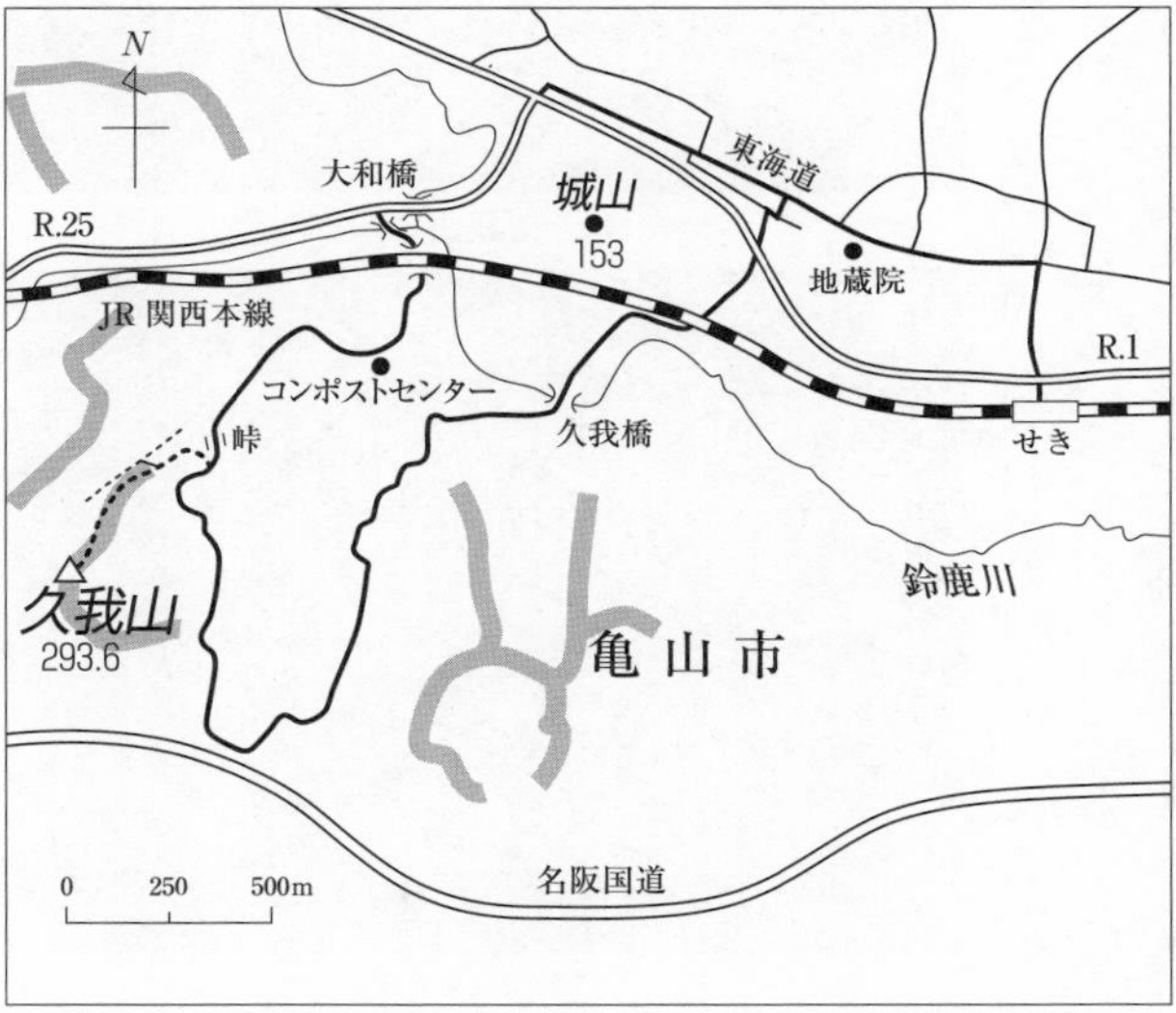

台の基礎コンクリートを掘り出した跡のように思われる。他にも穴があるはずだが、埋もれたらしく、明瞭な穴は一ヶ所だけである。ただ、標石を囲んで、一辺三・五mの正方形の頂点四ヶ所に掘り出し穴の中心があったような痕跡も想定できそうである。

平成一八年の最初の訪問では、大杣山に三つの穴が残るという西内正弘氏の報告に影響を受けてしまい、知識不足のため、穴は三ヶ所だと思い込んでいたが、航空灯台の土台が三ヶ所の鉄塔は考えられず、再訪時の計測で四ヶ所であると考え直すに至った(後日の大杣山の実地踏査でも、当初の穴は四ヶ所と思われた)。戦前に航空灯台の仕事に従事した鈴木隆治氏は「灯台の鉄塔の形は何処も同じでした」と証言しており(「航空灯台の想い出」『とうゆう』第八五号、平成二一年)、鉄塔の基礎は正方形の頂点四ヶ所にあったはずである。

元の尾根道を引き返す。目印を頼りに慎重に降りて登り口まで戻る。右(南)へ出て車道を歩き、茶畑の間を抜けて、名阪国道の前に出る。道なりに北東に向かう。林間から抜けると、快い田園地帯となる。久我橋で振り返ると久我山が見えている。線路と国道を横断する。北に進むと途中で道は行き止まり、右に少しずれて再び細い道で北に向かう。東海道の街並みに出て右折し、十字路に出たら、右に「くらぞう」があるので、右へ進んで、関駅に帰り着く。

関航空灯台では、午前三時から日出までと、日没から午後九時まで点灯され、高さ一五mの鉄塔頂上に設

久我山

久我山の山頂

置された灯器が一〇秒に一回の閃光を発し、明るさは一二〇万燭光で、光の到達距離は五〇㎞であった。

(平成一八年六月一〇日・一七日・令和元年一一月二六日歩く)

《コースタイム》(計四時間)

ＪＲ関西本線関駅(五五分)登り口(五五分)久我山(五〇分)登り口(一時間二〇分)ＪＲ関駅

〈地形図〉二万五千＝亀山・鈴鹿峠

加太航空灯台跡（大杣山）

加太《かぶと》航空灯台は、亀山市加太の西端、伊賀市との境界付近の標高四二八m独標の地点にあった（鉄塔の高さは一五m）。昭和八年に設置されたが、昭和一六年に廃止されている。この山は、西内正弘『地図で歩く鈴鹿の山　ハイキング100選』（平成一五年）に「大杣山《おおそま》」の山名で、ガイドが掲載されている。

筆者が大杣山に初めて登ったのは、平成一八年であるが、西内氏のガイド（平成一四年に取材）に載っている喫茶ムースが既に営業していなかったということだけしか記憶に残っていない。

令和元年一一月二六日、大杣山に登り、山頂の航空灯台跡の穴の確認を実施した。西内氏のガイドで紹介されている大杣池の北側、池沿いの遊歩道は崩壊箇所が多くて迂回を強いられるのみならず、芭蕉池の東端で、ネットで遮られて通過できず、利用できない。

コースガイド

ＪＲ柘植《つげ》駅で下車する。関西本線経由で柘植駅に降りる場合はＩＣカードが使えないので、乗車駅で必ず切符を買う必要がある。草津線利用の場合はＩＣカードが使える。

駅前から左へ歩き出してすぐ分岐がある。右は車の往来が多い様子なので、余野公園を案内する左の道に入り、線路沿いに歩く。東海自然歩道に出合う。右折してすぐ左の簡易舗装の農道に入る。道なりに歩くと、二つのミラーがある車道に出合う。左に進もう。やがて国道二五号線に合流する。左側の歩道を歩く。次の分岐は左を進み、左に採石場、右に鴉山池（昭和二九年完工）を見たあと、線路ガード下を抜けると右に橋が見えてくる。

橋を渡り、看板が案内している「大杣湖ウッディー大杣ヴィレッジ」のほうへ向かう。左に大杣池を見たあと、まっすぐに進むと、ウッディー大杣の山荘が立ち並ぶ場所に出る。

右に「やすらぎの里ふるさと」を見て、すぐに左の道に入る。そこで、近くの人に声をかけられた。この先の「大杣山」に登ることを話すと、山の名前を聞くのは初めてであること、最近も、女の人が登りに来たことがあること、この近くにあるという役行者の祠に行こうとしたことがあるが、道が見つからずに行けなかったことなどを話された。

役行者の祠は大杣山の北西側の尾根の中腹にある。西内氏のガイドで紹介されているように、大杣湖の東側の林道終点の休憩所から細い山道となり小尾根をたどると祠に出る。祠に祀られている役行者の石像は、昭和に入って山が削られるまでは、大杣山の北西方向にある旗振り山である旗山(標高六四九・二m)に祀られていたという。大小二体のうち、小さい像は別の場所に移され、某会社の守神となっている(池田裕・前川友秀『伊賀の役行者』伊賀忍者研究会発行、平成二二年)。

山荘の中の道を上がり、道は右に曲がり、上で左へ進む。すぐに分岐があり、右のほうを上がると家の右側から尾根道に取りつく。

杉・桧の植林の中の道をたどる。小ピークが続いて、アップダウンを繰り返す。ほどなく、右(南)側に展望が開ける場所に出る。その先で、尾根道の左側に分岐する踏み跡がいくつかあるが、誘い込まれずに、右側の主尾根を忠実にたどる。

この尾根道は、伊賀市と亀山市の境界であり、石柱や赤いプラスチックの杭が目印として所々に埋設されている。尾根道をずっとたどると、「大杣山」というプレートのある目標地点に到着する。

標高四二八mの山頂では、左(北)側に展望が開けており、航空灯台の基礎があったと思われる三つの穴が見つかる。西内氏の報告でも「大きな穴が三つ並んでいる」とあり、筆者は当初、基礎が三つしかないと誤解したのだが、撤去された時には、穴は四つであったはずである。

手前の石柱と赤プラ杭の先の右寄りに横幅一・五m、縦幅一・二mほどの穴があり、その左端から左(北)へ一・五mの所に航空灯台の基礎コンクリート(元は一辺四五cm)の一部と思われる横幅三〇cm、縦幅二五cm、高さ四五cmが外に出ている塊があり、塊を含めた左側辺りに一m四方の穴がある。

また、コンクリート塊の向こう(東)側一・五mの所

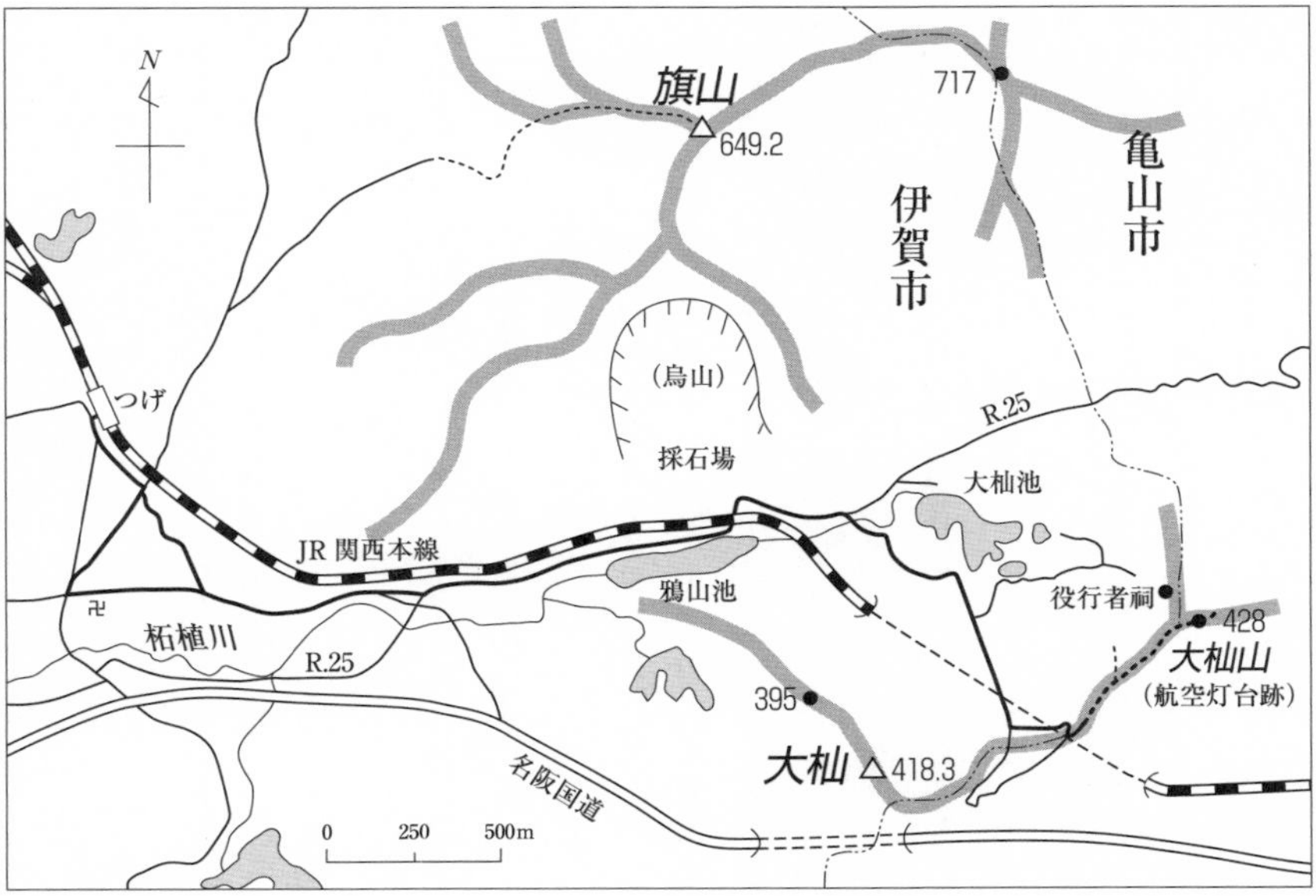

が三つめの穴の西端であり、その先に横幅一・二m、縦幅一・五mの穴がある。その西端から南西二mに一つ目の穴がある。

従って、三つの穴は、一・五m、一・五m、二mの三角形で形成され、ひとつの角度は、ほぼ直角である。つまり、三つの穴は、正方形の頂点のうちの三つの場所にある。

四つ目の穴が想定できる地点(一つ目の穴の東へ一・五m)に明瞭な穴は見当たらないが、周囲よりは柔らかい土の埋まった場所があり、おそらく、四つ目の穴は埋まってしまったのであろう。穴の位置からのおおよその推定では、四つの基礎の外側同士の長さは一辺三mほどと考えられる。

元の尾根道を引き返し、ウッディー大杣の山荘に出て、同じ道を戻り、二つのミラーのある地点まで歩く。そこで、往路の通りに右の道に入ってもよいのだが、まっすぐに進んで、左に玉林寺を見る。左手に霊山が堂々とした山容を見せている。その先の十字路で右折し、すぐに、右の東海自然歩道に入る(左の車道は車の往来がわりと多い)。

歩道に入って、右(東)側の山並みが開けると、三つのピークが見えていて、一番左側が大杣山、中央に三九五mピーク、右に四一八・三m三角点ピーク「大杣」が並んでいる。そのまま歩いて、踏切の手前で左折して、柘植駅にたどり着く。

加太航空灯台では、全夜に点灯され、高さ一五mの鉄塔頂上に設置された灯器が一〇秒間に複連明暗（モールス符号「カ」）の「明〇・八秒、暗〇・八秒、明二・四秒、暗〇・八秒、明〇・八秒、暗〇・八秒、明〇・八秒、暗二・八秒」の閃光を発し、明るさは五千燭光で、光の到達距離は二五kmであった。

（令和元年一一月二八日歩く）

《コースタイム》（計二時間五〇分）

JR関西本線・草津線柘植駅（一時間五分）登り口（二〇分）大杣山（一五分）登り口（一時間一〇分）JR柘植駅

〈地形図〉二万五千＝鈴鹿峠

加太航空灯台跡の基礎の残欠

大杣山の山頂

柘植航空灯台跡（楯岡三角点）

柘植航空灯台は、伊賀市楯岡の三等三角点「楯岡」（標高二二七・八m）のそばにあった。昭和八年に設置されたが、昭和一八年、資材回収のために廃止されている。

平成二一年三月二五日に吉田久善さんらが踏査しており、筆者は、それを参考にして、平成二一年九月二六日に調査を行なった。また、一〇年後の令和元年一一月一三日に再調査を実施した。

コースガイド

JR新堂駅で降りる（関西本線ではICカードが使えないので、乗車駅で必ず切符を買うこと）。駅の陸橋から南側へ降りる。広場にトイレがある。

トイレの左（東）側の砂利舗装道で橋を渡り、左（東）へ歩道を進む。信号交差点で左折して踏切を過ぎ、車道の突き当たり（ミラーが二つある）で右折し、旧道を北東方向へ歩く。途中で広い車道を横断して、まっすぐ進む。踏切の手前で道は左に折れて北に向かう。その道が北東に向きを変える地点のわずかに手前で左（北西方向）の簡易舗装道に入る。舗装はすぐに切れて、草の生える地道を進む。池の堤で行き止まりとなるが、右斜め方向に上がる草分けの踏み跡をたどる。

踏み跡を上がった所は低い尾根筋にあたり、左（北）へ入る。竹林があり、倒木もある。すぐ道が左右に分岐するが、左のほうを歩く。そのすぐ先で右側に尾根が現れるので、尾根の先端の右側から取りつく。あとは尾根を忠実にたどって登る。ほどなく、登り切った所で、笹の中に、国土地理院の三等三角点「楯岡」標石（標高二二七・八m）の場所に着く。辺りは雑木に囲まれていて、展望は全くない。

三角点の六〜九mほど先（北方）に航空灯台の基礎（コンクリート製）四個が残り、それぞれに三本のボルト（径一八ミリ）が付いていた（上に五〜六cm突き出ている）。基礎の一辺は四五cm、基礎四個が作る正方形の外側同士の長さは三二四cmであった(内側同士の長さは二三四cm)。低い丘に残された貴重な遺構と言える。

柘植航空灯台では、午前三時から日出までと、日没から午後九時まで点灯され、高さ一五mの鉄塔頂上に設置された灯器が一三秒を隔てて七秒間に二回の閃光を発し、明るさは二六六万燭光で、光の到達距離は七五kmであった。

(平成二一年九月二六日・令和元年一一月一三日歩く)

柘植航空灯台のあった丘陵

柘植航空灯台跡の礎石

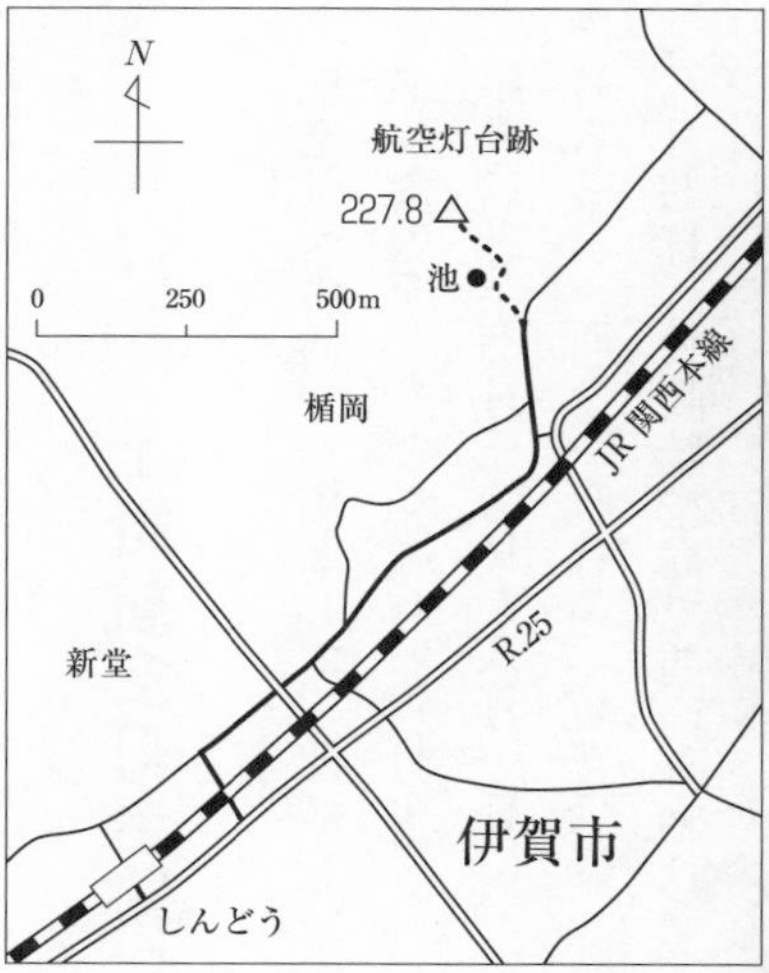

《コースタイム》(計一時間二〇分)

JR関西本線新堂駅(四〇分)楯岡山頂上(四〇分)JR新堂駅

〈地形図〉二万五千=上野

上野航空灯台跡(正林坊山)

航空灯台のあった山として、関航空灯台跡(久我山)を紹介した当時に用いた航空灯台の資料は不十分であったので、もっと詳しい資料を得たいと考え続けていた。

平成二一年七月三〇日と八月一日に、『日本燈臺表(昭和一三年)』収載の「航空標識燈一覧表」、『日本燈臺表(昭和一四年)』収載の「航空燈臺一覧表」を入手できて、最も基本的な資料が揃った。

八月七日、大阪航空局で問い合わせて、航空灯火友の会編集・発行の会誌『とうゆう』に掲載された、吉田久善「航空路灯台跡地さがし　我ら熟年、探検隊」の三本の記事「その1(室津、笠置編)」(第八一号、平成二〇年五月)・「その2(玉津編)」(第八二号、平成二〇年八月)・「その3(関編)」(第八四号、平成二一年二月)、鈴木隆治「航空灯台の想い出」(第八五号、平成二一年五月)の存在を知らされた。また、航空灯台に関する最も詳細な資料として、航空照明五〇年史刊行委員会編集・発行『航空照明五〇年史』(昭和六二年、非売品)を教示された。以上の写しを入手するに及んで、航空灯台に関して十分な資料が整うことになった。

『とうゆう』の記事の執筆者、吉田さんは、元航空局飛行場部管理課、空港保安防災企画官で、平成一〇年から「航空人倶楽部ハイキング部」(大阪国際空港のハイキング会)に参加してきて、平成一八年一〇月に、候補地選びのために、久我山のガイドを掲載した『新ハイキング関西』九一号を購入して、拙稿を見てから、平成一八年一一月以降、航空灯台跡地さがしを行うようになったのだという。

平成二一年八月二九日、吉田さんに会い、航空灯台跡についての貴重な資料を入手することができた。

上野航空灯台跡への登り口については、吉田さんたちが、平成二一年三月二五日の調査で、伊賀市の語り部である中川甫さんの案内で登ったコースを教示戴いたが、整備された道はない。

登り口の物置小屋と家屋の辺りの住所は、伊賀市大字島ヶ原字松林坊だが、山道に入ると伊賀市大字長田字正林坊である。島ヶ原を流れる松林坊川の源流部に当たる。呼び名が同じで、漢字表記が異なる地名のケースはよく見られる。航空灯台跡のある標高三〇二mのピークは、三等三角点「正林坊」だが、点の記は未作成で、インターネットでも登頂記録は見当たらなかった。

長田村役場編輯「長田村報」第十七号(昭和四年八月)には、この山は「正林坊山」とあり、海抜「一〇六〇尺」(三二一m)で、「本村の最高地、粘土、松茸、石材を産す」とある。実際には見遠山(けんとうやま)(標高三一三m)のほうが高いので、測定誤差なのであろう。

一方、『長田郷土史』(中村竹次郎氏遺稿(壱)、長田公民館、昭和五一年)には、「正林防山　字正林防にあり海抜一〇六〇尺長田地区最高の山なり」とある。『郷土の小字名』(三重県職員郷土史クラブ)の長田地区の字には「正林坊」とあり、点名「正林坊」と一致するので、山名は「正林坊山《しょうりんぼうやま》」であろう。

筆者は吉田情報を基にして、平成二一年五月と九月に現地踏査を行なった。今回のガイドに当たっては、令和元年一二月に再踏査を行なって、現状を確認した。松林坊山の山頂へは明瞭な道がなく、迷いやすいので、藪道歩きに慣れていない人には、おすすめできない。

コースガイド

JR島ヶ原駅で降りる。駅前から正面の道をまっすぐ進み、広い道を横断し、突き当たりで、左の狭い道に入って下る。木津川沿いに出て、島ヶ原大橋に向かう。大橋の歩道橋を歩いて木津川を渡り、そのまま、天理教島ヶ原大教会のほうへ向かう。

大教会の北側で右折して、ほどなく、右手に稲荷神社がある。舗装道を上がると、左手が伊賀焼普門窯への入口である。まっすぐ進んで、分岐で道標の示す右のスタンプコースをたどる。ここで、道標を見逃すと迷うので注意しよう。左側に分岐道があり、少し先に直進方向への道も続くが、右のほうへ進むのがポイントである。

舗装道を歩いて行くと、「大和街道記」の案内板前に出る。左折して、舗装された平坦な道を進む。素朴な風景に心なごむ。島ヶ原バイパスを陸橋でまたぎ越す。右へコンクリートの舗装道を進む。

次の分岐点には、文字が消えかけているが、平成二一年当時には「左右三〇〇米先で行き止まりとなっていま す注意」とはっきり読み取れた看板があり、左の舗装道を下る。やがて、物置小屋の所に出ると、道はネットで閉鎖されて行き止まり、電柵が設けられている。

物置小屋から左に上がると、正面に家屋がある。石垣の手前で左に上がり、山道に入る。右手側には、面白い巨岩が散在していて楽しませてくれる。

右側に苔むした巨岩が二つ並ぶ所に出ると、ピンクのビニールテープの目印が出てくる。さらに進むと、右に五mほどの巨岩を中心として、周りに岩が十数個散在する場所に出る。左側には小さな鞍部が見える。この辺りから、木に巻いた青いビニールテープの目印も出てきて、ピンクテープと併せて、めざす頂上への道案内をしてくれる。

右に巨岩群、左に鞍部を見て、正面からまっすぐ尾根に取り付けばよいのだが、正面は藪がちなので、巨岩群の左端から踏み跡をたどり、左へ回り込み、右に小さな谷を見ながら上がると、二つ重ねに見える岩に出合う。そこからは、左側の尾根筋を上がる。

尾根筋は、青とピンクのテープを見ながら、歩きやすいルートを登るとよい。初めは東方向、次第に南方向に切り替わる。高い方に向かって上がれば、やがて、頂上近くに出る。右に向かうと、根元で三つに分かれている松の木がある場所に着く。

松の木の横に、ボルト二本が突き出たコンクリート製の基礎が見つかる。ここが、正林坊山の山頂に設けられた、上野航空灯台の跡地であることがわかる。

コンクリート製の基礎は一見、右側の手前の一つしか見つからないが、四mほど先の右側に半ば埋もれかけの二つ目の基礎があり、ボルト二本が突き出ている。

基礎の一辺は四五cmで、二つの基礎の外側同士の距離は三九三cm、基礎には錆びた二本のボルトが斜めに並び、一二cmだけ突き出ている。手前の基礎は高さ二五cmが露出する。一方、奥側の基礎は高さ五cm以下の露出で、土や落葉に隠されると埋没してしまう。

右(西)側に二つの基礎があり、四m離れた左(東)側の残り二つの基礎があったと推定できる場所は二ヶ所の穴になっている。手前の穴にはコンクリートの残片があり、穴同士の間にも残りが見られる。

国土地理院の三角点標石は、この航空灯台跡

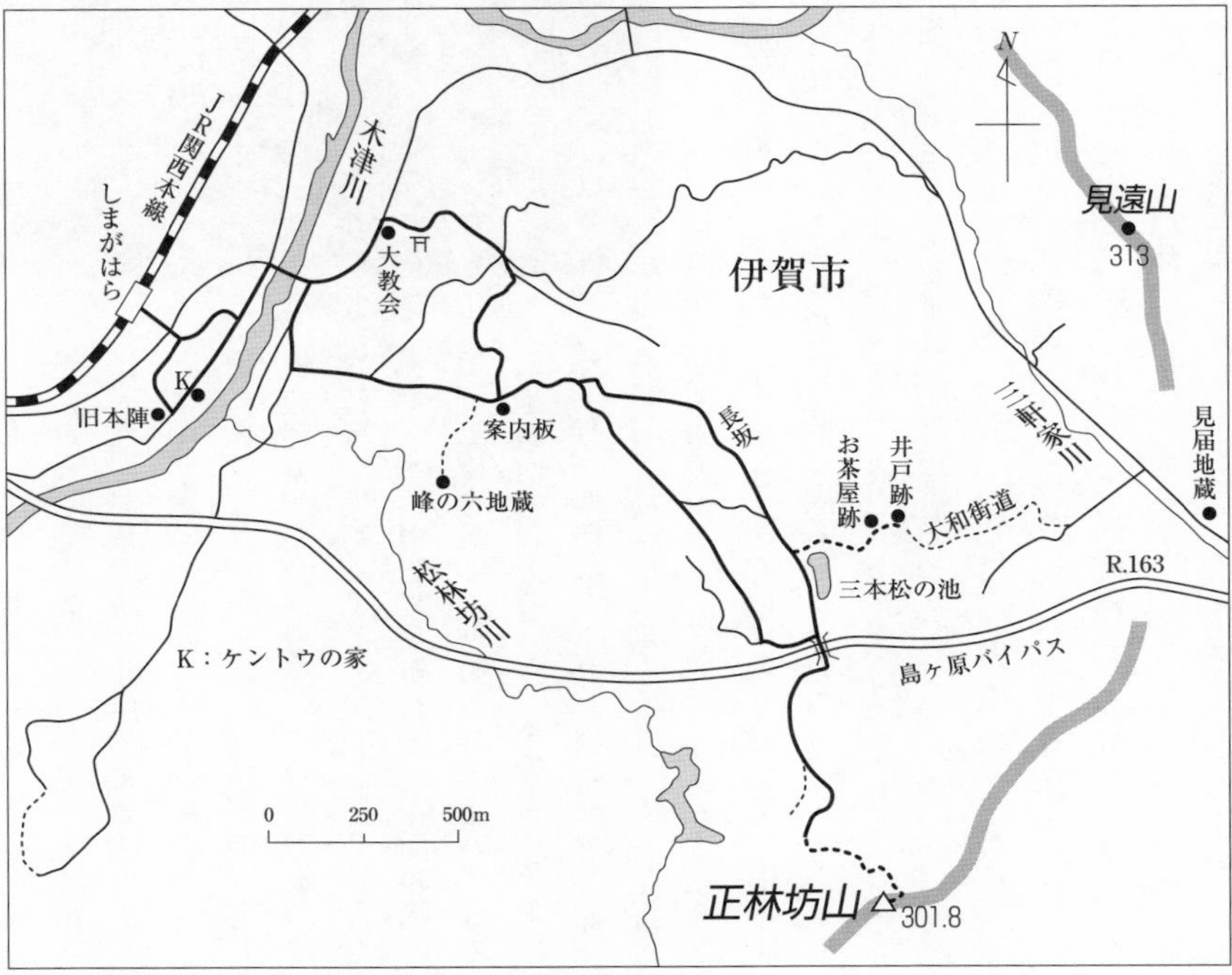

から、奥(南)へ三〇mほど先にある。

　高さ一五mの上野航空灯台が、標高三〇二mの正林坊山に設置されて、使用が開始されたのは、昭和八年一一月のことで、夜間定期航空のために活躍するようになった。午前三時から日出までと、日没から午後九時まで点灯され、一〇秒毎に一回閃光を発し、明るさは一二〇万燭光、晴天の暗夜に光の届く距離は五〇㎞であった。昭和一八年、太平洋戦争の戦況悪化に伴う資材回収のため、廃止となった。

　元の道を引き返す。島ヶ原バイパスの陸橋を渡ったら、まっすぐに進む。右に三本松の池が見えたら、池の先で右折して、大和街道に入り、お茶屋跡と井戸跡まで往復するとよい。戻ってから、次の分岐で右の地道に入り、長坂を下ろう。芭蕉の尻もち坂を経て、「大和街道記」の案内板の地点に戻ってくる。この説明をよく読んだ上で、四〇m先で左折して、正面の畑の奥の石標を目印に左の竹林へ下り、峰の六地蔵磨崖仏を見てくるのも一興だろう。与右衛門坂を下り、旧本陣の道標で右折して島ヶ原大橋を渡り、すぐ左折して、郵便局の横の菊岡家(見遠山で旗振りをしたケントウの家。第一章「見遠山」参照)の前を通り過ぎて、旧本陣を見てから島ヶ原駅に戻るとよいだろう。


(平成二一年五月九日・九月二〇日・令和元年一二月一一日歩く)


《コースタイム》(計二時間五二分)

JR島ヶ原駅(三〇分)大和街道記案内板(二〇分)島ヶ原バイパス陸橋(一〇分)登り口(三〇分)正林坊山(二〇分)登り口(一〇分)陸橋(二〇分)案内板(二五分)旧本陣(七分)島ヶ原駅

〈地形図〉二万五千＝島ヶ原・月ヶ瀬

上野航空灯台跡の礎石

上野航空灯台跡の二つの礎石

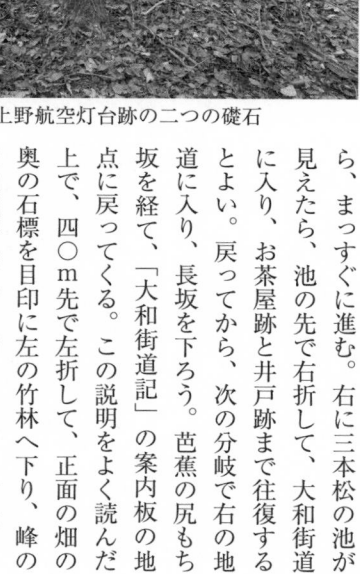

笠置航空灯台跡(灯台山)

京都府相楽郡笠置町には、戦前には笠置駅の南方に笠置航空灯台があり、戦後には笠置駅の北方に移設された。豊橋航空灯台と同様に、戦前と戦後の場所が全く異なるケースに該当する。

筆者が戦後の笠置航空灯台の存在を知ったきっかけは、小林義亮《ぎりょう》『笠置寺　激動の1300年』(平成一四年)(改訂版、平成二〇年)の記述による。戦後、笠置町切山の北に航空灯台があって、ジェット機時代になるまで活躍していたというのである。

そこで筆者は、平成二一年八月六日、笠置寺に問い合わせて、小林慶範《けいはん》住職の弟という小林義亮さん(千葉県在住)に連絡したところ、昭和三三年頃まで笠置寺の北方にあったことは間違いないが、具体的地点までは不明ということであった。

平成二一年八月七日、大阪航空局で、航空灯火友の会編集・発行の会誌『とうゆう』に掲載された、吉田久善「航空路灯台跡地さがし　我ら熟年、探検隊」の記事「その1(室津、笠置編)」(第八一号、平成二〇年五月)の写しを入手でき、八月二九日には吉田さんに直接お会いして、笠置・柘植・上野航空灯台の現地踏査結果の資料を入手することができた。

吉田さんは、笠置町にあった戦前と戦後の航空灯台二基の調査を実施していた。戦前、笠置航空灯台は、笠置駅の南方にあったということであった。戦後、駅の北方、切山集落の背後に移設された航空灯台の位置は、吉田さんによる平成一九年三月三日の調査でも未確定のままになっているとのことであった。

筆者は、平成二一年八月三一日、吉田情報を基にして、戦後の笠置航空灯台の保守を担当したという山本磯八さん（明治四〇年～平成一四年）の手伝いで、中学生の頃（昭和二四年頃）に油差しやガラス磨きをしたという息子、山本豊嗣さん（昭和一一年生れ）に前日の電話で依頼しておき、地元で「灯台跡」と呼ばれている場所の確認に協力してもらうことになった。豊嗣さんは、吉田さんの調査に同行できなかったので、今回は中学生時代の思い出の場所を探せることがうれしいご様子であった。

豊嗣さんは、航空灯台が関西セルラーの鉄塔付近だと記憶していたので、西側の地点を巡るなどして、灯台跡の確認に手間取ったが、案内も兼ねてもらったタクシー運転手の藤田正成さん（昭和二〇年生れ）の協力もあって、灯台跡らしい地点にたどり着くことができた。

林道切山線が林道三国越線に出合う地点から東に三国越線を五〇〇m歩いた地点に、鉄塔への入口があり、そこから北東方向へ薄い踏み跡を高みに向かって歩いて、東西に鉄塔を臨む地点に出た。送電線の真下である。そこは、四七七・六m三角点の南東二七〇m地点の標高四四二・七mピーク（京都府和束町中和束）であり、戦後、連合軍の指令により、笠置駅の北一六五〇m地点に移設された笠置航空灯台の跡地なのであった。豊嗣さんにとっては六〇年ぶりの再訪であり、そこでの満足そうな表情がたいへん印象的であった。

山頂には、基礎を撤去した跡らしい穴が約三m間隔で二つ残されていた。あとの二つは埋もれていた。ここは吉田さんの平成一九年三月三日の調査場所であり、その正しさが裏付けできたのであった。

山本磯八さんへの聞き取り資料によると、昭和二〇年一〇月頃の移設だというが、連合軍指令は同年一二月に出て、昭和二一年に移設作業が行われている。

昭和二二年に回転装置と電球交換器を新規とし、同二四年にはダブルビームレンズを新規とし、その他の補修も実施している。豊嗣さんは、この補修作業を手伝ったのだろう。

その後、ジェット機時代になるまで活躍していたが、無線飛行の普及が進んだために、昭和四四年四月一日には廃止となった。

さて、戦後の灯台跡が判明したので、次は戦前の航空灯台跡探しに取りかかることにした。こちらも吉田資料が役に立った。

昭和八～二〇年、南笠置の南方に笠置航空灯台が設置されていた。笠置駅の南一六五〇m、標高三五五・一mのピークにあり、地元の人たちは、今でも「灯台山」と呼んでいる。

筆者は、平成二一年九月一九日と一〇月四日に灯台山の探索を行なったが、ルートがわからず、山頂に到達することはできなかった。

平成二一年一〇月一二日、西奥から山道に入り、ゴルフ場の北東にある地蔵石仏地点に至り、地形図にある中腹道(地形図に記入されているが、山抜け地点がある)を経て灯台山の山頂に登り、南笠置に下ることができた。西奥からのルートは荒れていて一般向きでないので、南笠置からの往復コースがよい。

コースガイド

令和元年、一〇年ぶりに二つの笠置航空灯台跡地を再訪問してみたので紹介しよう。

JR笠置駅から東へ進む。笠置山城の大手門に位置していた大手橋から南側を見ると、右に二五九mピーク、左に灯台山が見える。郵便局の所で右折して南笠置に向かう。笠置寺への入口を過ぎてほどなく、右側に橋が見えるので、右折して橋を渡り、突き当たりを左折する。直進していると道が細くなるので、右のほうの広い道をたどり、コンクリートの急な上りですぐに、オオヤマ織工の手前に出る。

右側のほうから山道に入る。左手に堰堤が二つ続くのだが探らないとよく見えない。道は堰堤の右側にあり、鋼板の階段を上がる。鋼板を止めるボルトが突き出ている所があるので注意して歩こう。二万五千分一地形図の道は堰堤を斜めに横切っていて間違っているが、中腹道の部分はほぼ正しい。

苔むした倒木の横に石段があり、上に観音石仏が祀られている。ここからの道は、倒木が多くなり、整備もされていないので、歩きやすかった一〇年前とは勝手が違う。

観音石仏の手前の石段にかぶさる左側の倒木を跨いで、深く掘れている古道らしい道を倒木に注意しながら小さな尾根から外れないように登って行く。

途中で枝木の多い倒木が道を遮る個所があり、倒木の右側の歩きやすい所を越える。道は右側の二五九mピークの左(東)の斜面を歩くようになる。その先に京都府農林水産部の「平成2年度治山施設」の看板がある。そこからは歩きやすい山道になる。

道が右へ回り込むと、二五九mピークの南方鞍部に出る。緩やかな道を歩く。左に尾根が現れるが誘い込まれずに、右側の踏み跡を歩いていると広い谷となる。

谷の道はあやしくなり、右手に明るい空が透けて見える所があり、右へ少し上がると、中腹道が続いている。地形図で中腹道に入る地点に該当するが、地形図の道は実際より二〇mほど高い位置に描かれているようだ(途中から、正しい位置になる)。

中腹道に入ってすぐ左手に明瞭な踏み跡のある尾根道(東方向)があり、掘れた道は歩きにくい場所もあるが、外さないようにして登って行く。

まっすぐ登り切ると、小さなピークで、赤い「境界」の標柱があり、ここから南へ緩やかな尾根道を上がる。歩きやすい所を南へたどると一番高い地点に出る。雑木林の中で木漏れ日がさす場所である。

そこに、ボルト二本付きのコンクリート製の基礎四個が見つかる。ここが、戦前の航空灯台跡地で、地元で「灯台山」と呼ばれている場所である。これほど、明瞭に基礎が残されている場所は少なく、航空灯台の遺跡地として貴重と思われる。基礎の一辺は四五～四六cm、基礎の外側同士の間隔は三九五cmである。南側の基礎二つの中間に、なぜか、四〇×五〇cmの塊がある。

基礎の土台は高さ一八～三一cmが露出している。基礎には、それぞれ、径二・三cmのボルトが斜めに二本ずつ残り、長さ一三cmが突出している。

昭和八～二〇年、ここに高さ一五mの鉄塔があり、昭和一二年まで、最上部の灯器が閃光を発して、夜間定期航空のために活躍していたのである。午前三時から日出までと、日没から午後九時まで点灯され、頂上の灯器が一〇秒に一回の閃光を発し、明るさは一二〇万燭光で、光の到達距離は五〇㎞であった。その後も有視界飛行のために利用されたが、戦況が悪化した昭和一八年になると、防空上から無期限消灯の命令が出されて終戦を迎え、昭和二〇年に廃止されている。

基礎を見つめていると、タイムスリップに誘われることだろう。標高三五五・一mの四等三角点「白水《しろみず》谷《だに》」の標石は、ここから先(南)へ三〇mほど離れた少し低い地点にある。元の道を引き返そう。

戻る際には、登ってきた地形を思い起こし、初めは北へ、続いて、赤い標柱からは北尾根に入らずに左手の西尾根に下ること、治山の看板を過ぎて、倒木地帯に入ってから、北東へ下る尾根筋(深く掘れた道)から外れないように注意して観音石仏に下ることが必要である。

なお、中腹道を南下すれば、山抜け、倒木で荒れた道だが、地蔵石仏の場所を経て、ゴルフ場の近くを通って、西奥に下れる(おすすめはできない)。

灯台山から下って、郵便局に戻ったあと、時間に余裕があれば、戦後の灯台跡に向かうのもよい。北へ向かい、笠置橋を渡り、左折し、ホテル跡から切山集落へ向かう林道切山線に入る。舗装道路が続くので味気ないが、道中から見下ろす周辺の景観は素晴らしい。季節によって、紅葉、柿、南天、ススキなども楽しめる。木津川・笠置山・灯台山を振り返る際に、谷文晁『日本名山圖會』の「笠置山在播磨州」の景色が見えるかどうかを確かめるのも面白いだろう。ちなみに、筆者がカシミールを用いて確認したところ、文晁の笠置山は姫路市香寺《こうでら》町溝口のホームタウンの北方の標高一四〇m地点から遠望した笠形山であろうと思われる。文晁の笠置山は京都の笠置山だという説が多いが、一つ検討してもらえたら有難い。

左側に森林組合の建物が見えると、ほどなく、林道三国越線に出合う。左は和束、右は野殿を示す道標がある。そこから東に三国越線を五〇〇m歩いた地点の北側に、黄色い標柱があり、右に白くなった「火の用心388」の看板があり、左方向にある送電線鉄塔への入口であることを示している。看板の右側に車の待避所があり、その背後のピークが戦後の航空灯台のあった場所である。

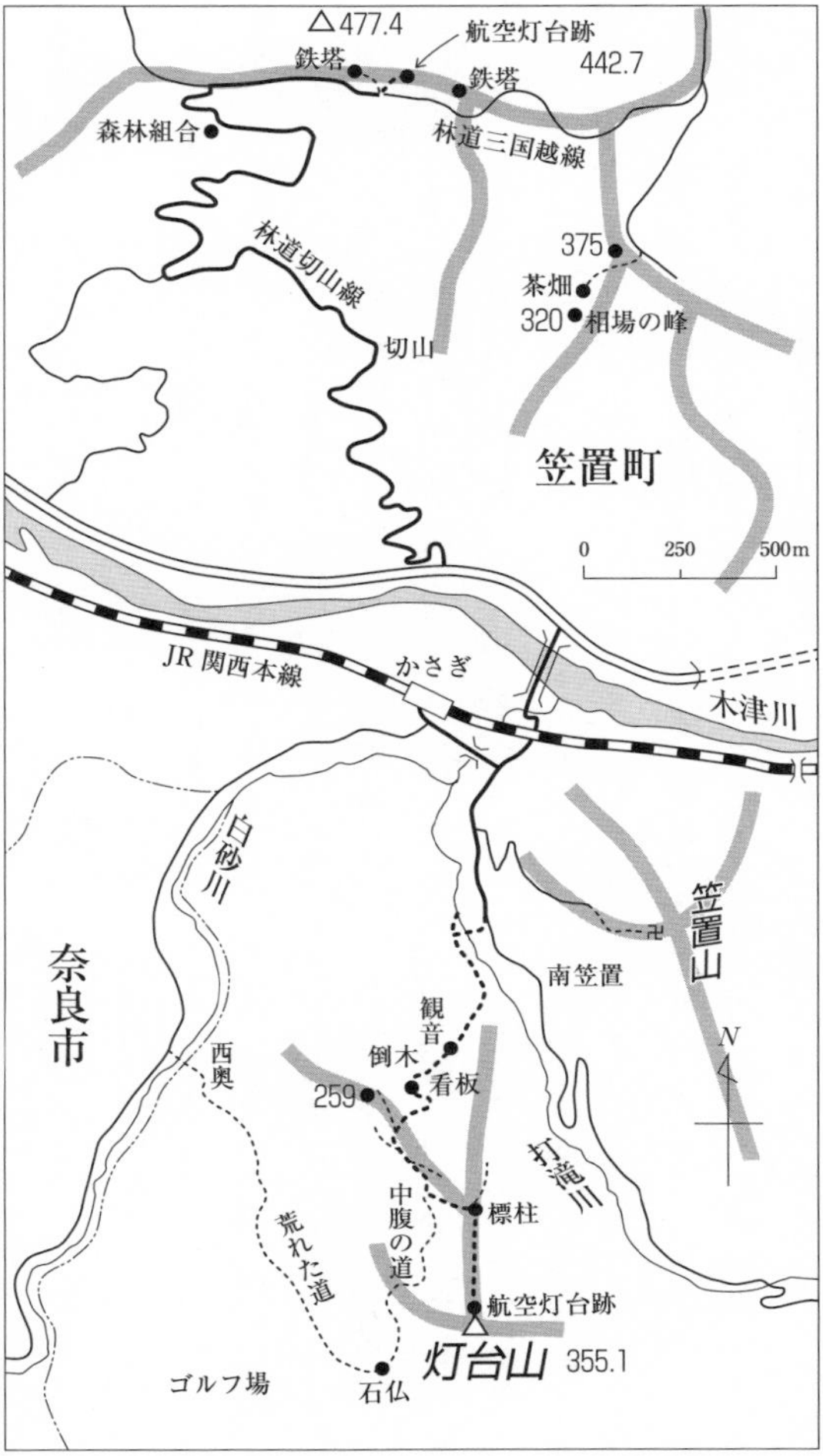

低い鞍部からまっすぐ笹交じりの場所へ踏み込む。そこから右手の藪の薄い所を探して、一番高い方向をめざして上がる。

迷いやすいので、磁石を携帯するか、赤布の目印を取り付けるとよいだろう。道はないに等しい。北東方向へ薄い踏み跡を高みに向かって歩いて行って、一番高い地点に出て見上げると、送電線の真下である。

一〇年前に、山本豊嗣さんと一緒に登った時には、頂上付近は開けていて、左右に鉄塔を見ることができたが、今では雑木に閉ざされて、展望は全くない。一番高い辺りに灯台の基礎跡らしい穴が一つあるが、似たような穴は複数あり、一〇年前に認めた二つの穴かどうかも定かではない。それでも、一番高い部分に鉄塔が立っていた歴史は残る。

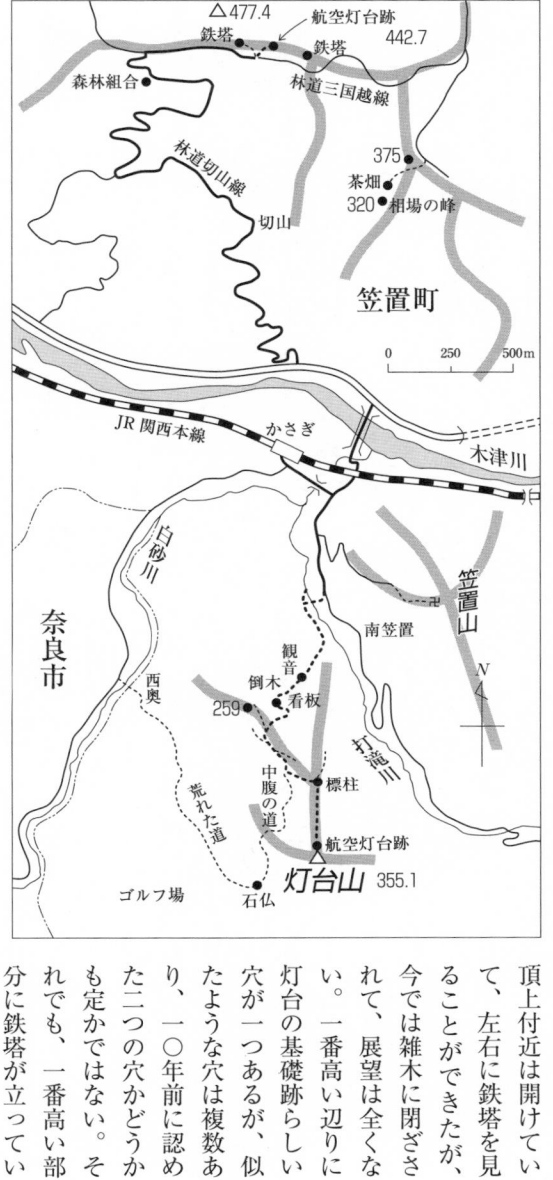

昭和二四年に山本さんが修理作業を手伝い、昭和四四年に廃止されて撤去され、山本さんにとって六〇年ぶりに平成二一年に一緒に跡地を訪問してから、はや一〇年を経過した令和元年の筆者の訪問となったが、あらためて、時の経過と現地の風化、歴史の忘却を教えられる一日となった。

ここで記録にとどめて、笠置航空灯台の歴史を後世

戦後の笠置航空灯台のあった山(中央左寄り)

灯台山(左)

灯台山の礎石

に伝える一助となれば幸いである。

興味深いことに、戦前・戦後の二つの笠置航空灯台は、笠置駅を挟んで南北の一直線上にあり、しかも、その駅からの距離はどちらも一六五〇ｍであることは、偶然にしては出きすぎた立地条件にあると言えるだろう。この事実だけでも語り継ぐに値するのではないだろうか。

(平成二一年八月三一日・一〇月一二日・令和元年一二月一三日歩く)

《コースタイム》(計五時間三五分)
JR笠置駅(一五分)登り口(四五分)中腹道入口(二五分)灯台山(一時間一五分)JR笠置駅(一時間三五分)灯台跡(一時間二〇分)JR笠置駅

〈地形図〉二万五千＝笠置山・柳生

須磨航空灯台跡（鉢伏山）

笠置の次は生駒山航空灯台である。昭和八年当初は、各地と同じような高さ一五mの鉄塔の航空灯台が建設された。末森猛雄「航空燈臺と航空標識」（『科学画報』昭和八年二月号）の二二六頁には、「昼間見た生駒山上の航空燈臺」の写真が掲載されている。

その後、昭和一五年になって、航空道場の隣りにコンクリートの航空灯台が新設される。付属の建物には航空博物館が併設された（『河内どんこう』平成九年一〇月号の記事）。『航空朝日』昭和一六年一〇月号（二一一頁）に、外壁に模様がペイントされた生駒山航空灯台の写真が見える。昭和二〇年に航空灯台は廃止となった。

「昼間見た生駒山上の航空燈臺」
（『科学画報』昭和8年2月号より）

コンクリートの建物は残されて、昭和二六年一二月、近鉄の生駒山天文博物館として開業した。隣りに博物館施設と九mドーム（六〇cm反射望遠鏡）があった（近畿日本鉄道のパンフレット『生駒山上』昭和三一年）。昭和四四年、宇宙科学館の開館に伴って閉館し、近鉄生駒山無線局として使用され、平成二三年に修理も行われたが、平成二八年に撤去されて、更地となった。道を挟んで東側の京都大学生駒山天文台（太陽観測所、昭和一六年開設、昭和四七年閉館）の円筒状の塔屋（高さ一六m）も平成二八年に撤去された。スカイランド生駒の横の生駒山宇宙科学館（昭和四四年開館、平成一一年閉館）も同年に解体されている。

昭和八年、大阪飛行場（大阪市大正区船町、木津川尻）の東側には、高さ一五mの航空灯台が設置された。『小糸製作所五十年史』（非売品、昭和四三年）には「木津川飛行場の航空灯台」の写真がある。しかし、飛行場は狭くて利用しにくいため、昭和一四年、川辺郡神津村に大阪第二飛行場が設置され、航空灯台も木津川尻から移設された。現在の大阪国際空港（伊丹空港）である。

昭和八年、兵庫県神戸市須磨区の鉢伏山の山頂には、須磨航空灯台が設置された。東京・岡山間の夜間飛行の正式開始（一一月一日夜）を前にして、航空灯台を利用した練習飛行が九月二五日〜一〇月五日に実施された。当時、世間には相当の注目を引き、新聞紙上に写真入りで記事が掲載された。『航空照明五十年史』（一〇二頁）に次のように引用されている。昭和八年一〇月の記事であろう。

「生駒山航空燈臺」
（『航空朝日』昭和16年10月号より）

「須磨鉢伏山の航空灯台は、本紙既報の如く、去月二十九日午後六時半より試験点灯を挙行、愛国の結晶になる處女光芒は、燦として扇港から須磨の仇浪に照り映え、折柄大阪―岡山間夜間飛行練習中の日本空輸機が爆音高く飛翔し来たり、この新しい空の道しるべに感謝の信号を送るなど、航空灯台最初の点灯日に相応しい状景を呈した」

須磨航空灯台は、午前五時半から日出までと、日没から午後七時半まで点灯されたが、昭和二〇年、連合軍の指定で廃止となった。

『沿線案内』（山陽電鉄、昭和一〇年）の絵図には、須磨の浦公園に航空灯台が描かれている（表紙カバーの折り返し参照）。裏面の「沿線遊覧地御案内」に、次のような記述が見られる。

生駒山天文博物館
（近畿日本鉄道「生駒山上」昭和31年より）

生駒山航空灯台跡の近畿生駒山無線局
（2009.11.15撮影）

「須磨の浦公園前臨時停車場
須磨の浦公園は鉢伏山の一部からなる神戸最大の公園なり。有名なる鉢伏山は海抜二四五米、（中略）山頂には高さ十六米、三百萬燭光、光達距離、七十六粁に及ぶ航空燈台がある。煌々たる光を放ちてよもすがら航空指導の役目を務む」

『特別展　川西　英の新・旧「神戸百景」』（神戸市立博物館、平成一三年）の図録には、川西画伯の「鉢伏山頂」（昭和一〇年八月三〇日）が掲載され、鉄塔の頂上に灯器が描かれ、往時の姿がわかる。この図録には、大丸百貨店の「航空燈台」（昭和一一年七月三〇日）も収録されている。

平成二一年一一月七日、須磨浦回転展望閣を訪ねた。職員からは、展望閣が昭和三三年に完成したこと、展望閣が建つ前に旗振茶屋があったことなどを聞くことができた。

次に、旗振山（標高二五三m）で旗振茶屋を営む二代目オーナーの森本孝弘さん（昭和一七年生れ。父は一代目の勝一《かついち》さん）に話を伺った。オーナーは航空灯台を防空灯台と呼んでいたが、現物は見ていないという。

オーナーによると、旗振茶屋は、昭和三〇年頃、鉢伏山に出店をしていて、その場所は後に展望閣が建った地点だという。出店の近くに、四個のコンクリートの基礎が正方形（一辺は三mぐらい）の頂点の位置に残っていたことを憶えているという。その場所は後に展望閣の敷地となり、基礎は消えてしまったということであった。つまり、展望閣の地点が、戦前の航空灯台のあった場所であった。

なお、『旗振り山』（四七～四八頁）で紹介したように、『歴史と神戸』八三号（昭和五二年五月、三二頁）に掲載した「旗振山の名は、戦前、鉢伏山に航空燈が建ったとき、この上に旗を立て、飛行の便に供したからである。米相場には何の関係もない」という下畑の林邦松氏による証言は、旗振茶屋が昭和六年三月に開業したこと、昭和八年に初めて須磨航空灯台が点灯されたことから、誤りと確定したと言えよう。筆者が航空灯台跡の調査に取り組むようになったきっかけである疑問点が解決したことになる。

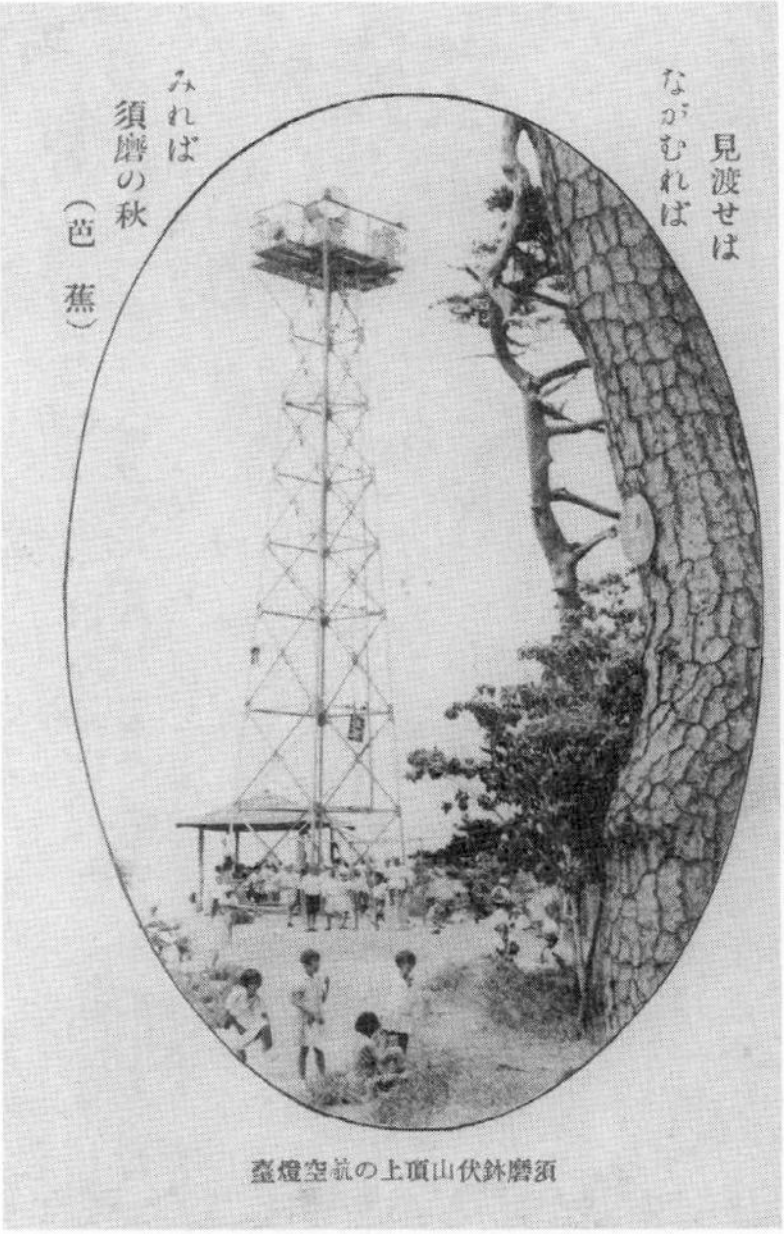

須磨鉢伏山頂上の航空燈臺
（戦前の絵葉書）

須磨航空灯台の絵葉書がないかどうか、気になっていたが、神戸の絵葉書の収集家（石戸信也氏）に問い合わせても、心当たりがなく、存在するか否かが全く不明であった。

ところが、平成二六年一二月になって、「須磨鉢伏山頂の航空燈臺」と題した戦前の絵葉書を古書店が販売していることが判明して入手でき、須磨航空灯台の往時の姿がはっきりとわかることとなった。

室津航空灯台跡(嫦娥山)

兵庫県たつの市御津《みつ》町室津の北方には、室津航空灯台があった。その所在地の山名は、二万五千分一地形図「網干《あぼし》」(平成一九年更新)に「嫦峨山」とあるが、揖保郡役所編纂『揖保郡誌』(明治三六年、一五二頁)に「嫦娥山」とあり、地元の御津町の地図もすべて「嫦娥山」に統一されており、「嫦峨山」は誤記であることは明らかである(詳しい解説は、『新ハイキング関西』一一八号の記事で行なったので、参照されたい)。

松本保一・松本綾子編著『ふるさと御津』(昭和五四年)には次の記載がある。

「嫦娥山《じょうが》(高さ二六五、八m)嫦娥とは月の異名である。昭和の初め灯台があって、その灯が廻転して、夜はきれいであったが知っている人は少かろう。この灯台は戦争のため撤去された」

「嫦娥」は月世界に住む美人仙女の名で、「姮娥《こうが》」ともいう。月の嫦娥伝説は、日本の「かぐや姫」型伝説のルーツであり、中国初の月周回衛星「嫦娥1号」の由来でもある。

平成二一年一一月三日、室津の賀茂神社境内で、年輩の方々に航空灯台のことを尋ねると、ご存じで、思い出を語る際に「飛行とう」と呼んでいたのが印象的であった。地元で広く語り継がれてきた言葉で漢字は知らないとおっしゃる。おそらく「飛行塔」という表記で間違いあるまい。

近畿地方測量部に山名の出典資料を提供し、調査を依頼しておいた(平成二一年一一月)。その結果、国土地理院の電子地図では、嫦娥山に訂正済みである。紙の地形図のほうは、平成一九年更新(同二〇年発行)以後、新たに発行されていないので、未訂正のままである。発行されれば、訂正されることだろう。

インターネットで閲覧した、歴史教室二月号(平成二五年)には、田中早春氏の「室津の嫦娥山の物語」

が紹介され、「明和七年（一七七〇）の薩摩藩本陣の文書に載っている。当時は尉ヶ山と言った」とあるのは注目すべき情報であった。

「尉」は、「男の老人。また、能楽で、白髪の老人の男性。能の翁の面。炭火の白い灰」といった意味であり、「尉ヶ山」とは、「翁の山」「白髪山」という意味となろうか。そして、「尉ヶ山」→「じょうが山」→「嫦娥山」と変化したと考えられる。

コースガイド

山陽電鉄本線から、飾磨駅で網干線に乗り換えて、山陽網干駅で降りる。

駅の改札を出て進むと、すぐ左手にウエスト神姫の山電網干バス停がある。午前一一時四二分発（日曜・祝日のみ運行）の御津病院～大浦行きに乗り、室津西口バス停で降りる。既に一二時六分なので、帰りに利用する室津バス停の最終便（一六時四三分）までの行動時間は四時間半となる。

室津西口バス停から西へ歩く。国道の左側にある歩道を進み、右側に墓地が見えたら、車の往来に気を付けて国道を横切り、明治時代の室津街道である屋津坂に入る。幅広の砂利道で落葉を敷き詰めた区間もあり、やがて、鳩が峰（標高一〇八m）の切り通し（屋津坂峠）の手前に着く。右側に嫦娥山登山口の木札があり、ここから入る。赤布の目印がある。

入口から踏み込んで、最初は左の切り通しと並行するように歩く。ここで右側の斜面に踏み込むと迷うので注意しよう。

しばらく歩くと、山道は右手方向に曲がり、左側にダイセルの敷地を区切る鉄線のフェンスが現れる。ここから頂上までフェンスに沿って歩くことになる。

登って行くと小さなピークに出て、少し下ると、小さな鞍部に着く。ここは、江戸時代の紀行文（大田南畝）の鳩胸峠（標高一五〇m）である。右（南）側に続く山道が江戸時代の室津街道というわけだが、今では歩く人も稀である。

鞍部から赤布の目印に従って、正面（東）方向に登って行く。シダに覆われた場所もあるが踏み跡は明瞭である。フェンスを見失わないように登る。

登りついた所から道は右(南)方向に曲がり、そのまま嫦娥山の頂上(標高二六五・八m。電子地図では二六五・七m)に出る。右手の手作りの木札に「嫦娥山頂上」とある。

左側のダイセルの標柱が倒れている横に三等三角点標石がある。点名は「七曲」である。そこから右の木札(南西)方向へ八m先の所に、石が詰めてある一×一・一mの穴があり、一・七m先にも一・二×一・二mで深さ一mほどの穴がある。さらに向こう側の穴二つは一・一×一・六mで少し大きい。四×四mの正方形の敷地内に四ヶ所の穴が開いていることになる。室津航空灯台基礎の撤去跡である。穴の中心に基礎コンクリートがあったとすると、三・二×三・二mの正方形の範囲に収まっていたと推定できる(撤去された基礎は一辺四五cmである)。

昭和八〜二〇年に航空灯台があり、午前五時半から日出までと、日没から午後七時半まで点灯され、高さ一五mの鉄塔頂上に設置された灯器が一三秒を隔てて七秒間に白一回、赤一回の閃光を発し、明るさは二六六万燭光で、光の到達距離は七五kmであった。室津で灯台を知る人たちは、思い出話で「飛行とう」と呼ぶ。

山頂からは、北東方向の笹道を、御津山脈縦走路で天狗岩、蓬莱岩、眺め岩まで往復して見てくると、時間調整ができるだろう。

嫦娥山の山頂から北へフェンスの左側をたどりながら下って戻る。

鞍部の鳩胸峠から、江戸時代の室津街道をたどることもできるが、あまり歩かれていないので、往路を戻ることをおすすめする。

なお、江戸時代の室津街道を歩く場合のガイドをしておこう(国土地理院の電子地図には山道が載っている)。しばらく平坦な道が続く。ほどなく「みはらし峠」で大浦湾が見える。右側に石垣があり、その先の右手が「井戸跡」と「お茶屋跡」である。竹の密生地を抜けると、左手が、くすの木広場である。道は右に曲がって下り、最後はぽっかりと車道に出る。入口に「室津街道入り口」の看板がある地点である。そこから左(東)へ二五〇mほど歩くと室津バス停である。

屋津坂峠の登り口の道標

嫦娥山の山頂の航空灯台跡地

鞍部の鳩胸峠から小さいピークを経て下り、鳩が峰(屋津坂峠)に戻る。元の道をたどり、室津西口バス停を経て、室津バス停に着く。

室津バス停では、日触経由の網干港行きのバス便(一六時四三分)に乗って山電網干バス停で降りる(一七時一五分到着予定)。山陽網干駅で乗車して帰る。

頂上から縦走路を眺め岩まで往復していない場合は、時間に余裕があるので、室津海駅館、賀茂神社、藻振鼻、日和山《ひよりやま》(藻振鼻の東、観天望気の丘、標高四四m)、遠見番所跡、室山城跡、二ノ丸公園などを巡るとちょうどよい歩きとなるだろう。

今回、一〇年ぶりに嫦娥山を訪れて、周辺コースの変化を述べておこう。

平成二一年当時は、石見西口バス停で降りて、名田忠山荘まで、すばる坂(山荘マスターが夜の星の昴が綺麗なことから命名)を上がり、Z山登山口から縦走路に入ったが、平成二九年に、太陽光パネルが設置され、立入禁止になっている。

最近は、石見西口から石見坂登山口へ向かい、Y山(標高二五一・九m)を経てZ山(標高二三八m)に向かう縦走コースが利用されているようだ。ちなみに、石見坂の東のピーク（標高一七五m）がX山で、無名だと不便なので、三つとも石見の人が便宜的に付けた山名である。（平成二一年一一月三日・令和元年一二月一五日歩く）

《コースタイム》（計三時間四五分）

室津西口バス停（一五分）屋津坂入口（二五分）屋津坂峠登山口（三五分）嫦娥山（三五分）眺め岩（三五分）嫦娥山（二〇分）鳩胸峠（一〇分）屋津坂峠（五〇分）室津バス停

・室津バス停（一五分）賀茂神社（一五分）藻振鼻（二〇分）室津バス停

・鳩胸峠（一時間一〇分）室津バス停

〈地形図〉二万五千＝網干

玉津航空灯台跡(五郎山)

航空灯火友の会編集・発行の会誌『とうゆう』に掲載された、吉田久善「航空路灯台跡地さがし 我ら熟年、探検隊」の記事「その2(玉津編)」(第八二号、平成二〇年八月)には、岡山県邑久《おく》町にあった玉津航空灯台を探索した結果がレポートされている。

平成二一年八月二九日、吉田さんに会い、航空灯台の貴重な資料を入手することができた。『とうゆう』第八二号の記事によると、吉田さんは、平成一九年五月一九日、六月一六日、九月一日の三回にわたって玉津航空灯台跡探しに取り組み、六月と九月には苔むしたコンクリートの基礎二個と撤去穴二個を発見しているが、送電線鉄塔からの道は、鎌、鉈、剪定鋏を必要とするほど険しい状況であった。

筆者は、平成二一年に吉田さんから、平成一九年に鉄塔が撤去されて目印が失われていること、山道の状況がとても悪いこと、現地への交通が不便であること(吉田さんは「道の駅一本松」に駐車)を伝えられていたので、現地調査を実行できずにいた。

令和二年三月一日に一〇年ぶりに吉田さんに会って、玉津航空灯台の資料をもらい、その字名から「五郎山」と呼ぶ山の探索にチャレンジすることを決断した。

三月六日、JR邑久駅から両備バスに乗り、尻海《しりみ》バス停で降りて、敷井の手前から分岐の多い迷いやすい道からブルーラインを跨ぐ陸橋を越えて、カヤの深い入口から、二つの池の間の道型は明瞭だが藪に閉ざされて狭い旧巡視路を歩いて、鉄塔跡地に着いた。西側は茨の繁茂する深い藪で、航空灯台跡の方向の見当もつかず、現地の状態の把握のみで引き返したが、次回は違う道を選ぼうと考えた。

三月九日は住宅地図と空中写真から判読した道を選んだ。知尾《ちお》入口バス停から県道を経てコンクリート舗装の道に入り、池の堤から五郎山の北東尾根に分け入り、前回の旧巡視路に合流することができた。鉄塔跡から、剪定鋏を用いて、古い山道の痕跡の復活を試みた。この日は航空灯台跡が中腹にあるという資料を信用していたため、基礎の発見には至らなかった。

携帯の地図情報で位置の確認を行ない、磁石も携行していたが、藪の深い山頂付近では、油断すると方向を失い、迷って遭難しかねないため、予防策が必要と考えて、二度目の探索を打ち切った。

三月一二日は三度目の正直、前回の北東尾根で張り巡らされているのを見た荷造り用のＰＰテープ(青)の三〇〇ｍ巻きを携行した。資料の見直しから、航空灯台は一番高い山頂にあったと考えるのが、平地の確保という立地上から妥当と判断して、最後の探索を実行した。

前回と同じ北東尾根から鉄塔跡に達し、そこから西方の高い方向に向かって、抱えたＰＰテープの塊から、前回に開いた道も利用しながら、ひもを張り巡らせて行った。何ヶ所か迂回路を作りながら、通過できる道を整備した結果、一番高い場所に到達できた。そこに、吉田さんの平成一九年の報告の通りの基礎二個と穴二個を発見できた時は達成の喜び一入《ひとしお》であった。

なお、五郎山の山頂へは明瞭な道がなく、迷いやすいので、藪道歩きに慣れていない人にはおすすめできないが、興味を持たれた山慣れした方には、迷わないだけの最小限の整備は行なったので、茨対策だけは整えてチャレンジしてもらえたらと思う。季節的には、低い藪山なので、冬季をおすすめしたい。

コースガイド

ＪＲ赤穂線邑久駅で降りる。駅前で両備バスの愛育園または瀬溝行きのバスに乗り、乗車二三分で知尾入口バス停で降りる。平日の午前には、駅前一〇時五分発、一一時五分発のバス便が利用できる。土日は駅前一〇時一〇分発のみで、帰りも知尾入口で三時三二分発のみだが、知尾入口バス停から往復する際の行動時間は五時間あるので、ゆっくり行動しても余裕はあるだろう(運行ダイヤは事前に要確認)。

知尾入口バス停で降りて、少し西へ戻るように下ってから、左手の県道庄田敷井線に入って上る。福谷調整池を右に見たあと、岡山ブルーラインを跨ぐ大平橋を過ぎると道は細くなり、下り道となる。

右に大平池を見たあと、右側のブルーラインの橋梁が見えてくる。橋梁を右手後方に見る頃、右側にコンクリート舗装の道が続くのが見えるようになる。カーブミラーのすぐ先で、その道に入る。

コンクリート舗装の道は落葉で覆われるようになるが、隠れているだけで舗装は続いている。ブルーラインの下を通過し、左に曲がったあと、右側の溝が途切れて土管でもぐる地点に出る。右には赤い頭の木杭があり、両側にリボンの目印がある。正面に五郎山が見えている。左側の笹分け道が山頂への入口である。

笹分け道を入るとすぐ右に池が見えてくる。池を過ぎてすぐ右側に踏み跡があり、ピンクの目印に従って、尾根道に分け入る。すぐに、青いビニールひもが張り巡らしてあって、ひもから外れないように尾根道をたどるとよい。

初めは左のほうにそれるように道が続くが、ほどなく、踏み跡は明瞭になる。途中で前方の道はシダで塞がるので、右に進む。ほどなく、右手から上がってくる道に出合うので、左折する。少し歩けば、ピンクの目印と青ひもが下がり、「杭２９３」のある地点に出る。背後のビニールひもは先のシダで塞がれた地点に続く廃道の入口のようだ。

杭の地点から南へ進むと笹の生え込みが見られるようになり、左側は植林、右側は雑木の密生となっている。道は上り加減で、時々左手が開ける。道は平らとなり、さらに下り加減となってくる。道にシダが密生していて、トンネルくぐりとなる場所を通過すると、少し、周りが開けた地点に出る。

右手の斜め後方に向かう登り道が見つかるだろう。目印のリボン・テープもあるので、よく見てから、登り道に入る。藪がちだが、鉄塔巡視路として長く使われたため、道は明瞭で、時々見える右手の枝道は無視して、まっすぐに進むと平らな場所に出る。

平らな場所から右手に出ると、土の露出した小広い平地があり、鉄塔跡地である。ここには、かつて中国電力送電線鉄塔があり、吉田久善さんが平成一九年に航空灯台跡の探査を行なった際のよい目印であったが、同年には撤去されてしまい、山頂付近での場所の見当がつけにくくなった。

平らな場所から、筆者が設置した青いビニールひもに沿って、藪がちの道を、戦前に航空灯台があった五郎山の山頂をめざして西方へ進む。雑木の枝と茨に注意して緩やかに上ると、ビニールひもの終点に到着する。五郎山の山頂の標高は、「瀬戸内市地形図」(二五〇〇分一、平成一八年)によると、一四五・四mである。住所は、航空灯台を設置した昭和八年当時、「岡山県邑久郡玉津村大字庄田字五郎山七四三番ノ内」である。

山頂には、北側と南側に東西四五cm、南北四六cmの基礎コンクリートが南北三〇四cmを隔てて二つ残り、

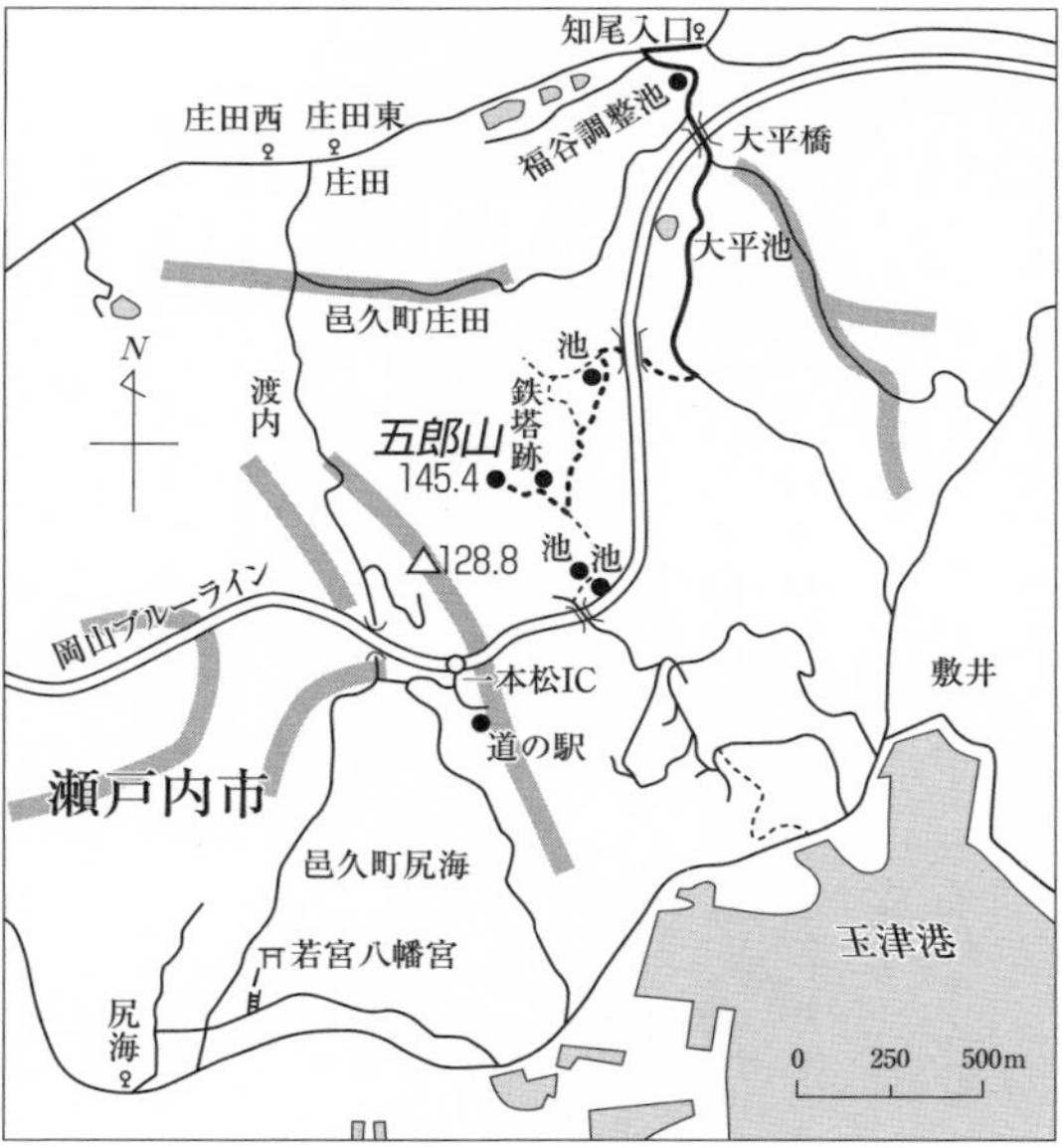

それぞれの西二五〇cm先に、一辺一六〇cmの基礎撤去穴が一六〇cmを隔てて二つ残っている。基礎の外側同士の長さは三九六cmである。北の基礎には、径二・三cm、長さ九cm露出のボルトが、斜め二ヶ所に残る。南の基礎にはボルト一本が横倒しで二五cm露出し、もう一本は根元で切断されている。

山頂には視界はなく、一辺五mの範囲を除いて密生地である。周辺には、その場所よりも高い地点は見当

たらず、最高地点に航空灯台が建設されたことが裏付けられる。平地を必要とする立地からも納得できる。

高さ一五mの玉津航空灯台が標高一四五mの五郎山に設置されて、使用が開始されたのは、昭和八年一一月四日のことで、夜間定期航空のために活躍するようになった。午前五時三〇分から日出までと、日没から午後七時三〇分まで点灯され、一〇秒毎に一回閃光を発し、明るさは一二〇万燭光、晴天の暗夜に光の届く距離は五〇kmであった。昭和二〇年、連合軍指定により廃止となり、鉄塔は、昭和二一年、福岡市の板付航空灯台(昭和三二年廃止)に移設された。

五郎山(正面)への入口(左側)

五郎山の山頂の航空灯台跡

元の道を引き返し、鉄塔跡を経て、旧鉄塔巡視路を下り、分岐点に戻る。(そのまま南のほうへ旧巡視路を下ると幅広い道となり、倒木、二つの池の間にある笹の密生の狭い道、カヤの密生地を経て、左折し、ブルーラインの上の陸橋を経て玉津港、尻海バス停に出られる。ただし、迷いやすい道なので、おすすめできない)(分岐点から所要一時間三〇分)

分岐点から左折して北へ向かい、元の道を引き返す。杭293地点から左に進み、すぐに目印に従って右へ入り、次は左折するとよい。そのあとは尾根をどのように下っても道に出るが、目印のテープに従って左寄りに進むと往路での登り口に出られるはずである。

池の右側からコンクリート道に出て下り、左折して知尾入口バス停に戻る。平日には午後一時五七分、三時一二分、四時五七分、五時五七分のバス便があるが、土日には午後三時三二分が最終便となる。鉄塔跡から一時間一〇分の余裕を見ておくと丁度よいだろう。

(令和二年三月六日・九日・一二日歩く)

《コースタイム》(計二時間三〇分)

両備バス知尾入口バス停（二〇分）コンクリート道入口（一〇分）尾根道の登り口（一五分）杭293地点（一〇分）旧鉄塔巡視路分岐（五分）鉄塔跡（一五分）五郎山の山頂の航空灯台跡（一五分）鉄塔跡（一時間）知尾入口バス停

〈地形図〉二万五千＝牛窓・片上

五日市航空灯台跡（海老山）

昭和八年に設置されて、実際に点灯されて、活用された航空灯台は、玉津航空灯台の次の早島航空灯台までであった。岡山県都窪《つくぼ》郡早島町の標高八〇mピークにあったが、昭和二〇年に廃止された後、その場所は宅地開発によって削り取られ、現在は標高七〇m地点になっていて、痕跡をとどめない。現在のコンベックス岡山西バス停付近に当たる。

田中徹夫「航空燈臺」（『旅』昭和八年九月号）によれば、早島航空灯台の元の設置候補地は「岡山市練兵場南」であるが、不時着陸場の利用が認可されず、変更されたわけである。岡山陸軍練兵場は、今の県総合グラウンド（岡山駅の北）の場所にあった。

点灯されなかった早島以西の航空灯台については、一覧表を見ていただこう。

笠岡航空灯台は応神山にあったが、昭和一五年に撤去され、痕跡はないようだ。

三原市にあった航空灯台については、地元の山岳会に尋ねたが、痕跡は残っていないという。

熊野跡航空灯台は、鉾取山にあった。『ふるさとの山歩き　広島県と周辺の山々』（平成四年）の「鉾取山」のガイドに「戦前、航空灯台が置かれたため、地元では灯台山として親しまれてきた」とある。痕跡は残っていないようだ。

広島市佐伯区五日市町の航空灯台の位置は、『航空照明五十年史』（九九頁）の「航空燈台設置位置表」に、経緯度・標高のデータが唯一、空白になっていて、確定できないままになっていた。

筆者は、平成二二年一月一七日、五日市の航空灯台の第一の候補地として、鈴ヶ峰の現地調査を行なった。その結果、東峰の砲台跡しか見つからなかった。続いて、第二の候補地として、海老山《かいろうやま》でも現地調査を行なったが、痕跡を見つけることはできなかった。百万分一航空図四号「近畿―南朝鮮」（昭和一八年修正改版、参謀本部）を見て、検討した結果、海老山の可能性が高いと考えて、『歴史と神戸』三〇六号（平成二六年一〇月）の一覧表に記しておいた。

令和元年八月一〇日、広島市の長川真司さんから次のようなメールが届いた。

「五日市の航空灯台の場所ですが、現地にはそれらしい跡はありませんが、中国新聞のS8・9・8の7面に記事が載っております」

その記事は、五日市の航空灯台が「海老山」に設置されたことを示すものであった。

筆者は、広島市立中央図書館から、中国新聞の当該記事を入手し、以下のような記事であることを確定できた（八月一七日）（中国新聞、昭和八年九月八日、七面の航空燈台の記事）

「広島、宮島間へ　海と空の大目標　輝く、二百万燭光　五日市の航空燈台　日本航空輸送会社が夜の航空路開拓にあたって広島市外五日市町海老山の瀬戸内海に臨む絶頂へ設立に決した空の燈台は、敷地を同町が寄付して去る一日着工したが、早くも高さ二十メートルの大鉄櫓が組み立てられ、頂上には大ランプ自動回転器など据つけられた、近くテストを終りやがて二百万燭光の大光芒を放つが、これによって一帯の天空は回転する白龍の舞と海波への映発で夜の広島、宮島地方へ一偉観を現出するであろう（厳島発）」（裏表紙見返し参照）

田中徹夫「航空燈臺」（『旅』昭和八年九月号）によれば、熊野跡と岩国の間の航空灯台の元の設置候補地は「広島市東練兵場」となっており、不時着陸場の利用の認可が得られず、五日市の海老山に変更されたことになる。広島東練兵場は、広島駅の北東一帯（現在の広島市東区光町）にあった。

山口県の航空灯台跡

平成二五年一一月から二六年一月にかけて、遺跡・遺構の探索をしているブログ「こちら山勘研究所」の作成者から連絡があり、山口県内にあった航空灯台の跡地の探索を行なったという報告があったので、ここで、その概要を紹介しておこう。

○岩国山の岩国航空灯台跡

山頂には四個のコンクリート基礎が残存している。コンクリート基礎には三本のボルトがあり、一辺四七～四八cmの正方形、四個の基礎の中心点間隔は二七〇～二八〇cmの正方形(つまり外側同士の長さは三一七～三二八cmとなる)に配置されている。基礎は三角点のすぐ近くにある。これは、柘植航空灯台跡の基礎と類似している。

○大黒山の高森航空灯台跡

山頂には、地元で海軍の監視所跡と伝えられているコンクリート遺構がある。郷土資料に記載がなく、山の本で「地元の人の話」とされているが、近くにトイレ、水槽遺構がなく、疑わしい。三角点の点の記に、昭和八年に日本航空輸送の委託により西方五mへ移転という記録が残り、実際に、三角点は遺構の中心点から四～五mほど西方にあるので裏付けることができ、山頂の遺構は、監視所跡でなく、航空灯台跡と考えられる。

その遺構は、四mの正方形の中に幅六〇cmのコンクリートが箱のようにあり、内側は草が生えている。頂点の三ヶ所には、ボルト二本または一本が残っていて、その辺りに幅四五cmぐらいの基礎が埋

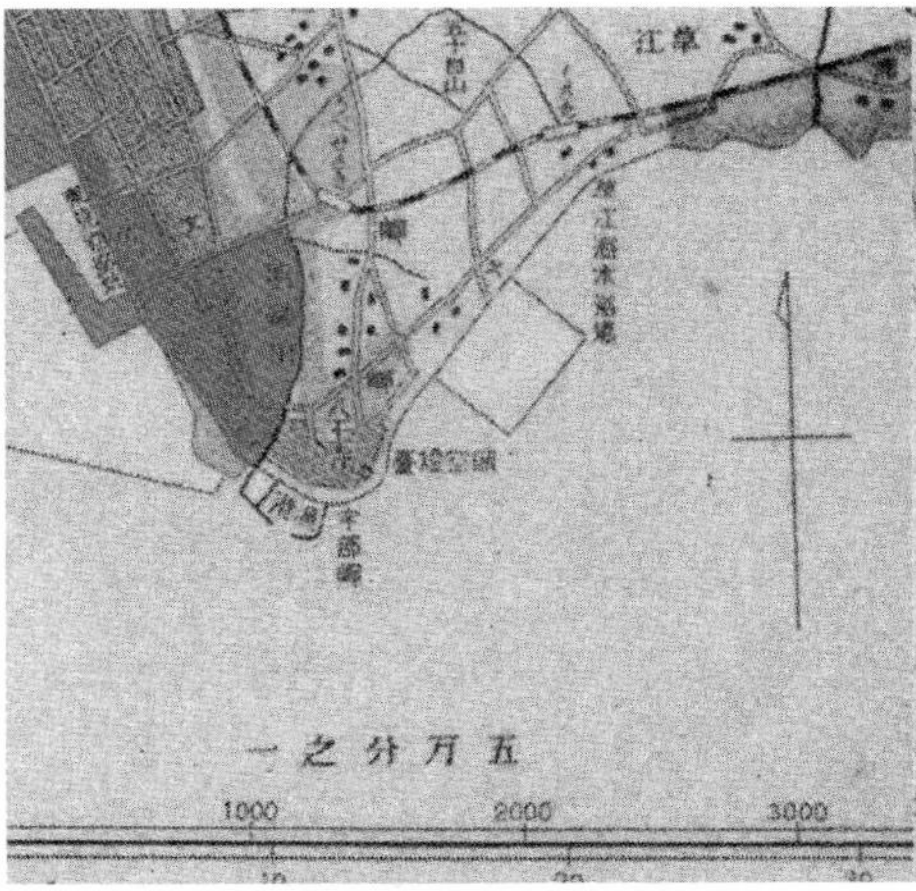

宇部市全図（五万分之一）
（昭和13年）（和楽路屋）

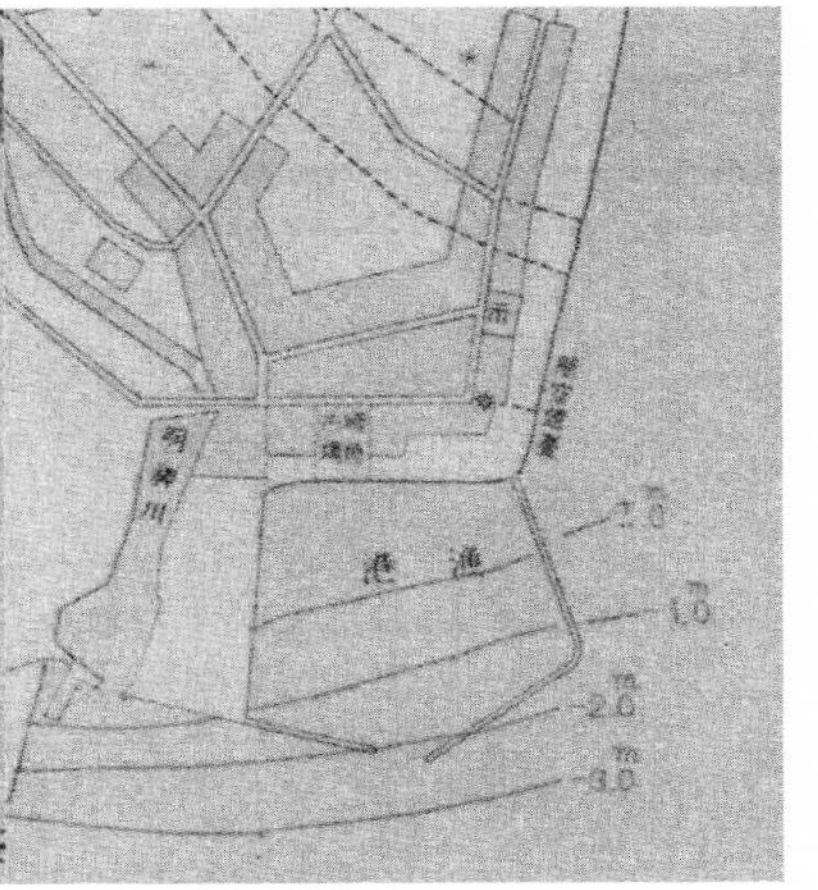

宇部市街図（一万分之一）
（昭和13年）（和楽路屋）

まっている痕跡があるが、はっきりしない。これは、上野と笠置の航空灯台跡の基礎と類似している。

○岩熊山の櫛ヶ浜航空灯台跡

現在の山頂は猛烈な薮になっていて、かろうじて三角点に達することはできるものの、コンクリートの基礎らしいものは見当たらない。航空灯台の何らかの痕跡が残っている可能性はあるが、おそらく、確認は困難であろう。

○田島山の中ノ関航空灯台跡

山頂には、現行の航空灯台がある。その北側にある電柱のそばには基礎が見られるが、一辺六〇㎝ほどで、ボルトが二本見られる。この基礎が戦前の航空灯台のものかどうかは不明であるが、基礎は四個とも残っており、可能性はありそうである。

○宇部市の宇部航空灯台跡

宇部図書館での調査により、航空灯台の記載がある古地図の復刻版が見つかった。

「宇部市全図（五万分の一）」と「宇部市街図（一万分の一）」で、いずれも昭和一三年一〇月改編である。郷土資料には、航空灯台について触れたものは見当たらない。その記載された場所は、現在の住所では宇部市八王子町一四、八王子児童公園へ向かう道の途中と考えられる。大字では沖宇部である。該当すると思われる現地には遺構は見当たらず、現在では、すでに撤去されて残存しない可能性が高い。

詳しくは、「こちら山勘研究所」のブログを参照されたい。

福岡県における航空灯台跡については一覧表をご覧いただきたい。

なお、田中徹夫「航空燈臺」(『旅』昭和八年九月号)によれば、秋月航空灯台の元の設置候補地は「冷水《ひやみず》峠」となっていた。設置が承認されず、秋月陣尾山頂に変更されたことになる。戦前の、筑前秋月名勝陣尾山航空燈台の絵葉書があるので、ここに掲載しておく。

筑前秋月名勝陣尾山航空燈台(絵葉書)

龍王山航空灯台跡

交野市傍示《ほうじ》の北西にある、標高三二一m独標が龍王山である。山名から、雨乞い山であることは知られているが、戦前、山頂に航空灯台があったことを知る人は少ない。傍示の里から、かいがけの道を歩く、龍王山へのコースを紹介するが、珍しい小字《こあざ》「鼠通《ねずみとおり》」と東照山《とうしょう》への寄り道を加えることにしよう。

コースガイド

日本平航空燈臺(絵葉書)
(有度山にあった久能航空灯台)
(高さ5.5mの補助灯台で、龍王山航空灯台も同型)

京阪電車枚方市駅で交野線に乗り換える時、駅内で「京阪沿線ウォーキングまっぷ(きさいち周辺編)」を手に入れておくと散策に便利である。交野線に乗り、河内森駅で降りる(JR河内磐船駅から徒歩五分)。

駅から右(東)へ歩道を歩く。途切れた所で左側に出て、辰巳寿司の右側に沿う道を歩いて、傍示の里ハイキングコースに入る。舗装された道が続く。高区配水池を過ぎ、左側に緑色フェンスが現れて途切れた先の左上に岩場となった展望地がある。

展望地からすぐ右側に南山弥生時代住居遺跡の標石があり、続いて採石場がある。右側にオリエンテーリングのポストEが現れると、すぐ先の左側に京都大学理学部附属交野地震観測室があり、傍示の里に出る。左に、かいがけの道が続いている。

舗装道をそのまま進み、左に八葉蓮華寺、菅原神社を見たあと、右のほうに上がって行く。右側の、くろんど園地への案内に従ってゲートから入り、駐車場1・2の前に着く。

駐車場の手前、右側の火の用心のプレートのある地道に入る。ほどなく、右手に池が現れる。道が左右に分かれ、左の道の右側に火の用心のプレートがあり、鉄塔巡視路であることがわかる。白い看板には、大きく「火の用心」とあり、中央辺りに「赤白鉄塔　東照山」と書き加えてある。平成二三年当時、この看板には「鉄塔　トウショウガ岳」と書かれていたので、山名表記が変更されたことになる。この左の道のすぐ先の左脇の小さな峠が小字「鼠通」の地点である。

禰須美採訪隠士《ねずみさいほういんし》（本名は長谷川恩《めぐみ》）『ネズミの隠れ里探訪記　東遊記　西遊記』（平成一七年）には、鼠の研究者である著者による全国の鼠地名の探訪記がある。交野市森の「鼠通」も掲載されているが、現地に到達できなかったという。その出典は、インターネットの「ふるさと交野の地名」（現在は削除）の「鼠通」の説明で、「頂上部の三二〇mとその東に三〇八mの独立丘があって、その間が南北に切れた状態の狭い部分になっている二九四mである。この挟まれたわずかの峠状の間に開けた土地、それはまるでねずみの通り道といった状態である」と記述されている。頂上部の三二〇mピークは、交野市の地図に三二一・五mと記入されているピーク（東照山）に相当する。

鼠通の峠の先は蛇行する道が下っているが廃道のようだ。命名の由来を思うと興味深い場所である。峠から右手に続く配管に沿った道を上がると、赤白に塗り分けられた鉄塔のある東照山の頂上に着く。遠くの山並みが展望できるが、次第に樹木が成長しつつある。

東照山から引き返し、駐車場1・2の前に戻る。前方へ進み、まっすぐゲートを抜けて八ッ橋の横を通り、府民の森くろんど園地のバーベキュー（BBQ）広場に向かう。広場では、道の北側のベンチで休憩したり、トイレを済ませたりして、元の道を引き返し、かいがけの道の入口に戻る。

かいがけ道は、峡崖《かいがけ》の文字通り、通路が崖で切立っていて、遥かに古くから往来の盛んであったことを物語る古道である。左脇に金毘羅大権現の伏拝《ふしおがみ》の石碑が立っている。伏拝とは現地に行かずに遠くから拝んだ場所である。そこから二〇m先の右側に、石に刻んだ、ごみ《ぐみ》の木地蔵がある。

少し先にある右の鳥居から龍王山へ登る。南無妙法蓮華経と刻んだ石碑の前を過ぎて、道は左に上がり、やがて山頂に到着する。大きな龍王石の上に祠が

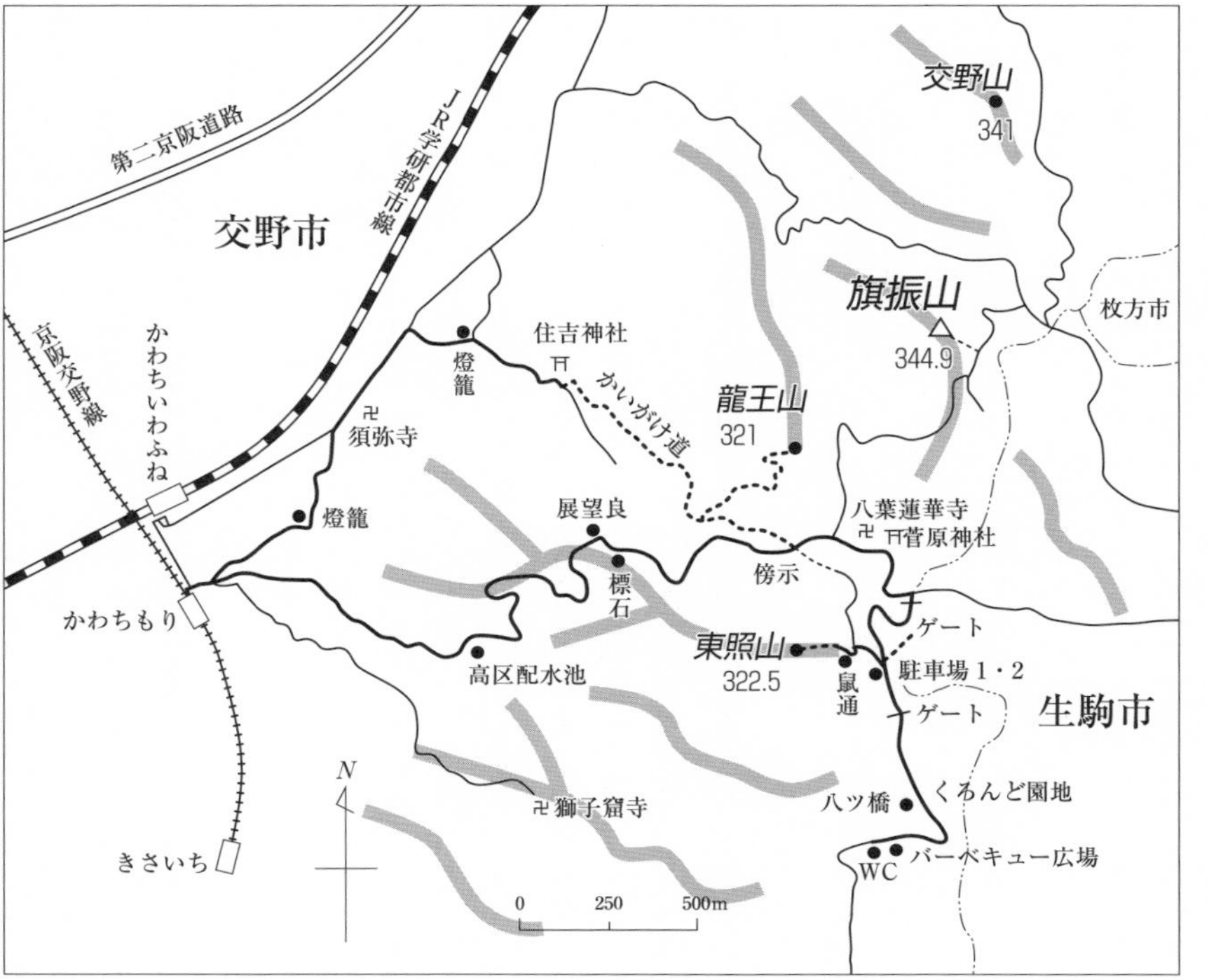

あり、龍王社として祀られている。龍王石は弘法大師が祈雨の祈願を行なったと伝わる。

祠の北七m地点に高さ二mのトンガリ帽子の雨乞岩があり、昭和一三年に雨乞い回りが行われたという（奥野平次『ふるさと交野を歩く（山の巻）』昭和五六年）。その北八m地点が龍王山航空灯台跡である。

道の真ん中にコンクリートの基礎四個が正方形の頂点に並んでいる。基礎の一辺は三四cm、四個の正方形の外側同士の長さは一三九cmである。基礎には各二つのL字金具が埋まっている。

以前は、この金具が突き出て、踏むと危ない状態であったので、平成二二年一月三〇日に、吉田久善さんたちによって切断されて危険が除去されている。筆者が初めて現地確認した平成二三年当時、基礎は半ば埋もれていたが、令和二年の再確認の際は、基礎は明瞭に露出しており、見つけやすくなっている。

龍王山航空灯台は、昭和一四年に木津航

空灯台（標高一三六・三m）を廃止した際に移設してきた補助灯台で、夜間ずっと点灯され、燭光数は五千、鉄塔の高さは五・五mであった。昭和一八年に資材回収のために廃止されている。なお、木津補助航空灯台の写真が『小糸製作所五〇年史』の四二頁にあり、往時の龍王山航空灯台の姿を想像することができる。

龍王社から戻る際に、石窟に寄り道しよう。社からまっすぐ戻ると道はすぐ右に曲がるが、曲がらないでまっすぐに一段下に降りる（左側から回り込む）。その右下辺りに石碑が見えるのでもう一段降りると、石碑の真下に石窟が見つかる。

元の道を下る。鳥居から、かいがけ道を下る。すぐ右に、かいがけ地蔵が祀られている。その先、道が右に曲がる所で、能勢妙見大菩薩の石碑があり、左の一段高い平地は京都の清水寺と同じように谷にかけ出しを作った寺（嶮桟庵《けんせんあん》）の跡地である（『ふるさと交野を歩く（山の巻）』）。

道の途中で「二月堂」の伏拝があり、さらに下には

雨乞岩と龍王山航空灯台跡

火の用心の看板（平成23年）

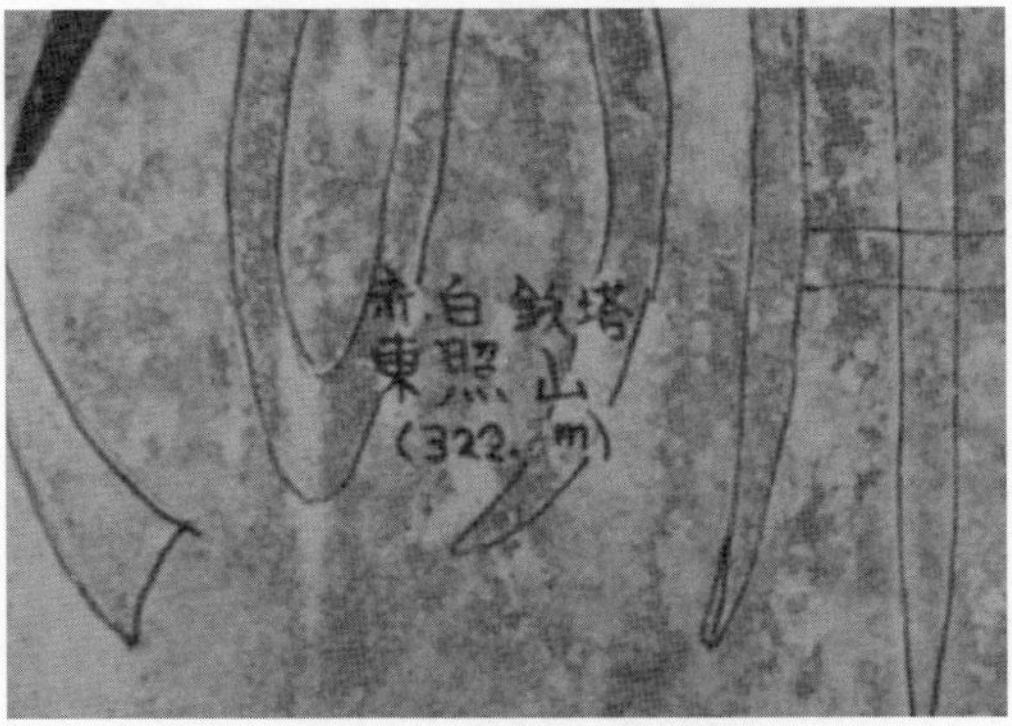
火の用心の看板（令和2年）

柳谷伏拝、愛宕山大権現、石清水八幡宮の伏拝がある。最後に道は左に下って住吉神社の横に出る。神社には子供たちが餅つき遊びをして上が凸凹になった「くぼみ石」がある(『ふるさと交野を歩く(山の巻)』)。灯籠の辻から車道に出て左折し、須弥寺の少し先で左の道に入り、二つ並んだ森灯籠の辻で右に折れて、河内森駅まで歩く。

(平成二三年四月二九日・令和二年一月三〇日歩く)

《コースタイム》(三時間五〇分)

京阪河内森駅(一時間)かいがけ道分岐(二五分)東照山(二〇分)バーベキュー広場(三〇分)かいがけ道分岐(一〇分)龍王山登り口(一五分)龍王山(三五分)住吉神社(三五分)河内森駅

〈地形図〉二万五千＝枚方

私設航空灯台について

大阪朝日ビルの屋上に航空灯台が点灯されたのは昭和六年五月のことである。戦後も昭和二八年から昭和四二年まで使用された。そのまま残っていて、筆者は平成二三年に撮影したことがある。平成二六年、ビルの解体に伴って消滅している。

大阪朝日新聞社屋上の航空灯台(2011.8.7撮影)

福岡松屋呉服店の屋上に航空灯台が店舗改築に際して、昭和七年六月に建設され、昭和八年八月に点灯された。『福岡市案内』(博多商工会議所、昭和一一年)には、次のような福岡松屋航空灯台の記事と写真がある。

「松屋百貨店屋上に在つて八百萬燭光を有する赤色ネオンと三千萬燭光を有する廻轉式照空燈より成り、ネオン管の透視距離六十粁照空燈の光達距離百粁に達する一大航空燈臺である」

神戸大丸航空灯台については『歴史と神戸』三〇六号で紹介しておいた。

その他の私設航空灯台については一覧表(参考資料316頁)を参考にされたい。

まとめ

昭和三三年、朝倉ユリの歌う「霧の航空燈台」（ビクターレコード）が発売されている。翌年、フランク永井のＬＰアルバム『高度一万米』の中に収録されており、人気があったことを窺うことができる。

淡路の汐鳴山《しおなり》にあった岩屋航空灯台については、『歴史と神戸』三〇六号で紹介した。灯台のあった昭和一六～四五年の間、そこは「ハイカーの随喜の地」であった。昭和三〇年代頃、遠足で遊ぶ子供たちでにぎわっていたという。しかし、今では笹藪に覆われ、完全に忘れられた場所になっている。

戦前に設置された航空灯台がその役割を終えて、その多くが撤去されたのは、昭和四四～四五年頃のことである。それから経過した年月は五〇年余りに過ぎない。それにもかかわらず、残された資料は乏

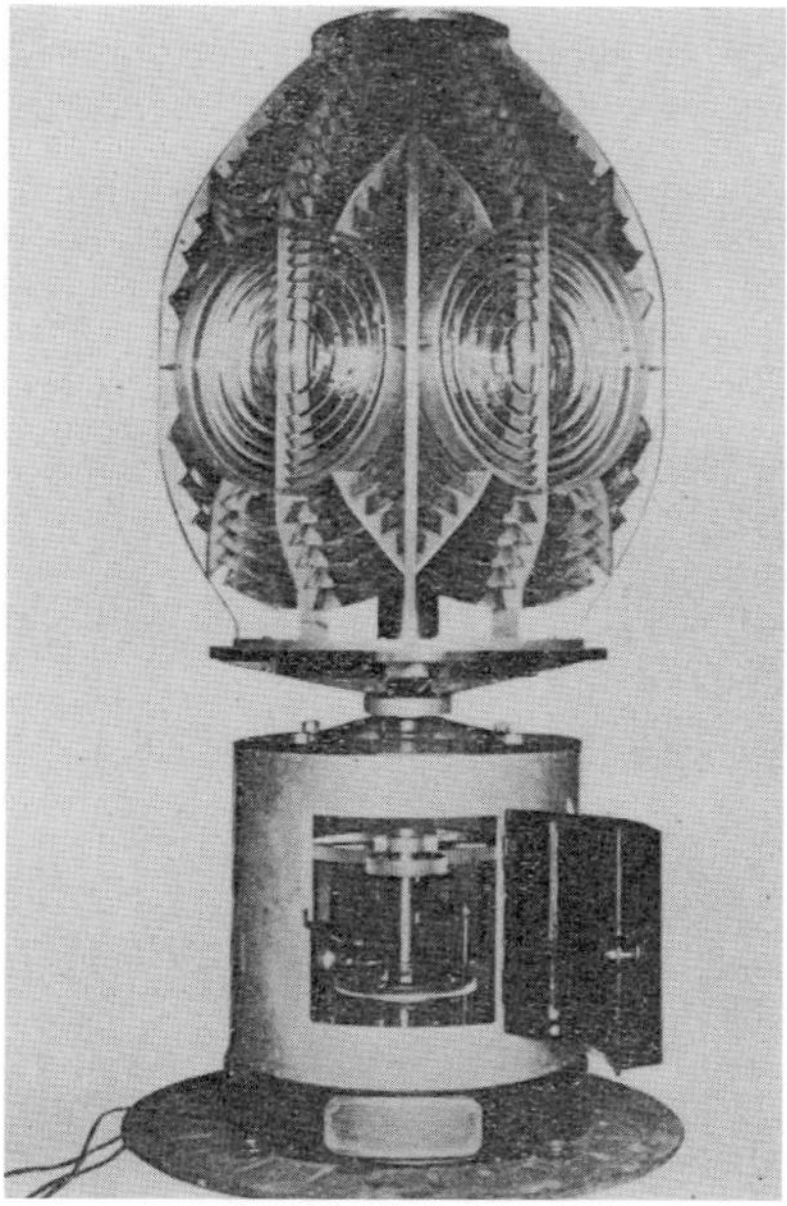

大庭哲夫「航空照明」
（『航空知識』昭和11年12月号）より

福岡松屋航空灯台
（『福岡市案内』昭和11年）より

しく、その存在は、人々の記憶から消えつつある。今のうちに、まとまったレポートを作っておくことが必要な歴史的建造物ではないかと思われる。本章が、その歴史を振り返るよすがになれば幸いである。

本章の執筆にあたっては、各地の図書館、公民館、市役所、町役場、大阪航空局、森本孝弘氏（旗振茶屋オーナー）、吉田久善氏（元航空局・空港保安防災企画官）など、多くの方々よりご教示を頂いたことに感謝申し上げたい。

名古屋新聞社航空燈台（絵葉書）

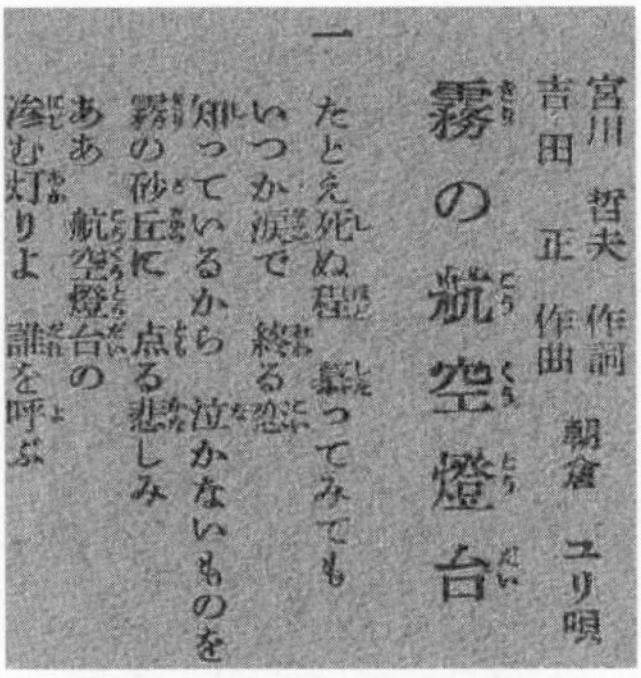

霧《きり》の航《こう》空《くう》燈《とう》台《だい》

宮川 哲夫 作詞
吉田 正 作曲 朝倉 ユリ唄

一
たとえ死《し》ぬ程《ほど》 縋《すが》ってみても
いつか涙《なみだ》で 終《おわ》る恋《こい》
知《し》っているから 泣《な》かないものを
霧《きり》の砂丘に 点《とも》る悲《かな》しみ
ああ 航空燈台《こうくうとうだい》の
滲《にじ》む灯《あか》りよ 誰《だれ》を呼《よ》ぶ

「LP歌のカーニバル」より

第三章　ラジオ塔

ラジオ塔について

昭和五〜一七年頃、ラジオ放送の普及のため、全国約四六〇ヶ所に、公衆用聴取施設として、屋外に設置されたものが「ラヂオ塔」である。昭和一六年から「ラジオ塔」の表記になった。

ラジオ塔には、ラジオ体操やスポーツ中継などで人が集まったという。

ラジオ塔については、吉井正彦氏が研究・探索を行ない、『歴史と神戸』二七一号(平成二〇年一二月)で情報提供を呼びかけた。

筆者は、平成二三年に、神戸市の諏訪山公園にある建造物が、ラジオ塔ではないかと考え、吉井氏に連絡したことで、新たな発見につなげることができ、新聞記事で報じられ、吉井氏の『歴史と神戸』二九一号(平成二四年四月)のレポートで報告された。

筆者自身も「ラジオ塔遺構について」(『歴史と神戸』二九六号、平成二五年二月)で報告を行なった。その後、神戸観光案内の小冊子の発掘により、「六甲山のラジオ塔について」(『歴史と神戸』平成二六年六月)を公表した(現在、六甲山ラジオ塔は存在しない)。

平成二六年一二月、一幡《いちまん》公平氏のまとめた『ラヂオ塔大百科2011〜2014』が出版された。一幡氏は、平成二二年一月に岡山市で上伊福西公園ラジオ塔を発見したことをきっかけに、ライフワークとして取り組みはじめたという。

一幡氏は、その後の発見を増補して、『ラヂオ塔大百科2017』も出版している。巻末には、昭和八〜一八年の『ラジオ年鑑』に記載されている「ラジオ塔一覧」を網羅した「ラジオ年鑑のラジオ塔一覧」で、四六〇余りのラジオ塔を掲載し、一幡氏自身の現地確認による有無も明らかにしている。

令和元年一〇月二日、インターネットで、デイリーポータルZに「近所にあるかも？戦前の街頭ラジオの痕跡『ラジオ塔』」（岡本智博）という記事が掲載された。一幡氏に取材したもので、四二ヶ所のラジオ塔が紹介されている。

『ラヂオ塔大百科２０１７』以後に発見されたラジオ塔は、埼玉県川越市と香川県さぬき市のもので、川越市のラジオ塔が、テレビアニメ「おおきく振りかぶって」に映りこんだ初雁公園野球場のシーンに、灯籠のようなものが出てくることから、一幡氏が現地確認して発見したという「嘘のような本当の話」が載っていて面白い。筆者が、コミック第九巻（二〇〇七年）を見ると、初雁球場のフェンス手前に立っていた。

ラジオ塔は一見、灯籠のように見えるので、気づきにくい。また、一幡氏の指摘のように、「ラジオ塔と国旗掲揚台はセットになっていることが多い」という。実際、諏訪山公園のラジオ塔のそばに国旗掲揚台が残っていて、裏付けになっているのである。

ラジオ塔は台湾の三個と併せると、令和二年現在、四五ヶ所が残っている（戦後のものを含む）が、未発見のまま埋もれている遺構がある可能性は高い。今後の発掘に期待したいと思う。公表資料にないラジオ塔の建設例もあり、近くの公園にあるかもしれませんよ。あなたも探してみませんか？

諏訪山公園ラジオ塔

平成二三年九月二四日、筆者は、六甲山を活用する会の講演「六甲山の旗振り山」（平成二四年一月二一日実施）で使用するために、神戸市の金星観測記念碑のある諏訪山公園を訪れて、ビデオ撮影を実施していた。その際、公園の西端にラジオ塔らしき建造物があることに気づいた。平成二二年一二月に京都市左京区の萩公園ラジオ塔遺構の現物を見ていて、よく似ているとひらめいたことが発見につながった。

諏訪山公園にラジオ塔遺構があるということは全く知られていないことをインターネット検索で確かめた後、一〇月四日、ラジオ塔の研究者である吉井正彦氏に携帯メールと写真で「諏訪山公園にラジオ塔らしい建造物がある」ことを問合せの形で知らせた。

萩公園（京都市左京区）のラジオ塔（2010.12.23撮影）

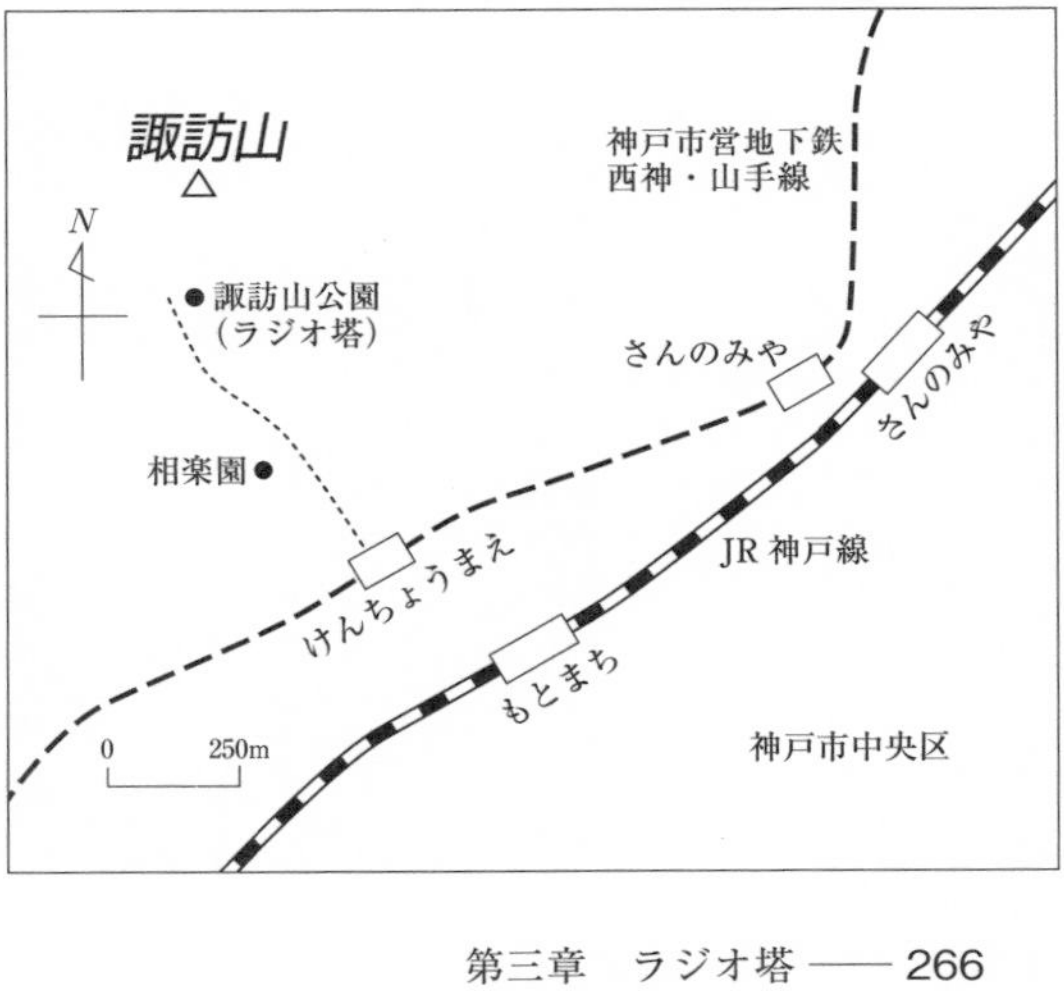

吉井氏は現地調査を実施し、スピーカーを納めるスペースがあること、電線の絶縁用碍子《がいし》が残っていることから、まず間違いないと判断したことを一〇月一六日に返信メールで知らされた。

このラジオ塔遺構は、神戸市内で初めて発見されたものとして吉井氏の情報提供によって新聞で公表された(平成二三年一〇月二七日付、読売・サンケイ新聞神戸版、神戸新聞夕刊)(表紙の見返し参照)。地元の人たちも、この角柱がラジオ塔であることを全く知らなかったという。

従来、兵庫県内で知られていたラジオ塔遺構は、明石市役所北の中崎遊園地にあるものだけであったから、諏訪山公園のものは、県内で二番目、神戸市内で最初の発見であり、大変、貴重な発見となった。詳細は吉井氏の『歴史と神戸』二九一号のレポートを参照されたい。

諏訪山公園ラジオ塔

中崎遊園地ラジオ塔

明石市役所の北にあるラジオ塔については、『あかし昔がたり』(昭和五四年)に、ラジオ塔設置に関する記録が残されている。

当時、明石市役所勧業課職員として、明石小唄に関する仕事に携わり、明石市のラジオ塔の設置に奔走したのが、興治一男《おきはるかずお》氏(明治四二年生れ、平成一一年一月没、享年八九。西明石北町三丁目一四―一二)であった。その娘さんに筆者が電話で尋ねたところ、父が天文科学館に関わる仕事をしたことは聞いているが、ラジオ塔についての話は聞いたことがないということであった。

市役所に入って二、三年目の昭和七、八年頃、京都市円山公園にラジオ塔ができたことを知り、明石市にもラジオ塔を建ててもらおうと考えた興治氏は、大阪のＮＨＫ(当時ＪＯＢＫ)へ日参したという。名勝の地、明石に、どうしても設置してほしいと陳情を重ねること六回、ようやく許可が下りたという。

場所の選定では、明石公園も候補地になったが、県の許可が必要で、管理もしにくいことから、海岸を選ぶこととなり、中崎遊園地に設置することに決まったという。兵庫県内では三番目に設置されたラジオ塔となった(記事に国内三、四番目とあるのは間違い)。

中崎遊園地ラジオ塔

ラジオ塔は高さ約四ｍ、御影石製の基礎は一辺が二ｍもある四角形で、上部には四本柱が立ち、屋根がついた。そこへラジオのスピーカーをセットし、アンプ類は近くの錦江《きんこう》ホテルに配して管理し、随時放送を流した。

錦江ホテルは、戦前、明石の財閥・古谷家が、半ば趣味で経営し、ロビーも調度品も立派で、大きな庭園も池もあったというが、昭和一八年に軍の関係者の宿舎として接収され、戦後、その跡地は播陽幼稚園となり、現在は明石市立勤労福祉会館が建っている。

ホテルの中へラジオをセットして、放送の時間、器具の管理など、一切を任せたという。設置には三人ほどの技術者が来て、ホテルの屋根に長さ三ｍものアンテナを立て、ラジオ塔とホテル間の接続は被鉛線を土管に入れて地下に埋設したという。

ひたひたと波が打ち寄せる砂浜、海岸べりの土手にはひと抱え以上もある松の木が連なり、幹をくねらせていた中崎遊園地には、市民が散歩にやってくる。老人たちが東屋の下で、のんびりと碁や将棋を楽しむ。そこへＢＧＭのようにラジオ塔の放送が流れる。漫才、歌、相撲、高校野球中継があったという。

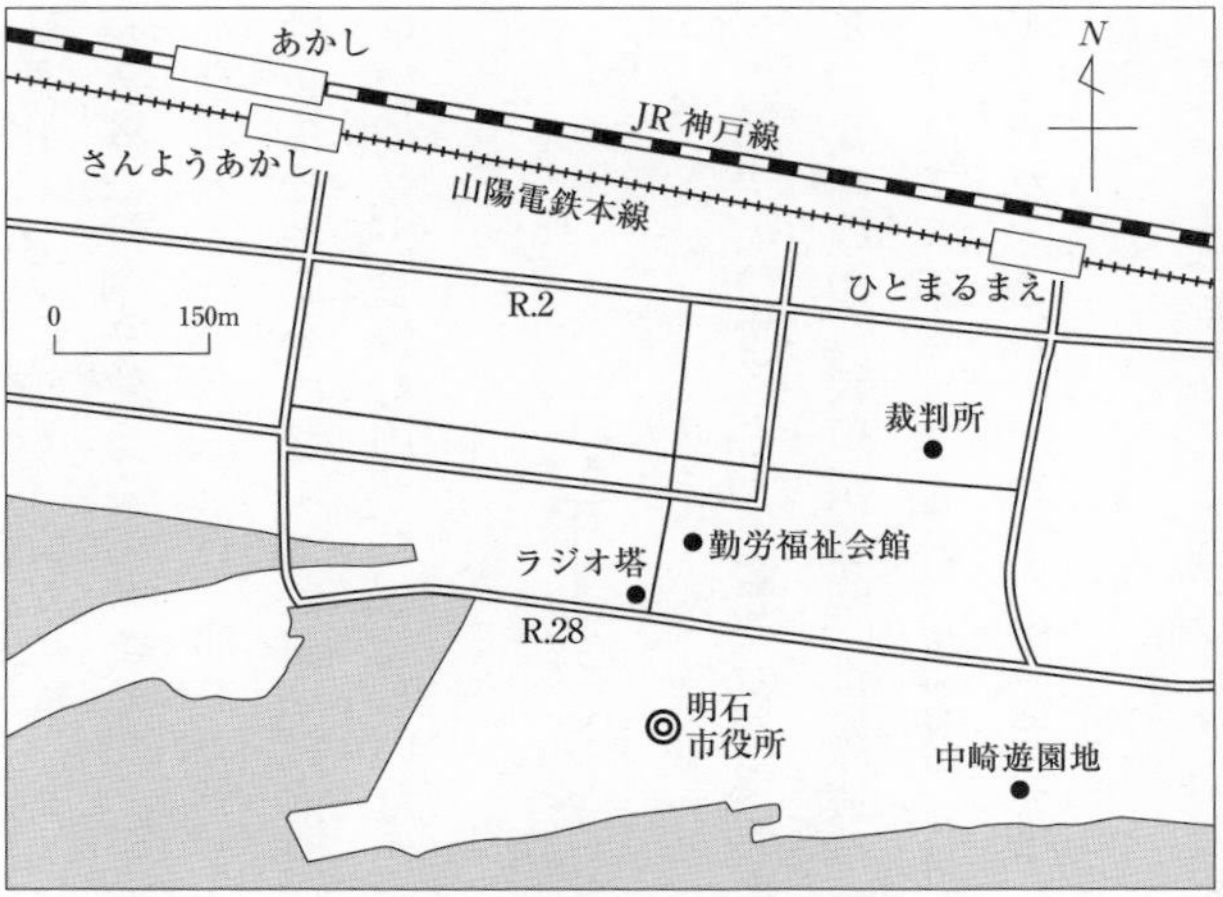

海岸沿いに設置されたため、潮風による塩害がひどく、スピーカーがよくさびたという。

長さ四、五〇cm、奥ゆき二〇cmぐらいのラジオで、ホテルに流すのと戸外に鳴らすのと二通りあって、夏場は一日中放送を流していた。通行中の人も足を止めて聞き入っていたという。『あかし昔がたり』には、奥ゆき二cmとあるが、初期の真空管ラジオが薄型のはずはないので、明らかに誤植であろう。

大正一四年に日本でラジオ放送が始まり、昭和初期、高価なラジオは庶民の手の届かない所にあった。ラジオの聞ける公園は、当時、「市民のオアシス」であった。

『あかし市民史』（平成八年）によると、明石中学校の野球部が昭和八年に甲子園で戦った試合がラジオで実況中継され、市内のラジオの普及に一役買ったという。

昭和一二年に中崎遊園地のラジオ塔が建設されて市民の好評を博したというわけであるが、昭和一四年になると、明石市内のラジオの普及率は四七％に達した。ラジオ塔の設置は、戦況の悪化に伴い、資材不足のため、昭和一七年で打ち切りとなった。戦後にはラジオが普及したため、ラジオ塔は役割を終えるのである。

令和元年一一月二三日、明石のラジオ塔に一〇年ぶりに訪れた。明石駅から明石市役所の北方にある勤労福祉会館をめざす。会館から南西方向へ土手の高みに上がれば、ラジオ塔が見つかる。二〇年ほど前に補修・塗装も施され、美しいたたずまいのまま大切に残されているのはうれしいことである。

六甲山ラジオ塔

『昭和十六年ラヂオ年鑑』の「ラヂオ塔施設一覧」を見ると、大阪管内のラヂオ塔として、昭和一四年、兵庫県の「六甲山公園」に設置されたことになっている。

平成二五年三月二六日、筆者は、神戸観光案内の小冊子『カウベ』(昭和一五年一〇月、神戸市観光課)を入手した。その中に、「六甲ラヂオ塔」の写真が掲載されていて、次のような紹介文があることを見つけた。

「ラヂオ塔新設　ロープウエイ山と駅前遊園地にラヂオ塔が出来ました。雄大な風光と清澄な空気に心身を洗ひながら耳からは時局智識をと言ふ訳」

『カウベ』(昭和一〇年四月～一六年一月)は、神戸市立中央図書館に所蔵されているが、昭和一五年一〇月号は欠号となっていた(その後の調べで、神戸市文書館には所蔵されていることが判明した)。

『カウベ』昭和一五年一〇月号に掲載されている六甲ラヂオ塔の写真を見ると、大阪放送局を示すコールサイン「ＪＯＢＫ」が表示されている。ちなみに、東京放送局は「ＪＯＡＫ」である。

六甲山遊園地付近
（2万5千分1地形図『有馬』昭和10年修正、同12年発行より）

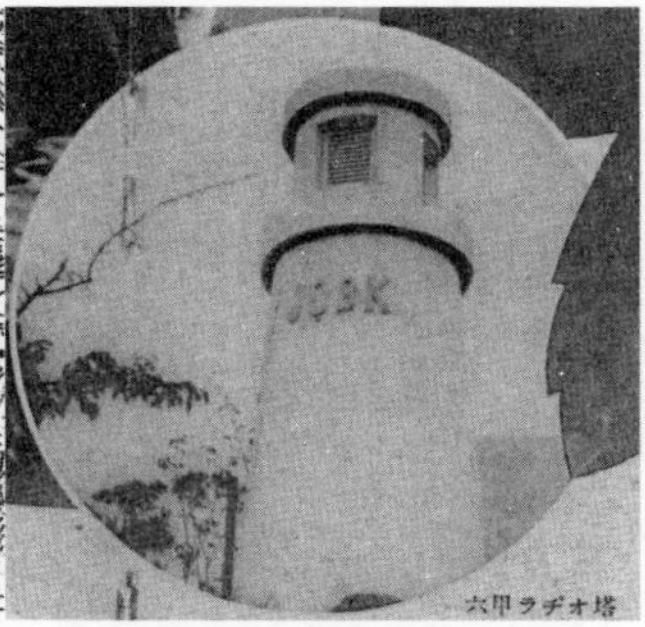

『カウベ』（昭和15年10月）より

六甲登山ロープウェイ（六甲登山架空索道）は、昭和六年に開業したが、戦争のため、不用不急の設備に指定され、昭和一九年に撤去されている。当時、六甲登山口駅から乗れば、七分で六甲山上駅に着いたという（中西研二『ケーブルカー』東京文献センター、平成一六年）が、ラジオ塔の設置された「ロープウエイ山」とは、どこなのだろうか？「ロープウエイ山」は、おそらく、六甲山上駅付近か、その背後であろう。また、もう一つのラジオ塔設置場所という「駅前遊園地」のほうは、六甲山遊園地に他ならないだろう。

筆者は、平成二五年四月に、六甲ロープウェイの山上駅跡地と、その周辺を探索したが、残念ながら、ラジオ塔の手がかりを見つけることはできなかった。すでに撤去されたのだろう。

『ラヂオ年鑑』では、六甲山のラジオ塔は昭和一四年設置とあるが、実際には、設置に時間を要し、『カウベ』にあるように、昭和一五年に新設されたものと思われる。

大和公園ラジオ塔

東大阪市中小阪の大和公園にラジオ塔が残されている。令和元年一〇月六日に探訪してみた。

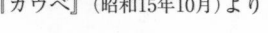

近鉄奈良線河内小阪駅で降りて、南側の商店街を抜けて、東大阪小阪本町の郵便局の先の十字路を過ぎてすぐ左側の道に入る。ほどなく、駅から一〇分ぐらいで大和公園に着く。

公園には複合遊具があるが、その東端部分に横長の石碑のようなものが見える。これが、ラジオ塔である。平成二九年四月に国立民族学博物館元客員教授でメディア史を研究する吉井正彦さんが新たに確認し、七月には地元の子どもたちによるラジオ体操が行われたという。

一見、石碑に見えるラジオ塔の正面中央には「竣工記念」「大阪中央放送局」の文字が刻まれている。左右の空間にスピーカーがあったようである。背面には区画整理の銘板がある。竣工年は「皇紀二千六百一年」（昭和一六年）とある。『昭和十六年ラヂオ年鑑』には「ラヂオ塔施設一覧」で「布施市小坂公園　昭和十四年」とあり、名称・建設年ともに異なるので、別の場所を指すと考えられる。

大和公園ラジオ塔の背面

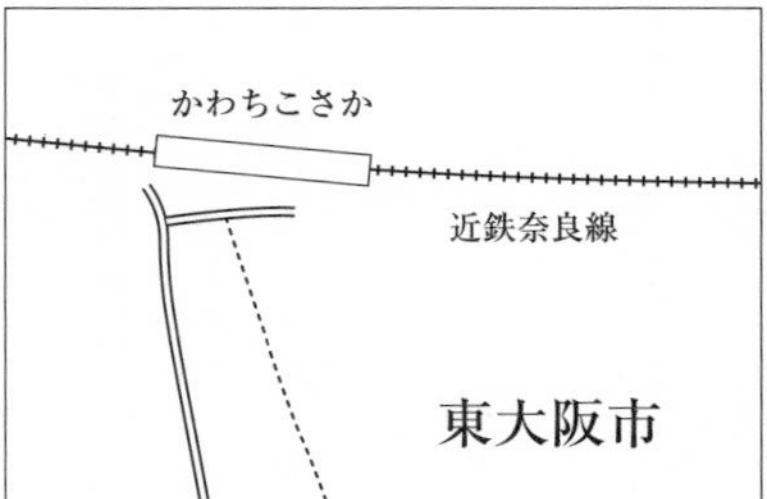

背面の銘板を調べていたら、地元の人が犬の散歩がてら声をかけてきて、ラジオ塔であることを教えてくれた。東大阪市の広報で見たということであった。

成田山大阪別院明王院ラジオ塔

寝屋川市の成田山不動尊(成田山大阪別院明王院)にラジオ塔があることがインターネットで紹介されている。「関西名建築探訪」の中の「寝屋川市成田さんでラジオ塔発見!?」という記事(平成二九年七月)である。その同定の根拠はラジオ年鑑での記載だという。

筆者も実は以前に成田山不動尊のラジオ塔探しを行なったことがあるのだが、見逃してしまっていたのは残念であった。記事で確信を得て、令和元年一〇月七日に探訪してみた。

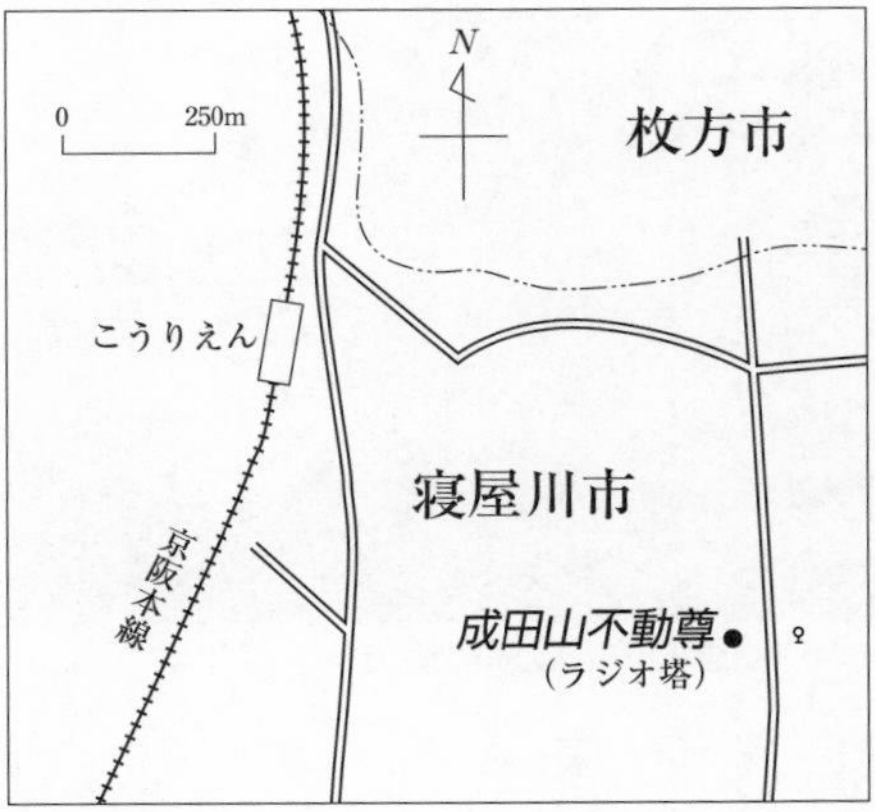

京阪電車を利用して、香里園駅で降りる。京阪バス一番乗り場から、三井団地へ向かうバスに乗り、成田山不動尊前バス停で降りる(所要八分)。

信号を渡り、左手に駐車場、右手に不動尊を見る。まっすぐの方向に屋根付きの駐輪場が見え、その背後に灯籠のようなものが見える。それがラジオ塔であった。

ラジオ塔の南面には「昭和拾五年拾壹月拾日」とあり、これが設置の日付であろう。東面には「奉納　紀元二千六百年記念」とあり、皇紀二六〇〇年は昭和一五年であるから合致する。北面には「大阪府北河内郡友呂岐村平池　嶋村保穂　仝　智恵子」とある。ラジオ塔の頭頂部には鳥の姿が見える。一見、鷹・鷲のように見えるが、紀元二千六百年記念として建てられたことを考えると、神武天皇ゆかりの「金鵄」と考えるのが妥当だろう。

『昭和十八年ラジオ年鑑』は、昭和一六年四月〜一七年三月の放送事業の経過を収録するもので、その「公共用ラジオ塔施設」の一覧の中には「大阪府香里成田山公園」が見つかる。これが成田山不動尊のラジオ塔を指すことは間違いないので、石碑に見える昭和一五年の年号の裏付けとなるだろう。

成田山大阪別院明王院ラジオ塔

ラジオ塔の中の空洞には瓦礫・残骸があり、単なる灯籠並みの扱いで、自転車がすぐそばに止めてあり、誰にも注目されず、貴重な歴史遺産であるにもかかわらず、成田山の駐車場内にあることもあり、放置されているのは寂しい限りである。

箕面公園瀧安寺ラジオ塔

令和元年一一月二三日、明石市のラジオ塔を久しぶりに訪れたあと、箕面公園のラジオ塔を初めて探しに出かけた。

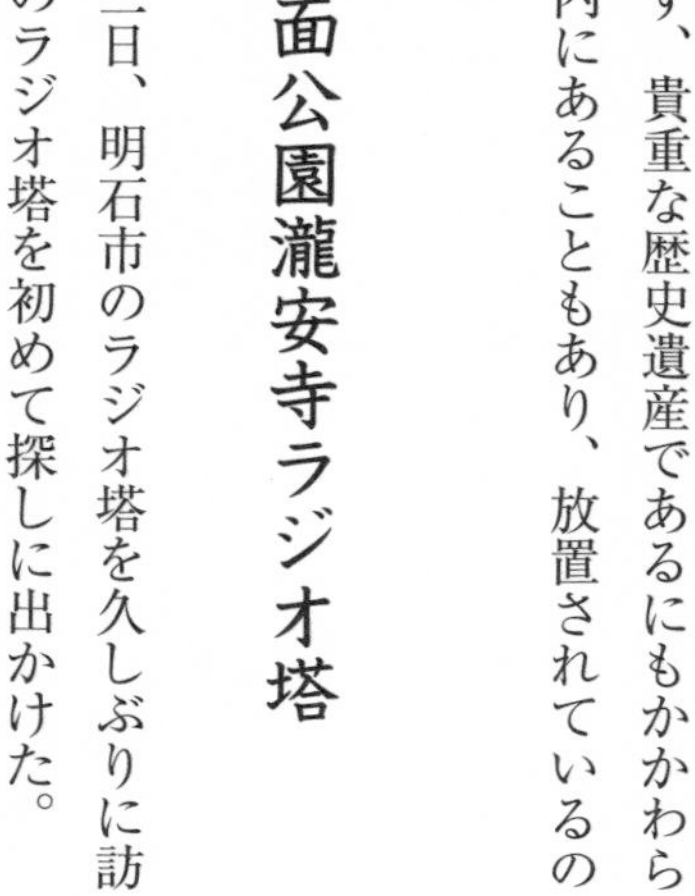

箕面公園瀧安寺ラジオ塔

阪急電鉄箕面線箕面駅で降りる。紅葉シーズンで人も多く、店が並ぶ道を箕面大滝方面へ向かって歩く。二〇分ばかり歩くと、瀧安寺に着く。境内に入り、左手のほうに注意すると、誰に注目されることもなく、ひっそりと、六甲山ラジオ塔の写真で見たのと同じ、大阪放送を表すコールサイン「ＪＯＢＫ」を刻んだラジオ塔が建っている。

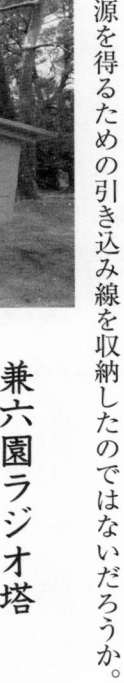

ラジオ塔の背面には溝が見られる。『ラヂオ塔大百科２０１７』で一幡氏は用途不明と述べるが、電源を得るための引き込み線を収納したのではないだろうか。

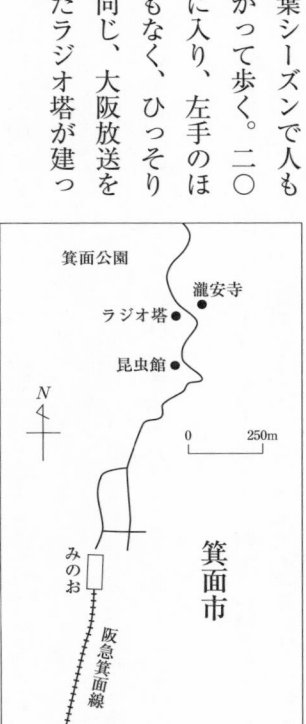

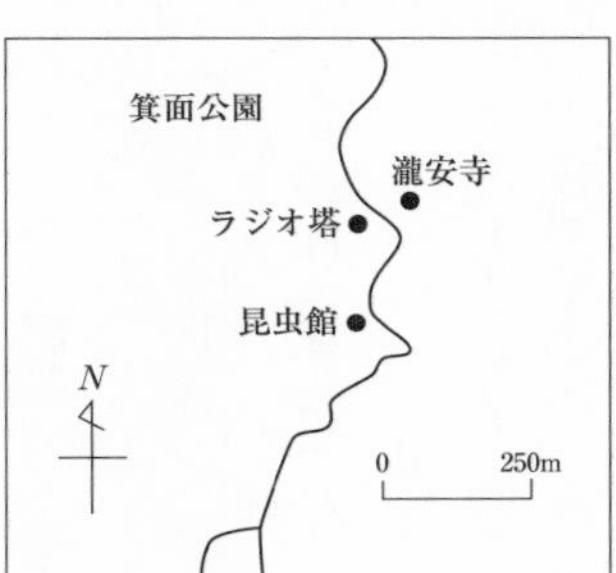

兼六園ラジオ塔

兼六園ラジオ塔

令和二年六月六日、金沢市の兼六園に出かけて、大正一一年に名勝の指定を受け、昭和六〇年に特別名勝となった林泉回遊式大名庭園を見てきた。金沢駅前からバスに乗り、広坂・21世紀美術館バス停で降りて、真弓坂に入る。瓢池《ひさご》を左に見て歩き、時雨亭《しぐれ》を左に見ながら歩き、梅林の手前で左に入る。長谷池を左に見ながら右手に進むと、長谷池の東のほうに、美しい屋根を持つ灯籠型の建築物が見える。これがラジオ塔であることは、案内板によって確かめることができる。見事な社寺建築物で、庭園の中にたたずむ美しい名建築であり、宮大工による建造と推測される。「兼六園」は、「宏大・幽邃《ゆうすい》、人力《じんりょく》・蒼古《そうこ》、水泉《すいせん》・眺望」の六勝を兼備する意味で命名されたが、その庭園の中にしっとりとなじんでいる塔の姿は素晴らしい。兼六園を訪れる際には、ぜひ、見学されることをおすすめしたい。

まとめ

令和二年一月二〇日、八瀬ラジオ塔（ケーブル八瀬駅南方）、円山公園ラジオ塔、京都市橘公園ラジオ塔をはしごして訪問してみた。いずれも、ずっと以前から知られており、八瀬と円山公園のラジオ塔には案内板もある。橘公園ラジオ塔も説明板こそ存在しないが、平成二五年の公園のリニューアルに際しても撤去されることもなく、しっかりと管理されていることは喜ばしい。

その一方で、平成二二〜二三年頃、東京都千代田区の佐久間公園のラジオ塔はリニューアルの際に撤去されたようである（『ラヂオ塔大百科2017』）。

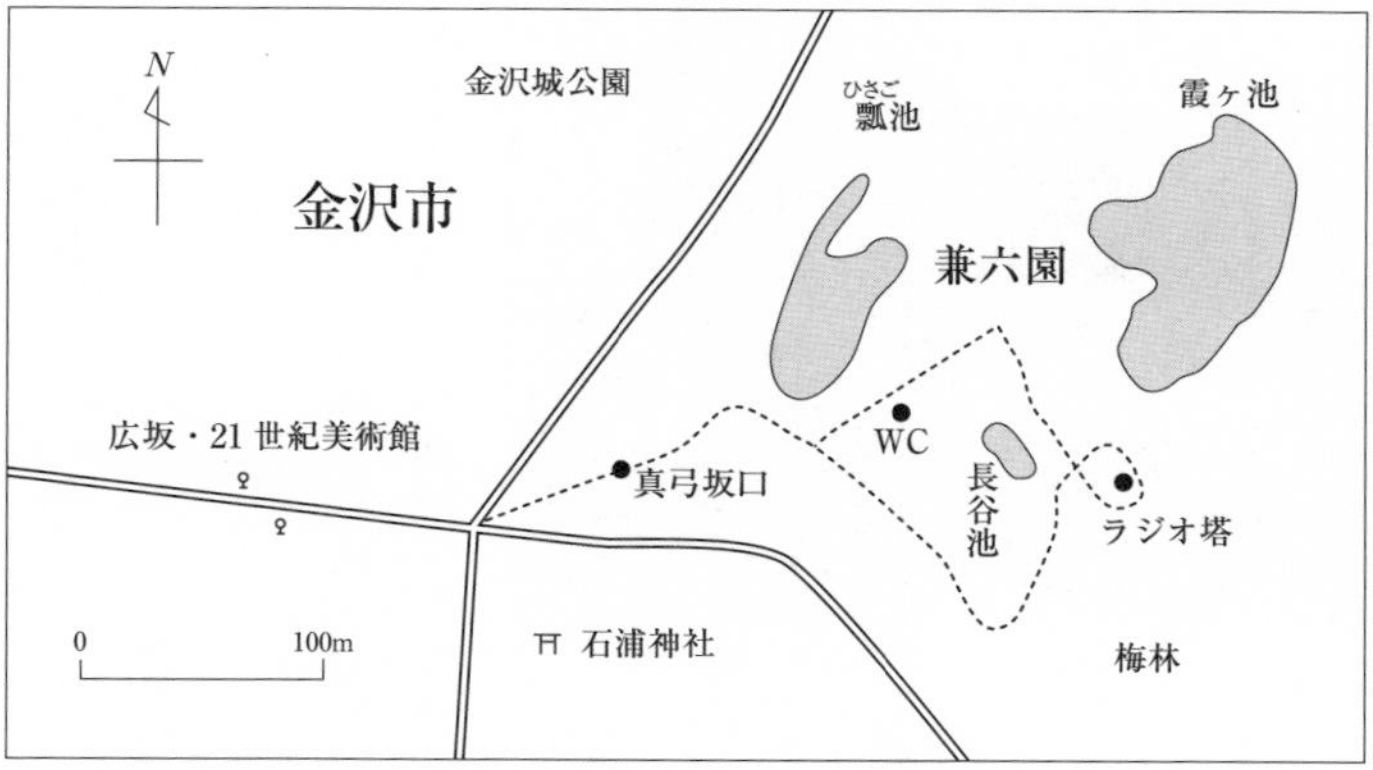

戦前に建てられたラジオ塔は、群馬県前橋公園のラジオ塔が、平成一九年に文化庁の国登録有形文化財に指定され、続いて、平成二五年に、明石の中崎遊園地ラジオ塔も指定されている。説明板のあるラ

橋公園ラジオ塔

ジオ塔がある一方で、中に残骸が入っていたり、石が積まれていたりして、痛みの目立つ忘れられたようなラジオ塔も多い。

ラジオ塔は、立派な文化遺産であり、その保存とともに、遺産としての認知がもっと進むことが必要な建造物と言えるだろう。本書が忘れられた歴史の広報に少しでも役立てば幸いである。

ラジオ塔の由来
京都市
NHK京都放送局

円山公園ラジオ塔の説明板

登録有形文化財
第28-0556号
文化庁

中崎遊園地ラジオ塔の文化財指定プレート

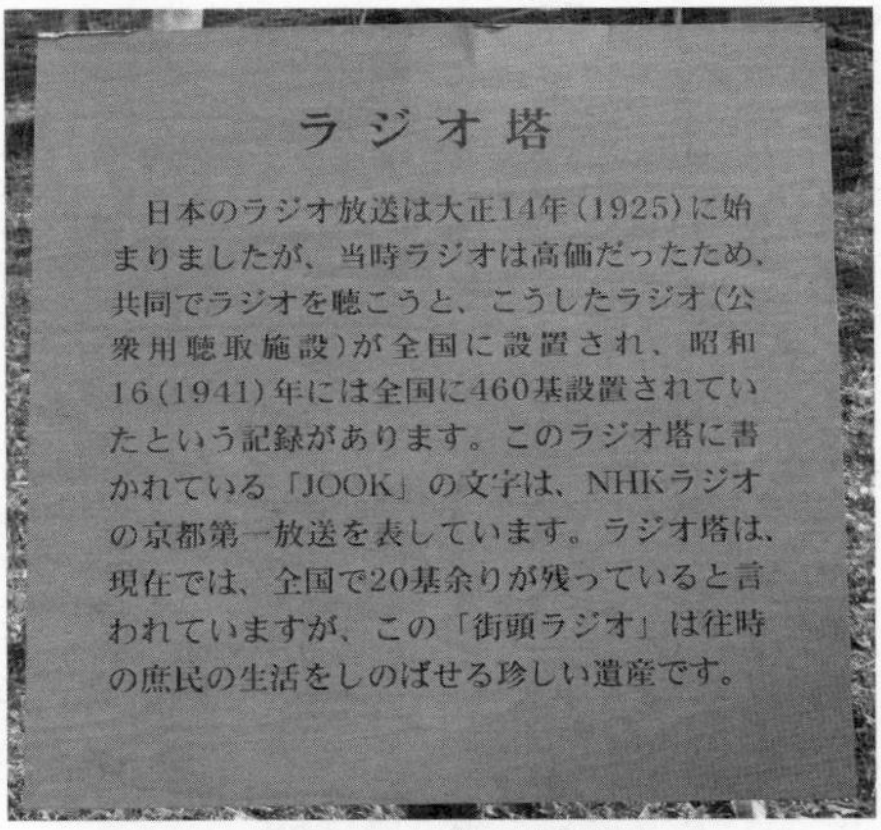
ラジオ塔
日本のラジオ放送は大正14年(1925)に始まりましたが、当時ラジオは高価だったため、共同でラジオを聴こうと、こうしたラジオ(公衆用聴取施設)が全国に設置され、昭和16(1941)年には全国に460基設置されていたという記録があります。このラジオ塔に書かれている「JOOK」の文字は、NHKラジオの京都第一放送を表しています。ラジオ塔は、現在では、全国で20基余りが残っていると言われていますが、この「街頭ラジオ」は往時の庶民の生活をしのばせる珍しい遺産です。

八瀬ラジオ塔の説明板

参考文献

【第一章「旗振り山」引用文献】

・柴田昭彦『旗振り山』（ナカニシヤ出版、平成一八年）

・柴田昭彦「旗振り通信の新研究①～⑲」（『新ハイキング別冊　関西の山』九一～一一八号、平成一八年一一月～平成二三年五月）

・柴田昭彦「兵庫県内の旗振り山について」（『歴史と神戸』二四〇号、平成一五年一〇月）

・柴田昭彦「兵庫県内の旗振り山の解明―新たに見つかった旗振り山―」（『歴史と神戸』二六三号、平成一九年八月）

・柴田昭彦「伊賀の旗振り山」（『伊賀百筆』一九号、平成二一年一二月）

・柴田昭彦「米相場の旗振り山について―赤穂市における解明―」（『歴史と神戸』二八八号、平成二三年一〇月）

・柴田昭彦「米相場の旗振り山について―淡路・徳島ルートの解明―」『歴史と神戸』三〇二号、平成二六年二月）

・柴田昭彦「旗振り山と航空灯台（補遺）」（『歴史と神戸』三一五号、平成二八年四月）

・柴田昭彦「六甲山の旗振り山」（『六甲山物語3』六甲山を活用する会、平成二四年、所収）

・柴田昭彦「大阪―神戸間を三分で伝達、旗振り通信のルートの特色とは？」（大国正美編著『神戸謎解き散歩』（新人物文庫、株式会社KADOKAWA、平成二六年、所収）

・柴田昭彦「旗振り通信」（『情報通信学会誌　第八八号』（第二六巻第三号、平成二〇年一二月）（平成二〇年一一月七日の情報通信文明史研究会での発表の報告）（情報通信学会主査の押田榮一氏には、筆者が日経記者の取材の際に提供した資料を活用していただいた）

・柴田昭彦「旗振り通信」（『古代山城とノロシ　～高速軍事通信の実態～』第五七回古代山城研究会例会プログラム・予稿集、古代山城研究会、平成三〇年九月、所収）

・中島伸男「滋賀県内の旗振り通信ルート」（『蒲生野二〇』昭和六〇年一二月、八日市郷土文化研究会）

・高槻泰郎『近世米市場の形成と展開―幕府司法と堂島米会所の発展―』（名古屋大学出版会、平成二四年）

・高槻泰郎『大坂堂島米市場　江戸幕府vs市場経済』（講談社、平成三〇年）

・国木田独歩「酒中日記」(明治三五年)(『牛肉と馬鈴薯・酒中日記』新潮社、昭和四五年)
・南方熊楠「旗振り通信の初まり」(昭和四年)(全集第四巻、昭和四七年)
・「堂嶋の旗振り」(「近古叢話」)(永江為政編著『商業資料』復刻版、新和出版社、昭和四八年、一九四頁)(第三巻第九号、明治二九年九月一〇日発行)(拙著『旗振り山』巻末の「相場通信に利用されたる旗振信号の沿革」〔『逓信協会雑誌　第六八号』逓信協会、大正三年二月、二六～二七頁〕の出典資料)
・梶野良材《よしき》「山城大和見聞随筆」(『諸國叢書(第六輯)』成城大学民俗学研究所、昭和六三年)
・大津の町屋を考える会編『大津百町物語―暮らしの昔と今を歩く―』(サンライズ出版、平成一一年)
・『烽〔とぶひ〕の道』(青木書店、平成九年)
・黒岩比佐子『伝書鳩―もうひとつのＩＴ』(文春新書、平成一二年)
・中野明『腕木通信　ナポレオンが見たインターネットの夜明け』(朝日新聞社、平成一五年)
・「大阪名所　堂島米市場之光景」(引き札、古島竹治郎、明治三〇年)
・「大阪名所　堂島市場」(引き札、久栄舘・伊勢本嘉三郎、明治三八年)
・「定期米相場・電報通信　東岡間鉄道之図」(引き札、大阪、明治二四年)
・相馬基『世界交通文化発達史』(東京日日新聞社、昭和一五年)
・「大阪堂島の旗振り通信」(『郵政』郵政弘済会、第五三巻第七号、平成一三年七月)
・『日本戯曲全集　第四十九巻　中古大阪狂言篇』(春陽堂、昭和七年)(「大門口鎧襲(五幕)」収録)
・歌舞伎台帳研究会編『歌舞伎台帳集成　第五巻』(勉誠社、昭和五九年)(京都大学附属図書館所蔵の「傾城千引《けいせいちびきの》鐘《かね》」を収録。「大初冊」に相場を知らせる場面)
・田中眞吾編著『六甲山の地理』(神戸新聞出版センター、昭和六三年)
・大西雄一『六甲山ハイキング』(創元社)(第一版、昭和三八年)(第二版、昭和四五年)(第三版、昭和五〇年)(第四版第一刷、昭和五九年)(第四版第六刷、平成五年、最終版)
・『本山村誌』(昭和二八年)
・棚田真輔・表孟宏・神吉賢一共著『プレイランド　六甲山史』(出版科学総合研究所、昭和五九年)
・『国立公園　六甲連山』(兵庫県観光連盟、昭和三一年)
・前田慶三編『阪神沿道地籍図西部』(後藤印刷工所、大正九年)

・『西摂大観（郡部）』（明輝社、明治四四年）
・近藤文二・小島昌太郎「大阪の旗振り通信」（『明治大正大阪市史』第五巻論文篇、昭和八年）
・浅加良信「三角点とノロシダイ」（『関西山小屋』第五八号、朋文堂、昭和一六年四月）
・古谷「火と馬と旗（十二）」（近畿電気通信局文書広報課編『近畿』第一八巻第三号、昭和五一年三月）
・「摩耶山案内」（摩耶鋼索鉄道株式会社、大正一四年五月）
・『淡路町誌』（平成一七年）
・濱岡きみ子『先山千光寺への道』（神戸新聞総合出版センター、平成二一年）
・『淡路町風土記』（昭和四六年）
・賀集憲一編『ふるさとの山　南辺寺』（南辺寺山開発協会、昭和四四年）
・片山嘉一郎編『淡路之誇　上巻』（実業之淡路社、昭和四年）
・『淡路国名所図絵』（明治二七年）（臨川書店、平成七年）
・『日本国語大辞典』（第二版、小学館、平成一二～一四年）
・『洲本市史』（昭和四九年）
・『淡路洲本城』（城郭談話会、平成七年）
・横山春陽「徳島の今昔」（『阿波伝説集』徳島日々新報社出版部、昭和六年。復刻版、歴史図書社、昭和五五年）
・『自治五十年小史』（徳島市役所、昭和一三年）
・『明治十四年徳島県統計表』（徳島県、明治一五年）
・木谷幸夫「姫路付近の旗振り山について」（『歴史と神戸』一六三号、平成二年一二月）
・須磨岡輯『新・はりまハイキング』（神戸新聞総合出版センター、平成一八年）
・「山とひと　三　黒鉄山《くろがねやま》」（『広報あこう』六三九号、赤穂市役所発行・総務部秘書広報課編集、平成一七年三月）
・橋本埜「黒鉄山について」（山本善嗣・橋本埜作成「黒鉄山」昭和五九年二月一日）
・藤谷潔「黒鉄山その二」（『ふるさと思考』第三一号、有年公民館発行、平成一三年三月）
・藤谷潔「八、黒鉄山」（『ふるさと思考』第三〇号、有年公民館発行、平成一二年三月）
・岡長平『岡山太平記』（宗政修文舘、昭和五年）
・赤穂市教育委員会・高雄公民館編・発行『赤穂の山とひと』（登山教室資料、平成二〇年）
・「山とひと　一九　高伏《たかぶせ》山《やま》と高取峠」（『広報あこう』六七〇号、赤穂市役所発行・総務部秘書課編集平成一九年一〇月）
・兵庫県地名研究会編『兵庫県小字名集Ⅲ西播磨編』（神

文書院、平成六年）
・『日生町誌』（昭和四七年）
・山本薫「旗振り山（高伏山）のはなし」（『むらおこし体験と記録』田端自治会、平成二三年）
・楠原佑介・本間信治『地名伝説の謎』（新人物往来社、昭和五一年）
・渡辺久雄『忘れられた日本史』（創元社、昭和四五年）（のろし山）
・楠原佑介・溝手理太郎編『地名用語語源辞典』（東京堂出版、昭和五八年）
・虫明徳二『ぼっこう玉島《ほっけえたましま》』（徳二庵、昭和五五年）
・武良布枝『ゲゲゲの女房』（実業之日本社、平成二〇年）
・並河健蔵「安来港」（庄司誠發『安来散歩』、「安来散歩」刊行委員会、平成八年）
・並河健蔵「先覚性と逞しい商魂　―安来節が育った自由闊達な風土―」（『会報　安来節』第一七号、平成一八年四月一日）
・徳山倉商・編著『百戦連勝』（商品界発行、昭和四四年）
・上田長太郎『大阪叢書　第四輯　堂島・曽根崎界隈』（大阪趣味研究会、昭和四年）
・「山田・千里丘界わい散策案内」（吹田市文化のまちづくり室、平成一六年）
・阪本一房『ききがき吹田の民話』（吹田市市長公室広報課、昭和五九年）
・『週刊京都を歩く　第二号　清水寺周辺』（講談社、平成一五年七月）
・『新撰京都名勝誌』（大正四年）
・『京都市の地名』（平凡社、昭和五四年）
・竹内康之『比叡山1000年の道を歩く』（ナカニシヤ出版、平成一八年）。【付】「東山」の山なみ」
・『尾張名所図会』（天保一五年・明治一三年）
・『南濃町下一色のあゆみ』（木村太郎編集・発行、平成元年）
・『江吉良郷土史』（昭和三三年）
・林春樹責任編集『図説・美濃の城』（郷土出版社、平成四年）
・岐阜市教育会編輯『岐阜市案内』（岐阜市教育会、明治四一年）
・清信重『ふるさと岐阜の物語　明治編』（福富易、平成六年）
・『北方町史　通史編』（昭和五七年）
・『北方町志』（大正四年、初版）
・『岐阜商工案内』（岐阜商業会議所、大正五年）（岐阜県図書館、復刻版）（岐阜市全図）
・『金華山と岐阜の街』（まつお出版、平成三年）
・『岐阜県中世城館跡総合調査報告書第二集（岐阜地区・美

濃地区)』(岐阜県教育委員会、平成一五年)
・『新修関市史　通史編　近世・近代・現代』(平成一一年)
・榊原邦彦『緑区の史蹟』(鳴海土風会、平成一二年)
・齋藤富三郎「郷土の新らしき史観」(『尾張の史跡と遺物』臨時号、名古屋郷土研究会、昭和一五年七月)(愛知県図書館所蔵)
・川合隆治「旗振り通信について」(『三重の古文化』第四八号、三重郷土会、昭和五七年)
・『岐阜県中世城館跡総合調査報告書第一集(西濃地区・本巣郡)』岐阜県教育委員会、平成一四年)
・『大府町史』(昭和四一年)
・岡戸栄吉『加木屋史話』(東海市加木屋町内会、昭和五四年)
・吉田弘編著『続々知多のむかし話』㈱四季の文化社、平成元年)
・『東海市の民話』(東海市教育委員会、平成四年)
・『西尾町史　上巻』(昭和八年)
・『知立市史　下巻』(昭和五四年)
・中津川哲司・小谷哲治『三河・遠州のスーパー低山ハイキング』(風媒社、二〇〇二年)
・『岡崎商工会議所五十年史』(岡崎商工会議所、昭和一七年)
・鈴木重一『岡崎地方史話』((株)東海新聞社出版局岡崎地方史話刊行会、昭和五一年)
・内田多計男編輯『豊橋商工会議所五十年史』(豊橋商工会議所、昭和一八年)
・『塩津村誌』(平成一〇年)
・蒲郡百人の会編集『蒲郡の古いはなし 岸間清閑遺稿』(蒲郡百人の会、昭和四三年)
・あった勤労者山岳会『新・こんなに楽しい愛知の130山』(風媒社、平成一五年)
・『宮崎村誌』(宮崎尋常高等小学校、昭和七年)
・『宮崎村誌』(宮崎村誌編集委員会、昭和三五年)
・片岡禮子『続　とっかわの里』(著者発行、平成一二年)
・平山小学校PTA文化部/編『郷土史ひなぶ』(平山小学校区地域学習推進協議会、一九八二年)
・樋口清之『こめと日本人』(家の光協会、一九七八年)
・曽田博久『千両帯　新三郎武狂帖』(角川春樹事務所、ハルキ文庫、平成一七年)
・旧四日市を語る会編『旧四日市を語る　第五集』(同会発行、平成六年)
・『三重県四日市市遺跡地図』(四日市市教育委員会、昭和六〇年)
・茶静編『俳諧職業尽』(天保一三年)(「火振」の項目)(日野栄子編著『俳諧職業尽・誹諧職人尽画図並びに索引』

昭和五九年、新潟県立図書館所蔵）
・大山田村古文書研究会編纂『大山田村の古文書　第二集』（大山田村教育委員会、平成三年）
・『大山田村史　上巻・下巻』（昭和五七年）
・平成二一年五月一二日付「五月一七日の旗振り山調査への参加を呼びかける記事」（産経新聞、読売新聞、伊勢新聞の伊賀版の紙面）
・平成二一年五月一八日付「伊賀の旗振り山調査の記事」（産経新聞、読売新聞の伊賀版）
・三重県職員郷土史クラブ『郷土の小字名』（名張市立図書館蔵）（明治二〇年上阿波村地誌取調書を収録）
・「見どころ　伊賀街道（伊賀越奈良道）」（三重県教育委員会、パンフレット）（名張市立図書館蔵）
・『歴史の道調査報告書Ⅲ―3　―伊賀街道―』（三重県教育委員会、昭和五八年）
・老人クラブ伊賀支部郷土史研究委員会編集『伊賀の街道ものがたり』（老人クラブ伊賀支部、昭和四六年）
・『長田郷土史』（中村竹次郎氏遺稿（壱）、長田公民館、昭和五一年）
・『上野市史　考古編』（平成一七年）
・『京都地名語源辞典』（東京堂出版、平成二五年）
・『精華町の史跡と民俗』（精華町、昭和六三年）

【第一章「旗振り山」その他の文献】

・「特集　商いのカタチ　享保十五年のインベストメント」（日本電信電話株式会社《ＮＴＴ持株会社》のＰＲ誌『３６５度』第六号、平成一八年五月）
・児玉紫乃「神戸の本棚・今月オススメの一冊」（神戸市消防局監修『雪』六六四号、平成一八年一〇月号）（『旗振り山』を紹介）
・柴田昭彦「旗振り通信」（『関西の道を巡る』明治安田生命保険相互会社大阪総務部・関西を考える会発行、非売品、平成二〇年六月）（八二頁）（アンケートの回答）
・戸倉信吉「旗振通信」（コラム）（『放送とは何か？　3SCREENS era～スリースクリーンズ時代～２００９年度版』（サテマガ・ビー・アイ株式会社、平成二一年）（九一頁）
・奥谷留吉「大阪の旗振通信」（『日本電気通信史話』葛城書店、昭和一八年、所収）
・向井一雄（古代山城研究会）「古代烽に対する基礎的検討」（『戦乱の空間』第六号、平成一九年七月）
・森平爽一郎『物語で読み解くデリバティブ入門』（日本経済新聞社、平成一九年）
・大江昭夫「淀屋が始めた米市場と旗振り山」（平成二九年一一月、淀屋研究会、定例勉強会レジメ）
・『大阪歴史博物館　常設展示案内』（平成一四年）

・『巡って、感じて、考えよう　わたしたちの歴史博物館』（平成一五年）
・梅本弘『堂島の歴史—堂島界隈歴史散歩—』（大阪堂島ロータリークラブ、平成一九年）
・岩井三四二《みよじ》『一手千両　なにわ堂島米合戦』（文藝春秋、平成二一年）
・二代長谷川貞信筆「堂島の米市」（「浪花百勝」より）（『第一二九回特別展　商人の舞台—天下の台所・大坂—』大阪市立博物館編集・発行、平成八年）
・「堂島の米市」（『短冊浪花百勝』大阪市立博物館　館蔵資料集一二、昭和五九年）
・株式会社大阪堂島米穀取引所編輯『株式会社大阪堂島米穀取引所沿革』（井口岩吉発行、明治四五年）
・大阪城天守閣編集『特別展　浪花百景—いま・むかし—』（大阪城天守閣特別事業委員会、平成七年）・『遠鏡図説・三才窺管・写真鏡図説』（江戸科学古典叢書三八、恒和出版、昭和五八年）
・『校訂　珍本全集　上』（帝国文庫第三一編、博文館、明治二八年）（熊谷女編笠巻之一）
・内山美樹子「『大門口鎧襲』と並木宗輔の浄瑠璃」（『国語と国文学』昭和五〇年一〇月号）
・歌舞伎台帳研究会編『歌舞伎台帳集成　第十六巻』（勉誠社、昭和六三年）（阪急学園池田文庫所蔵の「大門口鎧襲」を収録。相場旗振り場面なし）
・永瀬唯『腕時計の誕生』（廣済堂出版、平成一三年）
・有澤隆『図説　時計の歴史』河出書房新社、平成一八年）
・阿部猛『起源の日本史　近現代篇』（同成社、平成一九年）
・キース・ロバーツ著・越智道雄訳『パヴァーヌ』（サンリオSF文庫、昭和六二年）（扶桑社、平成一二年）（ちくま文庫、平成二四年）（第二旋律「信号手」腕木通信）
・三浦正悦『おもしろ電気通信史　～楽しく学ぼう通信の歴史～』（総合電子、平成一五年）
・藤井信幸『通信と地域社会』（近代日本の社会と交通第五巻、日本経済評論社、平成一七年）
・星名定雄『情報と通信の文化史』（法政大学出版局、平成一八年）
・西岡洋子『国際電気通信市場における制度形成と変化腕木通信からインターネット・ガバナンスまで』（慶應義塾大学出版会、平成一九年）
・太田文雄『にほんじんは戦略・情報に疎いのか』（芙蓉書房出版、平成二〇年）
・福田益美『電磁波を拓いた人たち　—日本人も歩んだ400年の旅—』（アドスリー、発売・丸善、平成二〇年）（第9章腕木通信）

- 日本山岳会編著『新日本山岳誌』（ナカニシヤ出版、平成一七年）
- 日本地名学研究所編『みちのく縄文地名発掘　雄勝―秋田県雄勝町文化調査報告書』（池田末則監修、五月書房、平成一〇年）
- 金森敦子『〝きよのさん〟と歩く江戸六百里』（バジリコ、平成一八年）
- 『浜松市史三』（昭和五五年）
- 大塚克美・神谷昌志『はままつ百話―明治・大正・昭和』（静岡新聞社、昭和五八年）
- 「米穀取引所」（『豊橋百科事典』豊橋市文化市民部文化課、平成一八年）
- 岡崎市立本宿小学校PTA郷土史クラブ編『本宿小史』（本宿小学校PTA、昭和五二年）
- 『新修大垣市史　通史編一』（昭和四三年）
- 『羽島市史　第三巻』（昭和四六年）
- 『江吉良・舟橋郷土史　第二巻』（平成四年）
- 『北方町志』（昭和七年、改版）
- 『中京民俗第二九号　多度町の民俗』（中京大学民俗学研究会、平成四年）
- 『新編鈴鹿市の歴史』（社団法人鈴鹿青年会議所、昭和五〇年）（改訂版、平成四年）
- 『滋賀県の山』（山と溪谷社、平成一六年）
- 森山栄三『歌集　相場振山』（皓星社、平成一八年）
- 石井光造『脱百名山登山学』（白山書房、平成二〇年）（「友名登山」では、「人名の山」の一つとして、「田中山」を掲載）
- 井上香都羅『銅鐸「祖霊祭器説」古代の謎発見の旅』（彩流社、平成九年）（甲山）
- 乾幸次『南山城の歴史的景観』（古今書院、昭和六二年）（「銭取場」の説明）
- 安井庄次「小塩山　米相場の中継点からアンテナの基地へ」（京都市編入五十周年記念誌編集委員会・編集『大原野』大原野自治連合会・冨阪裕一発行、平成二一年、非売品）（八九～九一頁）
- 池田末則編『奈良の地名由来辞典』（東京堂出版、平成二〇年）
- 平群町教育委員会編『平群町久安寺地区試掘調査報告書』（昭和六三年）
- 本渡章『大阪名所むかし案内絵とき「摂津名所図会」』（創元社、平成一八年）
- 神田川菜翁『やっちゃ場伝　青物市場に伝承された400年の世相と食』（サンガ新書、平成一九年）
- 沢井浩三『八尾の史跡　第一集』（八尾市・八尾市郷土文化研究会、昭和四一年）
- 『六甲・まや101の大疑問』（神戸新聞総合出版セン

ター編集・発行、平成一九年）
・太田陸郎「鉄拐山」（「神戸又新《ゆうしん》日報」昭和九年五月四日付、一面）
・『長田＋1選　名物マップ』（長田区役所まちづくり推進課、平成一八年）（長田区民まちづくり会議が作成したパンフレット）
・『岡山県の山』（山と溪谷社、平成一九年）

【第二章「航空灯台」参考文献】

・航空照明五十年史刊行委員会編集・発行『航空照明五十年史』（非売品、昭和六二年）
・『日本航空史（昭和前期篇）』（日本航空協会、昭和五〇年）（五六二～九頁）
・『航空朝日』（朝日新聞東京本社、昭和一六年六月号）（二三～二九・一〇一頁）（沼津香貫山、清水久能山、熱海十国峠の航空灯台）
・『航空朝日』（昭和一六年一〇月号）（一一一頁）（生駒山航空燈台）
・『航空朝日』（昭和一七年一一月号）（三四～三八頁）（航空燈台）
・『官報』（航空灯台の設置・移転・廃止等を告示）
・百万分一航空図三号「本州中部」（参謀本部、昭和一九年製版）（多色刷）
・百万分一航空図四号「近畿—南朝鮮」（参謀本部、昭和一八年修正改版）（二色刷）
・末森猛雄「航空燈臺と航空標識」（『科学画報』第二〇巻第二号、新光社、昭和八年二月号、二二五～二三二頁）（生駒山航空燈台・箱根日金山航空燈台の写真あり）
・飛永賢一「航空燈臺」（『図解科学』第一巻第一号、図解科学社、昭和八年一一月）（表紙、東京国際飛行場の夜間照明の写真）
・日本航空輸送会社資料「夜間飛行を導く航空燈臺」（『図解科学』第一巻第一号、図解科学社、昭和八年一一月）（四六～七頁、東京大阪間航空燈臺配置図、箱根十国峠の航空燈臺、東京国際飛行場屋上の航空燈臺）
・大庭哲夫「航空照明」（『航空知識』航空知識社、昭和一一年一二月号）（一一～一五・四〇頁）（付録「航空燈台一覧表」「航空燈台ノ型式並ニ燈質」「航空燈台標髙並ニ配置一覧圖」）
・燈臺局編纂『日本燈臺表（昭和一三年）』（燈光會）（「航空標識燈一覧表」）
・燈臺局編纂『日本燈臺表（昭和一四年）』（燈光會）（「航空燈臺一覧表」）
・逓信省航空局編輯『航空要覧』（帝国飛行協会）（昭和一一・一三・一四年）
・『東洋燈臺表　上巻』（水路部）（昭和一一・一三年）（「航

空燈臺」一覧表)
・『燈臺表　第一巻』(水路部、昭和一六年)(「航空燈臺」一覧表)
・『燈台表　第一巻』(水路局、昭和二四年)(「航空燈台」一覧表)
・駒林栄太郎・松浦四郎『航空機工学大講座　第一巻』(東学社、昭和一三年)(「航空燈臺一覧表」)
・山口修『航空郵便沿革史』郵政事業史論集第一集、ぎょうせい、昭和六〇年)
・園山精助『日本航空郵便物語』日本郵趣出版、昭和六一年)
・吉田久善「航空路灯台跡地さがし　我ら熟年、探検隊」「その1(室津、笠置編)」(『とうゆう』第八一号、航空灯火友の会編集・発行、平成二〇年五月)
・吉田久善「その2(玉津編)」(『とうゆう』第八二号、平成二〇年八月)
・吉田久善「その3(関編)」(『とうゆう』第八四号、平成二一年二月)
・鈴木隆治「航空灯台の想い出」(『とうゆう』第八五号、平成二一年五月)
・柴田昭彦「久我山(西北山)」(『新ハイキング関西』第九一号、平成一八年一一月)
・柴田昭彦「正林坊山」(『新ハイキング関西』第一一二号、平成二二年五月)
・柴田昭彦「嫦娥山」(『新ハイキング関西』第一一八号、平成二三年五月)
・柴田昭彦「兵庫県内の航空灯台について」(『歴史と神戸』三〇六号、平成二六年一〇月)
・柴田昭彦「旗振り山と航空灯台(補遺)」(『歴史と神戸』三一五号、平成二八年四月)
・田中徹夫「航空燈臺」(『旅』日本旅行協会、昭和八年九月号)(七〇〜三頁)
・河井酔茗・詩、河目悌二・画「航空燈臺」(『子供之友』婦人之友社、昭和八年一〇月号
・『いずみ　いまむかし　―泉区小史―』(泉区小史発行委員会、平成八年)
・安西實「横根の富士塚と富士講」(『郷土いずみ』第二号、横浜市泉区歴史の会、平成八年)
・『戸塚区郷土誌』(戸塚区観光協会、昭和四三年)(戸塚音頭)
・『中和田郷土誌』(横浜市立中和田小学校、昭和四八年)(富士塚)
・大橋俊雄『戸塚区の歴史(下巻)』(戸塚区観光協会、昭和五六年)
・東京電機株式会社編・発行『我社の最近二十年史：マツダ新報二十周年記念』(昭和九年)

・加藤一太郎『市長のペン皿』（市長のペン皿刊行会編集・発行、昭和四八年）
・『技術日本』（昭和一一年三月号、日本技術協会、昭和一一年二月）（表紙は十国峠航空灯台）
・相馬基『世界交通文化発達史』（東京日日新聞社、昭和一五年）
・『写真集　静岡県の昭和史』（静岡新聞社出版局、平成元年）
・安井小弥太・画「航空燈臺」（『コドモノクニ』東京社、昭和八年九月号）
・安井小弥太・ゑ「航空燈台」（『コドモアサヒ』朝日新聞社、昭和一二年二月号）
・浜悠人（佐野利夫）「航空灯台」（『沼津朝日』平成二〇年六月二一日）
・浜悠人（佐野利夫）「航空灯台」（『沼津朝日』平成三〇年一〇月六日）
・浜悠人（佐野利夫）『乾坤めぐりて』（天野出版工房、平成二七年）
・『沼津市誌』（昭和一二年）
・四方一瀰『沼津教育史年表』（沼津市立駿河図書館、昭和五三年）
・『沼津市史　史料編　近代2』（平成一三年）
・『定期航空路地図』（日本航空輸送株式会社、昭和九年一月発行、昭和一〇年四月第六版発行）
・『田子浦の郷土史』（田子浦地区まちづくり推進会議・富士南地区まちづくり推進会議編集及び発行、平成七年、表紙の書名は『田子浦の郷土誌』）
・ダイヤモンド社編・発行『着想と断行』（昭和四二年）
・『小糸製作所五十年史』（小糸製作所、非売品、昭和四三年）
・関町郷土調査会編纂『関町郷土誌』（昭和一二年）
・池田裕・前川友秀『伊賀の役行者』（伊賀忍者研究会、平成二二年）
・三重県職員郷土史クラブ『郷土の小字名』
・長田村役場編輯『長田村報』第十七号（昭和四年八月）。
・『長田郷土史』（中村竹次郎氏遺稿（壱）、長田公民館、昭和五一年）
・小林義亮『笠置寺　激動の1300年』（文芸社、平成一四年）（改訂版、平成二〇年）
・鶴田正人「信貴山上に電車が走り、生駒山上に燈台の灯が廻った」（『河内どんこう』第五三巻第二二号、平成九年一〇月号、やお文化協会）（六〜九頁）
・『生駒山上』（近畿日本鉄道、パンフレット、昭和三一年）（生駒山天文博物館の写真）
・「高塚山脈を太山寺へ」（『関西山小屋』第一〇号、昭和一二年）（二四〜五頁）（鉢伏山航空灯台）

・『沿線案内』（山陽電鉄、昭和一〇年）
・『特別展　川西　英の新・旧「神戸百景」』（神戸市立博物館、平成一三年）
・揖保郡役所編纂『揖保郡誌』（明治三六年）
・松本保一・松本綾子編著『ふるさと御津』（厳潮社、昭和五四年）
・『御津町史　第四巻』（平成一一年）
・『御津町埋蔵文化財分布調査報告書』（平成九年）
・田中早春「地名の話9　山の地名　日和山・嫦娥山」（『会報　むろのつ』第九号、「嶋屋」友の会発行、平成一四年九月）
・「五日市の航空燈臺」（中国新聞、昭和八年九月八日、七面）
・「宇部市全図」（五万分の一）および「宇部市街図」（一万分の一）（昭和一三年一〇月改編）（『復刻　宇部市街古地図』宇部地方史研究会、昭和五八年）
・古賀益城編『あさくら物語』（あさくら物語刊行会、昭和三八年）（六六九頁、秋月陣尾山頂に設置）
・禰須美採訪隠士（長谷川恩）『ネズミの隠れ里探訪記　東遊記　西遊記』（新風舎、平成一七年）
・奥野平次『ふるさと交野を歩く（山の巻）』（交野市・交野古文化同好会、昭和五六年）
・『大阪朝日新聞社案内』（株式会社朝日新聞社、昭和一一年一〇月）（航空標識燈輝く朝日ビル夜景）
・『福岡市案内』（博多商工会議所、昭和一一年）（福岡松屋航空灯台）
・「航空燈臺の寄附」（『新津恒吉翁伝』新津石油株式会社、昭和一六年）（新潟新聞社航空灯台）
・『LP歌のカーニバル』（『平凡』八月号別冊付録、昭和三四年）（六八頁「霧の航空燈台」収録）
・名古屋鉄道局編著『静岡・濱松からのハイキング』（名古屋鉄道局、戦前発行）
・静岡県山岳連盟編『静岡県登山ハイキング147選』（明文堂、昭和四二年）
・静岡県山岳連盟編『静岡県登山ハイキング137選』（明文堂、昭和五三年）
・静岡県山岳連盟編『静岡県登山・ハイキング143選』（明文出版社、昭和六一年）（平成元年）
・岡本滋『静岡県　駅からの日帰りハイク　新選100コース』（静岡新聞社、昭和五三年）
・岡本滋『静岡県　新・駅からの日帰りハイク』（静岡新聞社、昭和五九年）
・静岡ガンマー山岳会・岡本滋『静岡県日帰りハイキング』（静岡新聞社、平成元年）
・静岡ガンマー山岳会・岡本滋『新版　静岡県日帰りハイキング』（静岡新聞社、平成一〇年）

・『静岡県日帰りハイキング50選』（静岡新聞社、平成一八年）
・『しずおか低山ウォークBest20』（静岡新聞社、平成二七年）
・永野敏夫『静岡の山　日帰りコース158』（羽衣出版、平成二八年）
・西山秀夫編著『愛知県の山』（山と溪谷社、平成二九年）
・『伊豆半島・大島』（日地出版、登山・ハイキング、昭和三七年）（冊子に巣雲山航空灯台跡の展望台）
・『御在所・鎌ヶ岳』（昭文社、山と高原地図、平成一四年）
・西内正弘『地図で歩く鈴鹿の山　ハイキング100選』（中日新聞社、平成一五年）
・『ふるさとの山歩き　広島県と周辺の山々』（中国新聞社、平成四年）
・「さよなら交通博物館『航空灯台』」（平成一八年五月五日、インターネット）

【第三章「ラジオ塔」参考文献】

・吉井正彦「『ラヂオ塔』を知りませんか」（『歴史と神戸』二七一号、平成二〇年一二月）
・吉井正彦「『ラヂオ塔』が神戸・諏訪山と豊中にも残っていた」（『歴史と神戸』二九一号、平成二四年四月）
・柴田昭彦「ラジオ塔遺構について」（『歴史と神戸』二九六号、平成二五年二月）
・「ラジオ塔遺構について」の訂正（『歴史と神戸』二九七号、平成二五年四月）
・柴田昭彦「六甲山のラジオ塔について」（『歴史と神戸』平成二六年六月）
・一幡公平『ラヂオ塔大百科2011〜2014』（タカノメ特殊部隊、平成二六年）
・一幡公平『ラヂオ塔大百科2017』（タカノメ特殊部隊、平成二九年）
・ラジオ塔神戸で確認の記事（平成二三年一〇月二七日付、読売・サンケイ新聞神戸版、神戸新聞夕刊）
・『あかし昔がたり』（神戸新聞明石総局編、昭和五四年）
・『あかし市民史』（神戸新聞明石総局編、平成八年）
・「秋の阪急沿線　ラヂオ塔新設」（『カウベ』神戸市観光課、昭和一五年一〇月）（六甲山ラジオ塔）
・中西研二『ケーブルカー』（東京文献センター、平成一六年）
・『昭和六年ラヂオ年鑑』（誠文堂、昭和六年）（一三二頁、天王寺公園ラヂオ塔）
・『昭和七年ラヂオ年鑑』（日本放送出版協会、昭和七年）（一〇七頁、奈良猿沢池畔ラヂオ塔）
・『昭和八年ラヂオ年鑑』（昭和八年）（六六〇〜一頁、公衆

用聴取施設一覧）
・『昭和九年ラヂオ年鑑』（昭和九年）（四一〇～一頁、一覧・札幌中島公園ラヂオ塔）
・『昭和十年ラヂオ年鑑』（昭和一〇年）（二八六～八頁、一覧・台湾二二八和平公園ラヂオ塔）
・『昭和十一年ラヂオ年鑑』（昭和一一年）（三一九頁、仁尾町ラヂオ塔）（三五六～七頁、一覧）
・『昭和十二年ラヂオ年鑑』（昭和一二年）（三三五頁、尼崎ラヂオ塔）（三七二～三頁、一覧）
・『昭和十三年ラヂオ年鑑』（昭和一三年）（二四〇～一頁、一覧）
・『昭和十五年ラヂオ年鑑』（昭和一五年）（二七七～八頁、一覧）
・『昭和十六年ラヂオ年鑑』（昭和一五年）（三二二～六頁、一覧）
・『昭和十七年ラジオ年鑑』（昭和一六年）（三一七～三三三頁、一覧）
・『昭和十八年ラジオ年鑑』（昭和一八年）（二四三～五頁、昭和一七年版への追加分の一覧）
・日本放送協会編・発行『放送五十年史』（昭和五二年）（八二頁、天王寺公園ラジオ塔）
・伊藤太一「ラヂオ塔」（『ぐるっと明石』神戸新聞総合印刷、平成一三年）（二〇頁）
・吉井正彦「忘れられた『ラヂオ塔』を探し歩く」（戸倉信吉『放送とは何か？ 3 SCREENS era ～スリースクリーンズ時代～』二〇〇九年度版、サテマガ・ビー・アイ株式会社）（四五頁）
・吉井正彦「『ラヂオ塔』を探し歩く旅」（『女性とくらしマチュア』二号、二〇〇九年夏号、七月一日、株式会社女性と暮らし社編集・発行）（一六頁）
・三好吉彦「ラジオ塔」（京都新聞、平成二一年四月九日、七月八日、一〇月一九日、平成二二年一月八日）
・中塚久美子「関西遺産　ラジオ塔」（平成二四年五月一六日、朝日新聞夕刊、3）

旗振り通信ルート(1)

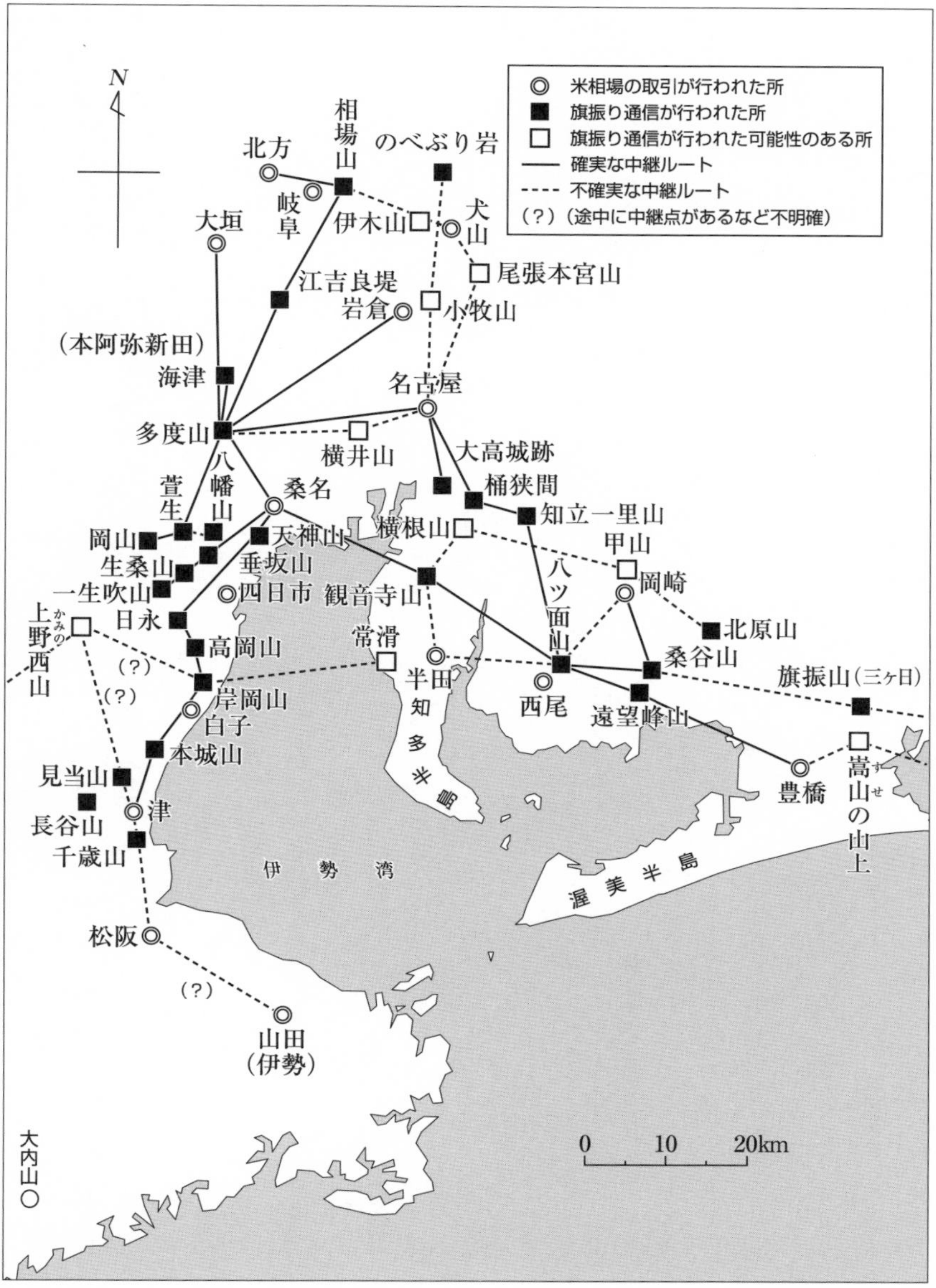
N
米相場の取引が行われた所
旗振り通信が行われた所
旗振り通信が行われた可能性のある所
確実な中継ルート
不確実な中継ルート
(?)(途中に中継点があるなど不明確)
相場山
北方
岐阜
のべぶり岩
伊木山
犬山
大垣
尾張本宮山
江吉良堤
岩倉
小牧山
(本阿弥新田)
海津
名古屋
多度山
横井山
大高城跡
八幡山
萱生
桑名
桶狭間
知立一里山
岡山
天神山
横根山
甲山
生桑山
垂坂山
八ツ面山
岡崎
一生吹山
四日市
観音寺山
上野《かみの》西山
日永
北原山
高岡山
常滑
(?)
桑谷山
旗振山(三ヶ日)
岸岡山
半田
(?)
白子
西尾
遠望峰山
知多半島
本城山
見当山
豊橋
嵩《す》山《せ》の山上
津
長谷山
千歳山
伊勢湾
渥美半島
松阪
(?)
山田
(伊勢)
大内山
0
10
20km

旗振り通信ルート(2)

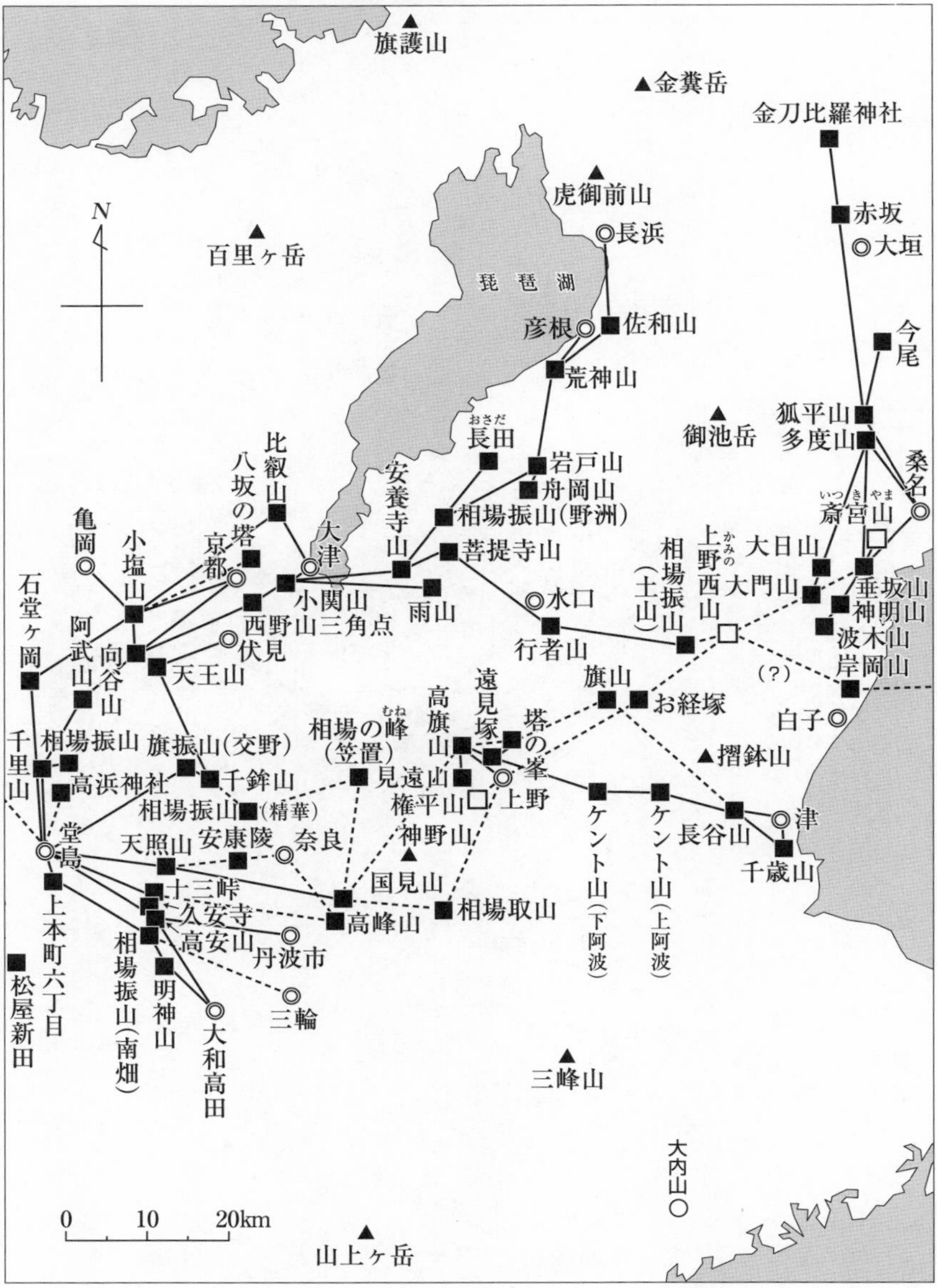
旗護山
金糞岳
金刀比羅神社
虎御前山
赤坂
長浜
大垣
百里ヶ岳
琵琶湖
彦根
佐和山
今尾
荒神山
狐平山
多度山
長田《おさだ》
御池岳
岩戸山
舟岡山
桑名
比叡山
八坂の塔
安養寺山
相場振山(野洲)
斎宮山《いつきやま》
亀岡
京都
大津
菩提寺山
相場振山(土山)
上野西山《かみの》
大日山
大門山
小塩山
小関山
雨山
水口
垂坂山
神明山
波木山
石堂ヶ岡
阿武山
向谷山
西野山三角点
伏見
天王山
行者山
岸岡山
遠見塚
旗山
お経塚
(?)
高旗山
塔の峯
白子
相場振山
旗振山(交野)
相場の峰《むね》(笠置)
摺鉢山
千里山
高浜神社
千鉾山
見遠山
上野
相場振山(精華)
権平山
神野山
ケント山(下阿波)
ケント山(上阿波)
津
長谷山
堂島
天照山
安康陵
奈良
千歳山
十三峠
国見山
上本町六丁目
久安寺
高峰山
相場取山
高安山
丹波市
松屋新田
相場振山(南畑)
明神山
三輪
大和高田
三峰山
大内山
0
10
20km
山上ヶ岳
N

旗振り通信ルート(3)

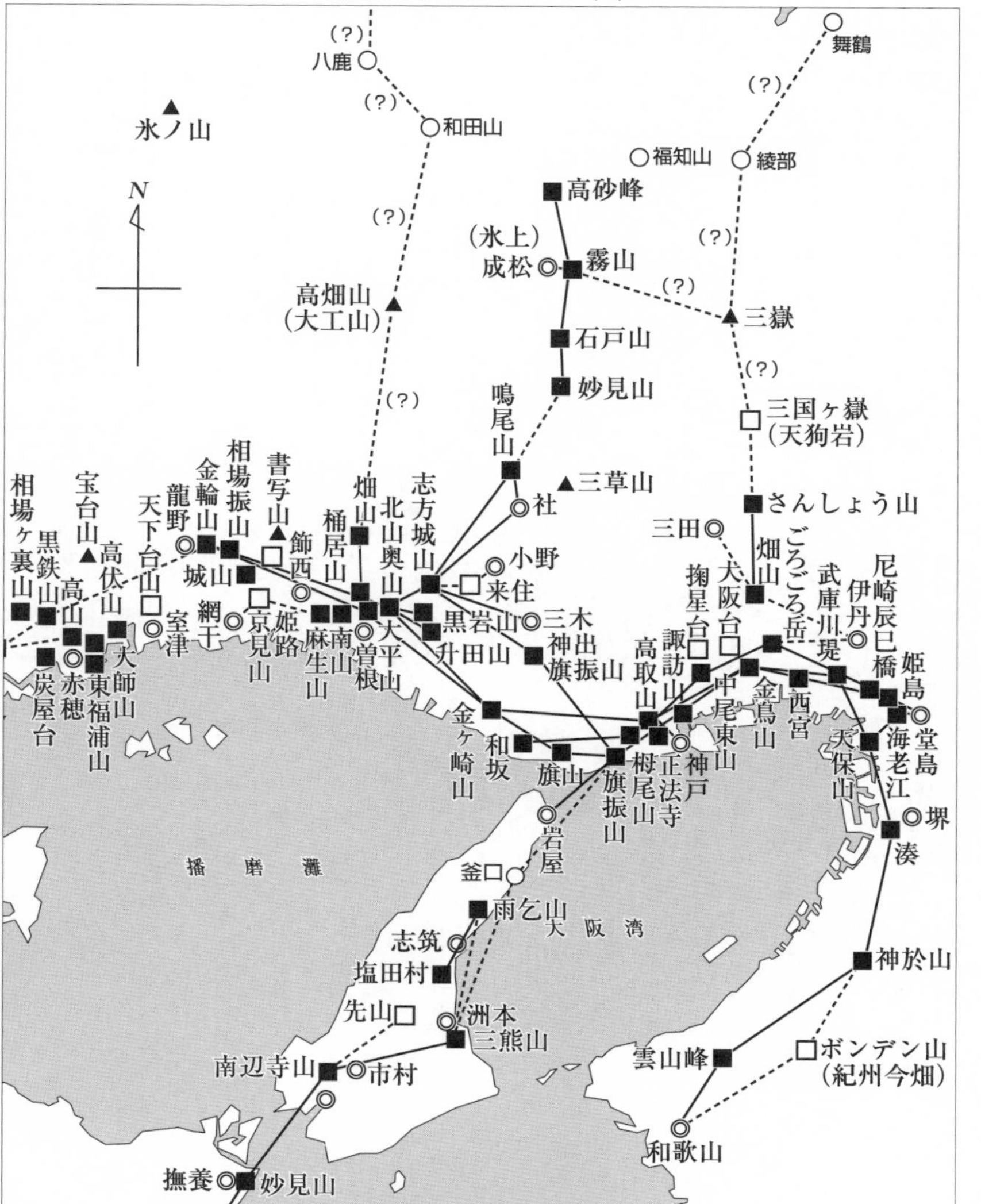
舞鶴
八鹿
和田山
氷ノ山
福知山
綾部
高砂峰
(氷上)
成松
霧山
高畑山
(大工山)
三嶽
石戸山
妙見山
鳴尾山
三国ヶ嶽
(天狗岩)
三草山
社
さんしょう山
三田
小野
来住
志方城山
北山奥山
畑山
桶居山
書写山
相場振山
金輪山
龍野
天下台山
宝台山
相場ヶ裏山
黒鉄山
高山
高伏山
城山
飾西
姫路
京見山
網干
室津
麻生山
南山
曽根
大平山
黒岩山
升田山
三木
神出旗振山
大師山
東福浦山
赤穂
炭屋台
金ヶ崎山
和坂
旗山
旗振山
梅尾山
正法寺
神戸
高取山
諏訪山
摘星台
大阪台
畑山
ごろごろ岳
中尾東山
金鳥山
西宮
武庫川堤
伊丹
尼崎辰巳橋
姫島
堂島
海老江
天保山
堺
湊
岩屋
播磨灘
釜口
雨乞山
大阪湾
志筑
塩田村
洲本
先山
三熊山
南辺寺山
市村
神於山
雲山峰
ボンデン山
(紀州今畑)
和歌山
撫養
妙見山
徳島
0
10
20km
(?)

旗振り通信ルート(4)

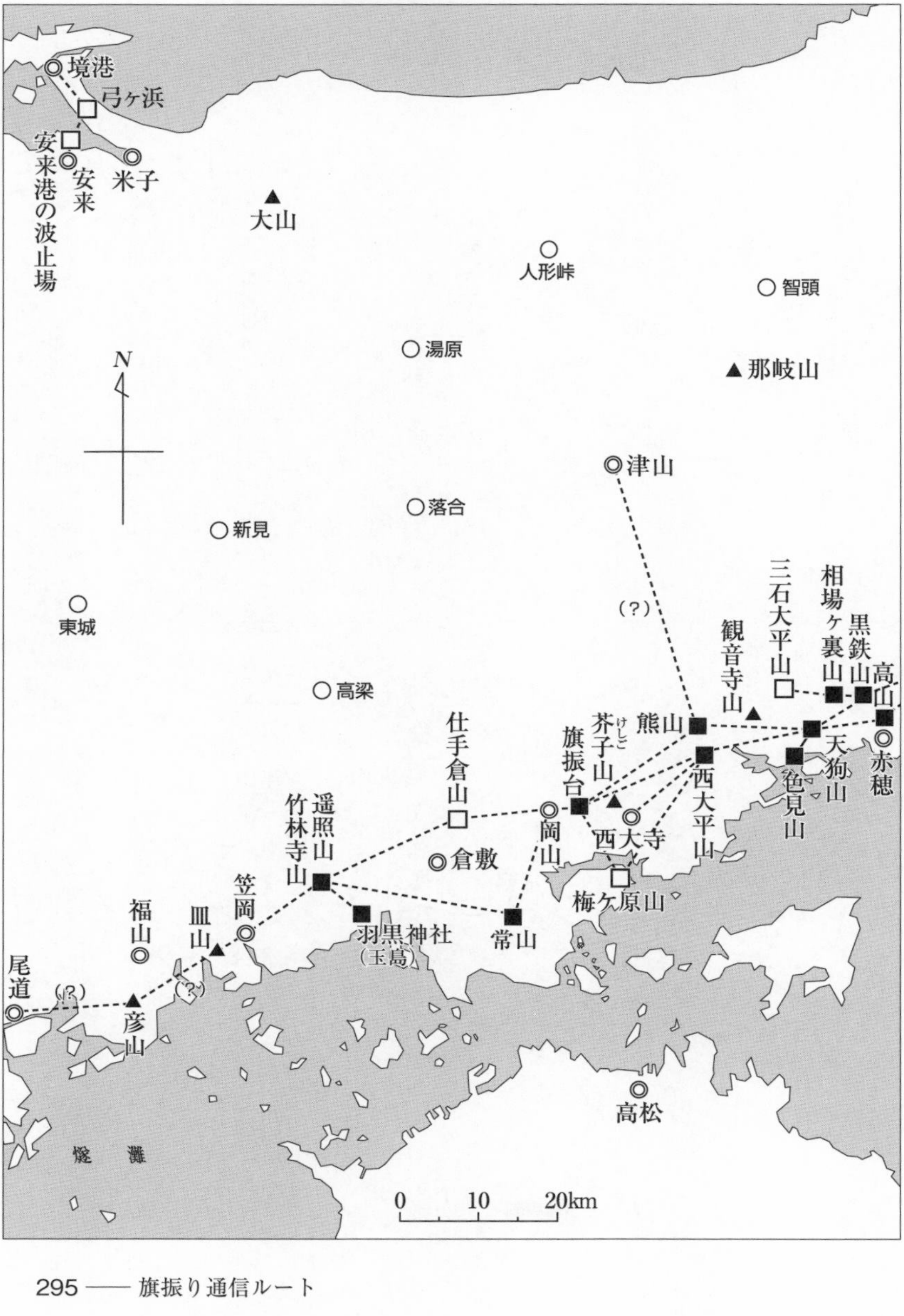

境港
弓ヶ浜
安来港の波止場
安来
米子
大山
人形峠
智頭
湯原
那岐山
N
津山
落合
新見
東城
(?)
三石大平山
相場ヶ裏山
黒鉄山
高山
観音寺山
高梁
熊山
天狗山
赤穂
仕手倉山
芥子《けし》山
旗振台
西大平山
色見山
遥照山
竹林寺山
岡山
西大寺
倉敷
梅ヶ原山
笠岡
福山
皿山
羽黒神社
(玉島)
常山
尾道
(?)
(?)
彦山
高松
燧灘
0
10
20km

旗振り通信ルート(5)

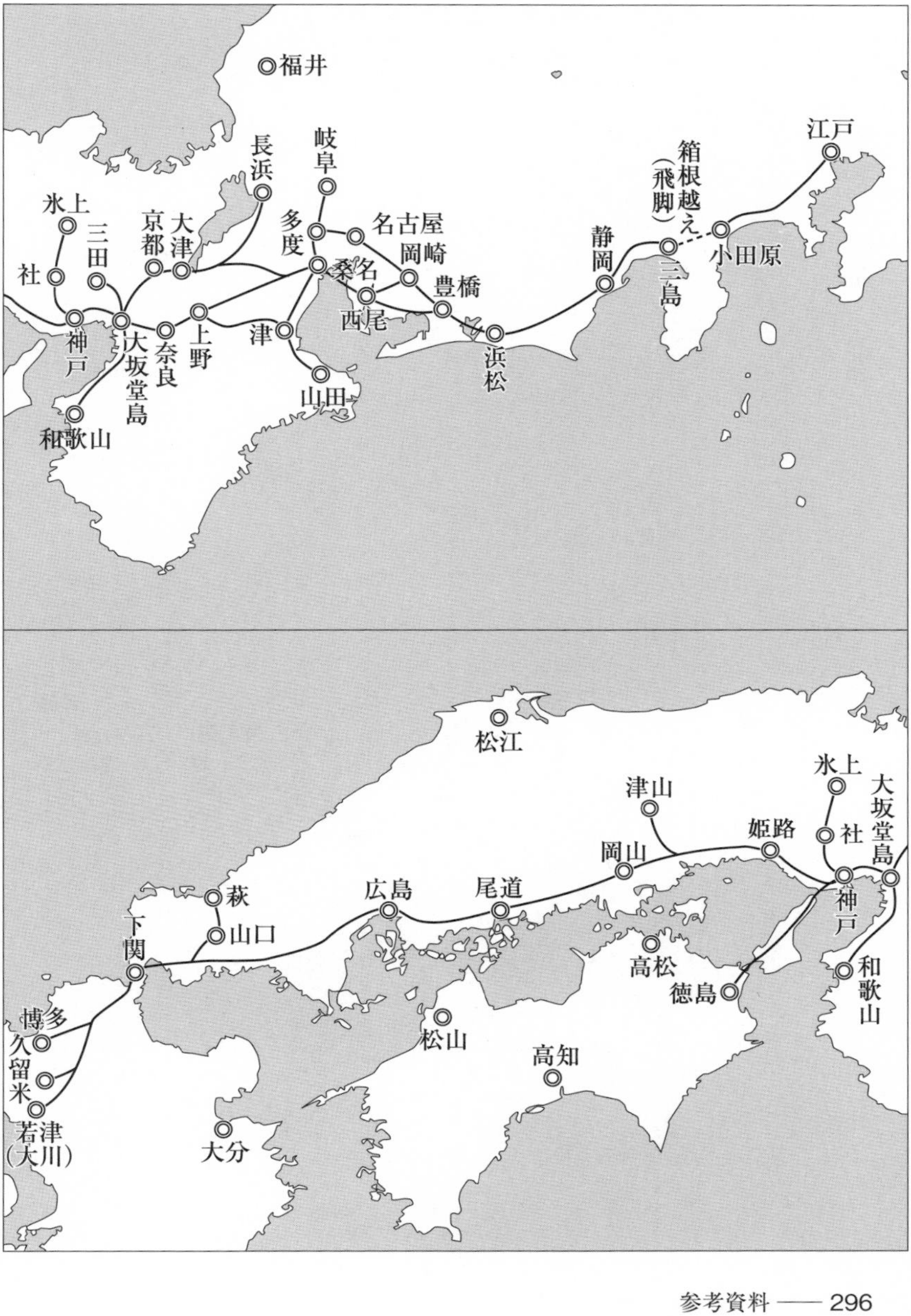
福井
江戸
箱根越え(飛脚)
小田原
三島
静岡
浜松
豊橋
岡崎
名古屋
西尾
桑名
岐阜
多度
長浜
津
山田
上野
奈良
大津
京都
三田
氷上
社
神戸
大坂堂島
和歌山
松江
津山
氷上
社
大坂堂島
姫路
岡山
尾道
広島
萩
山口
下関
博多
久留米
若津(大川)
大分
松山
高知
高松
徳島
神戸
和歌山

旗振り通信ルート(6)

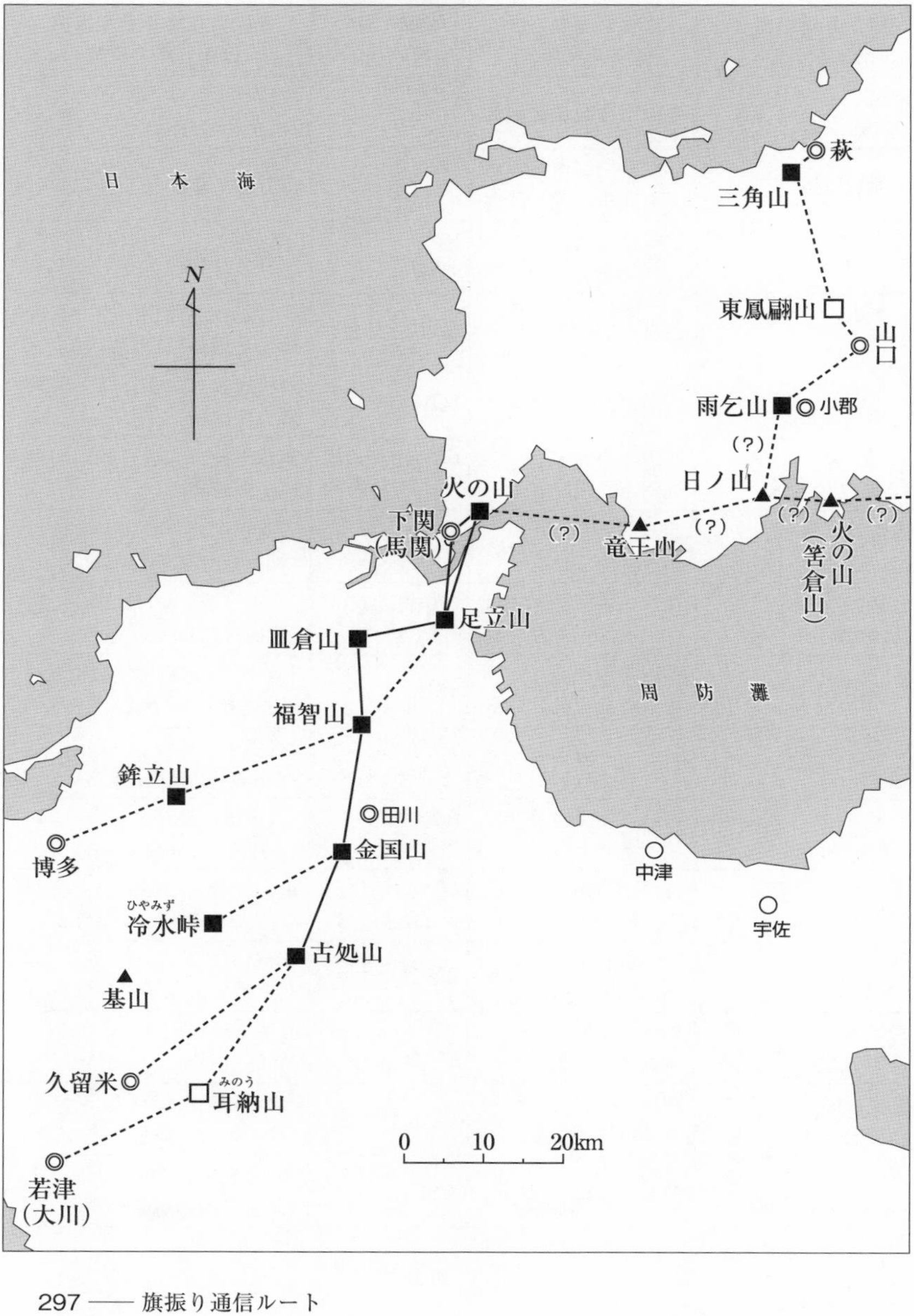
日本海
N
萩
三角山
東鳳翩山
山口
雨乞山
小郡
(?)
日ノ山
火の山
下関
(馬関)
(?)
竜王山
(?)
(?)
火の山
(箬倉山)
(?)
足立山
皿倉山
周防灘
福智山
鉾立山
田川
博多
金国山
中津
冷水峠《ひやみず》
宇佐
古処山
基山
久留米
耳納山《みのう》
0
10
20km
若津
(大川)

＜旗振り場一覧表1＞（大阪府・兵庫県）（※米穀取引所は除く）（◎電波塔あり）

旗振り場の名称 （地名・山名等）	旗振り場の場所 （新市町村字名）	旗振り場の 標高（m）	旗振り場を示す出典 旗振り場の位置等
姫島 （稗島）	大阪市西淀川区姫島	1	篠崎昌美 『浪華夜ばなし』
尼崎辰巳橋	兵庫県尼崎市東本町 ・大阪市西淀川区佃	3	古谷勝「旗振り」
武庫川堤	尼崎市・西宮市 （武庫川橋付近）	8 （堤防）	古谷勝「旗振り」
◎畑山 （旗山）	西宮市山口町	528.7	西村忠孜『北摂　続　羽束の 郷土史誌』『有馬郡誌』
さんしょう山 （旗振り山）	三田市香下本郷	500.5	西村忠孜『北摂　続　羽束の 郷土史誌』
三国ヶ嶽 （感応寺山）	三田市小柿・ 篠山市後川	630（山頂の東 方の天狗岩?）	西村忠孜『北摂　続　羽束の 郷土史誌』
東町三丁目 （東三公園）	西宮市石在町 （旧東町三丁目）	3	吉井正彦氏らの調査で判明 （新ハイ関西63号）
金鳥山 （御影山）	神戸市東灘区本山町 （六甲山頂の南方）	370（櫓南200m） 405（火見櫓跡）	『六甲摩耶』（日地出版） 『本山村誌』
諏訪山	神戸市中央区 神戸港地方	151	『六甲山の地理』（錨山説だと 立地条件があわない）
ごろごろ岳 （剣谷山）	芦屋市・西宮市	565.3	『六甲山の地理』 （小林茂氏の研究による）
中尾東山 （摩耶山南方）	神戸市中央区葺合町 （中尾町の北方）	368（旗場） 308（東山）	『六甲山の地理』 （小林茂氏の研究による）
正法寺（水晶閣） （瓦屋山正法寺）	神戸市長田区 片山町二丁目	50（水晶閣） 45（現在）	亀山俊彦「旗振山と正法寺」 （正法寺のホームページ）
◎高取山 （鷹取山）	神戸市長田区 高取山町	328	『大蔵谷史』 兵庫市場の相場も受信
栂尾山 （相場取山）	神戸市須磨区 多井畑・東須磨	274	鷲尾「旗振山について」 （歴史と神戸）
◎旗振山 （須磨旗振山）	神戸市須磨区 下畑町・西須磨	252.6	『大蔵谷史』（山電展望台） 『別所村史』原稿（一の谷）
畑山 （旗山）（大蔵谷旗山）	明石市大蔵谷東山	42.4	『大蔵谷史』 『ふるさとの道をたずねて』

＜旗振り場一覧表2＞(兵庫県)(▲旗振場かどうか不明)(△正確な地点は不明)

旗振り場の名称 (地名・山名等)	旗振り場の場所 (新市町村字名)	旗振り場の 標高(m)	旗振り場を示す出典 旗振り場の位置等
和坂 (かにがさか)	明石市和坂	20	鷲尾「旗振山について」 (歴史と神戸)
金ヶ崎山 (相場山)	明石市魚住町金ヶ崎	82(当時) 80.1(現在)	『別所村史』原稿 近藤「大阪の旗振り通信」
北山奥山	高砂市阿弥陀町・ 加古川市志方町	182.8	『増訂印南郡誌』(魚橋山) 『志方町誌』
大平山(地徳山) (北宿大平山)	姫路市別所町北宿・ 高砂市阿弥陀町地徳	194	『別所村史』原稿 (明治27年設置、大正6年廃止)
南山 (火の山)	姫路市別所町佐土・ 四郷町見野	166.8	寺脇弘光「御着付近の旗振り通信」(歴史と神戸)
桶居山 (おけすけやま)	姫路市別所町佐土新 ・飾東町唐端新	247.6	高橋秀吉『大正の姫路』 『姫路の山々』
畑山	姫路市豊富町豊富	311.7	木谷幸夫「姫路付近の旗振山について」(歴史と神戸)
麻生(あさお)山 (播磨小富士山)	姫路市奥山	171.8	吉井正彦氏らの調査で判明 (昭和56年再現実験に利用)
▲書写山(?)	姫路市書写	371(旗振場かどうか不明)	萩野秀『岡山の電信電話』 (旗振り伝承は未確認)
相場振山	姫路市西脇 (太市地区)	247.9	『兵庫探検・総集編』 (「旗振山」の項目)
神出旗振山 (お茶山)	神戸市西区神出町東	163.8	『新修加東郡誌』 藤井『神出むかし物語』
城山(志方城山) (中道子山)	加古川市志方町	271.6	『増訂印南郡誌』 『新修加東郡誌』
黒岩山 (裏山)	加古川市東神吉町	132.5	『増訂印南郡誌』 (東神吉村東の裏山)
升田山 (枡田山)	加古川市 東神吉町升田	105.1	『増訂印南郡誌』
△来住の山 (◎138m峰?)	小野市下来住町・ 加古川市上荘町白沢	138(正確な地点は不明)	『小野市誌』 『新修加東郡誌』
鳴尾山	加東市上滝野・ 西脇市板波町	236.2	『滝野町拾遺集1』 (志方城山から社へ中継)

＜旗振り場一覧表3＞(兵庫県・岡山県)

旗振り場の名称 (地名・山名等)	旗振り場の場所 (新市町村字名)	旗振り場の 標高(m)	旗振り場を示す出典 旗振り場の位置等
▲三草山(？)	加東市(旧社町) 山口・馬瀬・畑	423.9(旗振場かどうか不明)	『新修加東郡誌』 (ただし、裏付け証言なし)
妙見山(いね谷山) (稲谷山)	丹波市山南町笛路・ 西脇市黒田庄町門柳	622.0	山南町老人クラブ会報 (古谷勝「旗振り」所収)
石戸山	丹波市氷上町・ 山南町・柏原町	548.8	柏原町の古老の証言 (新ハイ関西67号)
霧山 (高畑)	丹波市氷上町市辺	371.7	『成松町誌』 (三田経由と伝わる)
高砂峰 (盃山)	丹波市青垣町佐治	420	『兵庫丹波の山(上)』 『青垣町誌』
城山(太田城山) (楯岩城跡)	太子町太田	250.1	『播磨の街道「中国行程記」を歩く』江戸中期の旗振り
◎金輪山 (龍野片山)	たつの(旧龍野)市 龍野町片山・神岡町	227.8	吉井正彦氏らの調査による (相場の盗眼事件記録あり)
◎天下台山	相生市相生・那波野	290(のろし台) 321.4(山頂)	HP「とんび岩通信」 (新ハイ関西82号)
八方台 (東福浦山)	赤穂市御崎	60	広山堯道氏の父の証言 (『景観にさぐる中世』)
炭屋台 (旗振り台)	赤穂市塩屋	91.4	『赤穂の地名』 (赤穂西中学校の北)
大師山 (おだいしやま)	赤穂市加里屋	161.6	『赤穂の地名』 (雄鷹台山の南西400m)
◎赤穂高山 (高山)	赤穂市木津・塩屋	299.3	落合重信 『地名に見る生活史』
相場ヶ裏山	赤穂市西有年・ 備前市三石字福石	394.9	『三石町史』
▲三石大平山(？) (相場山)	岡山県備前市三石 (大平鉱山)	210(旗振場かどうか不明)	岡長平『岡山始まり物語』 (旗振り伝承は未確認)
天狗山	備前市日生町寒河・ 備前市蕃山	392.3	吉井正彦氏らの調査で確認 『日生町誌』『岡山県百名山』
色見山 (烏山)	備前市日生町日生	188.5	石橋澄氏証言、新ハイ69号 (天狗山の旗信号を盗眼)

＜旗振り場一覧表4＞（岡山県・山口県・福岡県）

旗振り場の名称 （地名・山名等）	旗振り場の場所 （新市町村字名）	旗振り場の 標高(m)	旗振り場を示す出典 旗振り場の位置等
◎熊山 （旗ガ峯？）	赤磐市(旧熊山町) 勢力・奥吉原	507.8	岡長平『岡山太平記』 石橋澄氏の証言
西大平山	瀬戸内市長船町磯上 ・備前市福田	327.2	長船町牛文の太田氏の証言 (『岡山の山百選』)
▲芥子山(？) （けしごやま）	岡山市	232.8（旗振場かどうか不明）	桑島一男『岡山の電信電話』 （旗振り伝承は未確認）
旗振台古墳 （操山の南東）	岡山市 奥市・円山・湊	120	岡長平『岡山始まり物語』 『岡山市の歴史みてあるき』
▲仕手倉山(？) （日差山の西）	倉敷市山地・総社市 (旧山手村)	223.8（旗振場かどうか不明）	岡長平『岡山始まり物語』 （旗振り伝承は未確認）
◎遙照山 （東の目がね）	矢掛町南山田・ 浅口市鴨方町本庄	405.5	岡長平『岡山始まり物語』 南山田の古老の証言あり
竹林寺山 （西の目がね）	矢掛町南山田・ 浅口市鴨方町本庄	385.5	桑島一男『倉敷の電信電話』 南山田の古老の証言あり
▲皿山(？) （笠岡市城見）	笠岡市茂平(？) (旗振場地点は不明)	95.8（正確な地点は不明）	岡長平『岡山始まり物語』 （旗振り伝承は未確認）
三角山	山口県萩市椿	354.0	井上祐「萩往還の狼煙山」 (『山口県地方史研究70』)
△東鳳翩山(？)	萩市(旧旭村)・ 山口市	734.2（正確な地点は不明）	井上祐「萩往還の狼煙山」 （鳳翩山から山口へ伝達）
◎雨乞山	山口市小郡町	258.0	『小郡町史』 （山手の山上で旗振り）
◎火の山 （日の山）	下関市前田・椋野	268.2	紫村一重『筑前竹槍一揆』
足立山 （霧ヶ岳）	福岡県北九州市 小倉北区・小倉南区	597.8	「明治六年嘉穂騒動」 （日本庶民生活史料集成13）
◎皿倉山 （帆柱山）	北九州市八幡東区 (八幡西区)	622.2	紫村一重『筑前竹槍一揆』 （帆柱山は総称名）
福智山	北九州市・直方市・ 福智町(旧赤池町)	900.6	紫村一重『筑前竹槍一揆』
金国山 （猪ノ膝山）	田川市猪国	421.6	「明治六年嘉穂騒動」 （高倉山は別の山で誤り）

<旗振り場一覧表5>（福岡県・大阪府・和歌山県）

旗振り場の名称 （地名・山名等）	旗振り場の場所 （新市町村字名）	旗振り場の 標高（m）	旗振り場を示す出典 旗振り場の位置等
古処山	嘉麻市嘉穂町・ 朝倉市（旧甘木市）	859.5	紫村一重『筑前竹槍一揆』 （久留米方面へも送信？）
△耳納山（？） （箕山）	久留米市	367.9（正確な地点は不明）	紫村一重『筑前竹槍一揆』 （箕山は耳納山と推定）
冷水峠 （ひやみずとうげ）	飯塚市筑穂町・筑紫野市	283	「明治六年嘉穂騒動」 （日本庶民生活史料集成13）
鉾立山	若宮市（旧若宮町） ・篠栗町	663.2	瀬川負太郎『おもしろ地名北九州事典　増補総集版』
天王寺	大阪市天王寺区	15	「旗振信号の沿革及仕方」 （明治大正大阪市史7）
生玉	大阪市 天王寺区生玉町	20	近藤「大阪の旗振り通信」 （明治25～36年設置）
天下茶屋	大阪市 西成区天下茶屋	2	『百年の大阪2明治時代』
住吉	大阪市住吉区住吉	7	水谷與三郎「旗ふり通信」 （『上方』第百五号）
平尾新田	大阪市大正区平尾	2	近藤「大阪の旗振り通信」 （明治36年設置）
東小橋元町	大阪市東成区東小橋 （ひがしおばせ）	3	近藤「大阪の旗振り通信」 （明治36年設置）
海老江	大阪市福島区海老江	1	近藤「大阪の旗振り通信」 （明治10年頃）
天保山	大阪市港区築港	4.5	近藤「大阪の旗振り通信」 （明治10年頃）
湊	堺市西湊町・東湊町	2	近藤「大阪の旗振り通信」 （明治10年頃）
神於山	岸和田市神於町	296.3	近藤「大阪の旗振り通信」 （明治に入ってから設置）
△ボンデン山（？） ◎（紀州今畑）	和歌山県紀の川市打田町今畑	468.6（正確な地点は不明）	近藤「大阪の旗振り通信」 江戸期（明治初期に廃止）
雲山峰（落合山）	和歌山市弘西	490.2	近藤「大阪の旗振り通信」 『紀のくに　ふるさと歩道』

<旗振り場一覧表6>（大阪府・京都府・滋賀県）

旗振り場の名称（地名・山名等）	旗振り場の場所（新市町村字名）	旗振り場の標高（m）	旗振り場を示す出典 旗振り場の位置等
本庄の森（本庄の塚）	大阪市北区本庄	2	近藤「大阪の旗振り通信」（1745年頃の信号地）
大阪駅近辺の墓地	大阪市北区 福島6・大深町	0	近藤「大阪の旗振り通信」（本庄の森に代えて利用）
▲長柄堤（？）	大阪市北区長柄	5（旗振り場かどうか不明）	『ききがき吹田の民話』
千里山三本松（吹田桃山・五里山）	大阪府吹田市 千里山西	83.05（当時）79（現在）	『ききがき吹田の民話』緑地公園駅の東方500m
高浜神社（はたふり松）	吹田市高浜町	5.8（水準点）	『ききがき吹田の民話』神社で一番高い「鶴の松」
そばふり山（相場振山）	吹田市千里丘中	70（当時）50（現在）	『ききがき吹田の民話』毎日放送の南方200m付近
阿武山（美人山）（殿岡山）	茨木市安威・高槻市奈佐原	280.9 山頂（212 古墳）	宇津木秀甫『安威郷土史』（貴人の墓の西側説あり）
石堂ヶ岡（相場振り）	茨木市泉原・豊能町高山	680.1	クラブハウス玄関の記念碑（泉原と高山の古老の証言）
◎向谷山（大沢山）（柳谷西山）	大阪府島本町大沢	478.3	奥村寛純『水無瀬野をゆく』（新ハイ関西57・66号）
西野山三角点（西野山の山頂）	京都市 山科区・伏見区	239.3	『京都　滋賀　秘められた史跡』（新ハイ関西54号）
◎小塩山（大原野）	京都市西京区	642	新ハイ関西79号（証言あり）近藤「大阪の旗振り通信」
◎比叡山	京都市・大津市	848.3	近藤「大阪の旗振り通信」江戸時代後期に設置された
相場山（相庭山）（小関山）	滋賀県大津市藤尾奥町・神出開町	325.0	中島伸男『蒲生野20』近藤「大阪の旗振り通信」
安養寺山	栗東市下戸山	234.1	中島伸男『蒲生野20』近藤「大阪の旗振り通信」
相場振山（田中山）	野洲市小篠原	283.2（西峰）	中島伸男『蒲生野20』（三ツ阪山の名で伝承）
長田（おさだ）（近江八幡）	近江八幡市長田町	96	『近江八幡　ふるさとの昔ばなし』（新ハイ関西66号）

＜旗振り場一覧表7＞（滋賀県・三重県）

旗振り場の名称 （地名・山名等）	旗振り場の場所 （新市町村字名）	旗振り場の 標高（m）	旗振り場を示す出典 旗振り場の位置等
岩戸山 （十三仏山・小脇山）	安土町内野・東老蘇	325.6	中島伸男『蒲生野20』 （観音寺山の名で伝承）
舟岡山 （船岡山）	安土町内野・東近江 （旧八日市）市糠塚町	143.7（展望台）	中島伸男『蒲生野20』 （受け場として利用）
◎荒神山	彦根市清崎町西清崎	220（中腹）	中島伸男『蒲生野20』 清崎町からの旧参道の途中
佐和山	彦根市佐和山町	232.4	中島伸男『蒲生野20』 （山頂から長浜へ伝達）
雨山 （竜王山）	湖南市（旧石部町） 雨山	280.7	中島伸男『蒲生野22』 （小関山から受信か？）
菩提寺山 （桜山・竜王山）	野洲市南桜・湖南市 （旧甲西町）菩提寺	320（相場岩）	鈴木儀平「菩提寺小史8」 山頂北方の雨岩（相場岩）
行者山	甲賀市水口町巉峨	264.9（当時） 240（現在）	中島伸男『蒲生野22』 現在は削平してゴルフ場内
相場振山	甲賀市土山町山女原 三重県亀山市池山町	544	中島伸男『蒲生野22』 旧安楽峠の南のピーク
△上野の西山（？） （◎野登山・鶏足山）	鈴鹿市西庄内町　上野（かみの）	426.2（正確な地点は不明）	『鈴鹿市史第三巻』 （新ハイ関西59・60号）
垂坂山	四日市市垂坂町・ 羽津	75.0	『三重県史』 （年表の明治24年の項）
神明山 （相場振山）	四日市市西日野町	71.5	新ハイ関西79号 （日野親睦会の案内板）
波木の山 （羽木の山）	四日市市波木町 （はぎちょう）	83.26（当時） 45（現在）	新ハイ関西79号 （日野親睦会の案内板）
萱生城山 （城山）	四日市市萱生町 字城山	55	新ハイ関西59号 （旧萱生城跡）暁学園あり
岡山	四日市市上海老町 県（あがた）地区	67.2	新ハイ関西59号 桑名からのルートの終点
生桑山毘沙門天	四日市市生桑町	60	新ハイ関西59号 四日市商高の北700m
一生吹山	四日市市智積町・ 川島町	109.6	新ハイ関西59号 （旧出城山城）配水地の隣

<旗振り場一覧表8>(三重県・岐阜県・愛知県・福井県)

旗振り場の名称 (地名・山名等)	旗振り場の場所 (新市町村字名)	旗振り場の 標高(m)	旗振り場を示す出典 旗振り場の位置等
登城山 (日永城跡)	四日市市 日永町字登城山	64.3	新ハイ関西59号 (旧日永城跡)
大門山	四日市市川島町	91.2	中日新聞(H17.2.19) 新ハイ関西84号
大日山	四日市市寺方町	64.0	中日新聞(H17.2.19) 新ハイ関西84号
◎多度山 (三本杉)	桑名市多度町	403.3	『多度町史』
本阿弥新田	岐阜県海津市 海津町本阿弥新田	2	新ハイ関西59号 佐野家で旗振りを行った
狐平山 (きつねだいらやま)	海津市 南濃町下一色区	475(鉄塔32号) 多度山北西1km	「相場振り」説明板、石碑 新ハイ関西84号
今尾	海津市平田町今尾	2	狐平山「相場振り」説明板 新ハイ関西84号
赤坂	大垣市赤坂町	16	狐平山「相場振り」説明板 新ハイ関西84号
◎相場山 (相場山砦)	岐阜市伊奈波山東洞	197 伊奈波神社東南東300m	林春樹『図説・美濃の城』 新ハイ関西84号
八ッ面山 (やつおもてやま)	愛知県西尾市 八ッ面町	67.0	川合『三重の古文化48号』 (斎藤富三郎氏による)
△ネムル沢 (ネムリ沢)	愛知県岡崎市鶇巣町	308.6(正確な地点は不明)	『おかざき東海風土記』 新ハイ関西62号
▲旗護山(?) (愛宕山)	福井県敦賀市・ 美浜町	318.4(旗振場かどうか不明)	『日本山岳ルーツ大辞典』 元福井大の杉本壽氏の証言
天神山	三重県朝日町大字縄生(なお)	40	新ハイ関西60号 苗代神社の北側の裏山
八幡山 (はちまんやま)	朝日町大字埋縄 (うずなわ)	17 (現在は宅地)	新ハイ関西60・63号 善照寺の東100m付近
高岡山	鈴鹿市高岡町	46.8	『白子郷土史後編』
岸岡山(見当山) (旗振り山)	鈴鹿市岸岡町	45.0	『白子郷土史後編』 『鈴鹿市史第三巻』

＜旗振り場一覧表9＞（三重県・奈良県・京都府）

旗振り場の名称 （地名・山名等）	旗振り場の場所 （新市町村字名）	旗振り場の 標高（m）	旗振り場を示す出典 旗振り場の位置等
本城山 （ほんじろやま）	津市河芸町上野	38	『河芸郷土史』
見当山	津市一身田上津部田	53	川合『三重の古文化48号』 （川合隆治氏の聞き取り）
千歳山 （青谷山）	津市垂水字千歳	45	川合『三重の古文化48号』 （倉田正邦氏の聞き取り）
◎長谷山	津市（旧津市・ 旧安濃町・旧美里村）	320.6	『津市史第二巻』 （暗峠を経由してきた）
お経塚 （経塚山）	亀山市（旧関町） 加太	623.4	中島伸男『蒲生野22』 新ハイ関西60号
旗山	伊賀市（旧伊賀町） 柘植町	649.5	『京阪神近郊ハイキングすいせん100コース』
塔の峯	伊賀市 （旧上野市・旧阿山町）	426.3	新ハイ関西60・63号 （山本茂貴氏による）
遠見塚	伊賀市（旧上野市） 三田	420	角川日本地名大辞典『三重県』 （上野市三田）
高旗山	三重県伊賀市・ 滋賀県甲賀市信楽町	710.1	『上野市史』 中島伸男『蒲生野22』
相場取山	奈良県宇陀市室生区 大字上笠間小字峠	550	『山辺郡史』 新ハイ関西61号
▲◎神野山（？）	奈良県山添村	618.8（旗振場かどうか不明）	仲西政一郎『近畿の山』 （地元で裏付け証言なし）
国見山 （国見岳）	奈良市長谷町・天理市福住町	680	『五ヶ谷村史』 新ハイ関西61号
◎高峰山 （相場取山）	奈良市米谷町・天理市福住町	632.5	池田末則『地名風土記』 『五ヶ谷村史』
相場の峰（むね）	京都府笠置町北笠置	320	新ハイ関西62号 （松本二三男氏の証言）
天王山	京都府大山崎町	270	新ハイ関西57号（古老証言） 近藤「大阪の旗振り通信」
千鉾山 （せんぼこやま）	京都府京田辺市高船	311.3	『京・近江の峠』 （三国峠の項目に記載）

＜旗振り場一覧表10＞（大阪府・奈良県）

旗振り場の名称（地名・山名等）	旗振り場の場所（新市町村字名）	旗振り場の標高(m)	旗振り場を示す出典 旗振り場の位置等
旗振山	大阪府交野市傍示	345.0	『交野町史』『交野市史　自然編Ⅰ』
天照山（暗峠の北）	大阪府東大阪市・奈良県生駒市	510	『きんてつニュース』第299号（古老の証言）
松屋新田（泉州）（大和川南岸）	大阪府堺市松屋町	1	近藤「大阪の旗振り通信」（江戸期、摂津を避けた）
十三峠	大阪府八尾市神立	430	近藤「大阪の旗振り通信」『當麻町史』
相場振山（ソバフリ山）	奈良県平群町久安寺	447	『夢ふくらむ高安城』第6集、第7集
◎高安山（相場振山）	大阪府八尾市服部川	487.5	『江戸時代の交通文化』（喜田貞吉の目撃談あり）
上本町6丁目辺	大阪市天王寺区上本町6	20	近藤「大阪の旗振り通信」
相場振山（ソバフリ山）	奈良県三郷町南畑	430	『三郷町史』『三郷路を歩く』
明神山（春日山）	奈良県王寺町畠田	273.7	『王寺町史　民俗編』『當麻町史』
安康天皇陵	奈良市宝来町古城	102.7	池田末則『地名伝承論－大和古代地名辞典－』

（注1）平成18年1月現在で判明している旗振り場を一覧表にしたものである（無断転載禁止）。
（注2）旗振り場は中継地点を網羅したが、米市場・米穀取引所は省略している。
（注3）旗振り場の場所の表示は平成の市町村大合併（平成18年3月）に従った。
（注4）この一覧表に掲げた旗振り場は154ヵ所である（137ヵ所がほぼ確実）。
（注5）一説に旗振り場とも言われるが、裏付けがとれない場合は▲を付した。
（注6）旗振り場があったことはほぼ確実だが、地点が不明確な場合は△を付した。
（注7）現在、山頂に電波塔がある場合には、山名に◎を付した。山頂に設けた確実な旗振り場（約110ヵ所）のうち、電波塔があるのは21ヵ所。
（付記）1～10の一覧表は『旗振り山』から転載したものである。
本書の内容によって、修正を行なった。

＜旗振り場一覧表11＞（『旗振り山』所収一覧表への追加分）（2020年現在）

旗振り場の名称（地名・山名等）	旗振り場の場所（新市町村字名）	旗振り場の標高（m）	旗振り場を示す出典 旗振り場の位置等
江吉良堤（えぎらつつみ）	岐阜県羽島市江吉良町堤（安楽寺の南100m）	6	『江吉良郷土史全』『羽島市史第3巻』『江吉良・舟橋郷土史 第2巻』新ハイ関西93号
北方延会所屋上（きたがた）	岐阜県北方町北方	15	『北方町志』『北方町史　通史編』（岐阜市の相場山から受信した）新ハイ関西93号
▲伊木山（いぎやま）	岐阜県各務原市鵜沼	173.1	斎藤富三郎『郷土の新らしき史観』（「尾張の史跡と遺物」臨時号）（伝承の有無は不明）新ハイ関西92号
◎のべぶり岩（金比羅山西尾根）	岐阜県関市迫間（はさま）	335（のべぶり岩）	現地看板『新修関市史 通史編』『岐阜県中世城館跡総合調査報告書 第2集』新ハイ関西90号・93号
小牧山	愛知県小牧市堀の内	85.9	のべぶり岩の現地看板（関市での伝承による）（小牧市では伝承が確認できない）新ハイ関西90号
桶狭間	愛知県豊明市栄町南舘　泉団地（舘小学校の北西300m付近）	64.9（旧三角点）	『西尾町史　上』新ハイ関西91号 榊原邦彦氏の聞き取りで古老の伝承が判明（歴史と神戸302号）
▲知立一里山（ちりゅう）	愛知県知立市西丘町西丘	15	『西尾町史　上』新ハイ関西91号（知立市での伝承は不明）
◎遠望峰山（とぼねやま）	愛知県蒲郡市柏原町・坂本町・額田郡幸田町	443	『豊橋商工会議所五十年史』『豊橋市史　第3巻』『塩津村誌』新ハイ関西91号
△嵩山（すせ）の山上	愛知県豊橋市嵩山町	427.2（推定）	『豊橋商工会議所五十年史』『豊橋市史　第3巻』新ハイ関西91号
△観音寺山の南部（高根山）（知多郡の中継所）	愛知県大府市桜木町5丁目（旗振り地点は推定による）	75.7（南峰）（北峰　74.3）	『大府町史』（観音寺山の場所は、大府市歴史民俗資料館の館員の推定によるもの）　新ハイ関西91号
△横根山	愛知県大府市梶田町・横根町名高山	50～55（地点は不明）	『大府町史』（横根山は通称）（具体的な旗振り地点は不明）新ハイ関西91号
大高城跡（城山、大高山）	愛知県名古屋市緑区大高町本町	20	榊原邦彦『緑区の史蹟』（池田陸介によると、地元に旗信号の伝承が残っているという）新ハイ関西92号
▲◎尾張本宮山（丹羽郡の本宮山）	愛知県犬山市楽田（がくでん）地区	292.8	斎藤富三郎『郷土の新らしき史観』（「尾張の史跡と遺物」臨時号）（伝承の有無は不明）新ハイ関西92号
▲甲山（かぶとやま）（岡崎の甲山）	愛知県岡崎市六供（ろっく）町	65.1（当時）64.8（現在）	斎藤富三郎『郷土の新らしき史観』（「尾張の史跡と遺物」臨時号）（伝承の有無は不明）新ハイ関西92号

＜旗振り場一覧表12＞（『旗振り山』所収一覧表への追加分）（2020年現在）

旗振り場の名称（地名・山名等）	旗振り場の場所（新市町村字名）	旗振り場の標高（m）	旗振り場を示す出典 旗振り場の位置等
◎桑谷山（くわがいやま）	愛知県岡崎市桑谷町・蒲郡市坂本町	435.4	『岡崎商工会議所五十周年史』鈴木重一『岡崎地方史話』新ハイ関西92号
北原山（※一覧表8）（ネムル沢、ネムリ沢）	愛知県岡崎市鶇巣町	308.6	『おかざき東海風土記』新ハイ関西62号三角点（308.6m）の旧「点の記」で場所が確定（新ハイ関西92号）
八坂の塔（法観寺）	京都市東山区八坂上町	61（地表）（塔は高さ46m）	『週刊京都を歩く　第2号　清水寺周辺』新ハイ関西93号（江戸時代）
▲京見山	兵庫県姫路市・太子町	216.1	木谷幸夫氏による推定（ただし、旗振り伝承は見つかっていないという）新ハイ関西95号　歴史と神戸263号
黒鉄山（くろがねやま）	兵庫県赤穂市西有年（にしうね）	430.9	須磨岡輯『新・はりまハイキング』「山とひと No.3黒鉄山」（広報あこう No.639）橋本「黒鉄山について」新ハイ関西95号　歴史と神戸263号
梅ヶ原山	岡山市小串	126	楠原佑介・本間信治『地名伝説の謎』（地元の古老の伝承による）　新ハイ関西95号
△ケント山（下阿波）	三重県伊賀市下阿波	500	『大山田村の古文書　第二集』新ハイ関西110号　（旗振り地点は推定による）『伊賀百筆19号』
△ケント山（上阿波）	三重県伊賀市上阿波	585	『大山田村の古文書 第二集』新ハイ関西110号（旗振り地点は推定による）『伊賀百筆19号』
見遠山（けんとうやま）（見当山）	三重県伊賀市長田	313	中村竹次郎氏遺稿『長田郷土史（壱）』新ハイ関西112号『伊賀百筆19号』
権平山（ごんぺいやま）	三重県伊賀市長田百田（ももだ）地区	225（西蓮寺の西方）	中村竹次郎氏遺稿『長田郷土史（壱）』新ハイ関西113号『伊賀百筆19号』
△前田商店付近の丘	愛知県常滑市保示（ほうじ）町または山方（やまかた）町	8（正住院の南の龍ヶ丘）または約20（山方町の丘）	鈴鹿市の赤工（あかく）作久良氏のHP 新ハイ関西114号
六貫山（ろっかんざん）	愛知県武豊町六貫山	30	常滑市の常滑つじ氏の聞き取りによるもの　新ハイ関西114号
旗振山（三ヶ日）（中山峠付近）	静岡県浜松市北区三ヶ日町本坂	392.3	『郷土史ひなぶ』新ハイ関西114号（江戸時代）
境港の市場（境港に寄港する船舶から京阪神の米相場の情報を得た）	鳥取県境港市（境港付近）	2	並河健蔵「安来港」（庄司誠發『安来散歩』所収）武良布枝『ゲゲゲの女房』（境港→安来）

＜旗振り場一覧表13＞（『旗振り山』所収一覧表への追加分）（2020年現在）

旗振り場の名称（地名・山名等）	旗振り場の場所（新市町村字名）	旗振り場の標高（m）	旗振り場を示す出典 旗振り場の位置等
弓ヶ浜	鳥取県境港市・米子市弓ヶ浜（夜見ヶ浜）	3	並河健蔵「安来港」 並河健蔵「先覚性と逞しい商魂」 （「会報　安来節」第17号所収）
安来港の波止場（防波堤）	島根県安来市港町（安来港北方）	2	並河健蔵「安来港」 並河健蔵「先覚性と逞しい商魂」
安来の米問屋	島根県安来市西灘町・新町（大正初期には精米業者があった）	2	並河健蔵「安来港」 武良布枝『ゲゲゲの女房』 （手旗信号のことは元精米業の古老による伝承）
斎宮山（いつきやま）	三重県四日市市大矢知町	58	『旧四日市を語る　第五集』（斎宮山→垂坂山→四日市米穀取引所）
高伏山（たかぶせやま）	兵庫県赤穂市高野（こうの）田端（たなばた）地区	280.3	『赤穂の山とひと』 「山とひと No.19 高伏山と高取峠」（広報あこう No.670所収） 歴史と神戸288号
ごろごろ岳（※一覧表1）	兵庫県芦屋市・西宮市	565.3	大西雄一『六甲山ハイキング』（第3版）『六甲山の地理』
中尾東山（※一覧表１）（兵隊山）	兵庫県神戸市中央区葺合町（中尾町の北方）	368	大西雄一『六甲山ハイキング』（第3版）『六甲山の地理』
△大阪台	兵庫県神戸市灘区高羽	290（？）	桐山宗吉「六甲断章」（『国立公園六甲連山』兵庫県観光連盟、所収） 歴史と神戸302号
雨乞山	兵庫県淡路市生穂（いくほ）	135.9	『淡路町誌』濱岡きみ子『先山千光寺への道』（濱岡きみ子氏の尾崎雅楽氏への聞き取り）歴史と神戸302号
△塩田村	兵庫県淡路市塩尾（しお）	（？）	濱岡きみ子氏の尾崎雅楽氏への聞き取り（歴史と神戸302号）
◎南辺寺山（なんべっさん）	兵庫県南あわじ市賀集八幡南	274.2	賀集憲一『ふるさとの山 南辺寺』（大阪→三熊山→南辺寺山→阿波の妙見山）歴史と神戸302号
△三熊山（高熊山）	兵庫県洲本市小路谷（おろだに）	133（西の丸の西方70mのピークか？）	賀集憲一『ふるさとの山 南辺寺』 歴史と神戸302号
妙見山（撫養）	徳島県鳴門市撫養（むや）町 林崎（はやさき）	61.6	賀集憲一『ふるさとの山 南辺寺』 歴史と神戸302号
羽黒山（羽黒神社）（阿弥陀山）	岡山県倉敷市玉島中央町1-12-1（50m離れた㈱エビスイにあった玉島三品取引所の相場情報を羽黒山で伝えた）	10m余り	虫明徳二『ぽっこう玉島（ぽっけえたましま）』（徳二庵発行、私家本、昭和55年）（羽黒山→遙照山のメガネ展望台→常山→岡山→大阪市場）

＜旗振り場一覧表14＞（『旗振り山』所収一覧表への追加分）（2020年現在）

旗振り場の名称（地名・山名等）	旗振り場の場所（新市町村字名）	旗振り場の標高（m）	旗振り場を示す出典 旗振り場の位置等
◎常山（つねやま）（児島の常山）（児島富士）	岡山県玉野市・児島郡灘崎町	307.2	虫明徳二『ぼっこう玉島（ぼっけえたましま）』
横井山	愛知県名古屋市中村区横井1丁目（横井山緑地）	4（横井山緑地）9.4（旧三角点）	徳島倉商・編著『百戦連勝』（桑名→多度山→横井山→名古屋・塩町の取引所）（緑地の西側に準源寺があり、標高4m）※枇杷島の横井山とあるが、枇杷島地区に横井山はない。何らかの錯誤によるものだろう。
初代通天閣	大阪市浪速区恵美須東	2	徳島倉商・編著『百戦連勝』（一時旗場となった）（初代通天閣は、明治45年7月に誕生した）
福島（火の見櫓）	大阪市福島区福島	0	上田長太郎『大阪叢書　第四輯 堂島・曾根崎界隈』
天満（火の見櫓）	大阪市北区天満	4	上田長太郎『大阪叢書　第四輯 堂島・曾根崎界隈』
野田	大阪市福島区野田	0	上田長太郎『大阪叢書　第四輯 堂島・曾根崎界隈』
網島（あみじま）	大阪市都島区網島町・東野田町４丁目	1	上田長太郎『大阪叢書　第四輯 堂島・曾根崎界隈』
△相場振山（精華）（そばふりやま）（相場振り山）	京都府相楽郡精華町桜が丘3-4・京都府木津川市兜台4-10	136.6（当時）115～120（現在）	『精華町の史跡と民俗』（精確な地点不明）（『京都地名語源辞典』に、現在の兜台6丁目と紹介されているが、４丁目と思われる）
飾西（しきさい）	兵庫県姫路市飾西	25（平地）	吉井正彦氏による聞き取り調査（新ハイ関西118号）
▲摩耶山（掬星台）	神戸市灘区摩耶山町	680	浅加良信「三角点とノロシダイ」（『関西山小屋』第58号所収）歴史と神戸315号
▲先山	兵庫県洲本市	448	浅加良信「三角点とノロシダイ」（『関西山小屋』第58号所収）歴史と神戸315号
金刀比羅神社境内（城台山の南尾根南端）	岐阜県揖斐川町三輪城台山	100	金刀比羅神社の境内の案内板（江戸後期、大垣市赤坂からの信号を受信）

▲一説に旗振り場とも言われるが、裏付けがとれない場合
△旗振り場があったことはほぼ確実だが、地点が不明確な場合
◎山頂に電波塔がある場合

表1　第一期航空灯台一覧表(1)

(東京・大阪・福岡間の夜間定期航空のため、昭和7～8年に建設・設置、東京・大阪間20ヶ所、大阪・福岡間19ヶ所)

地点		期間(昭和)		緯度(北緯)			経度(東経)			高さ	現在の地形図(1／2.5万)による場所(△三角点)(■基礎残存)(●撤去穴残存)(献):献納灯台			
No.	航空灯台名	設置	廃止	度	分	秒	度	分	秒	m	山名等	標高	図名	現在の住所表示(航空灯台の地点)(注記)(旧版地形図に「◎灯台」「□鉄塔」の記載)
1	東京飛行場	8	42	35	33	20	139	45	30	15		3	東京国際空港	東京都大田区羽田空港一丁目(献)(飛行場羅針儀修正台南方事務所屋上の塔上に灯器設置)(昭和20年、羽田に改称)(昭和22年、格納庫屋上の高さ22mの塔上、米軍が運用)(昭和27年、飛行場は米軍より返還)(昭和28年、南西約300mの格納庫上に移設。東京国際空港飛行場燈台に改称)(昭和42年移設)
2	戸塚	8	19	35	25	35	139	30	4	15	富士塚	60	横浜西部	神奈川県横浜市泉区和泉町(横根稲荷神社の東100m)(高さ18mの富士塚は削平されて標高65mの平地となり、現在は宅地)(消失)(献)(旧版地形図に付近で標高76.6m地点の記載がある)
3	平塚	8	43	35	19	2	139	21	46	15		11.1	平塚	神奈川県平塚市千石河岸13(桜河岸公園)(旧15.0m△)(昭和44年4月廃止)(◎)(昭和44年12月、海上灯台「須賀灯台」として再点灯、平成12年廃止、同13年撤去)(平成13年、平塚市立港小学校に灯器を搬入し、船門の近くの屋外に保管・展示)
4	真鶴(まなづる)	8	18	35	8	58	139	8	29	15		80	真鶴岬	神奈川県足柄下郡真鶴町(89m独標の南東250m)(◎)(『真鶴町史 通史編』平成7、p.708-9)(現在、会計検査院研修所跡の更地が航空灯台跡らしいが、痕跡なし。真鶴町役場による)(昭和33年発行の住宅地図には「関財海の家」として記載されている地点)(ひなづる幼稚園東端から南へ110m)
5	十国峠	8	20	35	7	40	139	2	28	15	十国峠(日金山)	771	熱海	静岡県熱海市・田方郡函南町(昭和7年11月28日完成)(旧774.4m△)(絵葉書あり)(◎)(献)(昭和14年、献納に努力した小堀春樹氏の記念碑を中腹に建立。昭和43年、山頂の航空灯台跡に移設)(昭和21年、No.89の達磨山へ移設)
6	沼津	8	20	35	5	44	138	52	37	15	香貫山	140	三島、(沼津)	静岡県沼津市上香貫(かぬき)(山頂の北400mの稜線上、標高149m地点)(現在の四阿の地点)(5万「沼津」◎)(昭和21年、No.91の掛川へ移設)
7	田子浦	8	20	35	7	40	138	40	10	24	田子の浦	10	吉原	静岡県富士市川成島(田子浦、新浜<しんぱま>の小高い松林)(昭和8年6月25日完成)(献)(平成7年発行「田子浦の郷土誌」のp.178-180に記述。p.161の昭和25年ごろの地図に記号あり)(新浜航空灯台ともいう)(金毘羅神社の東80m付近)(鉄塔は撤去された)(記念碑あり)(5万「吉原」□)
8	焼津	8	44	34	54	28	138	20	32	15	花沢山	449.2	焼津	静岡県焼津市・静岡市(旧449.7m△)(■4個)(大崩の航空灯台の山として親しまれた)(◎)(献)(山頂に基礎4個が残る)
9	金谷(かなや)	8	16	34	48	31	138	6	18	15	火剣山	270	掛川	静岡県菊川市(火剣坊大権現の南方)(282.6m△の南270m)(◎)(□)(墓の峠に、高さ10mの鉄塔が現存。アマチュア無線の基地に使用した)
10	浜松	8	32	34	45	8	137	43	7	21		45	浜松	静岡県浜松市中区(本田技研工場南端付近。痕跡なし)、浜松飛行場(陸軍飛行場。不時着陸用)(5万「浜松」◎)(浜松飛行聯隊南側に設置)
11	豊橋	8	16	34	47	12	137	29	35	15	富士見岩	410	豊橋	愛知県豊橋市(415m独標、富士見岩の南の道標西側平坦地が跡地と思われるが痕跡は残っていない)(◎)(昭和21年、南方の神石山324.7m△に新設◎。昭和44年撤去)(→No.92)

表1　第一期航空灯台一覧表(2)

(東京・大阪・福岡間の夜間定期航空のため、昭和7〜8年に建設・設置、東京・大阪間20ヶ所、大阪・福岡間19ヶ所)

地点		期間(昭和)		緯度(北緯)			経度(東経)			高さ	現在の地形図(1/2.5万)による場所(△三角点)(■基礎残存)(●撤去穴残存)(献):献納灯台			
No.	航空灯台名	設置	廃止	度	分	秒	度	分	秒	m	山名等	標高	図名	現在の住所表示(航空灯台の地点)(注記)(旧版地形図に「◎灯台」「□鉄塔」の記載)
12	幡豆(はず)	8	16	34	48	28	137	8	42	15		320	蒲郡	愛知県西尾市(旧幡豆郡幡豆町)(旧331.1m△)(324.8m△の南西150m付近)(消失)
13	知多本宮山	8	16	34	52	36	136	52	24	15	本宮山	80	半田	愛知県常滑市(■1個)(●2個)(山頂の本宮祠の北100mのピーク)(絵葉書あり)(献)
14	明野(あけの)	8	16	34	31	55	136	40	7	21		6	明野	三重県伊勢市小俣(おばた)町明野、明野飛行場(陸軍飛行場。不時着陸用)
15	千世崎	8	18	34	51	12	136	36	50	24		2	鈴鹿(神戸)	三重県鈴鹿市南若松町千代崎(□)(現在のレグルス千代崎工場付近、痕跡なし)
16	関	8	20	34	50	43	136	22	7	15	久我山	293.6	鈴鹿峠	三重県亀山市関町久我(西北山)(旧294m独標)(●)(5万「亀山」◎)(新ハイ関西91号)(とうゆう84号)
17	加太(かぶと)	8	16	34	50	28	136	17	26	15	大杣山	428	鈴鹿峠	三重県亀山市加太(旧425m独標)(●)(5万「亀山」◎)(『30年史』に昭和10年初点灯とある)
18	柘植(つげ)	8	18	34	49	52	136	12	45	15		227.5	上野	三重県伊賀市楯岡(旧227.8m△)(■4個)(5万「上野」◎)
19	上野	8	18	34	45	9	136	4	31	15	正林坊山	302.0	月ヶ瀬	三重県伊賀市長田(■2個)(●2個)(新ハイ関西112号)
20	笠置(かさぎ)	8	20	34	44	38	135	56	9	15	灯台山	354.8	笠置山	京都府相楽郡笠置町笠置(■)(笠置駅の真南1650m。三角点標石の北30m地点)(とうゆう81号)(昭和21年、笠置駅の真北1650mに移設。昭和44年廃止)(→No.95)
21	生駒山	8	20	34	40	27	135	40	36	15	鬼取山	631	生駒山	奈良県生駒市(昭和7年11月9日、鉄塔の航空灯台竣工、10日付の大阪朝日新聞に写真)(献)(昭和15年、朝日新聞社の「航空道場」の隣にコンクリートの灯台を新設。昭和26〜44年生駒山天文博物館。近鉄生駒無線局として利用したが、平成28年撤去された。
22	大阪飛行場(木津川尻)	8	14	34	37	37	135	27	45	15		1	大阪西南部	大阪市大正区船町二丁目(現在、中山製鋼所)(飛行場内東側に設置)(大阪飛行場は狭くて利用しにくいため、昭和14年に大阪第二飛行場へ移転)(歴史と神戸306号)
23	須磨	8	20	34	38	27	135	5	45	15	鉢伏山	240	須磨	兵庫県神戸市須磨区(昭和33年建設の回転展望閣の敷地。基礎消失)(◎)(献)(歴史と神戸306号)(絵葉書あり)
24	室津	8	20	34	46	36	134	30	43	15	嫦娥山	265.7	網干	兵庫県たつの市御津町室津(地形図の「峨」は誤字)(●4個)(とうゆう81号)(新ハイ関西118号)(歴史と神戸306号)
25	玉津	8	20	34	39	44	134	9	59	15	五郎山	140	牛窓	岡山県瀬戸内市邑久町庄田(129.0m△の北東の標高145.4mピークの山頂)(■2個)(●2個)(とうゆう82号)
26	早島(はやしま)	8	20	34	37	26	133	49	38	15		70	倉敷	岡山県都窪郡早島町(89.6m△の南250m地点)(現在のコンベックス岡山西バス停付近に相当する地点にあった標高80mピーク)(消失)
27	★笠岡	8	15	34	30	24	133	31	23	15	応神山	219.3	笠岡	岡山県笠岡市(昭和15年、鉄塔を移設)(山頂の反射板の近くに石碑跡があり、昭和17年3月に笠岡勇行会が再建した航空路標識跡という。土台上にポール)
28	★糸崎	8	16	34	23	34	133	7	41	15	鉢ヶ峰	429.7	三原	広島県三原市糸崎町字鉢ヶ峯(山頂に痕跡なし)
29	★上北方	8	16	34	24	23	132	55	59	15		327.7	竹原	広島県三原市本郷町上北方(かみきたがた)字竜王平(りゅうおうひら)(龍王山)(山頂に痕跡なし)
30	★三永(みなが)	8	15	34	23	20	132	44	34	15		210	清水原	広島県東広島市西条町三永(痕跡なし)

表1　第一期航空灯台一覧表(3)

（東京・大阪・福岡間の夜間定期航空のため、昭和7〜8年に建設・設置、東京・大阪間20ヶ所、大阪・福岡間19ヶ所）

地点		期間(昭和)		緯度(北緯)			経度(東経)			高さ	現在の地形図(1／2.5万)による場所 (△三角点)(■基礎残存)(●撤去穴残存)(献)：献納灯台			
No.	航空灯台名	設置	廃止	度	分	秒	度	分	秒	m	山名等	標高	図名	現在の住所表示(航空灯台の地点)(注記)(旧版地形図に「◎灯台」「□鉄塔」の記載)
31	★熊野跡	8	15	34	23	29	132	35	54	15	鉾取山	711.5	海田市	広島市安芸区阿戸町・中野東町(地元で灯台山と呼ぶ)(山頂に痕跡なし)
32	★五日市	8	15	34	21	43	132	21	56	20	海老山	53.3	廿日市、広島	広島市佐伯区五日市町(昭和8年9月8日付の中国新聞に海老山の絶頂に設置された五日市の航空灯台の記事がある)(痕跡なし)
33	★岩国	8	16	34	10	42	132	11	33	15	岩国山	277.8	大竹	山口県岩国市錦見二丁目(■)
34	★高森	8	15	34	4	21	132	2	13	15	大黒山	323.4	上久原	山口県岩国市周東町高森、大黒山(だいこくやま)(■)(地元で海軍の監視所跡と伝わる山頂遺構が航空灯台跡)
35	★櫛ヶ浜	8	15	34	1	31	131	50	23	15	岩熊山	124.0	徳山	山口県周南市・下松市(山頂付近は藪で、痕跡の有無は不明)
36	★中ノ関	8	15	34	1	17	131	31	56	15	田島山	222.1	防府	山口県防府市(現在、山頂に航空自衛隊北基地管理の航空灯台が回る)(■)
37	★宇部	8	16	33	55	36	131	15	55	15		4	宇部東部	山口県宇部市沖宇部(八王子町14)(痕跡は不明)(昭和13年改編の二つの地図「宇部市全図(5万分の1)」「宇部市街図(1万分の1)」に航空燈台の記載がある)(宇部岬)
38	★行橋(ゆくはし)	8	15	33	48	22	130	59	9	15		127.9	苅田	福岡県京都郡苅田町(かんだまち)(旧128.1m△)(松山城跡)(□)(昭和15年新設→No.74)
39	★若松	8	16	33	54	3	130	45	59	15		280	八幡	福岡県北九州市若松区藤木(石峰山の西南西600m)(◎)
40	★筑前鐘崎	8	15	33	53	18	130	31	30	15		50	吉木	福岡県宗像市鐘崎(かねざき)(鐘の岬の旧52m独標)　(5万「折尾」□)
41	(★)秋月	8	44	33	29	31	130	40	58	15	秋月陣尾山	639.2	甘木	福岡県朝倉市下秋月(戦前は未点灯)(昭和21年点灯、鉄塔17m)(■)(鉄塔跡地)(◎)(古賀益城編「あさくら物語」〈昭和38年〉に、「秋月陣尾山頂」に設置という記述がある)

（1〜26：昭和8年11月4日、官報第2054号告示26ヶ所）
（27〜41：★・・・戦前、岡山・広島に不時着場が確保できず、未点灯）

表2　第二期航空灯台(昭和9～14年)一覧表

地点		期間(昭和)		緯度(北緯)			経度(東経)			高さ	現在の地形図(1／2.5万)による場所(△三角点)(■基礎残存)(●撤去穴残存)			
№.	航空灯台名	設置	廃止	度	分	秒	度	分	秒	m	山名等	標高	図名	現在の住所表示(航空灯台の地点)(注記)(旧版地形図に「◎灯台」「□鉄塔」の記載)
42	三保	9	20	35	1	11	138	31	3	15		1.3	興津	静岡市清水区真崎(水準点付近)(三保不時着陸場)(◎)
43	辻堂	10	18	35	21	50	139	26	13	5.5		45	藤沢	神奈川県茅ヶ崎市(48.5m△の西50m付近)(◎)
44	国府津(こうづ)	10	18	35	17	36	139	12	31	15	弁天山	190	小田原北部	神奈川県小田原市田島
45	御殿場	10	18	35	18	55	138	55	59	15		470	御殿場	静岡県御殿場市(462.3m△の北西400m)(5万「御殿場」□)
46	矢倉嶽	10	18	35	19	43	139	2	7	5.5	矢倉岳	870	関本	神奈川県南足柄市(旧867m独標)
47	神山(かみやま)	10	20	35	14	0	139	1	15	5	神山	1437.8	箱根	神奈川県足柄下郡箱根町(旧1438.2m△)(5万「小田原」◎)
48	鞍掛山	10	18	35	10	34	139	1	32	5	鞍掛山	1004.3	箱根	静岡県田方郡函南(かんなみ)町(旧1004.2m△)
49	巣雲山(すくもやま)	10	44	35	0	18	139	2	14	6	巣雲山	580.7	網代、(伊東)	静岡県伊豆市(三角点の南西15m)(昭和26年3月から消灯し、再点灯されなかった)(5万「熱海」◎)(昭和44年4月廃止)(昭和31年頃には鉄塔が残されていたが今はない。伊東市役所観光課)(昭和36年、鉄塔を展望台で利用。『伊豆半島・大島』に写真)
50	久能(くのう)	10	18	34	58	23	138	28	11	5.5	有度山	307.2	静岡東部	静岡市清水区(旧307.6m△)(有度山、有渡山、うどやま)(旧三角点の北東20m)
51	袋井	10	16	34	46	28	137	55	2	24		40	山梨	静岡県袋井市(護国塔の南方130m、少し西寄り)(消失)(□)
52	御油(ごゆ)	10	18	34	49	6	137	18	39	5.5	御津山	94.8	小坂井	愛知県豊川市広石(御津〈みと〉山公園)(旧96.8m独標)(消失)
53	霊山寺山	10	20	34	49	2	136	15	38	5	霊山	765.8	平松	三重県伊賀市下柘植(旧伊賀町)(山頂付近)(れいざん)(5万「津西部」◎)
54	大河原	10	18	34	45	14	135	59	41	5.5		280	笠置山、柳生	京都府相楽郡南山城村(旧302m独標)(ゴルフ場内、消失)
55	木津	10	14	34	43	35	135	50	34	5.5		115	奈良	京都府木津川市(旧136.3m△)(旧186.8m△→数字の誤り)(121.5m△の北100m付近)(ゴルフ場内、消失)(昭和14年廃止)
56	笠取山	11	44	34	44	2	136	17	48	15	笠取山	842	佐田	三重県伊賀市大山田地区(旧844.6m△)(レーダー基地内)(◎)(昭和32年、西側に移転し、現存。高さ22m)(昭和44年4月廃止)
57	大牟田	11	44	33	4	27	130	25	49	15.5	観音山	58.0	大牟田	福岡県大牟田市岬仲屋敷(黒崎公園の高台)(漁船が大牟田灯台を利用していた)(昭和44年撤去)(■)
58	川内(せんだい)	11	44	31	46	51	130	13	43	15.5	弁財天山	518.7	羽島	鹿児島県いちき串木野市羽島(旧519.1m△)(鉄塔は現存する)
59	大阪第二飛行場(伊丹)	14	21	34	47	6	135	26	4	15		10	伊丹	兵庫県伊丹市(大阪国際空港、伊丹空港)(昭和21年7月10日廃止)(→No.97)(昭和14年、木津川尻の大阪飛行場から航空灯台を移設)
60	龍王山	14	18	34	46	40	135	42	13	5.5	龍王山	321	枚方	大阪府交野市(木津から移転したもの)(■)(山頂の龍王石の上の祠〈龍王社〉から北へ15mの山道途中に基礎が残る)

※旧版地形図(1／2.5万)への記載について
(◎・・・航空灯台として記載されているもの)(□・・・鉄塔として記載されている航空灯台)

(1／5万だけに記載されている場合には、5万「図名」◎、5万「図名」□と記載する。)
※(廃止年：16～20)(昭和21年7月10日廃止)(昭和22年4月12日、官報第6071号告示)(未告示の★は含まない)
※(灯台の高さは最初の設置時のもの。後に変更されたものがある。)

表3　私設航空灯台一覧表

地点		期間（昭和）		緯度（北緯）			経度（東経）			高さ	現在の地形図（1／2.5万）による場所（△三角点）（■基礎残存）（●撤去穴残存）			
№.	航空灯台名	設置	廃止	度	分	秒	度	分	秒	m	山名等	標高	図名	現在の住所表示（航空灯台の地点）（注記）（旧版地形図に「◎灯台」「□鉄塔」の記載）
61	大阪 朝日新聞社 （大阪朝日）	6	42	34	41	35	135	29	45	58		2	大阪 西北部	大阪市北区中之島三丁目（昭和28年供用開始）（昭和42年9月廃止）（□） （大阪朝日ビルの屋上に航空標識灯が残っていたが、ビルは平成26年に解体された）
62	福岡 松屋呉服店 （福岡松屋）	8	18	33	35	34	130	23	54	40		3	福岡	福岡市中央区天神4（昭和48年、マツヤレディス）（平成17年、ミーナ天神）（「福岡市案内」（昭和11年）に航空灯台の記事・写真あり）
63	名古屋 新聞社 （名古屋中日）	11	38	35	9	45	136	54	34	33		7.5	名古屋 南部	愛知県名古屋市中区西川端町1－5（栄3・大須4）（久屋南噴水付近）（□） （昭和16年、灯火管制のため消灯）（昭和21年6月、復活し、点灯される） （昭和38年11月に完成した中日会館〈中区丸の内1丁目3－10〉の屋上に移設） （昭和44年、灯台としての使命を終えて廃止）（絵葉書あり） （廃止後、平成8年6月まで、街のシンボルとして点灯された）
64	京都丸物 （まるぶつ）	11	39	34	59	17	135	45	33	44		30	京都 東南部	京都市下京区（昭和39年6月、京都タワー点灯の条件として、丸物灯台を廃止） （京都タワー株式会社『京都タワー二十年の歩み』昭和54年、55ページに廃止の記事あり）（昭和52年、京都近鉄百貨店）（平成19年、プラッツ近鉄京都店閉店、解体） （解体跡地に、平成22年11月、ヨドバシカメラマルチメディア京都店）
65	神戸大丸	11	40	34	41	19	135	11	25	50		5	神戸首部	兵庫県神戸市中央区明石町（大丸神戸店）（◎） （昭和40年1月、増築に伴い供用休止。昭和41年12月、廃止）（歴史と神戸306号）
66	新潟新聞社	12	18	37	55	20	139	2	39	36.8		1	新潟北部	新潟市中央区西堀前通7番町の南西角（三菱東京UFJ銀行の場所）（新聞社の場所は、「大日本職業別明細図　新潟市」〈昭和15年、東京交通社〉でわかる）
67	札幌今井商店 （札幌今井）	12	36	43	3	35	141	21	17	49		20	札幌	札幌市中央区南1条西2丁目（丸井今井札幌本店一条館）（□）（昭和12年11月、点灯） （昭和13年2月、官報告示）（戦争中の空襲時のみ消灯）（戦後、点灯）（昭和30年2月、官報によると廃止となっている）（平成4年の『株式会社丸井今井創業百二十年史』によると、昭和36年まで点灯されたという）（平成13年5月18日付北海道新聞に、灯台は昭和47年撤去とある）（現在、丸井今井事務センターの一角に灯器を保存）

※旧版地形図（1／2.5万）への記載について
（◎・・・航空灯台として記載されているもの）（□・・・鉄塔として記載されている航空灯台）

表4　第三期航空灯台（昭和15〜16年）一覧表

地点		期間（昭和）		緯度（北緯）			経度（東経）			高さ	現在の地形図（1／2.5万）による場所（△三角点）（■基礎残存）（●撤去穴残存）			
No.	航空灯台名	設置	廃止	度	分	秒	度	分	秒	m	山名等	標高	図名	現在の住所表示（航空灯台の地点）（注記）（旧版地形図に「◎灯台」「□鉄塔」の記載）
68	塩ヶ森	16 (21)	44	33	46	46	132	54	33	16	塩ヶ森	525.8	伊予川内（川上）	愛媛県東温市（昭和30年代前半撤去。市役所による川内町役場ＯＢへの聞き取り）（◎）
69	牛斬山	16	20	33	42	8	130	49	57	15	牛斬山	580.0	金田	福岡県田川郡香春町（かわらまち）
70	岩屋	16 (21)	44	34	35	24	134	59	12	16	汐鳴山	300	明石	兵庫県淡路市（昭和16年、建設）（昭和21年、点灯開始）（汐鳴山△305.3mの南西90m地点。標高は約302m）（笹藪密生）（歴史と神戸306号）
71	大谷山	16 (21)	44	34	2	29	133	37	48	16	大谷山	450.1	讃岐豊浜	香川県観音寺市（大谷山の山頂〈507m独標〉の北の△ピーク）（昭和43年廃止となり、建物だけが残る。昭和60年発行の角川地名大辞典）（現在、鉄塔は基礎部分から切り離され、倒れたまま放置。観音寺市農林水産課）
72	大和村（やまとむら）	16 (21)	44	33	36	22	132	30	56	15	足山	674.8	串	愛媛県大洲市（旧長浜町）（旧喜多郡ミノクボ山）（昭和16年施工。昭和21〜41年、点滅式の航空灯台が作動。角川地名大辞典）（頂上への道は廃道。現況不明。大洲市）（◎）
73	伊美（いみ）	16 (21)	44	33	41	6	131	35	28	16		60	竹田津	大分県国東市国見町伊美（110.2m△の北東900mのピーク）（◎）平成8年頃に撤去された（国東市役所国見総合支所による）
74	行橋	16	20	33	43	46	131	1	5	15		80	蓑島	福岡県行橋市大字沓尾（旧京都郡今元村）（82.0m△の東のピーク）（←No.38）
75	津田	16 (21)	44	34	17	0	134	14	16	16	雨滝山	253.2	志度	香川県さぬき市（あめたきやま）（頂上の東の隅に撤去された航空灯台の跡がある）（□）
76	高鉢山	16 (21)	44	34	11	22	133	56	26	16	高鉢山	512.0	滝宮	香川県綾歌郡綾川町（たかはちやま）（頂上の航空灯台跡は確認できない）（昭和16年に建設。戦後も運用。昭和46年にその役割を終えた。角川地名大辞典）
77	綱付山	16	20	33	52	6	133	7	2	15	綱付山	519.6	伊予小松	愛媛県西条市小松町（つなつけやま）
78	明神山	16	20	33	41	56	132	40	59	15	明神山	634.3	上灘	愛媛県伊予市（みょうじんさん）
79	脇田	16	20	33	40	36	130	34	55	15	間夫（まぶ）	508.8	脇田	福岡県宮若市
80	二俣（ふたまた）	16	18	34	52		137	49	49	24			二俣	静岡県浜松市天竜区二俣町（旧磐田郡光明村）
81	八名（やな）	16	18	34	54		137	36		15			三河富岡	愛知県新城市（旧鳳来町）（旧八名郡山吉田村）
82	作手（つくで）	16	18	34	59		137	25		15			高里・三河湖	愛知県新城市（旧南設楽郡作手村）
83	鍛野（かじの）	16	18	34	59		137	17		15			三河宮崎	愛知県岡崎市鍛埜町（旧額田郡形埜村）
84	水澤（すいざわ）	16	18	34	58		136	29		21			伊船・四日市西部	三重県四日市市水沢町（旧三重郡水澤村）
85	土山	16	18	34	56		136	17		15			土山・鈴鹿峠	滋賀県甲賀市土山町（旧甲賀郡土山村）
86	雲井	16	18	34	55		136	5		−			三雲・信楽	滋賀県甲賀市信楽町（旧甲賀郡雲井村）
87	猪背山	16	18	34	53	27	135	58	3	15	猪背山	553.3	朝宮	滋賀県大津市（旧栗太郡大石村）
88	大峰山	16	18	34	52	20	135	51	24	15	大峰山	510	宇治	京都府綴喜郡宇治田原町（旧綴喜郡田原村）（△は506.4m）

（68〜79：　公式には昭和15年度の建設事業。実際には昭和16年に建設されている）
※第四期（昭和18〜20年）は航空灯台の無期限消灯が命令された時期で、新設は行われていない。

表5　第五期航空灯台（昭和20〜24年）一覧表

地点		期間（昭和）		緯度（北緯）			経度（東経）			高さ	現在の地形図（1／2.5万）による場所（△三角点）（■基礎残存）（●撤去穴残存）			
No.	航空灯台名	設置	廃止	度	分	秒	度	分	秒	m	山名等	標高	図名	現在の住所表示（航空灯台の地点）（注記）（旧版地形図に「◎灯台」「□鉄塔」の記載）
89	戸田（へだ）	21	44	34	57	18	138	50	21	9	達磨山（十三国峠）	981.8	達磨山	静岡県沼津市（田方郡戸田村）・伊豆市（昭和21年、十国峠から移設されたことが十国峠頂上の昭和43年設置の「記念碑移設の由来石碑」に刻まれている）（昭和28年当時、点灯されていた）（昭和43年に撤去された）
90	藤枝	21	32	34	48	51	138	17	28	15		8	住吉	静岡県焼津市大井川町（旧藤枝飛行場内）（◎）（昭和30年、「焼津飛行場燈台」に名称変更）（航空自衛隊静浜基地、昭和33年開設）
91	掛川	21	44	34	48	50	138	3	26	15		220	掛川	静岡県掛川市（旧小笠郡日坂村）（旧228.0m△）（現224.6m△の西70m）（中組の西）（沼津のNo.6香貫山から移設された）
92	豊橋	21	44	34	45	1	137	28	27	15	神石山	324.7	二川	愛知県豊橋市多米町（山頂のベンチ横の木に「旧航空灯台跡」の表示がある。昭和45年頃、広場中央に基礎4個が残っていたが現在は更地）（戦前はNo.11）（◎）
93	西浦	21	44	34	46	8	137	10	17	15		60	蒲郡	愛知県蒲郡市（旧西浦町）（橋田鼻の北北東の60m等高線ピーク）（旧69mピーク）（◎）
94	河和（こうわ）	21	44	34	46	2	136	54	45	15		30	河和	愛知県知多郡美浜町河和（34m独標の北方300m）（37.9m△の南東350m）（□）
95	笠置	21	44	34	46	26	135	56	2	15		440	笠置山	京都府相楽郡笠置町・和束町（●）（笠置駅の真北1650mの標高442.7mピーク）（昭和44年に廃止。灯台跡には、基礎を撤去した跡の穴が残る）（戦前はNo.20）
96	一身田（いしんでん）	21	44	34	46	33	136	30	7	8		30	白子	三重県津市（旧豊里村中尾）（49.8m△の南西170m地点）（30m等高線上）（◎）
97	伊丹	21	−	34	47	13	135	26	29	21		14	伊丹	兵庫県伊丹市（伊丹飛行場は米軍から昭和33年全面返還）（←No.59）
98	角野（すみの）	21	30	33	56	28	133	13	42	14		200.0	西条北部	愛媛県西条市船屋（住友金属鉱山別子事務所東予工場の南方の△ピーク）
99	椎田（しいだ）	21	44	33	38	30	131	2	57	10		70	椎田	福岡県築上郡築上町（103.4m△の北方620mの西寄りの70m等高線ピーク）（◎）
100	板付	21	32	33	33	50	130	28	37	14		90	福岡南部	福岡県福岡市金の隈（昭和28年8月、点灯休止）（昭和32年7月、廃止）（金隈遺跡の東方。133.7m△の南300m地点。元は標高151mだが、現在は90m）
101	大島	21	44	33	55	18	132	24	16	10		170	伊保田	山口県周防大島町大字和田（187.4m△の西方の170m等高線ピーク）（モールス符号「O」の字を発信）（英空軍指令により設置）（H型木柱、高さ10m）（昭和31年7月、高さ6mの鉄塔となる）
102	佐田岬	21	25	33	20	36	132	0	54	15		30	三崎	愛媛県伊方町（佐田岬の先端のピーク）（モールス符号「S」の字を発信）（◎）（コンクリート造りの佐田岬灯台〈大正7年初点灯〉に英空軍指令により設置）
103	小牧	22	−	35	15	15	136	55	2	16.5		15	小牧	愛知県西春日井郡豊山町（旧小牧飛行場内）（のち、名古屋空港）（昭和28年、「小牧飛行場燈台」に名称変更）（昭和33年、名古屋空港は米軍より返還）
104	三沢	23	−	40	41	18	141	21	35	30		50	三沢	青森県三沢市（航空自衛隊三沢基地の南部）
105	芦屋	23	−	33	53	19	130	39	10	20.5		10	折尾	福岡県遠賀郡芦屋町（昭和36年開設の航空自衛隊芦屋基地の北端付近）（昭和28年4月、元位置の南東約1050mに移設、「芦屋飛行場燈台」に名称変更」）
106	防府（ほうふ）	23	28	34	1	50	131	32	21	10		4	防府	山口県防府市（航空自衛隊防府北基地内の南西端、田島山の北東麓）（木骨）

（注1）表1〜5の作成にあたっては、『日本灯台表』（昭和13・14年）所収の「航空標識灯一覧表」「航空灯台一覧表」、『日本航空史（昭和前期篇）』（昭和50年）、『航空照明50年史』（昭和62年）　に収録された諸表、その他資料を参照した。これらの諸表には、誤植や資料不足によって生じたものと思われる数値の食い違いや欠落などが多数見られる。
（注2）経緯度データは上記資料の他、旧版地形図の航空灯台の記載とインターネット情報等を参照して、筆者が独自に、世界測地系に変換したもの。他のデータも筆者が独自に調べて修正を施した。概略の変換方法は、「旧緯度＋10秒＝新緯度」「旧経度－13秒＝新経度」である。
（注3）航空灯台は、廃止後にも、施設が現存している場合がある。上表において、鉄塔跡のコンクリート基礎残存（■）や撤去穴残存（●）は、すべてを網羅したものではないので注意。
（注4）航空灯台の燭光数は、120万（晴天の暗夜における光達距離50ｋｍ）が多く、266万（距離75ｋｍ）、0.5万または2.5万（距離25ｋｍ）、50万（距離40ｋｍ）、100万（距離50ｋｍ）もある。
（注5）国土地理院ＨＰの地図閲覧サービスにおいて、経緯度による検索で、上記の航空灯台の位置が確認できる（ただし、誤差があることに注意）。
（注6）表1〜5は未完成版で、不正確な場合がある。場所や痕跡などの情報を教示いただければ幸いである。
（2009〜14年作成、2020年修正）（作成：柴田昭彦）（禁無断転載）

現存するラジオ塔遺構一覧（2020年現在）

No.	所在地	設置年度
1	群馬県前橋市中央児童遊園るなぱあく	昭和8年
2	神奈川県横浜市野毛山（のげやま）公園	昭和7年
3	新潟県新潟市白山（はくさん）公園	昭和7年
4	石川県金沢市兼六園	昭和8年
5	石川県小松市芦城（ろじょう）公園	昭和15年改造 （明治39年建塔）
6	島根県松江市NHK松江放送局の横　（平成7年移設）（もとは松江城山公園にあったもの）	昭和8年 （昭和7年は誤り）
7	徳島県徳島市徳島中央公園	昭和8年
8	京都府京都市円山公園	昭和7年
9	京都府京都市船岡山公園　（京都市建設）	昭和10年
10	京都府京都市橘公園	昭和14年
11	京都府京都市叡山電鉄八瀬比叡山口駅付近	昭和14年
12	京都府京都市萩児童公園	不明
13	京都府京都市小松原公園	不明
14	京都府京都市紫野柳（むらさきのやなぎ）公園	不明
15	京都府京都市御射山（みさやま）公園	不明
16	大阪府大阪市住吉公園	昭和8年 （平成5年再建）
17	大阪府大阪市大阪城公園	昭和13年
18	大阪府大阪市中之島公園	不明
19	大阪府堺市大浜公園	昭和8年
20	兵庫県明石市中崎遊園地　（明石市建設）	昭和12年
21	兵庫県神戸市諏訪山公園　（平成23年に遺構を確認）	昭和15年頃
22	大阪府豊中市大曽公園　（柱のみ残存）	昭和14年
23	長野県上田市上田城跡公園　（信越放送が設置）	昭和30年
24	岡山県岡山市最上（さいじょう）稲荷	昭和14年
25	東京都品川区聖蹟公園	昭和13年
26	埼玉県さいたま市調（つきのみや）公園	昭和15年
27	静岡県静岡市清水山（きよみずやま）公園	昭和8年
28	岡山県岡山市上伊福西公園	昭和15～17年頃
29	岡山県岡山市桑田（くわだ）公園　（桑田公園の300m北北東の大藤公園から移転）	昭和14年
30	徳島県徳島市別宮（べっく）八幡神社（戦後設置）	不明
31	台湾　台北市　二二八和平公園	昭和9年
32	台湾　台中市　台中公園	昭和10年頃
33	台湾　屏東県　屏東公園	不明
34	愛知県名古屋市志賀公園	昭和17年
35	愛知県名古屋市中村公園	不明
36	愛知県名古屋市松葉公園	不明
37	愛知県名古屋市道徳公園（台座のみ残存）	昭和15年
38	大阪府箕面市箕面公園　瀧安寺（りゅうあんじ）	昭和14年
39	大阪府寝屋川市成田山大阪別院	昭和15年
40	大阪府東大阪市大和公園	昭和16年
41	香川県三豊市塩釜神社（旧仁尾町）　（仁尾町長の鹽田忠左衛門氏建設）	昭和10年
42	長崎県長崎市長崎公園	昭和11年
43	長崎県西海市崎戸町崎戸本郷　旧崎戸（さきと）小学校　（崎戸島の南東端付近）	不明
44	埼玉県川越市初雁公園野球場	昭和15年
45	香川県さぬき市長尾町長尾寺境内	昭和15～17年頃

（1～24）『歴史と神戸296号』（2013年2月）の一覧表に収録
（1～30）『ラヂオ塔大百科2011－2014』に収録
（1～43）『ラヂオ塔大百科2017』に収録
（44～45）『ラヂオ塔大百科2017』に未収録

著作リスト（『旗振り山』発行以後の『新ハイキング関西』掲載分）

＜「旗振り通信の新研究」連載一覧＞	号数	年・月
1. 愛知県内ルートⅠ	91	2006.11
2. 愛知県内ルートⅡ	92	2007.1
3. 岐阜県内ルート	93	2007.3
4.. 岡山ルートの資料	95	2007.7
5. 生駒山系・萬塾・時計・旗振り山	96	2007.9
6. 腕木通信・旗振り通信の文献	97	2007.11
7. 九州の旗振り山・総索引	98	2008.1
8. 旗振り通信・堂島米市の文献	107	2009.7
9. 旗振り通信の情報発信	108	2009.9
10. 旗振り通信の起源と資料	109	2009.11
11. 伊賀市で新発見の旗振り山Ⅰ	110	2010.1
12. 伊賀市で新発見の旗振り山Ⅱ	111	2010.3
13. 伊賀市で新発見の旗振り山Ⅲ	112	2010.5
14. 伊賀市で新発見の旗振り山Ⅳ	113	2010.7
15. 江戸ルートについて	114	2010.9
16. テレビで紹介された旗振り通信Ⅰ	115	2010.11
17. テレビで紹介された旗振り通信Ⅱ	116	2011.1
18. テレビで紹介された旗振り通信Ⅲ	117	2011.3
19. テレビで紹介された旗振り通信Ⅳ	118	2011.5

<コースガイド>	号数	年・月
35. 金比羅山(のべぶり岩)と小牧山	90	2006.9
36. 久我山(西北山) —航空灯台のあった山①—	91	2006.11
37. 霊仙ヶ岳と法貴谷	99	2008.3
38. 愛宕参詣道(北舎峠道・出雲峠道)	100	2008.5
39. 旗立山	101	2008.7
40. 提灯講山	103	2008.11
41. 岩神山	104	2009.1
42. 嶽の立石	106	2009.5
43. 正林坊山 —航空灯台のあった山②—	112	2010.5
44. 旗振り山(中山峠)	114	2010.9
45. 嫦娥山 —航空灯台のあった山②—	118	2011.5

<山のレポート>	号数	年・月
1.「籔法ヶ岳」が「懺法ヶ嶽」に改称された理由	102	2008.9

<随想一覧>	号数	年・月
14. 松明峠の由来	94	2007.5
15.「談山神社」の呼び方	105	2009.3

※『新ハイキング関西』(118号で終刊)について
国会図書館には1～118号まで全号が所蔵されている。「新ハイキング関西(山友会)」のサイトで記事の検索を行い、国会図書館へ、掲載号数とタイトルを指定して、複写を申し込むとよい。

※以前の著作リストは『旗振り山』に掲載。

おわりに

思い起こせば、前著『旗振り山』(平成一八年)の刊行は、『新ハイキング関西』誌の連載記事(旗振り通信の研究①~㉚)の集大成によって、成し遂げることができたのであった。『旗振り山』を一読した、池田末則、綱本逸雄、中島伸男、慶佐次盛一、中庄谷直、藤井昭三、黒田三代子、岡里美、吉田節雄、原水章行、村田智俊、永瀬唯の各氏からは、温かい応援の言葉を頂いた。とりわけ、評論家の永瀬氏の東京新聞(平成一八年七月二日)の読書欄では「江戸期のインターネット?」と題して「空前絶後の研究書」という評価を戴いている。改めて、皆さんに、感謝申し上げたいと思う。

今回、平成一六年から開設しているホームページ「ものがたり通信」の中から、後世に残したい内容を選んで、『旗振り山』の増補分と併せて、新たな二冊目の本として、まとめてみようと構想したのが、教員退職を間近に控えた、平成三一年一月頃のことであった。

旗振り山は、『旗振り山』の刊行と「タイムスクープハンター」の放映(平成二三年)によって、以前よりはよく知られるようになっている。今回の集大成も、『新ハイキング関西』誌の連載記事(旗振り通信の新研究①~⑲)と、その終刊に伴う未掲載原稿(⑳~㉖)がベースになっている。

戦前の航空灯台については、ほとんど顧みられることもなく、失われた歴史、忘れられた歴史になりつつある。本書が契機となって、歴史を発掘しようとする動きが生まれることを願う次第である。

ラジオ塔については、最近、本格的に探索する人が見られるようになり、うれしい限りである。

コースガイドの執筆に当たっては、一〇年ほど前に取材した場所でも、すべて、令和元年一〇月から令和二年八月にかけて、現地を訪れて、最近の状況を伝えるように心掛けた。

前著『旗振り山』でも述べたが、本書でも筆者のひとりよがりな独断が含まれているかもしれない。読者のご寛恕を請うとともに、疑問点や新たな発見があれば、ぜひ、お知らせ願いたいと思う。

各新聞社の著作権担当者には、関係記事の転載について、使用許可のご高配をいただきました。厚くお礼申し上げます。

本書をまとめることができたのは、多数の情報提供者、各地の図書館・博物館、地方自治体の担当者のおかげである。情報提供者名は本文中に記したが、ここで改めて感謝申し上げたい。

出版に当たっては、ナカニシヤ出版の中西良社長の暖かいご理解と、編集の草川啓三氏のご配慮に、心から感謝申し上げます。どうもありがとうございました。

私の調査を理解をもって見守ってくれた父・勝磨、兄・昌彦に感謝したい。

今は亡き祖父・豊次、祖母・はつゑ、母・ふみ子の御霊に本書を捧げる。

二〇二〇年一一月吉日

柴田　昭彦

著者紹介

柴田　昭彦（しばた　あきひこ）

1959年10月23日　16 h
兵庫県多可郡八千代町生れ

1982年　大阪教育大学卒業

1982年～大阪府下の学校に勤務

2013年～大阪府立摂津支援学校教諭

2019年3月　退職

著　作　『旗振り山』（ナカニシヤ出版）『新ハイキング関西の山』と『歴史と神戸』に執筆多数『京都の地名検証1・2・3』に7つの山名について執筆『伊賀百筆19号』に執筆『神戸謎解き散歩』に執筆『πの本』（1980年，私家本，国会図書館蔵）「円周率1000万桁への歩み」（『数理科学』1982年3月号）

現住所　677-0132兵庫県多可郡多可町八千代区大和1772

香嵐渓にて

旗振り山と航空灯台

令和３年１月30日　初版第１刷発行

定価はカバーに
表示してあります

著　者　柴　田　昭　彦

発行者　中　西　　良

発行所　株式会社 ナカニシヤ出版

〒606-8161　京都市左京区一乗寺木ノ本町15番地
TEL　075-723-0111
FAX　075-723-0095
URL　http://www.nakanishiya.co.jp/
e-mail　iihon-ippai@nakanishiya.co.jp
郵便振替　01030-0-13128

印刷・製本　ファインワークス／写真・装丁　柴田昭彦

ISBN978-4-7795-1526-2　C0025

落丁本・乱丁本はお取り替えします。

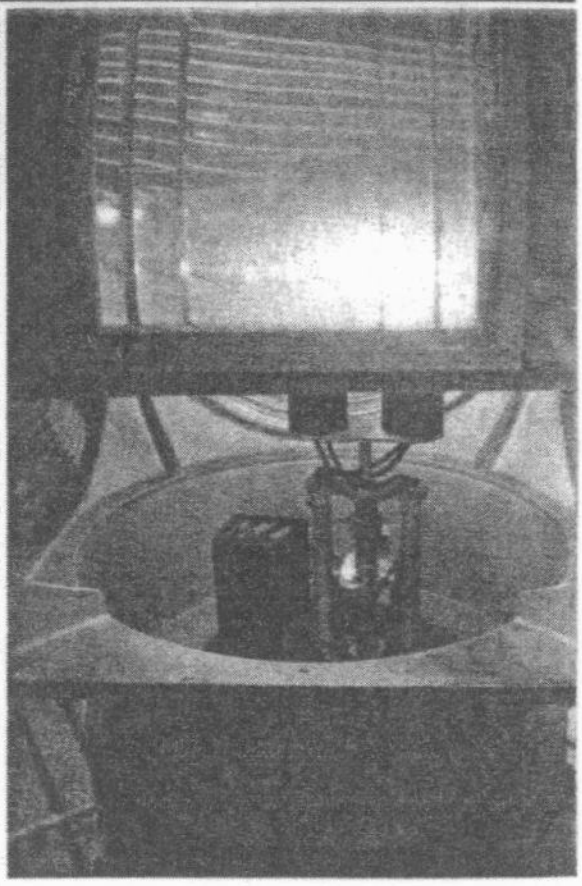

十國峠

眞白き富士を、肩の上に見るゆかりの地十國峠の、有數な大型燈台の一つ。三連閃光で光額は二六〇万燭光、タイム・スイッチによる回轉式で昭和八年十一月の設立である。

（左）はその全容を示す。四隅には所信標示燈（青）二個と方向指示燈二個（綠・赤）を備へて万全を期してゐる。

（右）これもまた、角度を變へて見た電球交換裝置の內部。フレネルレンズが、その華麗な光源を透視して燦然と輝いてゐる。

（上）はその內部で、電球交換裝置を示す。一方が斷線すると右方の豫備電球が自動的に一八〇度回轉して交換の役目を果す。

（「航空朝日　六月号（第二巻　第六号）」朝日新聞東京本社、昭和16年6月）